Computabilidade, funções computáveis, lógica e os fundamentos da Matemática

Walter Carnielli
Richard L. Epstein

Computabilidade, funções computáveis, lógica e os fundamentos da Matemática

2ª edição revista

Com o apêndice

Computabilidade e indecidibilidade – Uma cronologia

A história do desenvolvimento da teoria das funções computáveis e da indecidibilidade até 1970

editora
unesp

Este livro é uma versão revisada, traduzida e ampliada de:

EPSTEIN, R., CARNIELLI, W. *Computability*: computable functions, logic, and the foundations of mathematics.
Belmont: Wadsworth & Brooks / Cole Advanced Books & Software, 1989.

Direitos de publicação reservados à:

Fundação Editora da UNESP (FEU)
Praça da Sé, 108
01001-900 – São Paulo – SP
Tel.: (0xx11) 3242-7171
Fax: (0xx11) 3242-7172
www.editoraunesp.com.br
feu@editora.unesp.br

CIP – Brasil. Catalogação na fonte
Sindicato Nacional dos Editores de Livros, RJ

C293c
2.ed.
Carnielli, Walter A. (Walter Alexandre), 1952-

Computabilidade, funções computáveis, lógica e os fundamentos da matemática/Walter A. Carnielli, Richard L. Epstein. -- 2.ed. revista. -- São Paulo: Editora. UNESP, 2009.

Versão reduzida, traduzida e ampliada de: Computability: computable functions, logic and the foundations of mathematics

Conteúdo parcial: Computabilidade e indecidibilidade: uma cronologia -- A história do descobrimento da teoria das funções computáveis e da indecidibilidade até 1970

Inclui bibliografia

ISBN 978-85-7139-897-9

1. Funções computacionais. 2. Lógica simbólica e matemática. 3. Gödel, Teorema de. I. Epstein, Richard L., 1947-. II. Título.

08-5029. CDD: 511.3
CDU: 510.6

Editora afiliada:

A todos aqueles que jamais terão um livro dedicado a si,
dedicamos.

Sumário

Parte III
Lógica e Aritmética

Parte IV
A tese de Church e a Matemática Construtiva

Prefácio à edição norte-americana

Por que a teoria das funções computáveis foi desenvolvida antes de os computadores terem sido inventados?

A teoria formal das funções computáveis, e sua relação com a lógica, surgiu no início do século XX, como resposta aos abalos nos fundamentos da matemática. Os paradoxos da auto-referência e a questão de como se justifica o uso de conjuntos infinitos, e mesmo se podemos ou não justificar sua existência, foram os maiores germes daquele desenvolvimento. Os paradoxos e dúvidas sobre o infinito servem para motivar o estudo da matemática técnica no decorrer deste texto e situam-na no tempo.

Alguns leitores de menor inclinação filosófica podem preferir um texto estritamente matemático e a estes sugerimos a Parte II, *Funções Computáveis* e a Parte III, *Lógica e Aritmética.* Na Parte II descrevemos a noção de computabilidade, apresentamos o modelo da máquina de Turing e a partir daí desenvolvemos a teoria das funções recursivas parciais através do Teorema da Forma Normal. A Parte III começa com a lógica proposicional e mostra um sumário da lógica de predicados e dos teoremas de Gödel e pode ser usada como linha mestra para cursos menos aprofundados. Mostramos também um desenvolvimento completo da parte sintática da lógica de primeira ordem e dos teoremas de Gödel. A Parte I, *Os Fundamentos*, serve como referência para a notação e para as técnicas básicas de demonstração.

O interesse filosófico, contudo, tem sido motivador para grande parte da lógica e da computabilidade. Na Parte I propomos o ambiente filosófico para discussões sobre os fundamentos da matemática, ao mesmo tempo expondo as noções de número inteiro, função, prova e número real. O artigo de David Hilbert, "Sobre o Infinito", completa o cenário para a análise da noção de computabilidade da Parte II. Na Parte IV analisamos o significado de todo o trabalho técnico, discutindo a Tese de Church e a questão da construtividade em matemática.

Diversos exercícios estão incluídos no texto, começando com tarefas fáceis na Parte I e progredindo até um nível de pós-graduação nos capítulos finais. Os mais difíceis, marcados com o símbolo †, podem ser dispensados, apesar de todos deverem ser pelo menos compreendidos. As soluções dos exercícios encontram-se no Manual do Instrutor, editado separadamente, que também contém sugestões para ementas de cursos. As seções marcadas como opcionais não são essenciais para o desenvolvimento técnico dos capítulos que seguem, embora freqüentemente contenham discussões heurísticas importantes.

Prefácio à edição brasileira

Este livro não é uma tradução a partir do original norte-americano, mas uma nova versão, revisada e modificada. A numeração dos capítulos foi alterada, fundindo-se os capítulos introdutórios sobre números inteiros e funções, introduzindo-se ainda outras pequenas modificações. Com a liberdade de autores que retrabalham seus próprios textos, o estilo foi alterado para se adequar ao modo brasileiro de abordar certos conceitos e motivações e a bibliografia expandida. Em especial, o conteúdo do capítulo 6 ("Sobre o infinito") foi traduzido para o português diretamente do original alemão, tentando preservar o estilo inflamado de David Hilbert que se perde na versão inglesa. Outra modificação importante ocorre na ordem dos autores: prevalece o acordo de que cada autor é o principal responsável pelo texto em sua língua nativa.

Agradecemos às seguintes organizações pelo seu apoio na preparação deste livro: Victoria University de Wellington, Nova Zelândia, por um estágio de pós-doutorado para Richard Epstein no período 1975-1977, durante o qual foram preparadas as primeiras notas para um curso sobre teoria de funções recursivas para estudantes de Filosofia; à Fundação de Amparo à Pesquisa do Estado de São Paulo, que patrocinou nossa colaboração no Brasil e nos Estados Unidos em 1984-1985; à Comissão Fulbright por nos permitir continuar esta colaboração através de uma bolsa para que Richard Epstein pudesse trabalhar na Universidade Estadual de Campinas, (Unicamp), de janeiro a junho de 1987 e à Fundação Alexander von Humboldt, da República Federal da Alemanha por uma bolsa a Walter Carnielli no período 1988-1989, durante o qual revisões finais foram feitas e pela doação de um aparato computacional que facilitou grandemente a edição brasileira do livro.

Aproveitamos esta oportunidade para agradecer às seguintes pessoas que nos ajudaram (tanto na edição norte-americana como na brasileira): Max Dickmann, Justus Diller, Benson Mates, Piergiorgio Odifreddi, Anne S. Troelstra, Carlos Di Prisco e aos nossos estudantes em diversas épocas, e em especial na edição brasileira a Sandra de Amo, Karl Henderscheid, Vera Rita Ferreira de Godoy, João Meidanis, Homero Schneider, Hércules de A. Feitosa, Frank T. Sautter, Garibaldi Sarmento, Nathalia Peixoto, Milton A. de Castro, Carlos Magno C. Dias, João Marcos, Peter Arndt, Ártemis Moroni, Juliana Bueno-Soler e Rodrigo de Alvarenga Freire que leram, criticaram, sugeriram melhorias importantes e ajudaram em todos os sentidos. Oswaldo Chateaubriand e Peter Eggenberger ajudaram a esclarecer parte da confusão sobre a Tese de Church. As seguintes pessoas atuaram como revisores para a edição norte-americana e ofereceram valiosas sugestões: Herbert Enderton, F. Golshani, Roger Maddux, Mark Mahowald, Bernard Moret, Fred Richman, Rick Smith, Stephen Thomason e V. J. Vazirani. Finalmente, agradecemos a nosso primeiro editor, John Kimmel, e aos editores de produção, Nancy Shammas e Bill Bokermann, da Wadsworth and Brooks/Cole, cuja paciência e persistência contribuíram para melhorar o texto em inglês. A todos estes e a quem possa ter sido inadvertidamente esquecido, nossos sinceros agradecimentos.

Cada autor esclarece que quaisquer erros ainda presentes neste texto, apesar das diversas tentativas de correção, não são de responsabilidade daqueles que tão generosamente nos ajudaram, mas sim de inteira responsabilidade do outro autor.

Agradecemos aos seguintes autores e editoras por permissão de citações. Referências bibliográficas completas dos artigos e livros mencionados a seguir encontram-se na Bibliografia.

Citações de Robert J. Baum, *Philosophy and Mathematics*, reproduzidas com permissão de Freeman Cooper and Co., San Francisco, California. © 1973.

Citações de *Constructive Analysis,* por E. Bishop e D. Bridges, reproduzidas com permissão do editor. © 1985 Springer-Verlag, Berlin-Heidelberg.

Citações de "Intuitionism and formalism", por L. E. J. Brouwer, reproduzidas com permissão do Bulletin of the American Mathematical Society. © 1913.

A "Carta a Descartes", por R. C. Buck, foi reproduzida com permissão de The Mathematical Association of America. © 1978.

Citações de "On undecidable propositions of formal mathematical systems", a partir de conferências proferidas por Kurt Gödel em 1934, reproduzidas com permissão do Institute for Advanced Study, Princeton, depositários literários da obra de Kurt Gödel.

Citações de "Reflections on Bishop's philosophy of mathematics", por Nicolas D. Goodman, reproduzidas com permissão do editor, Springer-Verlag. © 1981, Lecture Notes in Mathematics, vol. 873.

A Introdução ao *Constructive Formalism*, por R. L. Goodstein foi reproduzida com permissão do editor, University College, Leicester. © 1951.

Citações de *Enumerability, Decidability, Computability*, por Hans Hermes, reproduzidas com permissão do editor. © 1969 Springer-Verlag, Berlin-Heidelberg.

Citações de "On the infinite", por David Hilbert, foram primeiramente apresentadas em 4 de junho de 1925, num congresso da Sociedade Matemática Vestfália em Münster, em honra a Karl Weierstrass. A tradução para o inglês foi feita por Erna Putnam e Gerald J. Massey a partir de *Mathematischen Annalen* (Berlin) n. 95 (1926), pp.161-90. A tradução para o português foi feita diretamente do original alemão, a partir da mesma fonte, por Walter A. Carnielli.

Citações de "Remarks on the notion of standard non-isomorphic natural number series", por David Isles, reproduzidas com permissão do autor. © 1981.

Citações de *Introduction to Metamathematics*, por Stephen C. Kleene, reproduzidas com permissão do editor, North-Holland. © 1952.

"Mathematical proofs: the genesis of reasonable doubt", por Gina Bari Kolata, *Science*, vol. 192, pp.989-90, 4 de junho de 1976, por A.A.A.S. Reproduzida com permissão.

"Finite combinatory processes – formulation I", por Emil Post, reproduzida com permissão da Association for Symbolic Logic. © 1936.

Citações de Joseph R. Shoenfield, *Mathematical Logic*, © 1967, Addison-Wesley Publishing Co., Inc., Reading, Massachusetts, p.214. Reproduzida com permissão.

Citações de "On computable numbers, with an application to the Entscheidungsproblem" por Alan M. Turing, publicado nos *Proceedings of the London Mathematical Society*, ser. 2, vol. 42, 1936-1937. Reproduzidas com permissão da Oxford University Press.

"Is $10^{10^{10}}$ a finite number?", por D. van Dantzig, reproduzida com permissão dos editores de *Dialectica*. © 1956.

Citações de *From Mathematics to Philosophy*, por Hao Wang, reproduzidas com permissão de Routledge and Kegan Paul. © 1974.

Prefácio à segunda edição brasileira

Jorge Luis Borges teria dito que publicamos para não passar a vida a corrigir rascunhos. Pelo menos nisso Borges está enganado: só há rascunhos, e passamos a vida sem que nossos escritos deixem de ser rascunhos. Apenas os tornamos públicos. Mas ainda assim, alguns rascunhos adquirem vida própria e personalidade. Foi o que aconteceu com a primeira edição deste livro, que recebeu o terceiro lugar do "Prêmio Jabuti" da Câmara Brasileira do Livro em 2007, na categoria "Melhor Livro de Ciências Exatas, Tecnologia e Informática". Esta segunda edição corrige dezenas de pequenos erros e, inevitavelmente, deixa outros; muitos dos que ajudaram na primeira edição enviaram suas observações, e Ricardo Gazoni, Igor Carboni de Oliveira e Alexandre Costa-Leite que não estavam mencionados na edição anterior, ajudaram a encontrar várias outras imprecisões. As que restaram, e hão de haver, são de nossa responsabilidade e conseqüência da lei natural que nos impede de esgotá-las. A todos, nossos continuados agradecimentos.

Parte I
Princípios fundamentais

1
Paradoxos

Grande parte da lógica moderna teve origem como resposta a problemas e paradoxos ligados aos fundamentos da matemática. Os paradoxos testam nossa intuição: uma contradição aparece e, contudo, os princípios que colidem são tão fundamentais que queremos mantê-los. Tentamos então resolver o paradoxo distinguindo melhor os princípios envolvidos ou talvez, por fim, abandonando ou modificando um deles.

A diferença entre verdade e falsidade e a questão de como a linguagem se reflete em si mesma são os temas dos paradoxos do §A. Encontraremos estes mesmos temas e paradoxos, de diversas maneiras, na formalização das funções computáveis, no estudo das linguagens formais e em reflexões sobre problemas da inteligência artificial. Mais tarde eles reaparecem não mais como paradoxos, mas como ferramentas.

No §B os princípios que aparentemente entram em conflito com nossa experiência dizem respeito a processos infinitos e infinitos completados. Começamos assim a discussão de como demarcar os limites entre o finito e o infinito, uma questão ainda tão central e incerta quanto no tempo de Zenão.

A. Paradoxos auto-referentes

Se alguém diz "Eu tenho 1,70 m de altura" ou "Aquela é a minha casa", - está usando auto-referência. A auto-referência é aparentemente uma parte essencial da nossa linguagem, que reflete nossa autoconsciência: sem 'eu' e 'meu' podemos estar no mundo, mas não podemos exprimir nosso conhecimento sobre este fato. Contudo, a potencialidade da auto-referência na linguagem pode criar problemas embaraçosos:

1. A preocupação com problemas auto-referentes remonta à antiguidade. Consta-nos que Epimênides, o Cretense, dissera: "Todos os cretenses são mentirosos".

Ele estava dizendo a verdade?

2. "Esta sentença é falsa" é uma sentença verdadeira ou falsa?

A segunda sentença acima é conhecida como a *antinomia do mentiroso,* ou *paradoxo do mentiroso* e foi inicialmente proposta por Eubúlides de Mileto, um contemporâneo de Sócrates. Ela parecia tão intrincada a Fileto de Cos (ca. 340-285 a.C.) que em sua lápide foi escrito:

"Ó estranho: Fileto de Cos eu sou.
Foi o Mentiroso quem me matou,
Pelas péssimas noites que me causou."

(traduzido livremente)

3. Pegue três folhas de papel

a. Na primeira folha escreva "A sentença do outro lado é falsa".

No outro lado escreva "A sentença do outro lado é verdadeira".

b. Na segunda folha escreva, num dos lados, "A sentença do outro lado é falsa". No verso escreva "A sentença do outro lado é falsa".

c. Na terceira folha escreva "A sentença do outro lado é verdadeira." No verso escreva "A sentença do outro lado é falsa, ou Deus existe".

Quais delas são verdadeiras? Quais são falsas?

4. Numa vila mora um barbeiro que barbeia todos e somente aqueles moradores que não barbeiam a si mesmos. O barbeiro se barbeia?

Este é o *paradoxo do barbeiro.*

5. Considere o conjunto $Z = \{X : X \notin X\}$. É verdade que $Z \in Z$?

Este é o *paradoxo da teoria de conjuntos de Bertrand Russell.*

6. Uma carta de Fermat a Descartes

(em *The American Mathematical Monthly*, vol. 85, n. 10, 1978)

Por uma estranha seqüência de eventos, foi encontrada uma carta não datada, supostamente de Fermat a Descartes, que, apesar da proveniência incerta, acreditamos ser do interesse dos leitores.

Sr. René Descartes:

O senhor tem argumentado, convincentemente, que quem pensa existe, independentemente da natureza de seus pensamentos. Refletindo sobre isso, encontrei outro uso para meu 'método do descenso', que penso poderá interessá-lo.

Considere o seguinte: a maior parte das pessoas pensa sobre si mesma de tempos em tempos, mas podemos supor que há pessoas altruístas que nunca pensam em si mesmas. Suponha então que eu seja uma pessoa cujos únicos pensamentos são sobre cada uma das pessoas altruístas. Argumentarei que não posso existir, mesmo tendo pensamentos!

Primeiramente, devo ser altruísta ou não altruísta. Se sou altruísta, então em algum momento meus pensamentos devem ser sobre mim mesmo, sendo uma das pessoas altruístas; mas, fazendo isso, torno-me uma pessoa não altruísta! Por outro lado, se eu sou não altruísta, então pensarei sobre mim mesmo. Entretanto, desde que o único objeto de meus pensamentos são pessoas altruístas, eu devo então ser altruísta!

Deste dilema, só posso concluir que é inconcebível que eu exista. Deduzo, assim, que a minha existência depende não somente do fato de que eu penso, mas também do conteúdo de meus pensamentos.

Sugiro que esta carta seja passada ao jovem Blaise Pascal. Ele tem uma mente brilhante e interesses variados. Talvez ele possa esclarecer as implicações disto em relação a Deus e à Realidade.

Pierre de Fermat

(Traduzido e enviado por R. C. Buck, que comenta: "Seria interessante se esta carta fosse autêntica e antecedesse à visita de Descartes a Pascal em 1647 e a subseqüente mudança drástica de interesses deste último.")

B. Os paradoxos de Zenão

Os paradoxos de Zenão, que apresentamos aqui, foram aparentemente dirigidos contra os Pitagóricos, que pensavam no espaço e no tempo como consistindo de pontos e instantes.

1. Aquiles e a tartaruga vão competir e é dada uma vantagem à tartaruga.

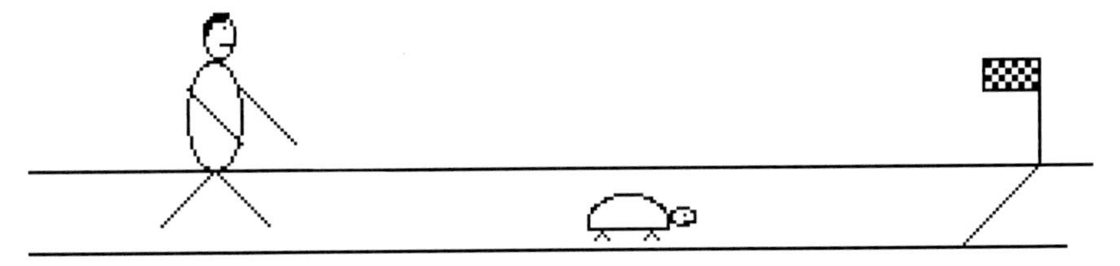

Mas Aquiles nunca alcançará a tartaruga, não importa quão rápido ele corra ou quão devagar a tartaruga rasteje. Quando Aquiles chega na posição inicial da tartaruga, ela terá avançado um pouco; quando Aquiles cobrir esta distância, a tartaruga terá ido um pouco mais adiante e assim indefinidamente, de tal forma que Aquiles nunca alcança a tartaruga.

Isso mostra que o movimento é impossível, se assumimos que espaço e tempo são infinitamente divisíveis.

(Outra versão deste paradoxo é dada no livro de Goodstein, 1951, no capítulo 2 §B.)

2. Mas aqui está um argumento de Zenão que mostra que espaço e tempo devem ser sempre divisíveis. O argumento é uma paráfrase do Stadium, devido a Boyer (*A History of Mathematics*, p.83).

Vamos assumir que temos três fitas divididas em quadrados de mesmo tamanho:

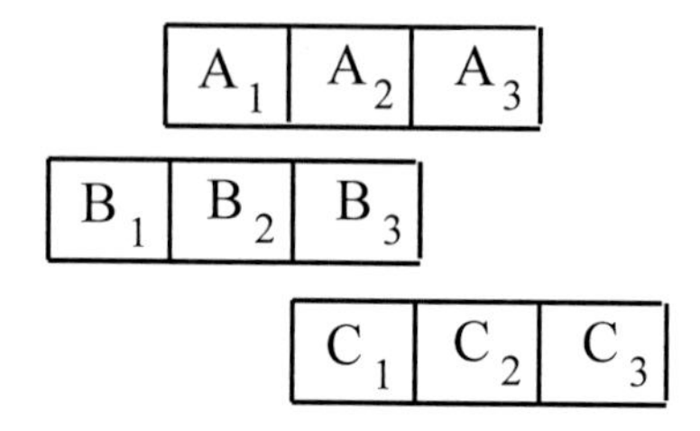

B_1, B_2 e B_3 movem-se para a direita de forma que cada B_i passa por um A_j no menor intervalo de tempo possível (supondo que este exista). Simultaneamente, C_1, C_2 e C_3 movem-se para a esquerda de tal forma que cada C_i passa por um A_j num instante de tempo. Assim, após um instante de tempo, temos:

A_1	A_2	A_3
B_1	B_2	B_3
C_1	C_2	C_3

Mas C_1 terá passado por dois B_i's. Então, o instante considerado não pode ser o menor intervalo de tempo possível, já que necessariamente leva menos tempo para C_1 passar por um B_i.

A resolução usual do paradoxo de Aquiles e a tartaruga se faz por meio do cálculo em termos de limites (exercício 6). Mas esta solução depende de suposições 'disfarçadas' sobre a natureza do infinito e é exatamente o infinito que é o problema aqui (no Capítulo 5 mostramos mais razões para se tomar cuidado com soluções que dependam de limites e do infinito). No próximo capítulo apresentamos uma resolução deste paradoxo que não usa infinitos.

Exercícios

1. Por que o paradoxo atribuído a Epimênides não é um paradoxo na forma em que foi proposto? Como você pode torná-lo paradoxal?

2. Resolva o paradoxo do barbeiro. Você poderia resolver o paradoxo da teoria de conjuntos de Russell do mesmo modo?

3. Há uma falácia na suposta carta de Fermat a Descartes, que certamente Descartes teria localizado. Qual é? (*Sugestão:* A que outra conclusão Fermat poderia ter chegado?) Este paradoxo é o mesmo que o do barbeiro?

4. O parágrafo A.3.c prova a existência de Deus?

5. Os paradoxos e quebra-cabeças parecem semelhantes, mas fazendo estes exercícios você deve começar a ver diferenças. Tente diferenciar e classificar os paradoxos de acordo com princípios que podem ser usados para resolvê-los ou princípios que eles põem em questão.

6. Dê uma solução para o paradoxo de Aquiles e a tartaruga em termos de procedimentos de limites (do cálculo). O mesmo tipo de solução pode ser aplicado ao *Stadium*?

Leitura complementar

Mates, no seu *Skeptical Essays*, discute o paradoxo do mentiroso e a sua história. Ele faz uma distinção importante, não feita aqui, entre uma antinomia, que leva a uma contradição a partir de suposições plausíveis e um paradoxo, que só precisa dar origem a alguma coisa estranha, surpreendente ou muito implausível.

Patrick Hughes e George Brecht escreveram uma antologia de paradoxos divertida e interessante chamada *Vicious Circles and Infinity*. Raymond Smullyan é autor de diversos livros que tratam paradoxos e dilemas de forma divertida, alguns traduzidos para o português (além de seus livros acadêmicos sobre lógica, teoria da recursão e teoria dos conjuntos).

2
O significado dos paradoxos

Os paradoxos do Capítulo 1 levantam questões sobre os fundamentos da matemática e da lógica: o que é o infinito e como devemos usá-lo na matemática? Qual é a forma correta de pensar? Quaisquer soluções para aqueles paradoxos estão, pelo menos implicitamente, baseadas em suposições sobre a natureza da matemática.

No §A deste capítulo consideramos algumas relações da filosofia com a matemática e, como exemplo, apresentamos a influência de Platão na visão da matemática como um mundo de abstrações. No §B consideramos uma resolução do paradoxo de Aquiles e a tartaruga baseada em um entendimento da natureza dos números bastante diferente daquele de Platão.

A. Filosofia e Matemática

De *Philosophy and Mathematics*, por Robert J. Baum

Há muito tempo, o homem tem procurado respostas para uma variedade de questões. Algumas são bastante específicas e concretas: quando será a próxima cheia do Nilo? Qual foi a causa da morte desta criança? Por que o céu escureceu de repente? Outras são mais gerais e abstratas: o que é justiça? Há vida após a morte? Quais são os constituintes fundamentais do universo? Apesar de questões concretas particulares serem de preocupação mais imediata nos contextos do dia-a-dia em que elas normalmente aparecem, as questões abstratas mais gerais têm sido consideradas por muitos como fundamentalmente de mais importância e maior interesse.

Uma resposta adequada para a questão sobre o céu escurecendo requer referência a noções mais abstratas, tais como a do eclipse do sol e os princípios gerais do movimento planetário. A utilidade real do conhecimento geral abstrato é que apenas alguns princípios gerais são suficientes para responder questões inumeráveis.

Mas somente princípios gerais abstratos não são suficientes para fornecer respostas adequadas às nossas questões. Respostas estiveram sempre disponíveis – muitas delas. Os sofistas gregos chegaram a declarar que argumentos igualmente convincentes podem ser dados em sustento de toda resposta logicamente possível para qualquer questão. Uma pergunta então aparece: Qual resposta, se é que há alguma, é a *verdadeira*? Tradicionalmente, a exigência tem sido não só pela resposta mais provável, mas por aquela que seja absolutamente correta. Evidências seriam exigidas não somente para remover quaisquer dúvidas razoáveis, mas para estabelecer a verdade da sentença sem qualquer sombra de dúvida. René Descartes ecoou esta exigência antiga nas suas *Meditações*:

"Eu continuarei... até ter encontrado algo certo, ou pelo menos, se não puder fazer nada mais, até ter aprendido com certeza que não há nada certo neste mundo. Arquimedes, para mover a terra de sua órbita e colocá-la numa nova posição, não precisou de nada mais do que um fulcro fixo e imóvel; de uma maneira parecida terei o direito de alimentar altas esperanças se for feliz o bastante para encontrar uma verdade simples que seja certa e indubitável."...

Com algumas exceções, os autores... antes de 1900 estudaram a natureza do conhecimento matemático não como um fim em si mesma, mas antes pelas introspecções que tal estudo poderia prover para a natureza do conhecimento em geral. Sua preocupação era com questões *gerais* como "O conhecimento certo é possível?" (Deve ser observado que muitos filósofos, particularmente aqueles antes de 1900, teriam considerado estes termos redundantes; para eles 'conhecimento' significava 'conhecimento certo' e 'conhecimento incerto' ou 'conhecimento provável' envolviam uma inconsistência interna como em 'círculo quadrado'. Em discussões atuais, os conceitos de conhecimento e certeza são normalmente definidos independentemente). Apesar das possíveis diferenças de motivação e perspectiva, os filósofos 'tradicionais' chegaram a conclusões que dão os fundamentos e pontos de partida para muito do trabalho dos filósofos da matemática de hoje. (Baum, p.2-3)

Uma das mais antigas e ainda mais influentes acepções acerca do conhecimento matemático foi a de Sócrates e Platão. Para eles, o que é real reside no 'céu acima dos céus' e é imperceptível aos nossos sentidos. Somente nossas mentes podem perceber a verdadeira forma de um círculo, um quadrado, um cavalo, uma cadeira. O que chamamos de mundo e realidade são somente pálidas imitações. O conhecimento matemático é o conhecimento dessas formas puras, eternas e imperecíveis.

De Jowett, *The Dialogues of Plato*[1]

Mas do céu que está acima dos céus, qual poeta na Terra já cantou ou cantará dignamente? É da forma que descreverei; preciso ter coragem de dizer a verdade, quando verdade for meu tema. Lá reside o próprio ser com o qual está relacionado o conhecimento verdadeiro; a essência intangível, sem cor, sem forma, visível só para a mente, condutora da alma. A divina inteligência sendo nutrida na mente e no conhecimento puro e a inteligência de toda alma que é capaz de receber o alimento próprio para si mesma, deleita-se em contemplar a realidade e uma vez mais vislumbrando a verdade, é satisfeita e se realiza, até que a revolução dos mundos a traz de volta ao mesmo lugar. Na revolução ela contempla a justiça e a temperança e o conhecimento absoluto, não na forma de geração ou relação, a que os homens chamam existência, mas conhecimento absoluto em existência absoluta; e, contemplando as outras existências verdadeiras do mesmo modo e regozijando-se nelas, desce para o interior dos céus e retorna à casa. (*Fedro* 247)

[Diálogo entre Sócrates e Glauco. Sócrates disse:]

– A aritmética tem um sublime efeito, compelindo a alma a raciocinar sobre números abstratos e rebelando-se contra a introdução, no argumento, de objetos visíveis ou tangíveis. Você sabe quão reiteradamente os mestres desta arte repelem e ridicularizam todo aquele que tenta dividir a unidade absoluta enquanto calcula e, se você divide, eles multiplicam, cuidando para que a unidade continue a unidade e não se perca em frações.

– Isto é bem verdade.

– Suponha agora que alguém pergunte aos mestres. Senhores, que são estes maravilhosos números sobre os quais raciocinam, nos quais, como dizem, existe uma unidade tal qual vocês prescrevem, e cada unidade é igual, invariável, indivisível – o que responderiam eles?

– Responderiam, provavelmente, que se trata daqueles números que só podem ser concebidos em pensamento.

– Você vê, assim, que este conhecimento pode certamente ser chamado de indispensável, pois é evidentemente necessário o uso da pura inteligência na busca da pura verdade?

– Sim: é uma de suas notáveis características.

– E você terá observado que aqueles que têm um talento natural para o cálculo são geralmente aptos para outros tipos de conhecimento; mesmo os tolos, se ti-

1 Preferimos nossa própria versão da tradução inglesa de B. Jowett para estes trechos, mas notamos que existe uma edição brasileira bastante recomendável, veja leitura complementar.

verem um treinamento aritmético, ainda que não obtenham nenhuma outra vantagem disso, adquirem pelo menos maior acuidade.

– É realmente assim.

– E, de fato, não se acha estudo mais difícil e poucos comparáveis em dificuldade.

– Com efeito.

– Por tais razões, a aritmética é um tipo de conhecimento que convém aos espíritos mais bem dotados e que não pode ser negligenciado.

– Concordo.

– Façamos dela, então, uma disciplina da nossa educação. Agora, a respeito da outra ciência afim, será que também nos diz respeito?

– Você se refere à geometria.

– Exatamente ... é preciso examinar se o melhor desta ciência e o que nela faz avançar mais nos levam ao nosso objetivo, que é conduzir-nos à idéia do bem. Como eu estava dizendo, é para lá que tendem todas as coisas que compelem a alma a voltar-se para aquele lugar onde reside a completa perfeição do ser e que ela deve, de todo modo, contemplar.

– É verdade.

– Então, se a geometria nos compele a contemplar a essência, ela nos diz respeito; se ao acidental somente, então ela não nos interessa?

– Sim, é essa a nossa opinião.

– Contudo, quem quer que tenha alguma familiaridade com a geometria não negará que tal concepção desta ciência está em contradição com o linguajar ordinário dos geômetras.

– Como assim?

– Eles têm em vista somente a prática e estão sempre se referindo, de uma maneira mesquinha e ridícula, a quadrar, prolongar, somar e coisas semelhantes – eles confundem os fins últimos da geometria com aqueles da vida cotidiana; quando na verdade o conhecimento é o real objetivo desta ciência.

– Certamente.

– Não devemos então fazer mais uma suposição?

– Qual?

– Que o conhecimento a que a geometria almeja é o conhecimento do eterno, não do perecível e efêmero.

– Isso, sem dúvida, deve ser admitido e é correto.

– Portanto, meu nobre amigo, a geometria eleva a alma até a verdade e cria o espírito da filosofia e ergue para o alto o que tem uma infeliz tendência a cair.

– Nada é mais apropriado para causar tal efeito. (*Republic*, VII 525-527)

A crença de Platão de que objetos abstratos (tais como números, retângulos, etc.) existem independentemente de nós, permite a ele explicar por que a matemática é objetiva: teoremas em matemática expressam verdades sobre objetos reais e suas propriedades. Mas já que estes objetos não são perceptíveis a nossos sentidos, como podemos saber alguma coisa sobre eles? Platão diz que conhecemos objetos matemáticos através da percepção de nosso intelecto, que é análoga, porém distinta, da percepção sensorial.

Diremos de alguém que tem estas duas crenças um *platonista*, apesar de o termo *realista* ser também freqüentemente usado (objetos abstratos são reais). Na realidade, a maioria dos platonistas acredita em algo mais forte: o que experimentamos através de nossos sentidos é o mundo perecível, mutável, que é *menos* real do que as formas que percebemos pelo intelecto.

As visões de Platão parecem sustentar e talvez encorajar as formas mais sublimes da abstração na matemática. Mas até muito recentemente, e mesmo no tempo dos gregos, a matemática esteve ligada à experiência humana. A matemática grega foi, na sua maior parte, geometria. Os '*Elementos*', de Euclides, texto ainda hoje usado em cursos, diz respeito a construções – um tipo de construção teórica e abstrata – usando ferramentas tais como régua e compasso. Seus axiomas eram auto-evidentes porque correspondiam a (eram abstrações de) construções reais: toda linha pode ser estendida, através de quaisquer dois pontos pode-se traçar uma linha e assim por diante. Todos, exceto um:

(**Quinto Postulado de Euclides**) Dadas duas retas m e n que interceptam uma terceira reta l, se os ângulos internos α e β somam menos do que dois ângulos retos, então as retas, se estendidas indefinidamente, encontram-se daquele lado de l:

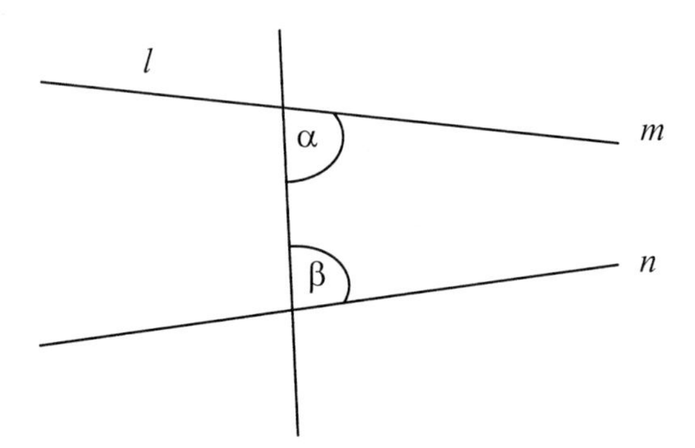

Dados l, m e n, quão longe devemos ir antes de encontrar sua interseção? Quão longe é indefinidamente? Para ângulos grandes as distâncias seriam enormes. Com os outros axiomas, dados os pontos e retas da hipótese, podemos fazer uma construção que nos convença de que existem realmente os pontos e retas mencionados na conclusão. Somente para este axioma isto não é possível. Este axioma equivale ao que é conhecido como o *postulado das paralelas de Euclides*:

Dada uma reta *l* e um ponto *P* que não esteja em *l* há uma e somente uma reta *m* que passa por *P* tal que *m* é paralela a *l*.

Por milênios os matemáticos tentaram mostrar que este postulado poderia ser provado a partir dos outros axiomas, para que fosse eliminada qualquer confiança no abstrato não-intuitivo. No capítulo 6 discutiremos a resolução destas tentativas proposta no século dezenove.

Mas um expoente moderno do platonismo, Gödel, argumenta que é essencial e inevitável confiar em objetos abstratos na matemática moderna.

> Classes e conceitos podem também, entretanto, ser compreendidos como objetos reais, a saber, como 'pluralidades de coisas' ou como estruturas consistindo de uma pluralidade de coisas e conceitos como as propriedades e relações de coisas existindo independentemente de nossas definições e construções.
>
> Parece-me que a suposição de tais objetos é tão legítima quanto a suposição de corpos físicos e há também tantas razões (quantas para os corpos físicos) para acreditar na sua existência. Eles são, da mesma forma, necessários para obter um sistema matemático satisfatório, assim como corpos físicos são necessários para uma teoria satisfatória de nossas percepções sensoriais e, em ambos os casos, é impossível interpretar as proposições que se deseja proferir sobre estas entidades como proposições sobre a 'informação', i.e., no último caso, as percepções sensoriais que realmente ocorrem. (Gödel, 1944, p.456-7)

No final das contas, entretanto, realmente importa se acreditamos que objetos matemáticos 'existem'?

Do "Obituary of K. Gödel", por G. Kreisel

> O segundo principal objetivo desta memória é evidenciar a opinião de Gödel acerca do ingrediente essencial nos seus resultados iniciais, que resolveram problemas diretamente relevantes para os principais interesses de alguns dos mais eminentes matemáticos deste século.... Sua opinião difere radicalmente das impressões de muitos lógicos matemáticos que, por mais de quarenta anos, procuraram, no trabalho de Gödel, construções matemáticas genuinamente novas ou distinções sutis ainda não usadas, mas não muito convincentemente. Sem perder de vista o permanente interesse de seu trabalho, Gödel repetidamente insistiu... quão pouca novidade matemática havia sido necessária: somente atenção a algumas distinções (filosóficas) comezinhas; no caso de seu resultado mais famoso: entre a verdade aritmética por um lado e a derivabilidade por (quaisquer) regras formais por outro. Longe de se sentir desconfortável por obter alguma coisa do nada, ele viu seus primeiros resultados como casos especiais de um esquema geral frutífero, embora negligenciado:

Prestando atenção ou, equivalentemente, analisando noções e questões filosóficas tradicionais adequadas, adicionando possivelmente um toque de precisão, chega-se sem esforço a conceitos apropriados, conjecturas corretas e provas fáceis em geral, comparáveis ao uso do raciocínio físico para o desenvolvimento da matemática ou, em menor escala, ao uso da geometria na álgebra. (Kreisel, 1980, p.150)

B. O paradoxo de Aquiles e a tartaruga revisto

Apresentamos aqui uma resolução de uma versão do paradoxo de Aquiles e a tartaruga que não depende da maquinaria dos limites e do infinito, e que dá uma visão da matemática bastante diferente daquela de Platão.

Introdução a *Constructive Formalism* por R. L. Goodstein

As grandes descobertas em matemática não ocorrem na forma de segredos revelados, verdades atemporais preexistentes, mas são antes construções: aquilo que é construído é um simbolismo, não uma proposição. A força de um simbolismo vivo é a fonte daquela introspecção na matemática que é chamada intuição matemática.

Nos fundamentos da matemática um *cálculo formal* faz o papel do simbolismo no desenvolvimento informal. Um sistema de símbolos faz avançar, um cálculo formal retrocede na mesma medida em que um cálculo formal é corretamente percebido pelo matemático criativo como uma barreira à livre expressão das idéias, da mesma forma, no estudo crítico dos fundamentos, o simbolismo é uma fonte de erros e concepções incorretas.

A principal questão dos fundamentos da matemática nos últimos vinte e cinco anos diz respeito à legitimidade de certos métodos de prova. O que torna esta questão tão difícil é a ausência de qualquer padrão absoluto fora da matemática com o qual ela possa ser comparada. Alguns filósofos têm mantido que tal padrão deve ser encontrado num estudo da mente, que tal como as leis da natureza, é descoberto por observação e experimento em fenômenos naturais. Assim também as leis da matemática devem ser buscadas como leis do pensamento através do estudo dos processos mentais. Contudo, se bem considerarmos, veremos que as 'leis da natureza' não são mais que hipóteses empíricas, sujeitas a limitação e modificação, admitindo exceções ligadas ao tempo e descrevendo o mundo tal como ele é, enquanto as regras da matemática *são* matemática, atemporais porque estão fora do tempo, independentes de toda observação ou experimento e conseqüentemente nem verdadeiras nem falsas, sem expressar nenhuma propriedade do mundo, nem validando, nem validadas por qualquer fato. As 'leis do pensamento', se com este termo designamos leis formuladas pela psicologia experimental, não formam um padrão pelo qual as regras da matemática possam ser testadas, não mais que as deduções de um marciano, a partir de *observações* do jogo, testariam a validade das regras do xadrez.

Qual é então o significado da controvérsia entre formalistas e construtivistas? Os formalistas afirmam que os critérios pelos quais os sistemas formais são testados são aqueles da completude e da ausência de contradição e todos os seus esforços nos últimos vinte e cinco anos têm sido direcionados para provar que um cálculo formal, como aquele do *Principia Mathematica*, um cálculo de implicação, disjunção e quantificação, não contém problemas insolúveis e em particular na tentativa de construção de uma prova da não-contradição para este cálculo. Esta preocupação com a *contradição* deriva de duas fontes muito diferentes. Desde o tempo em que a linguagem deixou de ser somente um *veículo* da comunicação e tornou-se ela própria um *objeto* do discurso, os homens têm inventado paradoxos. Já nos mais antigos paradoxos de que se tem registro escrito, o paradoxo do mentiroso e o paradoxo do infinito de Zenão, encontramos os protótipos dos paradoxos de hoje. A construção de sistemas formais, dos quais a resolução destes paradoxos foi objeto, nada mais obteve que multiplicá-los. Parece que a eliminação de um paradoxo, por assim dizer, só pode ser obtida em um plano de cada vez e ao custo de novos paradoxos em planos superiores. Melhor ainda, esta é a impressão que tem produzido a técnica logicista de resolução dos paradoxos, pois de fato suas raízes provêm desta mesma técnica.

A segunda fonte a partir da qual se deriva o medo de contradições escondidas, ainda por ser descobertas, é a incerteza que todo pensador tem experimentado, particularmente em anos recentes, com respeito ao significado dos métodos postulacionais na filosofia da matemática, uma sensação de que a postulação da existência da própria entidade matemática é inteiramente especiosa, metafísica e de nenhuma maneira comparável à invenção de uma entidade física que serve como um meio de expressão ou um modelo físico.

Existência em matemática

Os problemas que dizem respeito à existência de entidades matemáticas diferem bastante entre si. Compare as questões: números realmente existem? Será que o número real '*e*' existe independentemente da seqüência 1, $1 + 1$, $1 + 1 + \frac{1}{2!}$, $1 + 1 + \frac{1}{2!} + \frac{1}{3!} \cdots$? Existe um número primo maior do que 10^{10}? Existem primos gêmeos menores que 10^{10}? Maiores do que 10^{10}? À primeira pergunta pode-se responder: entre os *signos* da nossa linguagem distinguimos os *numerais*, ou signos numéricos, que são construídos a partir do signo numérico "0" através da operação de justapor um traço vertical depois de um signo numérico; o termo 'número' é então um índice de classificação de signos. O sentido em que podemos afirmar que números existem é aquele em que os signos numéricos são usados em nossa linguagem. Tais questões como "têm os números uma realidade objetiva?", "são os números sujeitos ou objetos do pensamento?" são questões disfarçadas a respeito da gramática da palavra "número" e perguntam se tais sentenças são formuladas como se aquilo que você vê, ouve, sente, toca, etc. são números.

A segunda questão diz respeito ao significado dos processos limite em matemática e com o conceito de um conjunto infinito. Afirmar que o número real '*e*' existe independentemente da seqüência convergente 1, $1 + 1$, $1 + 1 + \frac{1}{2!}$, $1 + 1 + \frac{1}{2!} + \frac{1}{3!}$ ... equivale a afirmar que algum processo infinito pode ser *completado*, como por exemplo que o processo de escrever *todos* os dígitos da expansão decimal de '*e*' pode ser levado a termo. Em que sentido um processo infinito pode ser entendido como tendo sido completado? Um processo infinito é, por definição, um processo no qual cada estágio é seguido por outro, tal qual cada numeral é seguido por outro, formado justapondo-se um traço vertical ao fim do numeral. Um processo infinito é, portanto, um processo *infindável*, um processo que não permite a possibilidade de ser completado. Um processo infinito completado é uma contradição em termos.

A relação do paradoxo de Zenão com a controvérsia formalista-finitista

Argumentamos comumente, contudo, que é *possível* conceber um processo infinito completado; que, de fato, se não fosse assim, o famoso argumento de Zenão nos forçaria a negar a possibilidade de movimento. Pois, passando de uma posição A para uma outra B, um corpo deve passar por um ponto central A_1 de AB, e então pelo ponto central A_2 de A_1B, e então pelo ponto central A_3 de A_2B e assim por diante. Assim o movimento de A a B pode ser considerado como consistindo de um número ilimitado (infinito) de estágios, a saber, o estágio de atingir A_1, o estágio de atingir A_2, o estágio de atingir A_3 e assim por diante. Depois de qualquer estágio A_n segue o estágio A_{n+1} e, não importa por quantos estágios passemos, não atingimos B e assim *nunca* atingimos B. Mas, se o movimento de um ponto A para qualquer ponto B não é possível, então nenhum movimento é possível. Desta forma argumenta Zenão; por *reductio ad absurdum* (já que o movimento é certamente possível) segue que o movimento de A para B precisa ser tomado como um processo infinito completado. A falácia nesta discussão não é, de maneira alguma, fácil de detectar e parece ter escapado a muitos pensadores competentes.

Afirmando que o movimento é possível, recorremos à nossa experiência familiar de corpos físicos mudando de posição. Imagine um homem correndo ao longo de uma pista de corrida, através da qual fitas são enfileiradas a pouca distância do chão. Podemos supor que a pista tem 1000 metros e que começamos a enfileirar as fitas na marca dos 500 metros. Se chamamos os extremos da pista de A, B e a marca dos 500 metros de A_1, então A_2 é o ponto central de A_1B e assim por diante, como mencionado acima. Em cada um dos pontos A_1, A_2, A_3, ... uma fita é colocada cruzando a pista. Conforme o homem correr de A para B, ele romperá todas as fitas colocadas e se supusermos que uma fita foi posta em cada um dos pontos A_1, A_2, A_3, ... então o corredor terá rompido um número infinito de fitas. Argumentando desta forma teremos apenas apresentado a dificuldade sob uma luz mais óbvia, já que nos confrontamos com a tarefa de colocar um número ilimitado de fitas, ou, vendo sob um outro ponto de vista, de isolar um número ilimitado de pontos. Por um lado é possível passar de A a B e especificar pontos infindáveis entre A e B (um número ilimitado de frações entre 0 e 1000) e por outro lado é impossível isolar estes pontos na pista. Como pode ser resolvida esta aparente incompatibilidade?

Ao *contar* de 0 a 100, uma pessoa pode dizer todos os números naturais neste intervalo, ou apenas de dez em dez, ou ainda apenas "cinqüenta", "cem", ou pode dizer "meio, um, um e meio, dois", e assim por diante, de meio em meio, até cem. Se a pessoa conta de dez em dez, podemos afirmar que ela passou por todos os inteiros entre um e cem (ou passou sobre eles)? Ao contar por unidades, podemos afirmar que ela passou por *todas* as frações entre estas unidades? Não se hesitaria em responder que a pessoa contou, ou passou por, apenas aqueles números que ela de fato contou, quaisquer que fossem eles e que a pessoa *não* passou, na sua contagem, por números não contados, mesmo que tais números pudessem ser inseridos entre os números contados. Da mesma forma, quando um homem corre de A para B, ele passa por aqueles pontos (ou rompe aquelas fitas) que foram isoladas, que foram nomeadas e por estes pontos somente, e o que quer que seja nomeado será um número finito de pontos, ainda que grande. O argumento de Zenão atinge seu fim confundindo a possibilidade física de movimento com a possibilidade lógica de nomear tantos pontos quanto quisermos.

Algumas vezes se afirma que a resolução do paradoxo de Zenão se deve ao fato de que uma seqüência infinita monótona e crescente (de números) pode ser limitada, e.g., a seqüência cujo n-ésimo termo é $\frac{n}{(n+1)}$ é monotonamente crescente, pois $\frac{(n+1)}{(n+2)}$ excede $\frac{n}{(n+1)}$ por $\frac{1}{(n+1)(n+2)}$ e é limitada superiormente pela unidade, já que $\frac{n}{(n+1)}$ é menor que 1 por $\frac{1}{(n+1)}$. Este fato pode ser aplicado ao argumento de Zenão da seguinte forma: suponha que a fita do ponto A_1 é fixada em $\frac{1}{2}$ minuto, a fita do ponto A_2 é fixada em $\left(\frac{1}{2}\right)^2$ minutos, a fita do ponto A_3 é fixada em $\left(\frac{1}{2}\right)^3$ minutos e assim por diante, de forma que as primeiras n fitas são fixadas em $1-\left(\frac{1}{2}\right)^n$ minutos e em um minuto *todas* as fitas são fixadas e assim uma operação infinita foi completada. Então, apesar de sempre restar uma fita a ser fixada, não importa quantas já tenham sido dispostas, em um minuto não haverá mais nenhuma fita que não tenha ainda sido fixada. Este argumento, entretanto, não resolve o paradoxo, mas apenas o situa em um novo plano e a conclusão parece estar, agora, na impossibilidade da medida do tempo e isto, por sua vez, é limitado pela possibilidade de movimento (por exemplo, o tempo pode ser medido pelo movimento do pêndulo de um relógio, ou pelo sol através do céu). A resolução do paradoxo desta forma é a mesma que a resolução do paradoxo do movimento. Se nosso critério para o número de fitas fixadas em um minuto é o critério experimental, então não importa quão rapidamente o experimento é feito, a tarefa *infindável* de dispor um número ilimitado de fitas não será concluída. Se nosso critério é apenas que $1-\left(\frac{1}{2}\right)^n$ é menor que a unidade, então este critério nada nos diz sobre um experimento real e portanto não podemos apelar para a realidade da passagem do tempo para gerar o paradoxo.

Considere um exemplo análogo. Uma linha é desenhada do ponto 0 ao ponto 1. Em que sentido pode-se afirmar que a linha passa por infinitos pontos e que o fato de *desenhar* a linha completa uma infinidade de operações, que são as operações de agregar 0, $\frac{1}{2}$ depois $\frac{1}{2}$, $\frac{2}{3}$ depois $\frac{2}{3}$, $\frac{3}{4}$ e assim por diante? Descrevemos duas operações. (1) Desenhar uma linha do ponto 0 ao ponto 1 e (2) desenhar uma linha de 0 a $\frac{1}{2}$, uma linha de $\frac{1}{2}$ a $\frac{2}{3}$, uma linha de $\frac{2}{3}$ a $\frac{3}{4}$ e assim por diante. A primeira operação tem um único estágio, a segunda é uma operação infindável por definição, desde que nenhum *último* estágio é definido. O que estas operações têm em comum e de que maneira elas diferem? Zenão nos convenceria de que a primeira operação é indistinguível da segunda, portanto gerando o paradoxo de uma operação acabada sendo idêntica a uma infindável. Desenhando uma linha de 0 a 1 teremos certamente desenhado uma linha de 0 a $\frac{1}{2}$, e uma linha de $\frac{1}{2}$ a $\frac{2}{3}$, uma linha de $\frac{2}{3}$ a $\frac{3}{4}$ e assim por diante, de tal forma que, realizando a primeira operação, não há nenhum estágio da segunda operação que fique inacabado. A falácia neste argumento está dissimulada no uso ambíguo da expressão "uma linha é desenhada de um ponto *A* a um ponto *B*". Descrevendo a primeira operação e ao descrever cada um dos estágios da segunda operação, a expressão "uma linha é desenhada de um ponto *A* a um ponto *B*" significa uma linha cujos pontos extremos são *A* e *B*, isto é, uma marcação física, um traço, terminando em *A* e *B*. A primeira operação consiste em desenhar um traço de 0 a 1. A segunda consiste em desenhar traços sucessivos de 0 a $\frac{1}{2}$, de $\frac{1}{2}$ a $\frac{2}{3}$, de $\frac{2}{3}$ a $\frac{3}{4}$ e assim por diante. Contudo, quando se afirma que um traço de 0 a 1 é também um traço de 0 a $\frac{1}{2}$ (ou de $\frac{1}{2}$ a $\frac{2}{3}$, etc.), ter-se-á mudado o significado da expressão "um traço de *A* a *B*", já que o traço de 0 a 1 não pode consistir de traços de 0 a $\frac{1}{2}$, de $\frac{1}{2}$ a $\frac{2}{3}$, etc. O que constitui um *estágio* da segunda operação, a terminação de um traço em um dos pontos $\frac{1}{2}, \frac{2}{3}, \frac{3}{4} \cdots$ é precisamente o que falta na primeira operação.

A resolução do paradoxo de Zenão pode ser expressa afirmando que Zenão confunde o uso metafórico e o literal na expressão "movendo-se de um ponto a outro". No sentido literal desta expressão, movimento é mudança das posições relativas de objetos físicos e um 'ponto' é um objeto físico; neste sentido o movimento de um ponto a outro passa por um número finito de 'pontos', objetos físicos isolados e especificados no caminho. Pode-se especificar tantos objetos quantos se queira, mas o que se especifica será associado a um número. O uso metafórico da expressão "movendo-se de um ponto a outro" confere a esta expressão o sentido de "uma variável aumentando de um valor para outro". Na medida em que a variável x cresce de 0 a 1, passa pelos valores $\frac{1}{2}, \frac{2}{3}, \frac{3}{4} \cdots$, assim por diante e aparentemente uma sucessão infinita de eventos fica completada. Mas a expressão "na medida em que a variável x cresce de 0 a 1, passa pelos valores $\frac{1}{2}, \frac{2}{3}, \frac{3}{4} \cdots$, assim por diante" significa apenas que a função $\frac{m}{(m+1)}$ cresce com m, com valores no intervalo (0,1). A prova de que a função é crescente com valores em (0,1) não envolve a possibilidade de completamento de um processo infinito, pois é provado somente que $\frac{(m+1)}{(m+2)}$ excede $\frac{m}{(m+1)}$ por $\frac{1}{(m+1)(m+2)}$ e que a unidade excede $\frac{m}{(m+1)}$ por $\frac{1}{(m+1)}$, isto é, que $(m + 1)^2 = m\,(m + 2) + 1$ e $(m + 1) - 1 = m$.

(O restante da introdução ao *Constructive Formalism* de Goodstein aparece no capítulo 4 §G.2.)

Exercícios

1. Qual é a concepção platônica de objetos matemáticos? De acordo com Platão, o que significa que um círculo existe? Que um número existe? Dê uma explicação concisa das razões pelas quais você concorda ou não com as opiniões de Platão. Se ele está certo, como se explica que se possa usar a matemática para construir pontes?

2. De que maneira a visão da matemática de Goodstein difere da de Platão? Por que a resolução do paradoxo de Zenão por Goodstein seria inaceitável para um platonista? A solução de Goodstein através do cálculo é apropriada?

3. Os matemáticos consideram usualmente seu trabalho como abstrações da experiência. Este ponto de vista é compatível com o de Platão? Com o de Goodstein? Por quê?

Leitura complementar

Mais detalhes a respeito das considerações de Platão e Aristóteles sobre a matemática podem ser encontrados em *Philosophy and Mathematics* (cf. Baum, 1973). As metáforas da caverna e das sombras na *República,* VII 514-517 e o interrogatório de Sócrates ao escravo em *Meno* 82-86 são particularmente interessantes. Este último tem a intenção de demonstrar que, mais que inventadas ou descobertas, as verdades matemáticas são lembradas.

Apesar de termos utilizado, nos pequenos trechos dos diálogos platônicos citados, nossa própria versão para o português a partir da tradução inglesa de Benjamin Jowett em *The Dialogues of Plato*, recomendamos a tradução em português feita diretamente do grego dos *Diálogos de Platão*, de Carlos Alberto Nunes, editada em 14 volumes pela Universidade Federal do Pará, Coleção Amazônica, Belém, 1980.

No verbete sobre as definições da *The Encyclopedia of Philosophy* Abelson apresenta um sumário das idéias de Platão relacionadas ao assunto deste livro.

3
Números inteiros e funções

Os números inteiros 1,2,3,... parecem ser fundamentais a toda a matemática e é por eles que começaremos.

A. Enumeração (ordinal) *x* quantidade (cardinal)

Numa de suas contribuições à matemática, *O Contador de Areia,* Arquimedes descreve um novo sistema para gerar e representar grandes números, mesmo sem possuir um numeral para o zero:

> Existem pessoas, rei Gileão, que pensam que o número de grãos de areia é infinito... Há outros que, mesmo sem considerá-lo infinito, pensam que nenhum número que seja suficientemente grande para excedê-lo em magnitude possa ser expresso. (Arquimedes, *O Contador de Areia*)

Enumerar e comparar parecem ser procedimentos fundamentais em matemática. Apontamos para um objeto e dizemos '1', para outro e dizemos '2', para o último e dizemos '3'. Enumeramos com as palavras '1', '2' e '3' e em seguida usamos a última, '3', como uma quantidade e dizemos que há 3 objetos.

Podemos, contudo, comparar números cardinais sem enumerar ou contar; por exemplo, há o mesmo número de cadeiras e de pessoas nesta sala? Emparelhe pessoas e cadeiras e veja se há cadeiras sem pessoas ou pessoas sem cadeiras.

> É verdade que o ato de emparelhar objetos deve ser feito de um em um em sucessão temporal, mesmo que seja simplesmente o processo de olhar para ver que cada cadeira está ocupada. Apesar disso, os *números* ordinais não estão envolvidos, porque não temos que guardar a ordem relativa pela qual duas cadeiras foram inicialmente verificadas: precisamos somente distinguir verificadas de não-verificadas. O conceito de maior ou igual é anterior aos conceitos de cardinal e ordinal. (Wang, 1974, p.59-60)

Um dos objetivos fundamentais deste curso será entendermos como contar e continuar objetivamente a seqüência 1, 2, 3,... Sabemos o que significa adicionar 1 e poder continuar a fazer isso indefinidamente. Entendemos o que significa dizer que há 3 objetos e em qual ordem eles são apresentados.

Tomaremos os números inteiros 1, 2, 3,... e 0 como primitivos, indefinidos em termos de outros conceitos. Referimo-nos a eles como números inteiros positivos, números para contar, ou mais comumente, quando o 0 está incluído, como os *números naturais*.

Como é, exatamente, este processo de adicionar 1? Pode ser descrito (e não definido) em *notação unitária* como: a seqüência de números inteiros começa com |, o próximo número é representado como | |, o próximo como | | | e para qualquer representação de um número na seqüência, o próximo número é representado colocando-se mais um traço à direita do anterior.

No capítulo 25 reconsideraremos se é justificada ou não a suposição de que a seqüência dos números naturais é clara, inequívoca e entendida por todos.

B. Tudo é número: $\sqrt{2}$

Os números como associados ao processo de contagem pareciam tão fundamentais a Pitágoras e a seus discípulos que ele declarou: "Tudo é número". Segundo Filolau, "Todas as coisas que podem ser conhecidas têm número, pois não é possível que sem número qualquer coisa seja concebida ou sabida".

> Os assim chamados pitagóricos, tendo se aplicado à matemática, primeiramente avançaram neste estudo; e, tendo sido treinados nisso, pensavam que os princípios da matemática eram os princípios de todas as coisas. Como, destes princípios, os números são os primeiros por natureza, eles viam muitas similaridades com coisas que existem e vêm a existir em números... a justiça é uma modificação particular de números, a alma e a razão outra, a oportunidade ainda outra e assim por diante, cada ser é exprimível numericamente. Vendo, mais tarde, que as propriedades e razões das harmonias musicais eram exprimíveis em números e que de fato todas as outras coisas pareciam ser totalmente modeladas, na sua natureza, so-

> bre números, tomaram-nos como o todo da realidade, os elementos dos números como sendo os elementos de todas as coisas existentes e o céu inteiro como uma escala musical e um número. (Aristóteles, *Metafísica*, i.5.985 b23 em John M. Robinson, 1968, p.69)

> Tinha sido uma crença fundamental do pitagorismo que a essência de todas as coisas, em geometria, tanto quanto nos negócios práticos e teóricos em geral, é explicável em termos de *arithmos*, ou propriedades intrínsecas dos números inteiros ou das razões entre eles. Os diálogos de Platão mostram, contudo, que a comunidade matemática grega foi abalada por uma revelação que virtualmente demoliu a base da fé dos pitagóricos nos números inteiros. Foi descoberto que, na própria geometria, os números inteiros e as razões entre eles são inadequados mesmo para expressar simples propriedades fundamentais. (Boyer, 1968, *A History of Mathematics*, p.79)

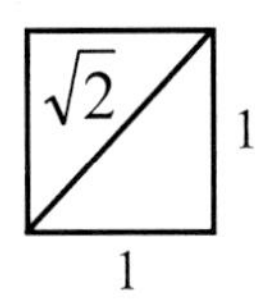

A diagonal de um quadrado com lados de tamanho 1 não é uma razão entre números inteiros. Suponha que $\sqrt{2} = \frac{p}{q}$, p e q inteiros. Suponha também que $\frac{p}{q}$ seja uma fração irredutível, isto é, nenhum número divide ambos p e q. Então, $p = \sqrt{2}\, q$, e $p^2 = 2\, q^2$. Logo, p^2 é par e p é, portanto, par também. Assim, desde que $\frac{p}{q}$ é fração irredutível, q é ímpar. Mas se $p = 2\, r$, então $(2\, r)^2 = 2\, q^2$ e $4\, r^2 = 2\, q^2$. Portanto $2\, r^2 = q^2$, o que significa que q^2 é par e assim q é par! Tem-se, então, uma contradição. Portanto, $\sqrt{2} = \frac{p}{q}$ é necessariamente uma suposição falsa.

> Inicialmente, deve ter parecido natural, aos gregos, assumir que todas as magnitudes do mesmo tipo são comensuráveis e que, por exemplo, quaisquer dois comprimentos são múltiplos da mesma unidade. Segue desta suposição que todos os pontos em uma reta podem ser representados por números racionais. A descoberta de que a raiz quadrada de 2 não é racional, ou, em termos geométricos, que a diagonal de um quadrado não é mensurável com seus lados, tornou claro que há pontos em uma linha que não são representados por números racionais. Continua uma questão histórica não resolvida se a irracionalidade de $\sqrt{2}$ foi descoberta por Pitágoras ou seus discípulos imediatos, ou não muito antes de 400 a.C. De qual-

quer forma, as conseqüências desta descoberta foram deduzidas somente no início do quarto século a.C. Eudóxio construiu uma teoria geral de proporção que foi adotada por Euclides e posteriormente desenvolvida por Arquimedes. A teoria de Eudóxio pode ser considerada como o início de uma rigorosa teoria de números irracionais. Ela leva à questão da determinação de todos os números irracionais ou todas as razões de segmentos que não são representáveis por frações. Hardy considera a prova da irracionalidade de $\sqrt{2}$ como um dos melhores exemplos de bela e expressiva matemática. De fato, a prova é tão simples e clara, e o teorema tão cheio de conseqüências profundas, que não pode deixar de satisfazer o desejo de encontrar chaves simples para os corpos da ciência. (Wang, 1974, p.72)

C. Funções

Números, figuras geométricas e suas propriedades são objetos estáticos. Nesta seção veremos como lidar com processos em matemática.

1. Caixas pretas

Normalmente, como aprendido nos cursos de cálculo, uma função é algo calculado por uma caixa preta.

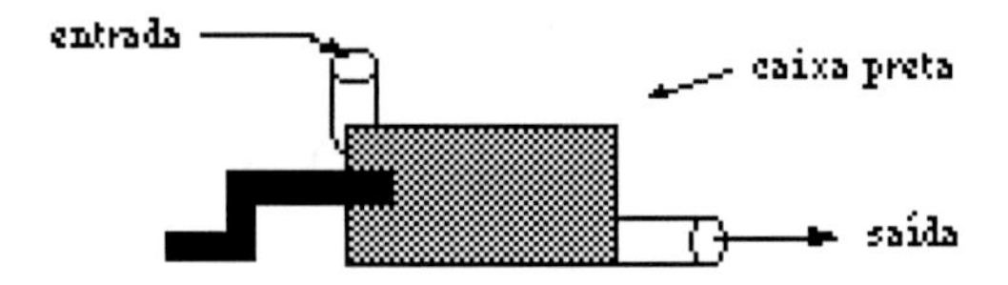

Introduzimos um objeto, normalmente um número, giramos a manivela e sai alguma coisa. O que você introduz é chamado de *entrada*; o que você consegue é a *saída.* Por exemplo, a caixa preta que adiciona 3 a um número:

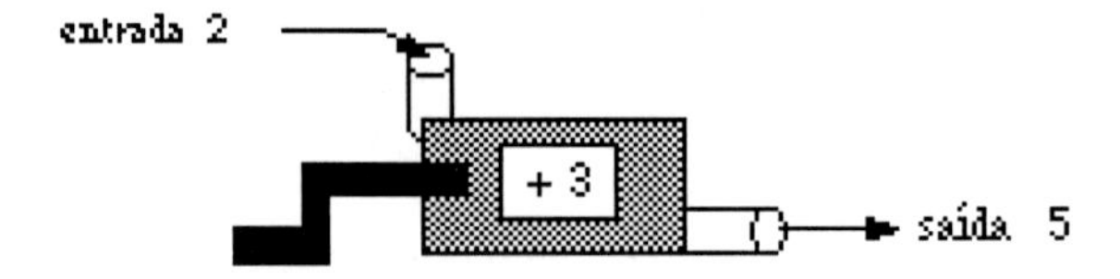

Chamamos a este processo de ‘caixa preta’, porque não importa o que realmente acontece lá dentro; apenas as entradas e saídas nos interessam. Se uma outra caixa preta fornece as mesmas saídas para exatamente as mesmas entradas como a caixa '+3', diz-se que a função é a mesma, ainda que internamente se adicione 4 e depois se subtraia 1.

O que distingue uma função de uma caixa preta qualquer é que uma função não pode ser *ambígua*. Por exemplo, uma caixa preta que adiciona 2 ou adiciona 3 e nos permite escolher a saída não calcula uma função:

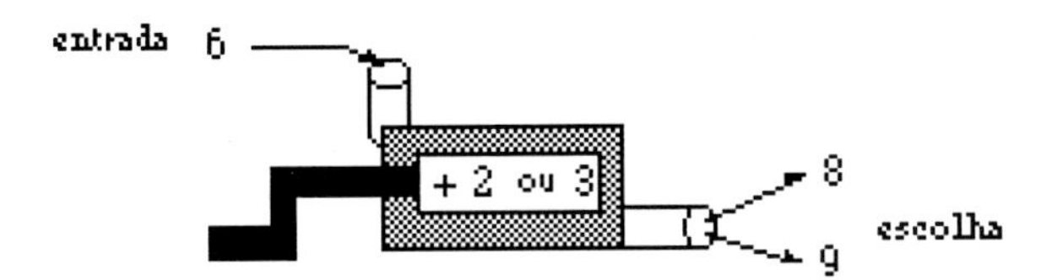

Não é uma função

Para toda entrada deve existir exatamente uma saída.

Similarmente, uma caixa preta que produz raízes quadradas não é uma função:

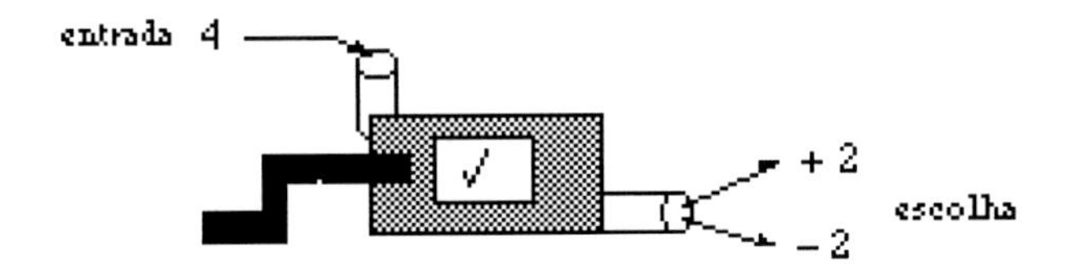

Podemos, entretanto, converter a caixa de raiz quadrada numa função concordando em tomar a raiz positiva como saída e ignorando a raiz negativa. Assim, para toda entrada haverá exatamente uma saída. De agora em diante, é isso que queremos dizer: por exemplo, $\sqrt{4}$ é o número positivo que, quando elevado ao quadrado, dá 4.

2. Domínios e imagens

Dissemos que uma função fornece uma única saída para cada entrada. Por exemplo, para todo número real positivo a função $\sqrt{\ }$ fornece como saída a raiz quadrada positiva do número. Se entrarmos com um número negativo e girarmos a manivela, nada acontece: giramos e giramos sem resultado.

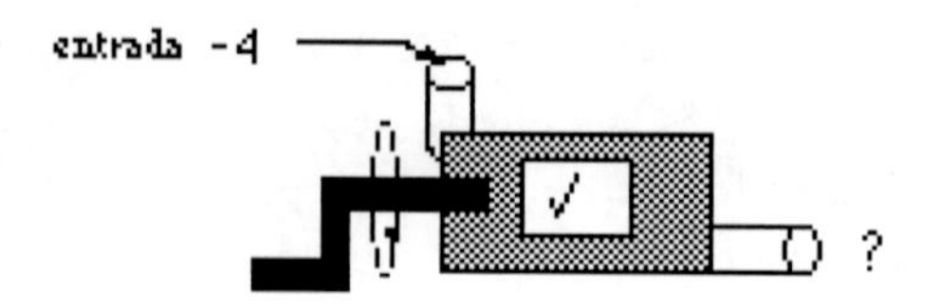

Dependendo de que números escolhemos para nossa fonte de entradas, a função $\sqrt{\ }$ dará uma saída para cada entrada, ou dará exatamente uma saída para certas entradas específicas e não funcionará para outras. Algumas vezes dizemos que $\sqrt{\ }$ é uma função *sobre* os números reais que é *definida* somente sobre os números reais não negativos.

Podemos dar um nome a todos os números que servem como entradas dentro da coleção dada. Chamamos a estes números de *domínio*. Podemos também selecionar todas as saídas e chamá-las coletivamente de *imagem*.

Cuidado: a terminologia varia de autor para autor e até num mesmo texto. Algumas vezes o *domínio* é entendido como a coleção de números sobre os quais a função é dada, como por exemplo os números reais para a função $\sqrt{\ }$. A palavra *imagem* quase sempre significa a coleção de todas as saídas, mas alguns autores usam-na inadvertidamente como *contradomínio*, que é um conjunto de números nos quais a imagem pode ser encontrada. Por exemplo, é dito, às vezes, que a função $\sqrt{\ }$ é uma função dos números reais nos números reais, que é definida somente para os números reais não negativos.

Indicamos o domínio X e o contradomínio Y, de uma função f, escrevendo $f : X \to Y$. Lê-se "f é uma função de X em Y". Quando $X = Y$, diz-se que "f é uma função *em* X".

3. Funções como regras e funções como conjuntos de pares ordenados

a. A seguinte definição de 'função' foi retirada de um texto elementar:

Sejam X e Y dois conjuntos não vazios. Então uma *função* de X em Y é uma *regra* que atribui a cada elemento $x \in X$ um único $y \in Y$.

Deste ponto de vista, funções são processos que podem ser descritos. Isto está de acordo com nossa experiência, já que os processos que se quer modelar são aqueles sobre os quais se pode falar. Uma função não é simplesmente uma atribuição, mas um método para se fazer tal coisa.

Se tomarmos este ponto de vista seriamente, a regra que atribui +3 a cada número é uma função diferente da regra "+4, depois −1". Temos duas funções e não uma. Pode-se, no entanto, chamá-las *equivalentes*, porque associam as mesmas saídas às mesmas entradas. Mas a maioria das pessoas que falam de funções como *associações* ou *regras* estão falando sugestivamente, não querem ser levadas tão a sério e diriam que as duas regras representam a mesma função.

b. No segundo caso, vemos uma função não como uma associação ou como uma regra, mas simplesmente como um emparelhamento. Na verdade não se tem uma boa palavra que descreva a situação e que não indique um processo. Mas pode-se olhar uma função apenas como entradas e saídas, de forma que, como na descrição da caixa preta, para qualquer combinação particular de entradas e saídas há exatamente uma função. As funções são, em geral, apresentadas desta forma na teoria dos conjuntos. Um exemplo desta definição é:

Sejam X e Y dois conjuntos não vazios. Por uma *função* de X em Y entendemos um conjunto de pares ordenados (x, y) onde a primeira componente do par é elemento de X, a segunda de Y, e se (x, y) e (x, z) pertencem ao conjunto, então $y = z$.

A última sentença afirma apenas que a cada elemento de X pode haver no máximo um elemento de Y com o qual ele é emparelhado. Isto é, para cada entrada há no máximo uma saída. Desta forma as funções se tornam objetos; o dinâmico passa a ser estático.

c. Entender as funções como conjuntos de pares ordenados é uma visão *extensionalista*. Pode-se dar muitos nomes diferentes a uma função, mas as suas propriedades não dependem disso. Usualmente esta visão é também platonista, nela o conjunto de pares ordenados é entendido como existente independentemente de já ter sido descrito ou não.

Ver as funções como regras é *não-existencial*, na medida em que se toma o nome da função, isto é, a maneira de descrevê-la, como sendo a propriedade essencial da função. Em geral esta é parte de uma visão mais forte, chamada *nominalismo*, em que um *nome*, uma palavra ou uma descrição, é *tudo* o que uma função ou qualquer objeto abstrato é.

As mesmas distinções podem ser aplicadas a quaisquer "objetos" matemáticos: as propriedades do objeto dependem do nome (descrição) dado a ele, ou as propriedades são independentes da nomenclatura.

Nós, os autores, acreditamos que ver as funções como pares ordenados é somente uma abstração a mais além das nossas experiências cotidianas com processos. Assim, pensamos que podemos começar nosso estudo de funções entendendo-as como conjuntos de pares ordenados, que é como são comumente vistas na matemática moderna. Podemos posteriormente voltar à visão menos abstrata de que a descrição de uma função é uma parte essencial da mesma.

D. Terminologia e notação

1. A notação λ

Utilizamos, em geral, variáveis tais como x e y para representar entradas. Uma forma de descrever uma função, então, é expor o processo explicitamente:

$$x \mapsto 3x + 7.$$

Aqui o símbolo $\mapsto$ indica a associação. É uma boa notação porque sugere o aspecto dinâmico das funções.

Se não há um símbolo padrão tal como para a função $\sqrt{}$, nomeia-se usualmente a função com uma letra latina, tal como f ou g, ou com uma letra grega, como φ ou ψ. Poder-se-ia escrever, portanto, $x \mapsto f(x)$.

Se se escreve apenas $f(x)$ ou apenas $f(x) = 3x + 7$, contudo, a notação é ambígua. Não está claro se a referência é à função ou se estamos afirmando: escolha alguma entrada arbitrária x e então considere a saída para aquele x particular, que tem a forma $3x + 7$. Isto é, $f(x)$ pode significar duas coisas: (1) a própria função (isto é, a regra), ou (2) representar o valor de f aplicada a um número particular x. Este último é chamado *o valor ambíguo de f*. Compare: "$3x + 7$ é diferenciável" e "$3x + 7$ é menor do que 2". Similarmente, quando escrevemos $f(x) = 7$, queremos dizer que para algum valor particular de x, $f(x) = 7$? Ou queremos nos remeter à função com saída constante 7?

Outro contexto, em que é difícil distinguir o que está escrito, ocorre quando temos uma função de duas variáveis. Por exemplo, pode-se ver o processo de adição como requerendo duas entradas:

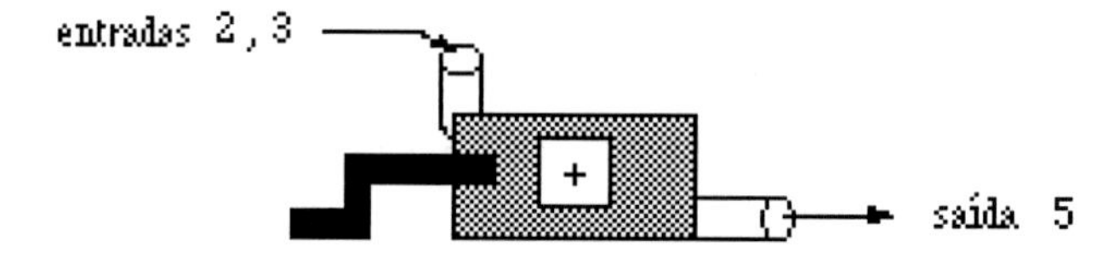

Aqui a ordem das entradas não é importante. Pode-se colocar primeiro o 2, depois o 3, ou vice-versa, já que $3 + 2 = 2 + 3$. Mas comumente a ordem é importante e parte da regra é a ordem das entradas: por exemplo, a função sobre os reais: $(x, y) \mapsto x - y$. Assim, toma-se sempre a entrada de uma função de várias variáveis como uma coleção ordenada de números. Então, para $(x, y) \mapsto x + y$ tem-se $(2, 3) \mapsto 5$ e $(3, 2) \mapsto 5$.

Gostaríamos de distinguir entre

$f(2, 3) = 2 + 3$, uma função de duas variáveis

e

$g(2) = 2 + 3$, uma função de uma variável

Escreveremos $\lambda\, x\, (x + 3)$ para indicar que estamos vendo a função de duas variáveis $(x, y) \mapsto x + y$ como uma função apenas da primeira variável, com a segunda variável mantida fixa como 3. Similarmente, escreveremos $\lambda\, x\, (x + y)$ significando que vemos a função de duas variáveis $(x, y) \mapsto x + y$ como uma função apenas da primeira variável, com a segunda variável mantida fixa. Aqui y é um *parâmetro,* ou seja, é visto como fixo por toda a discussão, apesar de não especificarmos qual valor está sendo usado. Dependendo do que escolhemos para y, temos uma função diferente. Por exemplo, se $y = 7$ temos a função $\lambda\, x\, (x + 7)$. Escreveremos $\lambda x\, \lambda\, y\, (x + y)$ ou simplesmente $\lambda\, x\, y\, (x + y)$ para dizer que consideramos a adição como uma função de duas variáveis. Usaremos esta notação λ sempre que o contexto não tornar o significado claro; por exemplo, podemos agora escrever $\lambda\, x\, (7)$ para a função com saída constante 7.

2. Funções injetoras e sobrejetoras

Para uma associação ser uma função ela deve designar no máximo uma saída para cada entrada. Simbolicamente, se $f(x) = y$ e $f(x) = z$, então $y = z$. Por exemplo, se $f(x) = x^2$ então se ambos $f(3) = y$ e $f(3) = z$, devemos ter $y = z = 9$.

Para algumas funções a correspondência atua também em outra direção. Dada alguma saída, podemos encontrar a entrada de onde ela veio, porque diferentes entradas fornecem sempre diferentes saídas. Isso não é verdade para $\lambda x\, (x^2)$ nos números reais porque, por exemplo, ambos 3 e -3 são associados a 9. Dado um número na imagem, aqui o 9, não se pode desfazer os passos dados. Diz-se que uma função é *injetora* se, simbolicamente, dado $f(x) = z$ e $f(y) = z$, então $x = y$. Por exemplo, $\lambda\, x\, (x + 3)$ é uma função injetora nos números naturais.

Algumas funções usam todos os números do contradomínio, ou seja, todo número do contradomínio é a saída de algum número do domínio. Um exemplo é a função $\lambda x\, (\sqrt{x})$, dos números reais não negativos nos números reais não negativos: todo número real não negativo é a raiz quadrada de algum número real não negativo, a saber, seu próprio quadrado. As funções para as quais a imagem iguala o contradomínio são chamadas de *sobrejetoras*, e se $f: X \to Y$ é sobrejetora, dizemos "f é uma função de X sobre Y". Uma função que é injetora e sobrejetora é chamada uma *bijeção.*

Aqui estão as representações típicas:

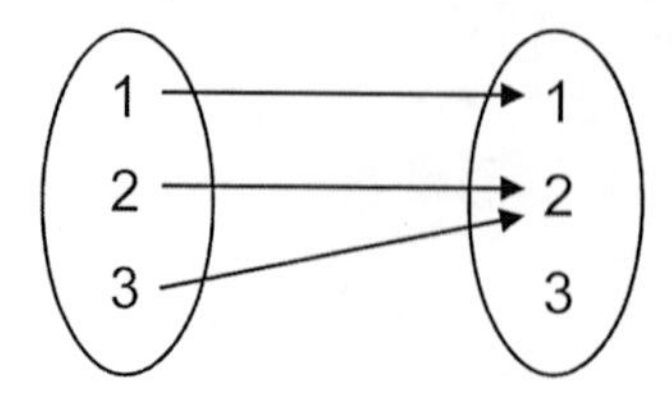

Uma função, não injetora,
nem sobrejetora

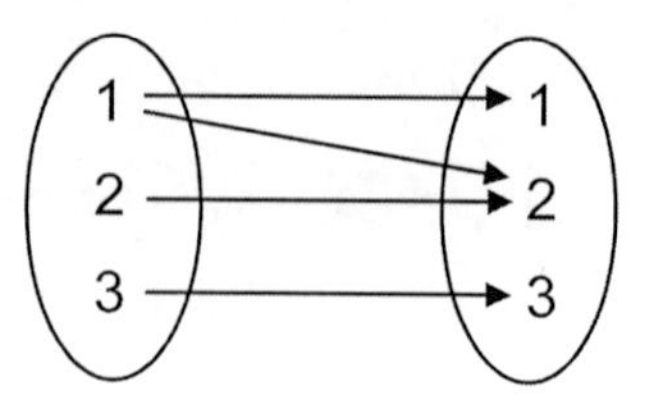

Não é função

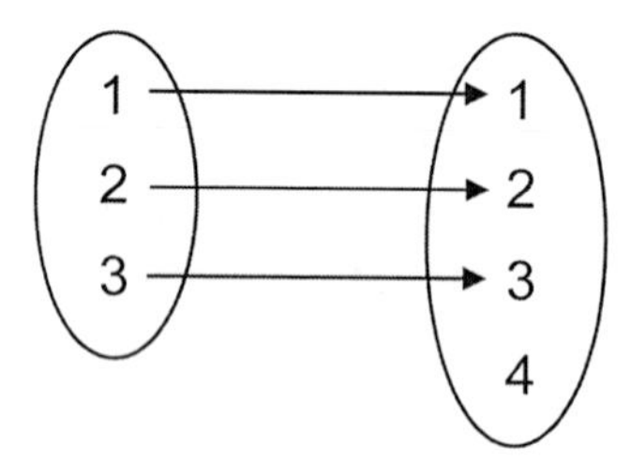

Uma função injetora,
mas não sobrejetora.

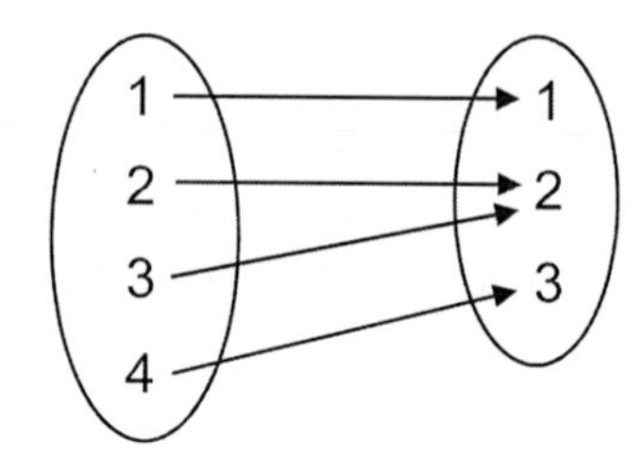

Uma função sobrejetora,
mas não injetora.

3. Composição de funções

Se $f : X \to Y$ e g é definida na imagem de f, então pode-se compor g com f. A composição é $(g \circ f)(x) \equiv_{\text{Def}} g(f(x))$, como representado abaixo.

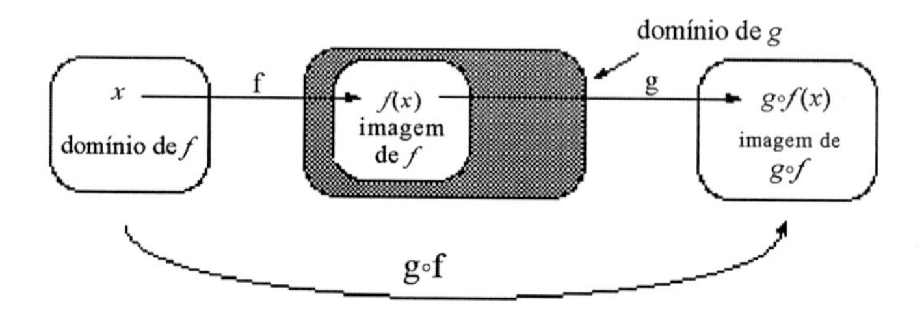

Por exemplo, se $f(x) = 3x + 7$ e $g(x) = 2x^2$, então $g \circ f(x) = 18x^2 + 84x + 98$.

Cuidado: Alguns autores escrevem $f \circ g$ ao invés de $g \circ f$.

Exercícios

1. Descreva o processo de adicionar 1 em notação decimal.

2. a. Para se certificar de que você entende a prova de que $\sqrt{2}$ não é racional, prove que $\sqrt{p}$, p primo, não é racional.

b. Construa segmentos que correspondam a $\sqrt{2}, \sqrt{3}, \sqrt{4}, \sqrt{5}$ usando régua e compasso.

c. Como se pode representar números irracionais no nosso sistema de notação decimal?

3. Mostre que não se pode obter $\sqrt{7}$ a partir dos racionais e $\sqrt{2}$, usando adição, subtração, multiplicação e divisão. Isto é, mostre que para todos os números racionais a, b, c e d, $\sqrt{7} \neq [a + b\sqrt{2}\,] / [c + d\,\sqrt{2}\,]$.

4. Reescreva cada uma das seguintes funções nos números naturais em cada um dos três tipos de notação funcional descritos neste capítulo.

a. A cada número associe seu cubo.

b. A cada número associe o número 47.

c. A cada número < 16 associe seu quadrado, a cada número > 16 associe o número elevado ao cubo menos 2 e associe 407 ao 16.

5. a. Prove que nos números naturais $f(x) = 3x + 7$ é injetora.

b. Prove que $\lambda\, x\, (x^4 + 2)$ não é injetora nos números reais.

6. Quais das seguintes funções são iguais, considerando o domínio dos números reais:

a. $f(x) = x^2 + 2$

b. $g(x) = 3x^3 - 2$

c. $x \mapsto 3\, x^3 + x^2$

d. $f \circ g$

e. $g \circ f$

f. $\lambda\, x\, (9x^6 - 12x^3 + 6)$

g. $\lambda\, x\, (f(x) + g(x))$

4
Provas

A. O que é uma prova?

O que é uma prova? O *Dicionário Houaiss da Língua Portuguesa* ensina que é aquilo que demonstra que uma afirmação ou um fato são verdadeiros, e cita demonstração como sinônimo de prova. Mas como se reconhece quando uma afirmação matemática foi provada ou demonstrada? De que maneira uma prova em matemática (à qual poderíamos sempre chamar de demonstração) difere de uma prova num tribunal de justiça? Em "The nature of mathematical proof", R. L. Wilder (1944) oferece seu ponto de vista.

> Qual é o papel que uma prova desempenha? Parece ser somente um processo de teste que aplicamos às sugestões da nossa intuição.
>
> Obviamente não dispomos, e provavelmente nunca iremos dispor, de um padrão de prova que seja independente do tempo, da coisa a ser provada, ou da pessoa ou escola de pensamento que o utiliza.

Segundo Julia Robinson, ao expressar sua opinião em uma aula, uma prova é uma demonstração que será aceita por qualquer pessoa razoável que esteja a par dos fatos.

A maior parte dos matemáticos não se preocupa em clarificar precisamente tais noções, porque não julgam necessário. Eles sabem intuitivamente o que é uma prova correta e o que não é. Mas de onde vem esta intuição? É um resultado da imitação e correção durante o aprendizado de matemática, cada geração passando à próxima um modo de se expressar matematicamente, uma cultura matemática. As culturas mudam, entretanto, e os padrões utilizados em provas são agora muito diferentes daqueles usados no tempo de Euclides ou no século XVII, quando o cálculo foi desenvolvido por Newton e Leibniz. A maioria dos matemáticos acredita que o padrão é mais alto agora, que fazemos matemática melhor do que qualquer geração anterior. Certamente, em nosso trabalho fazemos muitas distinções que nunca foram feitas antes. Mas serão nossas provas melhores? Pensar assim leva as provas matemáticas do domínio da cultura para um domínio de padrões absolutos. Uma das razões para pensarmos que há somente um padrão absoluto de prova é que acreditamos que provas fornecem conhecimento absoluto e certo, uma crença que examinaremos no §G.1.

Uma coisa, contudo, é essencial ter em mente: uma prova é uma forma de comunicação. A demonstração consiste na apresentação ou no particular arranjo dos argumentos que produzem a prova. Quando se escreve uma prova tenta-se convencer alguém (possivelmente a si mesmo) de que uma afirmação segue a partir de outras: se as outras são verdadeiras, então aquela deve ser também verdadeira. Este é o caso, mesmo que você pense que provas devam se relacionar a um ideal platônico absoluto, pois neste caso o que você está supostamente comunicando é sua opinião acerca da prova ideal platônica.

Se provas são formas de comunicação, então são formas altamente especializadas. Uma prova em matemática é diferente de uma num tribunal de justiça, não pela virtude de apelar para termos especializados ou formas de comunicação rígidas, porque a lei também o faz, mas sim pelas formas particulares de prova que são consideradas aceitáveis. Consideraremos como sinônimos os conceitos de prova e demonstração, embora alguns autores prefiram considerar uma demonstração como uma versão informal de uma prova, que comunica as idéias gerais a partir das quais a prova pode ser reconstruída.

Para podermos concordar sobre métodos básicos, apresentamos algumas formas de prova que são fundamentais em matemática, esclarecendo que todas elas são casos particulares de uma definição formal de prova, como a que veremos no capítulo 18, §E. No parágrafo G do presente capítulo voltaremos à questão do significado de uma prova.

B. Provas por indução

1. Um exemplo: prove que $1 + 2 + \cdots + n = \frac{1}{2}\, n\,(n + 1)$.

Prova: $1 = \frac{1}{2} \cdot 1 \cdot (1 + 1)$. Esta é chamada de *base da indução.*

Suponha que $1 + 2 + \cdots + n = \frac{1}{2} n(n + 1)$. Esta é a *hipótese de indução.*

Assim,

$$1 + 2 + \cdots + n + (n + 1) = [\frac{1}{2} n(n + 1)] + (n + 1).$$

Logo $1 + 2 + \cdots + n + (n + 1) = \frac{1}{2}(n^2 + n) + \frac{1}{2}(2n + 2)$,

e $1 + 2 + \cdots + n + (n + 1) = \frac{1}{2}(n^2 + 3n + 2)$,

portanto $1 + 2 + \cdots + n + (n + 1) = \frac{1}{2}(n + 1) \cdot (n + 2)$.

Isto é, $1 + 2 + \cdots + n + (n + 1) = \frac{1}{2}(n + 1) \cdot ((n + 1) + 1)$, como queríamos demonstrar. ■

O método é este: mostramos que a afirmação vale para 1. A seguir *assumimos* como válido para n um número arbitrário mas fixado e mostramos então que é válida para $n + 1$. Concluímos, assim, que a afirmação é verdadeira para todos os números. Por quê? É verdadeira para 1, então é verdadeira para 2; desde que é verdadeira para 2, é também para 3 e assim por diante.

O "assim por diante" pesa muito. Acreditamos que os números naturais são completamente especificados pelo seu método de geração: adicionar 1, começando pelo 0:

$$0 \quad 1 \quad 2 \quad 3 \quad 4 \quad 5 \quad 6 \quad 7 \quad \ldots$$

Para provar uma afirmação A por indução, provamo-la primeiramente para algum ponto inicial nesta lista de números, usualmente 1, mas podendo ser também 0 ou 47. Estabelecemos, então, que temos um método de gerar provas que é exatamente análogo ao método de geração de números naturais: se $A(n)$ é verdadeira, então $A(n + 1)$ é verdadeira. Temos, portanto, a lista:

$A(0)$,	se $A(0)$, então $A(1)$, logo $A(1)$	se $A(1)$, então $A(2)$, logo $A(2)$	se $A(2)$, então $A(3)$, … logo $A(3)$

Assim, a afirmação é verdadeira para todos os números naturais iguais ou maiores do que o ponto inicial, seja ele 1, 0 ou 47.

Na verdade, temos apenas uma idéia: um processo de gerar objetos seqüencialmente, sem fim, no primeiro caso numerais ou números e, no outro, provas. Acredita-se que a indução é uma forma correta de prova porque duas aplicações desta idéia simples se combinam. Recusar a prova por indução implica negar que os números naturais são completamente determinados pelo processo de adicionar 1 ou que se pode deduzir uma proposição C das proposições $B \to C$ e B.

2. No exemplo abaixo a base da indução não é 0 nem 1: prove que $1 + 2^n < 3^n$ para $n \geq 2$.

Prova: Note que a afirmação é falsa para n = 1.

Base: $1 + 2^2 = 5 < 3^2 = 9$.

Passo da indução: Assume-se, para $n \geq 2$ fixado, que $1 + 2^n < 3^n$. Assim,

$$\begin{aligned} 1 + 2^{n+1} &= 1 + (2 \cdot 2^n) \\ &= (1 + 2^n) + 2^n \\ &< (1 + 2^n) + (1 + 2^n) \\ &< 3^n + 3^n, \text{ pela hipótese de indução} \\ &< 3^n + 3^n + 3^n \\ &= 3^{n+1} \end{aligned}$$

Isto é, $1 + 2^{n+1} < 3^{n+1}$, como queríamos demonstrar. ■

3. Pode-se também utilizar a indução para objetos que podem ser enumerados. A seguir, temos um exemplo em que aplicamos a indução para uma coleção de objetos, neste caso conjuntos finitos de pontos no plano, onde não apenas um, mas vários objetos diferentes podem ser associados a cada número natural.

Dada qualquer coleção de n pontos no plano, tais que não há três pontos colineares, existem exatamente $\frac{1}{2}\, n \cdot (n - 1)$ segmentos de linha que os conectam.

Prova: O menor número n ao qual o teorema pode ser aplicado é 2. Dados 2 pontos distintos no plano, há exatamente 1 segmento que os une, e $\frac{1}{2}\, 2 \cdot (2 - 1) = 1$. Portanto, o teorema é verdadeiro para $n = 2$.

Suponha agora que é verdadeiro para n; mostraremos que vale para $n + 1$. Suponha que temos uma coleção de $n + 1$ pontos no plano. Chame um deles P. Então a coleção inteira, com exceção de P, contém n pontos e assim podemos aplicar a hipótese de indução: há $\frac{1}{2}\, n \cdot (n - 1)$ segmentos conectando estes pontos. Os únicos outros segmentos que podem ser desenhados nesta coleção são os que conectam P a cada um dos outros n pontos. Há n segmentos destes. Assim, no total, há $[\frac{1}{2}\, n \cdot (n - 1)] + n$ segmentos unindo pontos na coleção inteira. Portanto,

$$
\begin{aligned}
[\frac{1}{2}\,n \cdot (n-1)] + n &= [\frac{1}{2}\,n \cdot (n-1)] + \frac{1}{2} \cdot 2n \\
&= \frac{1}{2}(n^2 + n) \\
&= \frac{1}{2}\,(n+1) \cdot n
\end{aligned}
$$

como queríamos demonstrar. ■

4. O nome 'indução matemática', apesar de bem estabelecido, é enganoso. Fora da matemática, indução (aqui chamada 'indução ordinária', para evitar confusão) significa um processo de generalização com base em propriedades de um exemplo selecionado ou tomado ao acaso... [a] conclusão, ainda que razoável, é precária e deve ser tomada como não mais do que provavelmente verdadeira. Pode ser refutada por um simples contra-exemplo. Por outro lado, a conclusão de uma indução matemática é bastante certa e, se nenhum erro foi cometido no raciocínio, não pode haver dúvidas quanto a esta ser apenas provavelmente verdadeira, ou quanto à possibilidade de falha em casos excepcionais. A indução matemática não é uma forma especial da indução ordinária; ela é uma variedade de prova rigorosa: uma demonstração ou dedução. (Max Black, em *Encyclopaedia Americana*, vol. 15, 1971, p.100)

C. Prova por contradição (*Reductio ad Absurdum*)

O método de prova por contradição consiste em assumir por hipótese que a proposição que se quer demonstrar é falsa, isto é, que a sua negação é verdadeira. Se disso derivarmos uma contradição, então não podemos assumir tal hipótese, e portanto a proposição é necessariamente verdadeira. Um exemplo é a prova, no capítulo 3 §B, de que $\sqrt{2}$ não é racional.

Este método se baseia em duas suposições: (1) se uma afirmação implica alguma coisa falsa, deve também ser falsa e (2) para toda afirmação, ela ou a sua negação deve ser verdadeira. Esta última suposição é chamada *a lei do terceiro excluído* ou *tertium non datur,* porque sustenta que não há uma terceira escolha entre verdadeiro e falso. Trata-se de um método não construtivo, onde a verdade se estabelece pela impossibilidade de negá-la.

D. Prova por construção

Para mostrar que alguma coisa existe pode-se construí-la. Por exemplo, na geometria euclideana sem o postulado das paralelas podemos provar que, dada qualquer linha l e um ponto P que não esteja em l, há *pelo menos* uma linha m que passa por P e que é paralela a l:

Dados l e P fora de l, construímos a perpendicular a l a partir de P, encontrando l no ponto Q. Construímos a seguir uma perpendicular ao segmento PQ em P, chamando-a m. Ambas m e l são perpendiculares a PQ e portanto são paralelas entre si. Assim, temos a linha paralela desejada.

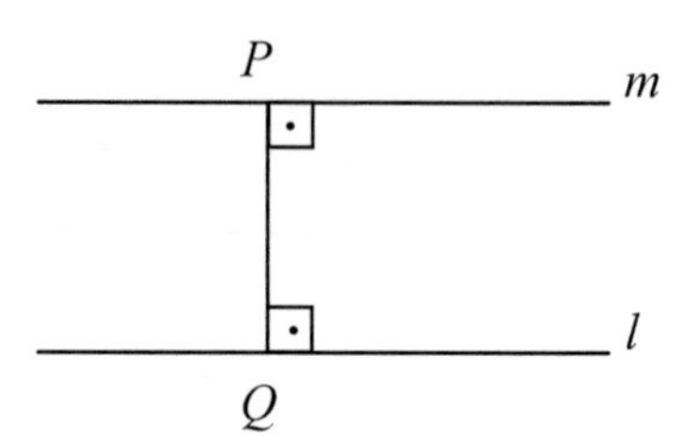

A construção é descrita antropomorficamente, mas pode ser posteriormente formalizada descrevendo-se precisamente como construir perpendiculares. Mas, a rigor, retas não podem ser desenhadas, já que não têm dimensão. Construções em matemática, não importa quão antropomórficas possam parecer, são sempre construções abstratas. Não podemos exibir uma linha paralela do mesmo modo que exibimos um homem de mais de dois metros de altura.

E. Prova por contra-exemplo

A prova por contra-exemplo é relacionada à prova por construção. Para mostrar que uma proposição sobre alguma classe de objetos não é verdadeira, basta apenas 'exibir' um objeto para o qual falhe a propriedade. Por exemplo, para provar que a proposição "todos os primos são ímpares" é falsa, é preciso apenas exibir o número 2. A resposta ao exercício 5.b do Capítulo 3 deveria ser uma prova por contra-exemplo.

F. Provas existenciais

Podemos mostrar que alguma coisa existe através de uma construção matemática. Mas não podemos também utilizar *reductio ad absurdum*?

Para uma coleção finita, uma prova por contradição pode ser transformada em uma prova por construção. Desde que nos convençamos de que deve haver algum objeto que satisfaça a condição, podemos 'inspecionar' a coleção finita, testando cada objeto até encontrar aquele que buscamos.

Quando queremos mostrar que algo existe em um conjunto potencialmente infinito, entretanto, a situação é bastante diferente. Uma prova por contradição pode não dar informação alguma sobre como produzir realmente o objeto que procuramos. Analise a seguinte prova de que há números irracionais a, b tais que a^b é racional:

Considere $\sqrt{2}^{\sqrt{2}}$. Este número ou é racional ou não é. Se for, então a afirmação está provada.

Se não for, tome $a = \sqrt{2}^{\sqrt{2}}$ e $b = \sqrt{2}$ (note que nesse caso também ambos são irracionais). Então $a^b = (\sqrt{2}^{\sqrt{2}})^{\sqrt{2}} = 2$.

No parágrafo G.2 a seguir, Goodstein discute se esta é uma prova legítima.

G. A natureza da prova: certeza e existência (Opcional)

1. Provas matemáticas: a origem da dúvida razoável

(De "Mathematical proofs: the genesis of reasonable doubt", por Gina Bari Kolata)

As provas em matemática garantem conhecimento certo e absoluto? No texto abaixo Gina Bari Kolata revisa um trabalho que nos faz duvidar disso.

> Os pesquisadores pensam que, mesmo teoricamente, questões decidíveis podem ter provas tão longas que nunca poderão ser escritas, seja por humanos ou por computadores.
>
> Para escapar do problema de provas longas e irrealizáveis, Michael Rabin, da Universidade Hebraica de Jerusalém, propõe que os matemáticos relaxem sua definição de prova. Em muitos casos pode ser possível 'provar' afirmações com a ajuda de um computador se for permitido o erro com uma probabilidade baixa predeterminada. Rabin demonstrou a praticabilidade desta idéia com uma nova maneira de determinar rapidamente, com uma chance em um bilhão de estar errado, se um número qualquer, arbitrariamente grande, é primo ou não. Porque o método de Rabin vai contra noções profundamente arraigadas de verdade e beleza em matemática, ele acende uma controvérsia um tanto quanto acalorada entre pesquisadores.
>
> Rabin se convenceu da utilidade de uma nova definição de prova quando considerou a história das tentativas de provas de teoremas por computadores. Havia, por volta de 5 anos atrás, um grande interesse nesta forma de provar teoremas.

Este interesse está relacionado a questões em inteligência artificial, e especificamente a problemas tais como a criar procedimentos automáticos que encontrem erros em programas computacionais. Os pesquisadores logo descobriram, entretanto, que as provas, mesmo das afirmações mais simples, tendiam a requerer quantidades inaceitáveis de tempo computacional. Rabin acredita que esta falha na demonstração automática de teoremas pode ser devida às provas inevitavelmente grandes de muitas afirmações decidíveis, mais do que à falta de engenhosidade no projeto de algoritmos computacionais.

Por volta de 4 anos atrás, Albert Meyer, do Massachusetts Institute of Technology, demonstrou que provas computacionais de algumas afirmações escolhidas de maneira arbitrária num sistema lógico muito simples serão, necessariamente, muito longas. O sistema consiste de conjuntos de inteiros e uma operação matemática: a adição do número 1 a inteiros. É sabido, há muito tempo, que qualquer afirmação neste sistema lógico pode ser provada verdadeira ou falsa em um número finito de passos, mas Meyer mostrou que este número de passos pode ser uma exponencial iterada, ou seja, uma exponencial de uma exponencial de uma exponencial e assim por diante. Uma afirmação de comprimento *n* pode requerer [uma prova que utiliza]

$$2^{2^{2^{2^{\cdot^{\cdot^{\cdot}}}}}}$$

passos, em que o número de expoentes é proporcional a *n*...

[Meyer e Stockmeyer] definiram como "completamente impossível" um problema que requeira uma rede computacional de 10^{123} componentes, o que, de acordo com Meyer, é uma estimativa do número de objetos do tamanho de um próton que preencheria densamente o universo conhecido. Assim, eles mostraram que para [ser capaz de] provar uma afirmação arbitrária consistindo de 617 símbolos ou menos, um computador necessitaria 10^{123} componentes.

O problema com provas, segundo Rabin, é a necessidade de que elas estejam corretas. Os humanos constantemente erram em matemática e em todas as outras coisas. Talvez devido a isso, humanos que resolvem problemas tendem a terminar suas tarefas, enquanto computadores freqüentemente param por falta de tempo...

Rabin descobriu que se *n* não é primo, pelo menos metade dos inteiros entre 1 e *n* falham num teste [particular].* Assim, se algum número entre 1 e *n* é escolhido ao acaso e testado, há pelo menos uma chance de $\frac{1}{2}$ de o teste falhar se *n* não é primo. Se dois números são escolhidos ao acaso e testados, há pelo menos $\frac{3}{4}$ de chance de um deles falhar se *n* não é primo. Se 30 números entre 1 e *n* são escolhidos ao acaso, há pelo menos $1 - \left(\frac{1}{2}\right)^{30}$ de chance de um deles falhar se *n* não é primo. A chance de que 30 números arbitrariamente escolhidos entre 1 e n passem no teste e que n não seja primo, então, é apenas $\left(\frac{1}{2}\right)^{30}$ em 1, ou 1 em um bilhão. Este método probabilístico envolve o teste de relativamente poucos inteiros. O número de inteiros testados é independente do tamanho de n, mas depende da chance de erro que se aceite.

O teste probabilístico de Rabin é muito mais rápido do que testes exatos. Testes exatos levam tanto tempo que os únicos números maiores do que 10^{60} que foram testados têm formas especiais.** Rabin pode testar números deste tamanho em 1 segundo de tempo computacional. Como exemplo, ele e Vaughan Pratt, do Massachusetts Institute of Technology, mostraram que $2^{400} - 593$ passa no teste e assim é um primo "para todos os propósitos práticos."...

Uma reação típica de muitos matemáticos é dizer que não aceita um método probabilístico de prova porque a "glória da matemática reside no fato de que os métodos existentes de prova são essencialmente livres de erro". Ronald Graham, dos laboratórios Bell, em Murray Hill, e outros, replicaram que têm mais confiança em resultados que podem ser obtidos por métodos probabilísticos, tais como o teste dos números primos de Rabin, do que em muitas provas matemáticas de 400 páginas...

Graham pensa que provas longas e complicadas estão se tornando a norma mais do que a exceção em matemática, pelo menos em algumas áreas tais como a teoria de grupos... Ele e Paul Erdös acreditam que algumas das longas provas que estão sendo publicadas estão no limite da quantidade de informação que a mente humana pode manipular. Por isso, Graham e outros acentuam que a verificação de teoremas por computadores pode necessariamente ser parte do futuro da matemática. Os matemáticos podem ter que revisar suas noções sobre o que constitui evidência forte o suficiente para acreditar que uma afirmação é verdadeira.

* João Meidanis nos informou que R. Solovay e V. Strassen ("A fast Monte-Carlo test for primality," *SIAM J. Comput.* 6, 1977, pp. 84-85; erratum, 7, 1978, p. 118) mostraram que, quando n é composto, pelo menos metade dos inteiros entre 1 e n falha no teste. Rabin ("Probabilistic algorithm for testing primality," *J. Number Theory*, 12, 1980, pp. 128-138) mostrou que o teste pode ser reforçado de tal forma que apenas um quarto dos inteiros entre 1 e n passam quando n é composto. O método descrito aqui como método de Rabin é conhecido como o algoritmo de Solovay-Strassen. O algoritmo de Rabin requereria metade dos testes para a mesma chance de erro.

** Há atualmente testes exatos de primalidade que podem manipular números de 60 dígitos decimais, numa média de tempo por volta de 10 segundos e de 200 dígitos decimais por volta de 10 minutos (H. Cohen and H.W. Lenstra, Jr. "Primality tests and Jacobi sums," *Math. Comput.* 42, 1984, pp. 297-330). Mais recentemente foi proposto um algoritmo polinomial para teste de primalidade (M. Agrawal, N. Kayal, e N. Saxena, Primes is in P, *Ann. Math.* 160 (2004), PP. 781-193). Esse algoritmo, contudo, não é eficiente na prática, e o teste probabilístico de primalidade de Rabin continua a ser utilizado.

2. Formalismo construtivo

(De "Constructive Formalism", por R.L. Goodstein)

Aqui Goodstein argumenta que uma prova por contradição não pode nunca justificar a existência de qualquer coisa: as únicas provas legítimas de existência são aquelas que exibem o objeto.

A infinitude dos primos. Chegamos agora à terceira questão "existe um número primo maior do que 10^{10}?". Considere antes a questão: "existe um número primo entre 10^{10} e $10^{10} + 10$?". Os nove números, $10^{10} + 1$, $10^{10} + 2$, $10^{10} + 3$, $10^{10} + 4$, $10^{10} + 5$, $10^{10} + 6$, $10^{10} + 7$, $10^{10} + 8$, $10^{10} + 9$, podem ser testados para saber se são ou não primos, o que significa que cada um deles pode ser dividido pelos números 2, 3, 4, 5, até 10^5 e, se um dos nove números deixar um resto maior ou igual à unidade para cada uma das divisões, então aquele número é primo; se, entretanto, cada um dos nove números deixar resto zero para alguma divisão, então nenhum dos nove números é primo. Da mesma forma, podemos testar se qualquer número entre $10^{10} + 10$ e $10^{10} + 20$ é primo e, é claro, o teste é aplicável a qualquer série finita (i.e., uma série na qual o *último* elemento é dado). Assim, a questão "existe um número primo entre a e b?" pode ser decidida de uma forma ou de outra num número especificável de passos, dependendo apenas de a e b, quaisquer que sejam eles. Quando, entretanto, perguntamos se há um número primo maior do que 10^{10}, o teste não é aplicável, já que não colocamos limite para o número de experimentos a serem realizados. Mesmo que testemos muitos números maiores do que 10^{10}, podemos não encontrar um número primo e ainda não podemos *nunca* afirmar que não há primos maiores do que 10^{10}. Poderíamos, durante o experimento, encontrar um número primo, mas a menos que isto aconteça, o teste seria inconcludente. Para mostrar que o teste pode realmente ser decisivo é necessário que estejamos aptos, de alguma forma, a limitar o número de experimentos requeridos e isto foi conseguido por Euclides quando ele provou que, para cada valor de n, a cadeia de números de n a $n! + 1$ inclusive, contém pelo menos um primo. [$n!$ é o produto dos números inteiros de 1 a n inclusive]. As idéias subjacentes a esta prova são apenas que $n! + 1$ deixa resto 1 quando dividido por quaisquer dos números de 2 a n e que o *menor* número acima da unidade que divide qualquer número é necessariamente primo (todo número tem um divisor maior do que a unidade, a saber, o próprio número e o menor divisor é primo, já que seus fatores também dividirão o número e assim deve ser ou a unidade ou o menor divisor); portanto o *menor* divisor (maior do que a unidade) de $n! + 1$ é primo e maior do que n. O que a prova de Euclides conseguiu não foi a descoberta ou especificação de um número primo, mas a construção de uma função cujos valores são números primos. Teremos, mais tarde, oportunidade de observar quão freqüentemente a matemática responde à questão "há um número com tais e tais propriedades" *construindo* uma função; o modo e o tipo de tais construções será o assunto de considerações posteriores.

Quando nos voltamos à questão da existência de primos gêmeos maiores do que 10^{10} nos deparamos com a tarefa *infindável* de testar, um após o outro, os primos maiores do que 10^{10}, dos quais, como já vimos, podemos determinar tantos quantos quisermos, para encontrar se há dois primos que diferem de 2. Neste exemplo nenhuma função foi construída cujos valores formem pares de primos e não há modo de decidir a questão negativamente. Fizemos uma pergunta – se é que é uma *pergunta* – à qual não há possibilidade de responder *não* e à qual a resposta *sim* poderia ser dada apenas se *acontecesse* de acharmos, no decorrer da tarefa infindável de procurar através de uma sucessão de primos, um par que diferisse de 2. Os formalistas mantêm que podemos conceber esta tarefa infindável como completa e dizer que a sentença "existem primos gêmeos maiores do que 10^{10}" deve ser verdadeira ou falsa; a isto os construtivistas respondem que uma "tarefa infindável completada" é um conceito autocontraditório e que a sentença "existem primos gêmeos maiores do que 10^{10}" pode ser verdadeira, mas não poderia nunca ser provada falsa, de forma que, se for uma característica, por definição, das sentenças, que elas são verdadeiras ou falsas (o princípio do terceiro excluído) então "existem primos gêmeos maiores do que 10^{10}" não é uma sentença. Este dilema levou alguns construtivistas a negar o princípio do terceiro excluído, que significa que mudaram a definição de "sentença", outros mantiveram o princípio e, embora contra a sua vontade, rejeitaram a proposição existencial ilimitada, enquanto os formalistas mantêm ambos o princípio do terceiro excluído e a proposição existencial ilimitada juntamente com uma preocupação incômoda com o problema de os sistemas serem 'livres de contradição'. A discordância real entre formalistas e construtivistas não é uma disputa acerca da legitimidade de certos métodos de prova em matemática; os construtivistas negam e os formalistas afirmam a possibilidade de completar um processo infindável.

Exercícios

1. Prove por indução: $1^2 + 2^2 + \cdots + n^2 = \dfrac{1}{6}\, n \cdot (n+1) \cdot (2n+1)$.

2. Prove por indução: dado qualquer conjunto de n pontos no plano (dos quais não há três que estejam em uma reta), há exatamente $\dfrac{1}{6}\, n \cdot (n-1) \cdot (n-2)$ triângulos que podem ser formados pelos segmentos que unem os pontos.

3. Provaremos que em todo conjunto finito de números naturais todos os elementos são iguais, usando indução no número de números naturais num conjunto:

A afirmação é verdadeira para qualquer conjunto com apenas um número natural a, já que $a = a$.

Agora suponha que seja verdadeira para qualquer conjunto de n números naturais.

Sejam $a_1, a_2, \ldots, a_n, a_{n+1}$ os elementos de qualquer conjunto de $n + 1$ números naturais.

Pela hipótese de indução, $a_1 = a_2 = \cdots = a_n$. Mas temos que $a_2 = \cdots = a_n = a_{n+1}$, porque aqui, também, há apenas n números. Assim, $a_1 = a_2 = \cdots = a_n = a_{n+1}$.

O que há de errado com esta "prova"?

4. Prove, por indução, o *Teorema Fundamental da Aritmética:* Qualquer número natural ≥ 2 pode ser expresso de forma única como um produto de primos, exceto pela ordem dos primos.

5. As seguintes questões se referem ao artigo de Gina Bari Kolata em §G.1 acima.

a. Qual é a diferença entre um erro numa prova feita por um computador e um erro numa prova escrita por um matemático? Por que aceitamos, às vezes, provas em matemática, mesmo que possam ter erros "triviais"?

b. O que há de errado com a seguinte afirmação, como uma descrição do método de testar primos: "em muitos casos pode ser possível 'provar' afirmações com a ajuda de um computador se o computador puder errar com uma probabilidade baixa predeterminada"?

c. É correta a seguinte assertiva: "a glória da matemática reside no fato de que os métodos de prova existentes são, na sua essência, livres de erro"?

6. a. No trecho citado Goodstein esquematiza uma prova do teorema de Euclides em que, dado qualquer primo p, podemos encontrar outro primo entre p e $p! + 1$. Escreva esta prova em notação matemática, formalizando-a em todos os detalhes.

b. Prove que não há um número ilimitado de primos separados por 3, ou seja, mostre que há algum número n tal que não há números p e $p + 3$ maiores do que n e que são primos. Isto significa que completamos uma tarefa infindável de checar todos os primos? Por quê?

Leitura complementar

Outra discussão do uso dos computadores em provas pode ser encontrada em "The philosophical implications of the four-color problem" by E. R. Swart.

R. C. Buck, em seu artigo "Mathematical induction and recursive definitions", apresenta vários exemplos de indução, que também têm interesse para o capítulo 9.

5
Coleções infinitas?

Na última parte do século dezenove, Georg Cantor propôs uma teoria de conjuntos na qual introduzia coleções infinitas na matemática. Ele foi motivado, originalmente, por problemas sobre séries trigonométricas. O assunto, entretanto, logo adquiriu vida própria e, nas mãos de Cantor e outros, foi utilizado para prover os fundamentos do cálculo. Os inteiros foram definidos como classes de equivalência de pares ordenados de números naturais, os racionais como classes de equivalência de pares ordenados de inteiros e os números reais como *coleções infinitas* de racionais. Em termos gerais, um número real é definido, através dos cortes de Dedekind, como um conjunto de racionais que é limitado inferiormente mas não tem um menor elemento. De uma outra forma, um número real é visto como uma classe de equivalência infinita de todas as seqüências de racionais que "têm o mesmo limite".

Desde aquele tempo as coleções infinitas têm se tornado usuais na matemática moderna, a ponto de podermos mesmo considerá-las essenciais. Não pretendemos discutir este fenômeno, nem explicar os detalhes da "construção" dos números reais a partir dos números naturais. Daremos, sim, alguns exemplos de coleções infinitas e resultados elementares a respeito, de forma que explicita o método de diagonalização, que será muito utilizado. Usaremos os termos 'coleção' e 'conjunto' como sinônimos.

A. Qual é o tamanho do infinito?

Assuma por um momento que possamos coletar em um mesmo conjunto todos os números naturais. Chamaremos este conjunto de $\mathbf{N} = \{0, 1, 2, 3, 4, \dots\}$.

Seguindo adiante, suponha que possamos coletar também todos os números inteiros, $\mathbf{Z} = \{\ldots, -3, -2, -1, 0, 1, 2, 3, \ldots\}$, e os racionais, $\mathbf{Q} = \{\frac{p}{q}\,; p, q \in \mathbf{Z}, q \neq 0\}$.

Finalmente, façamos o mesmo com os reais, **R**.

A principal questão que se coloca é: qual é o tamanho desses conjuntos? Em particular existem um ou mais níveis de infinidade?

Para responder a essa questão, temos de decidir o que significa afirmar que dois conjuntos infinitos têm o mesmo número de elementos (um platonista diria 'descobrir' em vez de 'decidir'). Vamos lembrar como podemos determinar se dois conjuntos finitos têm o mesmo número de elementos. Podemos contar os elementos de ambos; se obtemos o mesmo número a cada vez que contamos, então eles têm o mesmo número de elementos (podemos, desta forma, dizer que número é).

Podemos, por outro lado, proceder de acordo com o que Wang considera uma forma mais fundamental e associar os elementos de um conjunto com os do outro; por exemplo, associar cadeiras a pessoas num aposento. Se, depois de emparelhar tantos elementos quanto pudermos, houver ainda elementos sobrando em um dos conjuntos e nenhum no outro, então aquele com elementos sobrando é maior do que o outro. Este emparelhamento é um processo e assim podemos utilizar funções para descrevê-lo:

Para conjuntos *finitos*: dois conjuntos têm o mesmo número de elementos se existe uma função bijetora de um no outro.

Dependendo do que considerarmos fundamental, a associação ou a contagem, teremos aqui um fato fundamental e irredutível sobre conjuntos finitos, ou o teorema mais básico que podemos provar a respeito deles.

Como não temos intuição sobre coleções infinitas para determinar se dois conjuntos infinitos têm o mesmo número de elementos, permitiremos extrapolar a experiência advinda dos conjuntos finitos e propor a seguinte *definição*:

Para conjuntos *infinitos*: dois conjuntos têm o mesmo número de elementos se existe uma função bijetora de um no outro.

Escrevemos $A \simeq B$ significando que há uma função bijetora de A a B *e* dizemos que A é *equipotente* a B.

Será que todos os conjuntos infinitos têm o mesmo número de elementos?

B. Enumerabilidade: os racionais são enumeráveis

A coleção infinita mais simples é **N**. Dizemos que uma coleção de objetos A é *enumerável* (ou *contável*) se é um conjunto finito (possivelmente vazio) ou se equivale a **N**, ou seja, para algum n existe uma bijeção entre A e os naturais menores do que n, ou entre A e **N**. A bijeção é chamada de *enumeração*. Se uma coleção é contável e não finita, dizemos que é *contavelmente* (ou *enumeravelmente*) *infinita*.

1. A coleção de todos os números pares é contavelmente (ou enumeravelmente) infinita:

$$\begin{array}{ccccccccc} 0 & 1 & 2 & 3 & 4 & \cdots & n & \cdots \\ \downarrow & \downarrow & \downarrow & \downarrow & \downarrow & \cdots & \downarrow & \\ 0 & 2 & 4 & 6 & 8 & \cdots & 2n & \cdots \end{array}$$

É característico de uma coleção infinita que ela pode ser colocada *em correspondência biunívoca* (isto é, 1 a 1) com uma parte dela mesma. Isto, de fato, pode ser usado como uma definição de infinito. Existem diversas definições de coleções infinitas e algumas, como a de Dedekind, só podem ser mostradas equivalentes às outras usando noções fundamentais da teoria dos conjuntos, como o axioma da escolha.

2. Como os racionais são densos na reta real (isto é, entre cada dois racionais existe outro), tem-se a ilusão de que deveria haver mais racionais do que naturais. No entanto, **Q** é enumerável, como mostra o *Passeio de Cantor* sobre os racionais:

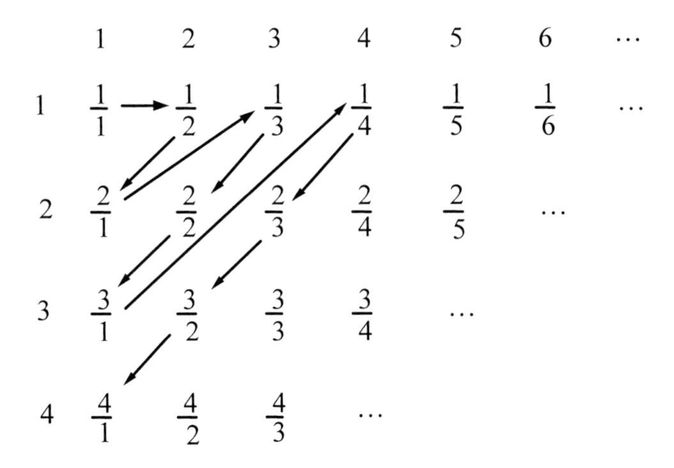

É claro, a partir do desenho, que podemos seguir a flecha, desprezando as frações anteriormente encontradas, obtendo assim uma enumeração dos racionais positivos e portanto de todos os racionais (exercício 3).

Mais formalmente, podemos mostrar que o conjunto **P** dos pares ordenados de números naturais (sem se referir a frações) é enumerável, definindo:

$$J(m, n) = \frac{1}{2}\,[\,(m + n - 2)\,(\,m + n - 1)\,] + m$$

Esta função define a ordem do desenho acima, com a exceção de que ela também ordena pares onde uma das componentes é 0. A ordem enumera de acordo com $m + n$ crescente e se a soma $m + n$ é a mesma para dois pares então eles são dispostos segundo m crescente. O exercício 4 pede para mostrar que J é bijetora.

O conjunto dos racionais positivos $\mathbf{Q}^+$ equivale a um subconjunto de **P** através da correspondência $a \mapsto (p, q)$, onde $a = \frac{p}{q}$ é irredutível (e q pode ser igual a 1). Finalmente, pode-se mostrar também que todo subconjunto de um conjunto enumerável é enumerável (exercício 5.d).

C. Os reais não são enumeráveis

Apesar de os racionais serem enumeráveis e densos na reta real (já que entre cada dois racionais existe mais um racional), os números reais são muito mais complicados do que os racionais; mostramos a seguir que os reais não são enumeráveis.

Considere o intervalo [0,1), formado pelos reais ≥ 0 e < 1. Pela bijeção $g(x) = \frac{x}{1-x}$, o intervalo [0,1) equivale aos reais positivos e podemos mostrar que $[0,1) \simeq \mathbf{R}$ (exercício 8).

Mostramos agora que [0,1) não é enumerável. Represente os números em [0,1) por suas expansões decimais, $x = 0, x_0\, x_1 \cdots x_n \cdots$. Para garantir a unicidade da representação (já que, por exemplo, 0,1 = 0,0999...), assumimos que nenhuma representação termine em uma seqüência infinita de 9's.

Suponha, por contradição, que $\mathbf{N} \simeq [0,1)$. Neste caso existe uma enumeração de [0,1):

$$\begin{array}{lllllll}
a_0 & = 0, & a_{00} & a_{01} & a_{02} & \ldots & \\
a_1 & = 0, & a_{10} & a_{11} & a_{12} & \ldots & \\
a_2 & = 0, & a_{20} & a_{21} & a_{22} & \ldots & \\
\vdots & & & \vdots & & & \\
a_n & = 0, & a_{n0} & a_{n1} & a_{n2} & \ldots & a_{nn} \quad \ldots
\end{array}$$

Definimos $b = 0, b_0\, b_1 \ldots b_n \ldots$ onde

$$b_n = \begin{cases} a_{nn} + 1 & \text{se} \quad a_{nn} < 8 \\ a_{nn} - 1 & \text{se} \quad a_{nn} \geq 8 \end{cases}$$

Assim, $0 \leq b < 1$ e b não termina numa seqüência de 9's, mas então não pode estar na lista, já que ele difere de cada a_n na diagonal! Portanto, não há enumeração de $[0,1]$.

Concluímos daí que há pelo menos dois níveis de infinito.

D. O conjunto das partes e o conjunto de todos os conjuntos

Há ainda muitos níveis de infinito, uma infinidade deles.

Dado um conjunto A, definimos *o conjunto das partes* (ou *conjunto potência*) *de A,* denotado por $\mathcal{P}(A)$, como o conjunto de todos os subconjuntos de A. Mostraremos por contradição (ou redução ao absurdo) que $A \not\simeq \mathcal{P}(A)$.

Suponha, por contradição, que $A \simeq \mathcal{P}(A)$. Seja $f: A \to \mathcal{P}(A)$ uma função sobrejetora. Denotamos $f(a) = A_a$. Seja B o conjunto de todos os elementos x de A tais que $x \notin A_x$. Portanto, B é um subconjunto de A e assim $B = A_b$ para algum b e então temos:

Se $b \in B$ então, por definição, $b \notin A_b$, logo $b \notin B$.
Se $b \notin B$ então, por definição, $b \in A_b$, logo $b \in B$.

Portanto, temos uma contradição. Assim, $A \not\simeq \mathcal{P}(A)$.

Consideremos agora o conjunto de *todos* os conjuntos, que chamaremos de **S**. Acabamos de mostrar que o conjunto-potência de **S** é 'maior' do que **S**, mas isto é paradoxal, já que, por definição, **S** inclui todos os conjuntos. Esta é a *antinomia de Cantor.*

Se a teoria dos conjuntos e os conjuntos infinitos devem ser a estrutura para um sólido fundamento do cálculo, o que faremos com a antinomia de Cantor e com o paradoxo de Russell (capítulo 1 §A.5)? Será que podemos confiar nos resultados sobre conjuntos infinitos quando a nossa intuição parece nos iludir, como no caso dos paradoxos e com $\mathbf{Q} \simeq \mathbf{N}$?

Exercícios

1. Mostre que $\simeq$ é uma relação de equivalência, ou seja, mostre, para todos os conjuntos A, B, C

a. $A \simeq A$.

b. Se $A \simeq B$ então $B \simeq A$.

c. Se $A \simeq B$ e $B \simeq C$ então $A \simeq C$.

2. Mostre que são enumeráveis:

a. A coleção de todos os números naturais ímpares

b. Os inteiros

c. A coleção de todos os primos

3. Suponha que $f : \mathbf{N} \to \mathbf{Q}^+$ é uma bijeção. Usando f exiba $g : \mathbf{N} \to \mathbf{Q}$ que seja bijetora.

4. Prove que J na forma $J(m, n) = \frac{1}{2}[(m + n - 2)(m + n - 1)] + m$ é bijetora, mostrando que

$$J(m,n) = \begin{cases} \text{o número de pares } (x, y) \text{ tais que} \\ x + y < m + n \text{ ou } (x + y = m + n \text{ e } x < m) \end{cases}$$

(*Sugestão*: Veja o capítulo 4 §B.1.)

5. Mostre que são enumeráveis:

a. Todas as triplas de números naturais

b. Todas as ênuplas de números naturais para um n fixado

† c. A coleção de todas as ênuplas de números naturais para todo n (*Sugestão*: Divida **N** em um número enumerável de conjuntos infinitos tomando o n-ésimo conjunto (com $n \geq 1$) como o conjunto dos números divisíveis por 2^{n-1} e não divisíveis por 2^n.)

d. Todo subconjunto de um conjunto enumerável (*Sugestão*: É imediato para subconjuntos finitos. Caso contrário, escolha a partir da enumeração do conjunto total.)

6. Seja A uma coleção enumerável, que chamamos de *alfabeto*; por exemplo, A poderia ser as letras do alfabeto latino ou poderia ser os racionais. Defina uma *palavra* como uma concatenação (seqüência finita) de objetos de A, por

exemplo, *abaabx* ou $\frac{1}{2}\ 0\ \frac{1}{2}\ \frac{1}{2}$. Mostre que a coleção de palavras sobre A é enumerável.

7. Dizemos que um número real é *algébrico* se satisfaz uma equação do tipo $a_n x^n + a_{n-1}x^{n-1} + \cdots + a_1 x + a_0 = 0$, onde $n \geq 1$, $a_n \neq 0$ e todos os coeficientes são racionais. Caso contrário ele é dito transcendental. Mostre que o conjunto dos números algébricos é enumerável. Conclua que existem números transcendentais. Avalie esta prova existencial pelos critérios de Goodstein (§4.G.2).

8. a. Mostre que a função g, de $[0, 1)$ nos números reais não-negativos, dada por $g(x) \simeq \dfrac{x}{1-x}$ é bijetora.

b. Prove que $[0,1) \simeq \mathbf{R}$.

9. Mostre que há o mesmo número de pontos na reta real e no plano. (*Sugestão:* mostre que $[0,1) \simeq$ quadrado unitário aberto no topo e no lado direito entrelaçando as expansões binárias de x e y para o ponto (x, y)).

O que aconteceu com o nosso conceito de dimensão?

10. Compare a prova de que $A \not\simeq \mathcal{P}(A)$ com o paradoxo do mentiroso e com o paradoxo da teoria de conjuntos de Russell.

Leitura complementar

O trabalho original de Cantor neste assunto, *Transfinite Numbers,* é ainda muito interessante. Para a teoria de conjuntos, recomendamos *Set Theory,* de Hausdorff, e *Una Introducción a la Teoría de Conjuntos y los Fundamentos de las Matemáticas*, de Carlos A. Di Prisco. Para discussões sobre os paradoxos da teoria de conjuntos, veja *Foundations of Set Theory*, por Fraenkel, Bar-Hillel e Levy.

6
Hilbert: "Sobre o infinito"

A estranheza dos resultados acerca dos infinitos distintos e a confusão engendrada pelo paradoxo de (Russell) levaram muitos matemáticos do começo do século XX a questionar a legitimidade do uso de coleções infinitas em matemática.

Uma situação similar havia ocorrido no século anterior quando Bolyai e Lobachevsky desenvolveram as geometrias não-euclideanas. Basicamente, eles mostraram que se podia juntar aos demais axiomas da geometria a negação do Axioma das Paralelas de Euclides, obtendo-se uma nova geometria, que, embora parecesse estranha e contraditória com a realidade, devia ter uma consistência interna.

Mais tarde foi mostrado por Beltrami, Klein e Poincaré que, se a geometria euclideana fosse livre de contradições, então também o seriam as de Bolyai e Lobachevsky. Isso se conseguia exibindo-se um modelo das novas geometrias dentro da geometria euclideana. Portanto as novas geometrias eram pelo menos tão seguras quanto a geometria euclideana, cuja consistência não estava em questão.

David Hilbert teve um papel fundamental na formalização dessas geometrias. No seu livro *Grundlagen der Geometrie*, de 1899 (traduzido para o inglês como *Foundations of Geometry*), ele apresenta uma axiomatização da geometria plana que contém um núcleo de axiomas aos quais se pode adicionar o axioma das paralelas de Euclides ou sua negação, na forma dada por Riemann. Ele então provou um número suficiente de teoremas no seu sistema formal para mostrar que os dois tipos de geometria poderiam ser completamente caracterizados pelas suas axiomatizações.

Mais tarde Hilbert pensou em prosseguir nessa direção com a finalidade de justificar o uso do infinito em matemática. Havia diversas axiomáticas disponíveis para a teoria dos conjuntos por volta de 1920. A dificuldade era mostrar que pelo menos uma delas era livre de contradições. Na sua famosa conferência, apresentada aqui, Hilbert proclama que não há nenhuma razão, a partir das teorias físicas do universo, para acreditar que exista alguma coisa no mundo que corresponda a uma coleção infinita. Portanto, não há possibilidade de justificar uma axiomática envolvendo infinito por um modelo físico. Como poderia então Hilbert justificar o infinito em matemática?

O texto a seguir, que pode ser considerado como um manifesto ao chamado "Programa de Hilbert", é bastante longo e de difícil compreensão numa primeira leitura. Recomendamos uma releitura após termos estudado como o Programa de Hilbert foi formalizado e se ele pode ou não ser bem-sucedido. Não obstante, o leitor deve ser capaz de responder aos exercícios no final do capítulo.

"Sobre o Infinito", por David Hilbert[1]

Weierstrass, através de sua crítica penetrante, conseguiu uma sólida fundamentação para a análise matemática. Elucidando, entre outros, os conceitos de mínimo, função e quociente diferencial, ele removeu as falhas que ainda persistiam no cálculo infinitesimal, livrou-o de todas as noções vagas a respeito do infinitesimal e desse modo resolveu definitivamente as dificuldades advindas desse conceito.

Se em análise, hoje, existe harmonia e segurança no emprego dos métodos dedutivos baseados nos conceitos de número irracional e limite e se mesmo nas questões mais complexas da teoria das equações diferenciais e integrais, não obstante o uso das mais variadas e engenhosas combinações de diferentes tipos de limite, existe unanimidade com respeito aos resultados obtidos, isso ocorre substancialmente devido ao trabalho científico de Weierstrass.

Contudo, a despeito da fundamentação que Weierstrass obteve para o cálculo infinitesimal, as disputas a respeito dos fundamentos da análise ainda não tiveram fim.

A razão dessas disputas consiste no fato de que o significado do *infinito* para a matemática ainda não foi completamente clarificado. De fato, a análise de Weierstrass eliminou o infinitamente grande e o infinitamente pequeno, reduzindo as proposições correspondentes a relações entre magnitudes finitas. Contudo o infinito ainda aparece nas séries numéricas infinitas que definem os números reais e no

1 Texto de uma conferência proferida em 4 de junho de 1925 num congresso da Sociedade Matemática da Westfalia, em Münster, em homenagem a Karl Weierstrass. Traduzido por W. A. Carnielli a partir do original alemão publicado em *Mathematische Annallen* (Berlim), v. 95 (1926), pp.161-90.

conceito de sistema de números reais, o qual é concebido como uma totalidade completa e terminada.

Em sua fundamentação da análise, Weierstrass recorreu livre e reiteradamente às formas de dedução lógica envolvendo o infinito, como, por exemplo, quando se trata de *todos* os números reais com uma certa propriedade, ou quando se argumenta que *existem* números reais com uma certa propriedade.

Portanto, o infinito pode reaparecer disfarçado na teoria de Weierstrass, escapando da sua aguda crítica e daí segue que o *problema do infinito*, no sentido indicado, é o que nós temos que resolver de uma vez por todas. Tal como nos processos limite do cálculo infinitesimal, onde o infinito no sentido do infinitamente grande e do infinitamente pequeno acabou se mostrando mera figura de linguagem, também o infinito na forma de totalidade, ainda utilizado nos métodos dedutivos, deve ser entendido como uma ilusão. Do mesmo modo em que operações com o infinitamente pequeno foram substituídas por operações com o finito que apresentam exatamente os mesmos resultados e as mesmas elegantes relações formais, os métodos dedutivos baseados no infinito devem ser substituídos por procedimentos finitos que produzam exatamente os mesmos resultados, isto é, que tornem possíveis as mesmas cadeias de provas e os mesmos métodos de obtenção de fórmulas e teoremas.

Esta é a intenção da minha teoria. Ela tem por objetivo estabelecer de uma vez por todas a confiabilidade definitiva dos métodos matemáticos, o que o período crítico do cálculo infinitesimal ainda não conseguiu; essa teoria deveria portanto completar o que Weierstrass aspirou conseguir com sua fundamentação da análise e para a qual ele deu um passo essencial e necessário.

Mas a questão da clarificação do conceito de infinito leva em consideração uma perspectiva ainda mais geral. Um leitor atento encontrará a literatura matemática repleta de disparates e absurdos que têm sua raiz no infinito. Assim, por exemplo, quando se afirma, à guisa de condição restritiva, que em matemática rigorosa somente um número *finito* de deduções é admissível numa prova – como se alguém houvesse obtido uma prova com infinitas deduções!

Velhas objeções, que já se supunham há muito abandonadas, ainda reaparecem em novas formas. Por exemplo, apareceu recentemente a seguinte: embora possa ser possível introduzir um conceito sem perigo, isto é, sem obter contradições e mesmo que isso possa ser demonstrado, não está com isso a introdução do conceito ainda justificada. Não é essa precisamente a objeção que havia sido levantada contra os números complexos-imaginários quando se dizia: "De fato, seu uso não leva a nenhuma contradição. No entanto, sua introdução não está justificada, pois magnitudes imaginárias não existem"? Não; se, além da prova de consistência, a questão da justificação de uma medida tiver algum sentido, isso só pode consistir de seu grau de sucesso. Em qualquer atividade o sucesso é essencial; também aqui o sucesso é a suprema corte perante a qual todos se curvam.

Outros autores enxergam contradições – como fantasmas – mesmo onde nenhuma asserção foi proferida, a saber, no próprio mundo concreto das sensações, cujo 'funcionamento consistente' é tomado como uma premissa essencial. Eu tenho sempre acreditado, contudo, que somente asserções e hipóteses na medida em que estas conduzem a asserções por meio de deduções, podem contradizer-se umas às outras; a opinião de que fatos e eventos possam contradizer-se uns aos outros me parece um exemplo primoroso de pensamento descuidado.

Através destas observações quero apenas mostrar que o esclarecimento definitivo da *natureza do infinito*, muito mais do que interessar ao conhecimento científico especializado, é necessário para a própria *dignidade do intelecto humano*.

O infinito, como nenhuma outra questão, abala tão profundamente as *emoções* humanas; o infinito, como nenhuma outra *idéia*, tão frutiferamente tem estimulado a mente; o infinito, como nenhum outro *conceito*, necessita ser *esclarecido*.

Se quisermos nos voltar a esta tarefa de clarificar a natureza do infinito, devemos primeiramente notar de maneira breve o sentido que na realidade é dado ao infinito. Vamos analisar primeiramente o que podemos aprender da física. A primeira impressão ingênua dos eventos naturais e da matéria é a de estabilidade e continuidade. Se considerarmos uma peça de metal ou um volume de um fluido, temos a impressão de que podemos dividi-los indefinidamente, que mesmo o pedaço menor deles ainda conservará as mesmas propriedades do todo. Porém, em todas as direções em que os métodos de investigação da física da matéria foram suficientemente refinados, chega-se às fronteiras da indivisibilidade, que não depende do fracasso de nossos esforços, mas da natureza própria das coisas. De tal modo que se pode considerar a tendência da física moderna como de emancipação do infinitamente pequeno; em lugar do antigo princípio *natura non facit saltus* poderíamos mesmo afirmar o oposto, "a natureza dá saltos".

É sabido que toda matéria é composta de pequenas partículas, os *átomos*, cujas combinações e ligações produzem toda a variedade de objetos macroscópicos. Mas a física não ficou só no atomismo da matéria. No fim do século passado [XIX] apareceu o atomismo da eletricidade, que parecia ainda mais estranho à primeira vista. Conquanto até aquele momento fosse vista como um fluido e considerada um agente contínuo, a eletricidade mostrou-se constituída de *elétrons* positivos e negativos.

Fora do domínio da matéria e da eletricidade existe ainda na física uma entidade onde vale a lei da conservação, a saber, a energia. Foi mostrado que nem mesmo a energia admite incondicionalmente infinita divisibilidade. Planck descobriu os *quanta de energia*.

Portanto, um contínuo homogêneo que admita o tipo de divisibilidade de forma que torne real o infinito através do pequeno não se encontra em nenhum lugar da realidade. A infinita divisibilidade do contínuo é uma operação que existe somente em pensamento, uma mera idéia que de fato é rejeitada por nossas observações e nossas experiências da física e da química.

O segundo lugar em que nos deparamos com o problema de encontrar o infinito na natureza é na consideração do universo como um todo. Temos aqui que investigar a expansão do universo para determinar se ele contém algo infinitamente grande.

A opinião sobre a infinidade do mundo foi vigente durante muito tempo. Até Kant, e ainda mais adiante, não se punha em dúvida a infinidade do espaço.

Aqui de novo a ciência moderna, em particular a astronomia, reabriu a questão e tenta resolvê-la sem qualquer auxílio da defeituosa especulação metafísica, mas por raciocínios baseados em experimentos e na aplicação das leis da natureza. Severas objeções contra o infinito foram levantadas. A aceitação da infinitude do espaço segue necessariamente da *geometria euclideana*. Embora a geometria euclideana seja um sistema conceitual consistente, não segue daí que tenha existência real. Se o espaço é ou não euclideano só pode ser decidido através de observação e experimentação. Na tentativa de se provar a infinidade do espaço por pura especulação foram cometidos erros grosseiros. Do fato de que além de uma certa porção de espaço existe sempre mais espaço, segue somente que o espaço é ilimitado, mas não que seja infinito. Ilimitabilidade e finitude não se excluem. A pesquisa matemática oferece na chamada geometria *elíptica* um modelo natural para um universo finito. O abandono da geometria euclideana não é mais hoje em dia mera especulação matemática ou filosófica, mas é sustentado por considerações que originalmente não tinham nenhuma relação com a questão da finitude do universo. Einstein mostrou a necessidade de se abandonar a geometria euclideana. Com base em sua teoria gravitacional, ele retoma as questões cosmológicas e mostra que um universo finito é possível e todos os resultados da astronomia são compatíveis com a hipótese de um universo elíptico.

Pudemos estabelecer que o universo é finito em relação a dois aspectos: ao infinitamente grande e ao infinitamente pequeno. Porém pode perfeitamente acontecer de o infinito ter um lugar justificado *em nosso pensamento* e que tenha aí o papel de um conceito indispensável. Vejamos como é a situação na matemática, interrogando primeiro a mais pura e ingênua criação do espírito humano, que é a teoria dos números. Consideremos um exemplo da rica variedade de fórmulas elementares da teoria de números:

$$1^2 + 2^2 + \cdots + n^2 = \frac{1}{6}\, n \cdot (n+1) \cdot (2n+1)$$

Dado que podemos substituir n por qualquer inteiro, por exemplo, $n=2$ ou $n=5$; esta fórmula contém implicitamente *infinitas* proposições. Esta característica é essencial à fórmula e é por isso que ela representa a solução de um problema aritmético e precisa de uma prova, enquanto as equações numéricas particulares

$$1^2 + 2^2 = \frac{1}{6} \cdot 2 \cdot 3 \cdot 5$$

$$1^2 + 2^2 + 3^2 + 4^2 + 5^2 = \frac{1}{6} \cdot 5 \cdot 6 \cdot 11$$

podem ser verificadas através de cálculo simples e são portanto individualmente desprovidas de interesse especial.

Uma outra concepção da noção de infinito completamente diferente e singular é encontrada no importante e frutífero método dos *elementos ideais*. Mesmo na geometria plana elementar este método encontra aplicação. Neste caso os pontos e retas do plano possuem existência real originária. Para eles vale, entre outros, o axioma da conectividade: por dois pontos passa sempre uma e somente uma reta. Segue daí que duas retas podem se interseccionar no máximo em um ponto. Não vale como teorema que duas retas se cortem sempre em um único ponto, pois duas retas podem ser paralelas. Contudo, sabe-se que através da introdução de elementos ideais, a saber, de retas infinitamente longas e pontos no infinito, podemos obter como teorema que duas retas sempre se interceptam em um e somente um ponto. Estes elementos "infinitamente distantes" têm a vantagem de tornar o sistema das leis de conexão tão simples e universal quanto possível. Ainda mais, por causa da simetria entre retas e pontos resulta o tão frutífero princípio da dualidade da geometria.

Outro exemplo do uso dos elementos ideais ocorre nas conhecidas magnitudes *complexo-imaginárias* da álgebra, que simplificam os teoremas sobre a existência e quantidade de raízes de uma equação.

Tal como em geometria, infinitas retas paralelas entre si podem ser utilizadas na definição de um ponto ideal, também na aritmética certos sistemas infinitos de números podem ser considerados como *ideais*, e constituem o uso mais genial do princípio dos elementos ideais. Se isso é feito num corpo algébrico de números, recuperamos as propriedades simples e bem conhecidas de divisibilidade, tais como valem para os números inteiros *1, 2, 3, 4,...* Já chegamos aqui ao domínio da aritmética superior.

Vamos agora nos voltar à análise matemática, este produto mais fino e elaborado da ciência matemática. Vocês já conhecem o papel preponderante que o infinito aí desempenha e como de certa forma a análise matemática pode ser considerada uma sinfonia do infinito.

O enorme progresso realizado no cálculo infinitesimal resulta principalmente das operações com sistemas matemáticos com infinitos elementos. Como parece bastante plausível identificar infinito com 'muito grande', logo apareceram inconsistências, os chamados paradoxos do cálculo infinitesimal, em parte já conhecidos dos antigos sofistas. Constituiu progresso fundamental o reconhecimento de que muitos teoremas que valem para o finito (por exemplo, de que a parte é menor que o todo, existência de mínimo e máximo, intercâmbio da ordem dos termos entre soma e produto) não podem ser imediata e irrestritamente estendidos para o infinito. Afirmei no começo da minha conferência que estas questões tinham sido completamente elucidadas, notadamente como conseqüência da acuidade de Weierstrass e hoje a análise é não somente uma ferramenta infalível como um instrumento prático para uso do infinito.

Mas a análise por si só não nos conduz à compreensão mais profunda da natureza do infinito. Esta nos é dada por uma disciplina que mais se aproxima de um método filosófico geral e que foi engendrada para lançar nova luz sobre o grande complexo das questões sobre o infinito. Esta teoria, criada por Georg Cantor, é a teoria dos conjuntos e estamos aqui interessados somente naquela parte única e original da teoria que forma o núcleo central da doutrina de Cantor, a saber, a teoria dos números *transfinitos*. Esta teoria me parece o mais refinado produto do gênio matemático e uma das façanhas supremas da pura atividade intelectual humana. O que é, então, esta teoria?

Alguém que desejasse caracterizar brevemente a nova concepção do infinito que Cantor introduziu poderia afirmar que em análise lidamos com o infinitamente grande e o infinitamente pequeno somente como conceitos-limite, como algo a acontecer ou vir a ser, isto é, como *infinito potencial*. Mas este não é o verdadeiro infinito. Encontramos o verdadeiro infinito somente quando consideramos a totalidade dos números 1, 2, 3, 4,... como uma unidade completa, ou quando tomamos os pontos de um intervalo como uma totalidade que existe, de uma só vez. Este tipo de infinito é conhecido como *infinito atual* ou *completado*.

Frege e Dedekind, os dois mais célebres matemáticos por seu trabalho nos fundamentos da matemática, usaram o infinito atual – independentemente um do outro – para prover fundamento para a aritmética que fosse independente da intuição e da experiência, somente baseado na pura lógica e deduzindo toda a aritmética a partir dela. Dedekind chegou mesmo ao ponto de evitar o uso intuitivo de número finito, derivando este conceito a partir da noção de conjunto infinito. Foi Cantor, porém, quem desenvolveu sistematicamente o conceito de infinito atual. Retomemos os dois exemplos de infinito citados:

1. 1, 2, 3, 4,...
2. Os pontos do intervalo entre 0 e 1, ou, o que é o mesmo, a totalidade dos números reais entre 0 e 1;

é bastante natural considerar estes exemplos do ponto de vista de sua magnitude, mas tal tratamento revela resultados surpreendentes, conhecidos de todo matemático hoje em dia. De fato, quando consideramos o conjunto de todos os números racionais, isto é, as frações

$$\frac{1}{2}, \frac{1}{3}, \frac{2}{3}, \frac{1}{4}, \ldots, \frac{3}{7}, \ldots,$$

notamos que do ponto de vista de seu tamanho este conjunto não é maior que o dos inteiros: dizemos que os racionais podem ser enumerados. O mesmo vale para o conjunto de todas as raízes de números inteiros e também para o conjunto de todos os números algébricos. O segundo exemplo é análogo: surpreendentemente, o conjunto dos pontos de um quadrado ou cubo não é maior do que o conjunto dos pontos no intervalo de 0 a 1. O mesmo vale para o conjunto de todas as funções contínuas. Quem vivencia estes fatos pela primeira vez pode ser levado a pensar que do ponto de vista do tamanho existe um único infinito. Não. Os conjuntos em nossos exemplos (1) e (2) não são, como se diz, 'equipotentes'; de fato, o conjunto (2) não pode ser enumerado, senão que é maior que o conjunto (1). [Veja o capítulo 5 para uma exposição detalhada destes resultados. N.A.]. Encontramos aqui o que é novo e característico da teoria de Cantor: os pontos do intervalo não podem ser enumerados da maneira usual, isto é, contando 1, 2, 3,... Mas já que admitimos o infinito atual, nada nos obriga a parar aí. Quando tivermos contado 1, 2, 3,... poderemos tomar os objetos assim enumerados como um conjunto infinito completado. Se, seguindo Cantor, chamarmos ω a este tipo de ordem, então a contagem continua naturalmente como $\omega + 1$, $\omega + 2$,... até $\omega + \omega$ ou $\omega.2$ e daí de novo como $\omega.2 + 1$, $\omega.2 + 2$, $\omega.2 + 3$,... $\omega.2 + \omega = \omega.3$ – e novamente como $\omega.2$, $\omega.3$ –, $\omega.4,\ldots,\omega.\omega = \omega^2$, $\omega^2 + 1$, até obter finalmente a seguinte tabela:

$1, 2, 3,\ldots$
$\omega, \omega + 1, \omega + 2,\ldots$
$\omega.2, \omega.2 + 1, \omega.2 + 2,\ldots$
$\omega.3, \omega.3 + 1, \omega.3 + 2,\ldots$
$\omega^2, \omega^2 + 1,\ldots$
$\omega^2 + \omega, \omega^2 + \omega.2, \omega^2 + \omega.3,\ldots$
$\omega^2.2,\ldots$
$\omega^2.2 + \omega,\ldots$
$\omega^3,\ldots$
$\omega^4,\ldots$
$\vdots$
$\omega^\omega, \omega^{\omega^\omega}, \omega^{\omega^{\omega^\omega}},\ldots$

Estes são os primeiros números transfinitos de Cantor, chamados por ele de números da segunda classe. Obtemos estes números simplesmente estendendo o processo de contagem além da enumeração ordinária, isto é, através de uma continuação natural e unicamente determinada da contagem usual finita. Da mesma forma como, até agora, temos contado somente o primeiro, segundo, terceiro,... elemento de um conjunto, contamos também o ω-ésimo, $(\omega + 1)$-ésimo, ω^ω-ésimo elemento.

A partir destes resultados pode-se perguntar se realmente podemos usar a contagem com respeito a tais conjuntos, que não são enumeráveis no sentido usual.

Cantor desenvolveu, com base nestes conceitos e com bastante sucesso, a teoria dos números transfinitos e formulou um cálculo para eles. Desta forma, graças ao esforço hercúleo de Frege, Dedekind e Cantor o infinito se fez rei e reinou em grande triunfo. Em vôo vertiginoso, o infinito atingiu o pináculo da glória.

A reação, porém, não se fez esperar e veio de maneira realmente dramática. Ela aconteceu de forma perfeitamente análoga à reação que havia ocorrido contra o cálculo infinitesimal. No afã do descobrimento de resultados novos e importantes os matemáticos prestavam pouca atenção à validade de seus métodos dedutivos;

então, simplesmente como resultado da mera aplicação de definições e métodos dedutivos que já pareciam costumeiros, contradições começaram gradualmente a aparecer. A princípio esporádicas, foram se tornando mais e mais agudas e sérias, até chegar aos paradoxos da teoria dos conjuntos. Em especial, uma contradição descoberta por Zermelo e Russell [Veja capítulo 1, N.A.] teve um efeito catastrófico quando se tornou conhecida no mundo da matemática. Confrontados com este paradoxo, Dedekind e Frege abandonaram completamente seu próprio ponto de vista e bateram em retirada. Dedekind hesitou longo tempo antes de permitir uma reedição de seu tratado que marcou época, *Was sind und was sollen die Zahlen*. Frege, num apêndice, teve de reconhecer que seu livro *Grundgesetze der Mathematik* estava no rumo errado. A doutrina de Cantor, também, foi atacada de todos os lados. A reação foi tão violenta que até os conceitos mais naturais e os métodos mais simples e importantes da matemática foram ameaçados e seu emprego esteve na iminência de ser considerado ilícito. Os defensores da antiga ordem, é claro, não faltaram, mas sua estratégia defensiva era muito débil e eles nunca puderam formar uma frente unida na defesa de seus pontos-chave. Os remédios contra os paradoxos eram demasiados e os métodos propostos variados demais. Deve-se admitir que o presente estado de coisas em relação aos paradoxos é intolerável. Pense nisso: as definições e métodos dedutivos que todos aprendem, ensinam e usam em matemática, o paradigma da verdade e certeza, levam a absurdos! Se o raciocínio matemático é defeituoso, onde encontraremos verdade e certeza?

Existe, contudo, um caminho satisfatório para evitar os paradoxos sem trair nossa ciência. As atitudes que nos ajudarão a achar este caminho e a direção a tomar são as seguintes:

1. Definições frutíferas e métodos dedutivos que tiverem uma esperança de salvamento serão cuidadosamente investigados, nutridos e fortalecidos. Ninguém nos expulsará do paraíso que Cantor criou para nós.
2. É necessário estabelecer para todas as deduções matemáticas o mesmo grau de certeza das deduções da teoria elementar dos números, onde ninguém duvida e onde contradições e paradoxos só ocorrem devido a nosso descuido.

O completamento desta tarefa só será possível quando tivermos elucidado completamente a *natureza do infinito*.

Já vimos que o infinito não se acha em lugar algum da realidade, não importa de quais experimentos, observações e conhecimento lancemos mão. É possível que nosso pensamento a respeito da realidade seja tão distinto da própria realidade? Podem os processos de pensamento ser tão diferentes dos processos reais? Não parece claro, ao contrário, que, quando pensamos haver encontrado o infinito em algum sentido real, tenhamos na verdade sido meramente iludidos pelo fato de que freqüentemente encontramos dimensões extremamente pequenas e grandes na realidade?

A dedução da lógica material[2] já nos decepcionou ou nos deixou em posição difícil quando a aplicamos aos eventos ou coisas reais? Não – a dedução da lógica material é imprescindível! Ela nos decepcionou somente quando formamos definições abstratas, especialmente aquelas que envolvem objetos infinitários; nestes casos estivemos usando a lógica material de forma ilegítima, isto é, não atentamos suficientemente para os pré-requisitos necessários para seu uso correto. Ao reconhecer que existam tais pré-requisitos que devem ser levados em conta, encontramo-nos em pleno acordo com os filósofos, notadamente com Kant. Já Kant havia ensinado e isso é parte integral de sua doutrina, que a matemática trata de um tema independente da lógica, portanto a matemática não pode nem nunca poderá ser fundamentada somente na lógica. Conseqüentemente, as tentativas de Frege e Dedekind nesse sentido estariam fadadas ao erro. Como outra pré-condição para o uso da dedução lógica e para as operações lógicas devem ser considerados objetos concretos extra-lógicos, que existem com base na experiência imediata previamente a todo pensamento.

Para que as deduções lógicas sejam seguras, devemos ser capazes de vislumbrar todos os aspectos destes objetos, e seu reconhecimento, distinção e ordenação são dados, juntamente com os próprios objetos, como coisas que não podem ser reduzidas a outras ou requerer qualquer redução. Tal é a filosofia básica que eu acredito necessária, não só para a matemática, mas para toda comunicação, entendimento e pensamento científicos. Em especial na matemática, seu objeto deve consistir, desta forma, nos próprios símbolos concretos cuja estrutura é imediatamente clara e reconhecível.

Tenhamos presente a natureza e os métodos da teoria elementar finitária dos números. Esta teoria pode certamente ser construída a partir de estruturas numéricas, através de considerações materiais intuitivas. Mas certamente a matemática não consiste somente de equações numéricas e certamente não pode a elas ser reduzida. Contudo pode-se argumentar que a matemática é um aparato que, quando aplicado aos inteiros, sempre produz equações numéricas corretas. Mesmo assim, ainda temos de investigar a estrutura deste aparato o suficiente para garantir que ele de fato sempre produzirá equações corretas. Para levar a efeito tal investigação, dispomos somente dos mesmos métodos finitários, materiais concretos que servem para derivar equações numéricas na teoria dos números. Esta exigência científica pode ser de fato satisfeita, ou seja, é possível, de uma maneira puramente intuitiva e finitária – do mesmo modo como obtemos as proposições verdadeiras da teoria dos números –, conseguir as intuições que garantam a confiabilidade do aparato matemático.

Consideremos a teoria dos números mais de perto. Na teoria dos números temos os símbolos numéricos:

2 Traduzimos o termo alemão ‘inhaltlich’ como ‘material’ (por exemplo, em ‘inhaltliche Logik’ como lógica material no sentido de ‘concreta’).

1, 11, 111, 11111

onde cada símbolo é intuitivamente reconhecido pelo fato de conter somente 1's. Esses símbolos numéricos que são nosso objeto de estudo não têm em si mesmo nenhum significado. Adicionalmente a eles, mesmo na teoria elementar dos números, temos outros que possuem significado e que servem para facilitar a comunicação: por exemplo, o símbolo 2 é usado como uma abreviação para o símbolo numérico 11 e 3 como uma abreviação para 111. Usamos ainda símbolos como +, = e > para comunicar proposições. Já 2 + 3 = 3 + 2 pretende comunicar o fato de que 2 + 3 e 3 + 2, levando em conta as abreviações, são o mesmo e idêntico símbolo, a saber, o símbolo numérico 11111. Similarmente, 3 > 2 serve para comunicar o fato de que o símbolo 3, isto é, 111, é mais longo do que o símbolo 2, isto é, 11; ou, em outras palavras, que o último é parte própria do primeiro.

Usamos também as letras **a**, **b**, **c** para comunicação[3]. Desta forma, **b** > **a** comunica o fato que o símbolo numérico **b** é mais longo do que o símbolo numérico **a**. Sob este ponto de vista, **a** + **b** = **b** + **a** comunica somente o fato de que o símbolo numérico **a** + **b** é o mesmo que **b** + **a**. O conteúdo material do que é comunicado pode também ser demonstrado através de regras da dedução material e de fato este tipo de tratamento pode nos levar bastante longe.

Gostaria de dar um primeiro exemplo onde este método intuitivo é transcendido. O maior número primo conhecido é o seguinte: (39 dígitos)

p = 170 141 183 460 469 231 731 687 303 715 884 105 727

Pelo conhecido método de Euclides podemos dar uma demonstração, que cabe inteiramente dentro de nosso enfoque finitário, de que existe pelo menos um novo número primo entre **p** + 1 e **p**! + 1. A forma da proposição já é perfeitamente apropriada ao enfoque finitário, pois a expressão 'existe' somente abrevia a expressão seguinte: é certo que **p** + 1 ou **p** + 2 ou **p** + 3... ou **p**! + 1 é primo. Mais ainda, desde que é a mesma coisa, nesse caso, dizer que existe um número primo tal que é:

1. > **p** e simultaneamente,
2. ≤ **p**! + 1,

podemos chegar à idéia de formular um teorema que expressa somente uma parte do teorema euclideano, isto é, podemos formular um teorema que afirma que existe um primo > **p**. Embora este último teorema seja muito mais fraco em termos de conteúdo, já que afirma apenas parte da proposição euclideana e embora a passagem do teorema euclideano a este seja praticamente inócua, esta passagem envolve um passo transfinito quando a proposição parcial é tomada fora de contexto e considerada de forma independente.

Como pode ser isso? Porque temos uma proposição existencial! É verdade que tínhamos uma proposição similar no teorema euclideano, mas naquele caso o 'existe', como mencionado, é apenas uma abreviação para "**p** + 1 ou **p** + 2 ou

3 Utilizamos letras em negrito onde Hilbert utilizava letras góticas.

p + 3... ou **p**! + 1 é um número primo", exatamente como eu poderia dizer, ao invés de "ou este pedaço de giz, ou este pedaço,..., ou este pedaço é vermelho" que "existe um objeto" com uma certa propriedade numa totalidade finita conforma-se perfeitamente a nosso enfoque finitário. Mas uma proposição da forma "ou **p** + 1 ou **p** + 2 ou **p** + 3... ou *(ad infinitum)*... satisfaz uma certa propriedade" consiste na verdade em um produto lógico infinito. Uma tal extensão na direção do infinito, a menos que se tomem precauções adicionais, não é mais lícita que a extensão do finito ao infinito no cálculo integral e diferencial; sem cuidado adicional, ela nem tem significado.

De nossa posição finitária, uma proposição existencial da forma "existe um número com uma certa propriedade" em geral só tem significado como uma proposição parcial, isto é, como parte de uma proposição mais bem determinada. A formulação mais precisa, contudo, para muitos propósitos pode ser desnecessária.

Encontramos o infinito analisando uma proposição existencial cujo conteúdo não pode ser expresso por uma disjunção finita. De modo similar, negando uma proposição geral, que se refere a símbolos numéricos arbitrários, obtemos uma proposição transfinita. Por exemplo, a proposição que se **a** é um símbolo numérico então **a** + 1 = 1 + **a** vale sempre, de nossa perspectiva finitária é *incapaz de negação*. Veremos melhor isso se considerarmos que este enunciado não pode ser interpretado como uma conjunção de infinitas equações numéricas conectadas através de 'e' mas somente como um juízo hipotético que afirma algo no caso de ser dado um símbolo numérico.

A partir de nossa posição finitária, portanto, não se pode sustentar que uma equação como aquela dada acima, onde ocorre um símbolo numérico arbitrário, ou é válida para todo símbolo ou é refutada por um contra-exemplo. Um tal argumento, sendo uma aplicação da lei do terceiro excluído, fundamenta-se na pressuposição de que a asserção da validade universal desta equação é passível de negação.

De todo modo, constatamos o seguinte: se nos colocamos no domínio das asserções finitárias, como de resto deveríamos, temos em geral de conviver com leis lógicas muito complicadas. A complexidade torna-se insuportável quando as expressões 'para todo' e 'existe' são combinadas e involucradas. Em suma, as leis lógicas que Aristóteles professava e que a humanidade tem usado desde os primórdios do pensamento não mais valeriam. Podemos, é claro, desenvolver novas leis que valham especificamente para o domínio das proposições finitárias. Mas não nos traria nenhum proveito desenvolver tal lógica, pois não queremos nos livrar das leis simples da lógica de Aristóteles e ninguém, ainda que falasse a língua dos anjos, poderia impedir as pessoas de negar proposições gerais, ou de formar juízos parciais, ou de fazer uso do *tertium non datur*. Como devemos, então, proceder?

Vamos lembrar que *somos matemáticos* e que como matemáticos temos estado muitas vezes em situação precária, da qual fomos resgatados pelo método genial dos elementos ideais. Alguns exemplos ilustrativos do uso deste método foram vistos no início desta conferência.

Da mesma forma que $i = \sqrt{-1}$ foi introduzido para preservar da forma mais simples as leis da álgebra (por exemplo, as leis sobre existência e quantidade de raízes numa equação); da mesma forma que os fatores ideais foram introduzidos para preservar as leis simples de divisibilidade para números algébricos (por exemplo, um divisor comum ideal para os números 2 e $1 + \sqrt{-5}$ pode ser introduzido, embora tal divisor na realidade não exista); similarmente, para preservar as regras formais simples da lógica de Aristóteles devemos *suplementar as asserções finitárias com asserções ideais*. É irônico que os métodos dedutivos que Kronecker tão veementemente atacava constituam a exata contraparte do que o próprio Kronecker tão entusiasticamente admirava no trabalho de Kummer na teoria dos números, e que ele apreciava mesmo como o mais alto feito da matemática.

De que forma obtemos *asserções ideais*? É um fato notável e ao mesmo tempo favorável e promissor que, para obter elementos ideais, precisemos apenas continuar de maneira óbvia e natural o desenvolvimento que a teoria dos fundamentos da matemática já traçou. De fato, devemos ter claro que mesmo a matemática elementar vai além da teoria intuitiva dos números. Esta não inclui, por exemplo, os métodos de computação algébrica literal. As fórmulas da teoria intuitiva dos números têm sido sempre usadas exclusivamente com o propósito de comunicar. As letras representam símbolos numéricos e uma equação comunica o fato de que dois símbolos coincidem. Em álgebra, por outro lado, as expressões literais são estruturas que formalizam o conteúdo material da teoria dos números. Em lugar de asserções sobre símbolos numéricos temos fórmulas que são elas próprias o objeto concreto de estudo. No lugar de provas na teoria dos números temos derivações de fórmulas a partir de outras fórmulas, de acordo com certas regras determinadas.

Ocorre, portanto, como vemos na álgebra, uma proliferação de objetos finitários. Até agora os únicos objetos eram símbolos numéricos como 1, 11,..., 11111. Estes constituíam o único objeto do tratamento material. Mas a prática matemática vai mais longe, mesmo na álgebra. De fato, mesmo quando uma asserção é válida de acordo com seu significado e pressupondo nosso ponto de vista finitário, como, por exemplo, no caso do teorema que afirma que sempre

$$a + b = b + a$$

onde **a** e **b** representam símbolos numéricos particulares, ainda nesse caso preferimos não usar esta forma de comunicação, mas substituí-la pela fórmula:

$$a + b = b + a$$

Esta última não constitui de maneira nenhuma uma comunicação com significado imediato, mas uma certa estrutura formal cuja relação com as antigas asserções finitárias:

$$2 + 3 = 3 + 2,$$
$$5 + 7 = 7 + 5,$$

consiste no fato de que, quando a e b são substituídos na fórmula pelos símbolos numéricos 2, 3, 5, 7, obtêm-se proposições finitárias e este ato de substituição pode ser visto como um procedimento de prova, ainda que muito simples. Concluímos então que $a, b, =, +$ e também as fórmulas completas $a + b = b + a$ não possuem significado próprio tanto quanto os símbolos numéricos. Contudo, podemos derivar outras fórmulas a partir destas, às quais podemos associar um significado, interpretando-as como comunicações a respeito de proposições finitárias. De maneira geral, podemos conceber a matemática como uma coleção de fórmulas de duas espécies: primeiramente, aquelas às quais correspondem as comunicações de asserções finitárias com sentido e, em segundo lugar, outras fórmulas sem significado e que são a *estrutura ideal da nossa teoria*.

Qual era então nosso objetivo? Em matemática, por um lado, encontramos proposições finitárias que contêm somente símbolos numéricos, por exemplo:

$$3 > 2, 2 + 3 = 3 + 2, 2 = 3, 1 \neq 1$$

que, de nosso enfoque finitário, são imediatamente intuídas e compreendidas, sem recurso adicional; estas proposições podem ser negadas, elas são verdadeiras ou falsas e podemos aplicar a elas a lógica aristotélica de maneira irrestrita, sem precauções especiais. Para elas vale o princípio da não-contradição, isto é, uma proposição e sua negação não podem ser ambas verdadeiras. Vale também o *tertium non datur*, isto é, uma proposição, ou sua negação, é verdadeira. Afirmar que uma proposição é falsa equivale a afirmar que a sua negação é verdadeira. Por outro lado, além destas proposições elementares não problemáticas, encontramos outras asserções finitárias mais problemáticas, como aquelas que não podem ser divididas em asserções parciais. Finalmente introduzimos as proposições ideais com o intuito de que as leis usuais da lógica possam valer universalmente. Mas desde que estas proposições ideais, isto é, as fórmulas, não significam nada uma vez que não expressam proposições finitárias, as operações lógicas não podem ser materialmente aplicadas a elas do mesmo modo como o são para proposições finitárias.

É, portanto, necessário formalizar as próprias operações lógicas e demonstrações matemáticas. Uma tal formalização requer transformar relações lógicas em fórmulas. Portanto, junto com os símbolos matemáticos, precisamos também introduzir símbolos lógicos, tais como:

$\&$,	$\vee$,	$\rightarrow$,	$\sim$
(conjunção)	(disjunção)	(implicação)	(negação)

e, juntamente com as variáveis *a, b, c,...* devemos também empregar variáveis lógicas, ou seja, as variáveis proposicionais *A, B, C...*

Como isso pode ser feito? Felizmente, a mesma harmonia preestabelecida que tantas vezes encontramos vigente na história do desenvolvimento da ciência – a mesma que ajudou Einstein, dando a ele o cálculo geral de invariantes já previamente trabalhado para sua teoria gravitacional – vem também em nossa ajuda: encontramos o cálculo lógico já previamente trabalhado. Na verdade, este cálculo lógico foi desenvolvido originalmente de uma perspectiva completamente distinta. Os símbolos do cálculo lógico foram originalmente introduzidos para comunicar. Contudo, é consistente com nossa perspectiva finitária negar qualquer significado aos símbolos lógicos, como negamos significado aos símbolos matemáticos e declarar que as fórmulas do cálculo lógico são proposições ideais sem qualquer significado próprio. Possuímos, no cálculo lógico, uma linguagem simbólica capaz de transformar asserções matemáticas em fórmulas e capaz de expressar a dedução lógica por meio de procedimentos formais. Em exata analogia com a transição da teoria material dos números à álgebra formal, tratamos agora os sinais e símbolos de operação do cálculo lógico abstraindo do seu significado. Desta forma, finalmente, obtemos, ao invés do conhecimento matemático material que é comunicado através da linguagem comum, somente uma coleção de fórmulas envolvendo símbolos lógicos e matemáticos que são gerados sucessivamente, de acordo com regras determinadas. Algumas dessas fórmulas correspondem a axiomas matemáticos e as regras segundo as quais fórmulas são derivadas umas das outras correspondem à dedução material. A dedução material é então substituída por um procedimento formal governado por regras. A passagem rigorosa do tratamento ingênuo para o formal, portanto, é levada a efeito tanto pelos axiomas (os quais, embora originalmente vistos como verdades básicas têm sido tratados na axiomática moderna como meras relações entre conceitos), como pelo cálculo lógico (originalmente considerado como não mais que uma linguagem diferente).

Vamos agora explicar brevemente como podemos formalizar as *demonstrações matemáticas*.

[Neste ponto Hilbert discute a formalização da dedução lógica, uma versão equivalente da qual é apresentada nos capítulos 18 e 20 do presente texto. N.A.].

Estamos portanto em posição de levar adiante nossa teoria da prova e construir um sistema de fórmulas demonstráveis, ou seja, de toda a matemática.

Mas em nosso regozijo pela conquista e em particular pela nossa alegria em encontrar um instrumento indispensável, o cálculo lógico, já pronto de antemão e sem nenhum esforço de nossa parte, não devemos esquecer a condição essencial de nosso trabalho. Há apenas uma condição, embora seja uma condição absolutamente necessária, ligada ao método dos elementos ideais: a *prova de consistência*, pois a extensão de um domínio através da adição de elementos ideais só é legitimada se a extensão não causa o aparecimento de contradições no domínio inicial, ou seja, somente se as relações válidas nas novas estruturas continuarem a ser válidas no domínio anterior, quando os elementos ideais são cancelados.

O problema da consistência nas presentes circunstâncias é passível de ser tratado. Ele se reduz, obviamente, a provar que a partir dos nossos axiomas e através das regras estabelecidas não podemos obter "$1 \neq 1$" como a última fórmula numa demonstração, ou, em outros termos, que $1 \neq 1$ não é uma fórmula demonstrável. Esta é uma tarefa que cabe no domínio do tratamento intuitivo, tanto quanto, por exemplo, a tarefa de obter uma prova da irracionalidade de $\sqrt{2}$ na teoria dos números, isto é, uma prova de que é impossível encontrar dois símbolos numéricos **a** e **b** que satisfaçam a relação $\mathbf{a}^2 = 2.\mathbf{b}^2$, ou, em outras palavras, que não se pode neste caso produzir dois símbolos numéricos com uma certa propriedade. Similarmente, é nossa incumbência mostrar que um tal tipo de prova não se pode produzir. Uma prova formalizada, tal qual um símbolo numérico, é um objeto concreto e visível. Podemos descrevê-la completamente, do começo ao fim. Mais ainda, o requisito de que a última fórmula seja $1 \neq 1$ é uma propriedade concreta da prova. Podemos, de fato, demonstrar que não é possível obter uma prova que termine com aquela fórmula, e justificamos assim nossa introdução das proposições ideais.

É ainda uma agradável surpresa descobrir que, ao mesmo tempo, resolvemos um problema que tem estado ardente por longo tempo, a saber, o problema de provar a *consistência dos axiomas da aritmética.* Onde quer que o método axiomático esteja sendo usado surge a questão de provar a consistência. Nós seguramente não queremos na escolha, compreensão e uso das regras e axiomas, apoiar-nos somente na fé cega. Na geometria e nas teorias físicas o problema é resolvido reduzindo a consistência destas teorias à dos axiomas da aritmética, mas obviamente este método não basta para provar a consistência da própria aritmética. Já que nossa teoria da prova, baseada no método dos elementos ideais, nos permite dar este último importante passo, ele deve ser a pedra fundamental da construção doutrinária da axiomática. O que já vivenciamos por duas vezes, uma vez com os paradoxos do cálculo infinitesimal, e outra vez com os paradoxos da teoria dos conjuntos, não ocorrerá uma terceira vez, nem nunca mais.

A teoria da prova que esboçamos não somente é capaz de prover uma base sólida para os fundamentos da matemática, mas também, acredito, pode prover um método geral para tratar questões matemáticas fundamentais, as quais os matemáticos até agora não foram capazes de manejar.

A matemática tornou-se uma corte de arbitragem, um supremo tribunal para decidir questões fundamentais – em bases concretas com as quais todos podem concordar e onde toda asserção pode ser controlada.

As alegações do assim chamado 'Intuicionismo' [Ver capítulo 25] – modestas como possam ser – devem, em minha opinião, primeiro receber seu certificado de validade deste tribunal.

Um exemplo do tipo de questões fundamentais que podem ser tratadas deste modo é a tese de que todo problema matemático é solúvel. Estamos todos convencidos de que seja realmente assim. De fato, uma das motivações principais para nos ocuparmos de um problema matemático é que ouvimos sempre este grito dentro de nós: aí está o problema, ache a resposta; você pode encontrá-la através do pensamento puro, pois não há *ignorabimus* em matemática. Minha teoria da prova não é capaz de suprir um método geral para resolver qualquer problema matemático – simplesmente tal método não existe; contudo, a prova de que a hipótese da solubilidade de todo problema matemático não causa contradição cai no escopo da nossa teoria.

Mas quero ainda jogar um último trunfo: para uma nova teoria, sua pedra-de-toque definitiva é a habilidade de resolver problemas que, mesmo conhecidos há longo tempo, a teoria mesma não tenha sido expressamente projetada para resolver. A máxima "por seus frutos deveis reconhecê-las" aplica-se também a teorias.

[Neste ponto Hilbert afirma ser capaz de resolver a Hipótese do Contínuo: existe alguma coleção infinita cujo cardinal seja maior que **N** e menor que **R**? Hilbert certamente estava enganado, pois Kurt Gödel provou, em 1938, que a Hipótese do Contínuo (Generalizada) não pode ser refutada na teoria dos conjuntos ZFC, e Paul Cohen em 1963 provou que a Hipótese do Contínuo não pode também ser demonstrada em ZFC. A Hipótese do Contínuo é portanto independente de ZFC, situação que aparentemente Hilbert não estaria levando em conta, como se depreende de seu texto. N.A.].

Em resumo, vamos voltar ao nosso tema principal e tirar algumas conclusões a partir de nossas considerações sobre o infinito. Nosso resultado geral é que o infinito não se encontra em lugar algum na realidade. Não existe na natureza nem oferece uma base legítima para o pensamento racional – uma notável harmonia entre existência e pensamento. Em contraste com os primeiros esforços de Frege e Dedekind, estamos convencidos de que certos conceitos e juízos preliminares são condições necessárias ao conhecimento científico, e que a lógica por si só não é suficiente. As operações com o infinito só podem ser tornadas seguras através do finitário.

O papel que resta ao infinito é somente o de uma idéia – se entendemos por uma idéia, na terminologia de Kant, um conceito da razão que transcende toda experiência e que completa o concreto como uma totalidade – em que podemos confiar sem hesitar graças ao quadro conceitual erigido por nossa teoria.

Finalmente, quero agradecer a P. Bernays por sua inteligente colaboração e valiosa ajuda, tanto na parte técnica quanto editorial especialmente em relação à prova do teorema do contínuo.

Exercícios

1. Por que um modelo para uma coleção de axiomas justifica que estes axiomas sejam livres de contradição?

2. a. Qual é o motivo do discurso de Hilbert?

b. O que Hilbert tanto admirava em Weierstrass?

c. Você concorda com Hilbert quando ele afirma que "em matemática, como em tudo o mais, o sucesso é a suprema corte perante a qual todos se curvam"?

d. Qual era o paraíso que Cantor criou?

e. Por que Hilbert afirma que as leis lógicas de Aristóteles não valem: Qual é o plano dele para resolver esta questão?

f. Quais são os elementos ideais em aritmética?

g. Quando se justifica o uso de proposições ideais?

h. Por que Hilbert estava especialmente preocupado em demonstrar a consistência da aritmética?

i. De acordo com Hilbert, quais são os objetos que a matemática estuda?

j. O ponto de vista de Hilbert como mostrado aqui é chamado *formalismo*. Este nome é adequado?

l. Qual é o papel da lógica no programa de Hilbert? Em que difere do papel da lógica no programa de Frege?

3. Um platonista discordaria de Hilbert em muitos pontos, mas fundamentalmente na justificação do uso do infinito em matemática. Explique.

4. De que forma Goodstein, como um construtivista, poderia objetar ao uso que Hilbert propõe para os objetos ideais da matemática?

Leitura adicional

A biografia de Hilbert por Constance Reid oferece uma ótima oportunidade de aprofundar seus conhecimentos acerca da história da matemática e do programa de Hilbert.

Parte II
Funções computáveis

7
Computabilidade

A posição filosófica de Hilbert a respeito dos fundamentos da matemática é chamada de *formalismo*. Ele pretendia reduzir o infinito a um sistema formal livre de contradições, cuja validade pudesse ser provada por meios finitários. Mas o que quer dizer a expressão "meios finitários"? Se Hilbert tivesse dado uma prova construtiva da consistência de seu sistema, então a questão de delimitar o finitário a partir do infinitário não precisaria ser respondida. Mas Hilbert e sua escola falharam repetidamente em obter tal prova. Finalmente, Gödel mostrou que nenhum método finitista de um certo tipo poderia ser utilizado para analisar o problema da consistência. Esta prova foi definitiva ou ele apenas mostrou que *alguns* meios finitários não resolvem o problema? A análise da noção de computabilidade é essencial para responder a tal questão.

Para que se tenha uma idéia das dificuldades envolvidas, antes de continuar a leitura, seria interessante que o leitor escrevesse quais são os critérios que lhe parecem razoáveis para que um procedimento, limitado à manipulação de números naturais, seja finitário, mecânico ou computável.

A. Algoritmos

Alguns dos primeiros algoritmos que se aprende são os de adição, subtração, multiplicação, etc. Um dos algoritmos literais que resolve equações quadráticas com coeficientes reais é o seguinte: dado

$$ax^2 + bx + c = 0$$

onde a, b, c são números reais, então, se $b^2 - 4ac \geq 0$, as soluções para a equação são

$$x = \frac{-b \pm \sqrt{b^2 - 4ac}}{2a}$$

A solução para a equação quadrática levou às soluções, no século XVI, das equações gerais de terceiro e quarto graus por algoritmos semelhantes. Mas por três séculos ninguém foi capaz de propor um algoritmo para as soluções da equação de quinto grau.

$$a_5x^5 + a_4x^4 + a_3x^3 + a_2x^2 + a_1x^1 + a_0 = 0$$

Decidiu-se, finalmente, que o ideal seria obter uma solução utilizando somente os coeficientes e as operações +, –, ÷ e raízes n-ésimas, para qualquer n. Tendo-se definido claramente a classe de algoritmos que eram considerados aceitos, foi possível a Abel provar, em 1824, que não existe tal solução.

São também bastante conhecidos os algoritmos para construção de figuras geométricas usando régua e compasso, tais como aqueles para construir uma paralela ou um ângulo reto ou um triângulo equilátero. Aqui, também, houve problemas semelhantes: dado um ângulo arbitrário, trisseccioná-lo, usando apenas régua e compasso. Métodos semelhantes àqueles que mostram que as equações de grau maior ou igual a cinco não podem em geral ser resolvidas por raízes mostram que não há tal algoritmo. Este problema faz parte dos chamados *problemas gregos clássicos* da geometria, juntamente com o problema da quadratura do círculo, da duplicação do cubo e outros (veja leitura complementar a respeito dos problemas clássicos da geometria).

B. Critérios gerais para algoritmos

Precisamos ter uma noção geral de algoritmo se quisermos mostrar que, para alguns problemas, não existe solução algorítmica. A seguir apresentamos alguns critérios gerais que propõem definições para procedimentos computáveis.

1. Critérios de Mal'cev, de Algorithms and Recursive Functions

a. Um algoritmo é um processo para a construção sucessiva de quantidades, que é executado em tempo discreto, de forma que no começo é dado um sistema finito inicial de quantidades e em cada momento seguinte o sistema de quantidades resultante é obtido por meio de uma lei definida (programa) a partir do sistema de quantidades existente no momento anterior (*discretude algorítmica*).

b. O sistema de quantidades obtido em algum momento de tempo (que não seja o inicial) é unicamente determinado pelo sistema de quantidades obtido no momento precedente (*exatidão algorítmica*).

c. A lei para obter o sistema sucessor de quantidades a partir do precedente deve ser simples e local (*elementaridade dos passos do algoritmo*).

d. Se o método de obtenção da quantidade seguinte a partir de qualquer quantidade dada não fornecer um resultado, então deve ser ressaltado o que precisa ser considerado como o resultado do algoritmo (*direcionalidade do algoritmo*).

e. O sistema inicial de quantidades pode ser escolhido a partir de um conjunto potencialmente infinito (*massividade algorítmica*).

O conceito intuitivo de um algoritmo, apesar de não ser rigoroso, é de tal maneira claro que, na prática, não há casos sérios em que os matemáticos discordem sobre se algum processo concreto é um algoritmo ou não. (Mal'cev, 1970, p.18-9)

Serão completos os critérios de Mal'cev? Considere a seguinte função: constrói-se uma máquina que pode escolher um par de dados, agitá-los, lançá-los, ler os resultados obtidos e escrever a soma dos pontos dos dois; ao número n associamos o n-ésimo resultado deste processo. Como isto é feito por uma máquina é, certamente, *mecânico*. Mas será também um algoritmo para computar uma função? Acreditamos que não, já que o processo não é *duplicável*. A duplicabilidade é uma característica essencial de qualquer procedimento computável. Os critérios de Mal'cev não parecem excluir esta função como computável a não ser que queiramos argumentar que o sistema inteiro da máquina e dados não é fisicamente determinado, ou que Mal'cev somente se refere a entidades matemáticas (veja o exercício 2).

2. Hermes, de *Enumerability, Decidability, Computability*

Reflexões introdutórias sobre os algoritmos

O conceito de algoritmo

O conceito de algoritmo, isto é, de um 'procedimento geral', é entendido por todos os matemáticos. Neste parágrafo introdutório queremos precisar melhor este conceito. Fazendo isso, reforçamos o que deve ser considerado essencial.

Algoritmos como procedimentos gerais. O modo específico de os matemáticos construírem e aumentarem teorias tem diversos aspectos. Queremos, aqui, distinguir e discutir mais precisamente um aspecto característico de muitos desenvolvimentos. Quando os matemáticos estão ocupados com um grupo de problemas são, em geral, fatos isolados que os interessam inicialmente. Apesar disso, logo encontram uma conexão entre esses fatos, tentam sistematizar a pesquisa cada vez mais, com o objetivo de atingir uma visão abrangente e um domínio eventualmente completo do assunto em questão. Freqüentemente o método de atingir tal domínio consiste em separar classes especiais de questões de forma que cada classe possa ser manipulada com a ajuda de um algoritmo. Um algoritmo é um procedimento geral tal que, para qualquer questão apropriada, a resposta pode ser obtida pelo uso de uma computação simples, de acordo com um método especificado.

Exemplos de procedimentos gerais podem ser encontrados em qualquer disciplina matemática. Só precisamos pensar no procedimento da divisão para os números naturais dados em notação decimal, ou no algoritmo para a computação de expressões decimais aproximadas da raiz quadrada de um número natural, ou do método de decomposição em frações parciais para a computação de integrais com funções racionais como integrandos.

Neste livro, entenderemos por um *procedimento geral* um processo cuja execução é claramente especificada nos mínimos detalhes. Isso significa, entre outras coisas, que devemos saber expressar as instruções para a execução do processo num texto *finitamente longo.**

Não há espaço para a prática da imaginação criativa do executor. Ele deve trabalhar servilmente, de acordo com instruções que lhe são dadas e que determinam tudo nos menores detalhes.**

As exigências para que um processo seja geral são bastante restritas. Deve estar claro que os caminhos e modos que um matemático comumente usa para descrever um procedimento geral são muito vagos para serem considerados como os padrões exigidos de exatidão. Isso se aplica, por exemplo, à descrição usual dos métodos para a solução de um sistema de equações lineares. Entre outras coisas é deixado em aberto, nesta descrição, de que modo as adições e multiplicações deveriam ser executadas. É, entretanto, claro a todo matemático que, neste caso e em casos do mesmo tipo, a instrução pode ser suplementada para se obter uma instrução completa, que não deixa nada em aberto. – As instruções de acordo com as quais assistentes não treinados matematicamente trabalham numa tarefa conjunta de calcular chegam relativamente perto do ideal que consideramos aqui.

Existe um caso, que vale a pena mencionar aqui, em que um matemático costuma falar de um procedimento geral, pelo qual ele não pretende caracterizar um modo inequívoco de proceder. Estamos pensando em cálculos com diversas regras, de tal forma que não é determinado em que seqüência as regras devem ser aplicadas. Mas estes cálculos são estritamente conectados a procedimentos completamente inequívocos. ...Neste livro queremos adotar a convenção de *chamar procedimentos de procedimentos gerais somente se o modo de proceder é completamente inequívoco.*

Existem *algoritmos que terminam,* enquanto outros podem ser continuados tanto quanto quisermos. O algoritmo euclideano para a determinação do maior divisor comum de dois números termina; depois de um número finito de passos na computação obtemos uma resposta e o procedimento chega a um fim. O algoritmo bem conhecido da computação da raiz quadrada de um número natural dado em notação decimal, em geral, *não* termina. Podemos continuar com o algoritmo tanto quanto quisermos e obteremos frações decimais, cada vez aproximando melhor a raiz.

* Não se pode produzir uma instrução infinitamente longa. Pode-se, entretanto, imaginar a construção de uma que seja potencialmente infinita. Esta pode ser obtida dando-se um início finito à instrução e então dando um conjunto finitamente longo de regras que determina exatamente como, em cada caso, a parte já existente da nossa instrução deve ser estendida. Dessa forma, porém, podemos afirmar que o começo finito junto com o conjunto finitamente longo de regras é a instrução real (finita).

** Obviamente a execução esquemática de um procedimento geral dado não é (após algumas tentativas) de interesse especial para um matemático. Assim, podemos formular o fato notável de que, pelo feito especificamente matemático de desenvolver um método geral, um matemático criativo, por assim dizer, matematicamente deprecia o assunto no qual ele se torna proficiente através deste mesmo método.

Realização de algoritmos. Um procedimento geral, da forma que é entendido aqui, significa primeiramente, em qualquer caso, uma operação (ação) com coisas concretas. A separação destas coisas de cada uma das outras deve ser suficientemente clara. Elas podem ser seixos (peões, pequenas contas de madeira), como por exemplo no *ábaco* clássico ou no *soroban* japonês, elas podem ser símbolos como na matemática (e.g. 2, x, +, (, $\int$), mas podem também ser as engrenagens de uma pequena máquina de calcular, ou impulsos elétricos, como é usual em grandes computadores. A operação consiste em transformar coisas espacial e temporalmente ordenadas em novas configurações.

Para a prática da matemática aplicada é absolutamente essencial o tipo de *material* que é utilizado para executar um procedimento. Entretanto, queremos lidar com algoritmos do ponto de vista teórico. Neste caso o material é irrelevante. Se um procedimento lida com um certo material, então este procedimento pode também ser transferido (mais ou menos com êxito) para outro material. Portanto, a adição, no domínio dos números naturais, pode ser realizada acrescentando traços a uma seqüência de traços, adicionando ou tirando contas de um ábaco ou pelo movimento das engrenagens de uma máquina calculadora.

Como só estamos interessados em tais questões no domínio de procedimentos gerais que são independentes da realização material destes procedimentos, podemos tomar como uma base de nossas considerações uma realização que seja, do ponto de vista matemático, especialmente fácil de manipular. É, portanto, preferível, na teoria matemática de algoritmos, considerar os algoritmos que têm o efeito de alterar *filas de sinais*. Uma fila de sinais é uma seqüência linear finita de *símbolos* (*signos simples, letras*). Consideraremos que, para cada algoritmo, existe um número finito de letras (pelo menos uma) cuja coleção forma o *alfabeto* que é a base do algoritmo. As seqüências finitas de signos, que podem ser compostas a partir do alfabeto, são chamadas *palavras*. É, por vezes, conveniente permitir a *palavra vazia*, que não contém letras. Se **A** é um alfabeto e *W* uma palavra que é composta somente de letras de **A**, chamamos *W* de uma *palavra sobre* **A**.

As letras de um alfabeto **A** que é a base de um algoritmo são, de certa forma, não-essenciais. A saber, se alteramos as letras de **A** e assim obtemos um novo alfabeto correspondente **A'**, então podemos, sem dificuldade, obter um algoritmo para **A'** que é 'isomorfo' ao algoritmo original e que se comporta, fundamentalmente, do mesmo modo.

A enumeração de Gödel.* Podemos, em princípio, trabalhar com um alfabeto que contém apenas uma única letra, por exemplo, a letra I. As palavras desse alfabeto são (além da palavra vazia): I, II, III, etc. Essas palavras podem, de forma trivial, ser identificadas com os números naturais 0, 1, 2, ... Uma padronização tão extrema do 'material' é aconselhável por algumas considerações. Por outro lado, é conveniente, em geral, ter à disposição a diversidade de um alfabeto constituído de diversos elementos. ...

O uso de um alfabeto constituído de *um elemento* apenas não implica uma limitação essencial. Podemos, de fato, associar as palavras *W* sobre um alfabeto **A** constituído de *N* elementos com os números naturais *G*(*W*) (de tal forma que cada número natural é associado com no máximo uma palavra), isto é, com palavras de um alfabeto constituído de *um* elemento. Tal representação de *G*(*W*) é chamada uma *enumeração de Gödel* e *G*(*W*) o *número de Gödel* (com respeito a *G*) da palavra *W*. Gödel foi o primeiro a usar tal representação. As seguintes exigências são feitas para uma aritmetização *G*:

1. Se $W_1 \neq W_2$, então $G(W_1) \neq G(W_2)$.

2. Existe um algoritmo tal que, para qualquer palavra dada *W*, o número natural correspondente *G*(*W*) pode ser computado num número finito de passos pela ajuda deste algoritmo.

3. Para qualquer número natural *n* pode ser decidido, num número finito de passos, se *n* é o número de Gödel de uma palavra *W* sobre **A**.

4. Existe um algoritmo tal que se *n* é o número de Gödel de uma palavra *W* sobre **A**, então esta palavra *W* (que, de acordo com 1, deve ser única) pode ser construída em um número finito de passos, através deste algoritmo. (Hermes, 1969, p.1-4)

* Também chamada *aritmetização*.

C. Enumeração

Aqui está um exemplo de uma enumeração de Gödel, como descrita por Hermes. Tome como alfabeto as letras *a, b, c* e como *palavra* qualquer *concatenação* delas, ou seja, uma disposição das letras, lado a lado, numa linha. Por exemplo, "*abac*" é uma palavra. Podemos então enumerar as palavras, como segue:

Dada uma palavra $x_1 x_2 \cdots x_n$ onde cada x_i é *a, b,* ou *c,* associamos a ela o número $2^{d_0} \cdot 3^{d_1} \cdot \cdots \cdot p_n^{d_n}$, onde p_i é o *i*-ésimo primo (2 é o 0-ésimo primo) e

À palavra vazia é associado o número 0.

$$d_i = \begin{cases} 1 \text{ se } x_i \text{ é } a \\ 2 \text{ se } x_i \text{ é } b \\ 3 \text{ se } x_i \text{ é } c \end{cases}$$

Por exemplo, a palavra *abac* tem número $2^1 \cdot 3^2 \cdot 5^1 \cdot 7^3 = 30870$. E *bbc* tem número $2^2 \cdot 3^2 \cdot 5^3 = 4500$. O número 360 representa *cba* porque $360 = 2^3 \cdot 3^2 \cdot 5^1$.

Para mostrar que esta enumeração satisfaz os critérios de Hermes precisamos do *Teorema Fundamental da Aritmética* (exercício 4.4):

Qualquer número natural ≥ 2 pode ser representado como um único produto de primos, a menos da ordem dos fatores.

Podemos enumerar todos os tipos de objetos, não somente alfabetos. Em geral, os critérios para que uma enumeração seja útil são:

1. Objetos distintos têm números distintos.

2. Dado um objeto, podemos 'efetivamente' encontrar o seu número.

3. Dado um número, podemos 'efetivamente' decidir se ele está atribuído a algum objeto e, se estiver, a qual objeto.

D. Algoritmo x função algorítmica

O processo da enumeração é uma das formas de dar nomes a objetos. Concordamos em tratar os objetos extensionalmente: eles têm propriedades, independente de como os nomeamos (veja o capítulo 3 §A.3.c). Mas será que esta distinção realmente importa? Considere a seguinte função, dos naturais nos naturais:

$$f(x) = \begin{cases} 1 \text{ se uma seqüência consecutiva de exatamente } x \text{ dígitos 5 ocorre} \\ \quad \text{na expansão decimal de } \pi \\ 0 \text{ caso contrário} \end{cases}$$

Não há nenhum algoritmo conhecido para a computação de *f*. Pode ser que não haja nenhum, mas, para que se possa afirmar que não há realmente, precisaríamos de uma definição precisa de 'algoritmo'.

Por outro lado, considere a função:

$$g(x) = \begin{cases} 1 & \text{se uma seqüência consecutiva de } \textit{pelo menos } x \text{ dígitos 5 ocorre} \\ & \text{na expansão decimal de } \pi \\ 0 & \text{caso contrário} \end{cases}$$

Afirmamos que g é computável, isto é, existe um algoritmo para computá-la. Considere as seguintes funções:

$h(x) = 1$ para todo x
$h_0(x) = 1$ se $x = 0$; para todos os outros x, $h_0(x) = 0$
$h_1(x) = 1$ se $x = 0$ ou 1; para todos os outros x, $h_1(x) = 0$
$h_2(x) = 1$ se $x = 0$, 1, ou 2; para todos os outros x, $h_2(x) = 0$
$\vdots$
$h_k(x) = 1$ se $x = 0, 1, 2, \ldots$, ou k; para todos os outros x, $h_k(x) = 0$
$\vdots$

Cada uma destas funções é computável e g deve estar na lista: se não há 5's na expansão de π, então g é h_0; se existe uma seqüência de, digamos, no máximo n 5's em π, então g é h_n; se há seqüências arbitrariamente longas de 5's em π então g é h.

Não podemos esclarecer, obviamente, *qual* destas descrições é a correta para g, mas mostramos que uma delas deve associar as mesmas entradas às mesmas saídas, como a primeira descrição de g. Não devemos confundir o fato de não termos escolhido um bom nome para a função g (do ponto de vista extensionalista) – ou seja, um que não nos permite distinguir qual h_k ou h ela é – com o fato de que qualquer função na lista a que g pertence é computável. As propriedades das funções são independentes de como as descrevemos.

Um algoritmo é uma *descrição*, um nome para uma função. Do ponto de vista extensionalista, algoritmo $\neq$ função algorítmica.

E. Enfoques da computabilidade formal

Sabemos agora por que gostaríamos de formalizar a noção de computabilidade; temos alguns padrões e sabemos que, se pudermos formalizar esta noção para alguns tipos de objetos (palavras, números), teremos obtido também uma formalização para outros tipos, por meio de traduções por enumeração. Antes de considerarmos qualquer formalização particular, examinemos alguns enfoques diferentes:

1. *Representabilidade num sistema formal* (Church, 1933, Gödel [e Herbrand], 1934). Neste enfoque tomamos um sistema aritmético formal (axiomas e regras de inferência) e uma função é dita computável se, para todo m e n para os quais $f(m) = n$ pudermos provar que $f(m) = n$ no sistema. Veremos este enfoque na Parte III, quando formalizarmos a aritmética.

2. *λ - cálculo* (Church, 1936). Este enfoque está intimamente relacionado à representabilidade num sistema formal. Church toma um alfabeto formal simples e uma linguagem com uma noção de derivabilidade que imita a idéia de prova, ainda que de forma mais simples. Tudo é reduzido à manipulação de símbolos, e $f(m) = n$ se pudermos derivar esta fórmula no sistema. Veja, por exemplo, Rosser, 1984.

3. *Descrições aritméticas* (Kleene, 1936). Este enfoque é baseado na generalização da noção de definição por indução. Uma classe de funções que inclui $+$ e $\cdot$ é 'fechada sob' algumas regras simples, como definição por indução, produz a classe de *funções (μ-) recursivas* e é o sistema mais fácil para se trabalhar matematicamente. Desenvolveremos este sistema nos capítulos 10 e 13-15.

4. *Descrições como máquinas.* Houve diversas tentativas (em sua maioria antes do advento dos computadores) de se obter um modelo matemático de *máquina*. Cada uma tentava formalizar a noção intuitiva dando uma descrição de toda máquina possível.

a. *Máquinas de Turing* (1936). Estudaremos estas máquinas no capítulo 9.

b. Algoritmos de Markov. Veja Markov, 1954.

c. *Máquinas de registradores ilimitados* (Shepherdson e Sturgis, 1963). Este modelo é uma idealização de computadores com tempo ilimitado, memória ilimitada e sem erros.

O que todas estas formalizações têm em comum é que são puramente sintáticas, apesar de freqüentemente consistirem de descrições antropomórficas. São métodos de manipular símbolos. Aqui está o que Mostowski tem a dizer em seu excelente estudo:

> Ainda que queiramos muito 'matematizar' a definição de computabilidade, não conseguimos nunca nos livrar completamente do aspecto semântico deste conceito. O processo de computação é uma noção lingüística (pressupondo que a nossa noção de linguagem é suficientemente geral); o que temos a fazer é delimitar uma

classe daquelas funções (consideradas como objetos matemáticos abstratos) para as quais existe um objeto lingüístico correspondente (um processo de computação).

Mostowski, 1966, p.35

Podemos afirmar que *computabilidade* = um conceito semântico, intuitivo, enquanto *computação* = um conceito sintático, puramente formal.

Exercícios

1. Obtenha um algoritmo que encontre o maior número natural que divide dois números naturais dados. Seu algoritmo satisfaz os critérios de Mal'cev? (Descreva seu algoritmo em português, não em 'computês'.)

2. Você concorda que o procedimento do jogo de dados de §B.1 é mecânico, mas não computável? Como você poderia utilizar o critério (b) de Mal'cev para excluí-lo?

3. Hermes afirma que podemos identificar as palavras , |, | |, | | |, ... com os números naturais 0, 1, 2, 3, ... de uma forma trivial. (Ele quer dizer *números* ou *numerais*?) Dê a identificação explicitamente (cf. exercício 3.1).

4. Dê dois exemplos de sua vida cotidiana nos quais números são associados pelos critérios (1), (2) e (3) de §C.

5. Considere o alfabeto **(**, **)**, **→**, **¬**, $\mathbf{p_0}$, $\mathbf{p_1}$, $\mathbf{p_2}$,.... Definimos uma palavra como segue:

i. **(** $\mathbf{p_i}$ **)** é uma palavra para $i = 0, 1, 2, \ldots$.

ii. Se **A** e **B** são palavras, então também **(A→B)** e **(¬B)** o são.

iii. Uma cadeia de símbolos é uma palavra se e somente se resulta da(s) aplicação(ões) de (i) e (ii). Enumere todas as palavras efetivamente. (*Sugestão:* Considere a enumeração em §C).

Leitura complementar

Odifreddi, em *Classical Recursion Theory,* capítulo I.8, discute a questão de um processo mecânico *vs.* um computável.

A Concise History of Mathematics, de Dirk J. Struik, discute de maneira resumida a matemática grega e a importância dos problemas clássicos da geometria.

8
Máquinas de Turing

A. As idéias de Turing sobre computabilidade

Uma das primeiras análises da noção de computabilidade, e certamente a mais influente, deve-se a Turing.

Alan M. Turing, de "On Computable Numbers, with an Application to the Entscheidungsproblem", 1936

Os números 'computáveis' podem ser descritos de forma breve como os números reais cujas expressões decimais são calculáveis por meios finitos. ... De acordo com minha definição, um número é computável se seu decimal pode ser escrito por uma máquina. (p.116)

[Turing, então, apresenta suas definições formais e em particular afirma que, para um número real ou função nos números naturais ser computável, deve ser computável por uma máquina que forneça uma saída para toda entrada.]

Não foi feita ainda nenhuma tentativa para mostrar que os números 'computáveis' incluem todos os números que seriam naturalmente vistos como computáveis. Todos os argumentos que podem ser dados apelam, fundamentalmente, para a intuição e por esta razão não são satisfatórios matematicamente. A questão real é "Quais são os possíveis processos que podem ser executados para computar um número?"

Os argumentos que utilizarei são de três tipos:

a. Um apelo direto à intuição.

b. Uma prova da equivalência de duas definições (caso a nova definição tenha um apelo intuitivo maior). [Em um anexo do artigo, Turing prova que uma função é calculável pela sua definição se e somente se é uma das funções efetivamente calculáveis de Church.]

c. Dando exemplos de grandes classes de números que são computáveis.

[I] O ato de computar é normalmente executado escrevendo-se certos símbolos no papel. Podemos supor que este papel seja dividido em quadrados como num livro de aritmética de criança. Na aritmética elementar o caráter bidimensional do papel é usado algumas vezes. Mas tal uso pode ser sempre evitado e penso que se concordará que o caráter bidimensional do papel não é essencial para a computação. Assumo, então, que a computação é executada em um papel unidimensional, isto é, em uma fita dividida em quadrados. Irei supor também que o número de símbolos que podem ser impressos é finito. Se permitíssemos uma infinidade de símbolos, então haveria símbolos diferindo por uma quantidade arbitrariamente pequena. O efeito desta restrição no número de símbolos não é muito sério. É sempre possível utilizar seqüências de símbolos no lugar de símbolos únicos. Assim, um numeral arábico como 17 ou 999999999999999 é normalmente tratado como um símbolo único. Similarmente, em qualquer língua européia as palavras são tratadas como símbolos únicos (chinês, entretanto, pretende ter uma infinidade enumerável de símbolos). As diferenças, do nosso ponto de vista, entre símbolos únicos e compostos, é que os símbolos compostos, se forem muito compridos, não podem ser observados de relance. Isso está de acordo com a experiência. Não podemos dizer, rapidamente, se 9999999999999999 e 999999999999999 são o mesmo.

O comportamento do computador, a qualquer momento, é determinado pelos símbolos que ele está observando e pelo seu 'estado da mente' naquele momento. Podemos supor que existe um limite *B* para o número de símbolos ou quadrados que o computador pode observar em um momento. Se ele quiser observar mais, deve utilizar observações sucessivas. Poderemos supor também que o número de estados da mente que devem ser levados em conta é finito. As razões para isso são da mesma espécie daquelas que restringem o número de símbolos. Se admitirmos uma infinidade de estados da mente, alguns deles estarão 'arbitrariamente perto' e serão confundidos. Novamente, a restrição não é tal que afete seriamente a computação, já que o uso de estados da mente mais complicados pode ser evitado escrevendo mais símbolos na fita.

Imaginemos as operações efetuadas pelo computador sendo separadas em 'operações simples', tão elementares que não seja fácil imaginá-las novamente divididas. Toda operação desse tipo consiste em alguma mudança do sistema físico, se conhecemos a seqüência de símbolos na fita, quais destes são observados pelo computador (possivelmente com uma ordem especial) e o estado da mente do computador. Podemos supor que, em uma operação simples, não mais do que um símbolo é alterado. Quaisquer outras mudanças podem ser divididas em mudanças simples deste tipo. A situação com respeito aos quadrados cujos símbolos podem ser alterados desta forma é a mesma que com respeito aos quadrados observados. Podemos, portanto, sem perda de generalidade, assumir que os quadrados cujos símbolos são mudados são sempre quadrados já 'observados'.

Além dessa mudança de símbolos, as operações simples devem incluir mudanças de distribuição dos quadrados observados. Os novos quadrados observados devem ser imediatamente reconhecíveis pelo computador. Penso que é razoável supor que eles podem apenas ser quadrados, cuja distância do quadrado mais perto daqueles observados imediatamente antes não exceda uma certa quantidade fixada. Digamos que cada um dos novos quadrados observados está numa vizinhança de L quadrados de um quadrado observado imediatamente antes.

Com relação à 'reconhecibilidade imediata', pode-se pensar que há outros tipos de quadrado que são imediatamente reconhecíveis. Em particular, quadrados marcados com símbolos especiais poderiam ser tomados como imediatamente reconhecíveis. Agora, se estes quadrados são marcados somente por símbolos únicos, pode haver apenas um número finito deles e não deveríamos arruinar nossa teoria se juntássemos estes quadrados marcados aos observados. Se, por outro lado, eles estão marcados com uma seqüência de símbolos, não podemos considerar o processo de reconhecimento como um processo simples. Este é um ponto fundamental e deveria ser ilustrado. Na maior parte dos artigos matemáticos as equações e teoremas são numerados. Normalmente os números não passam de (digamos) 1000. É possível, portanto, reconhecer um teorema, rapidamente, pelo seu número. Mas se o artigo fosse muito longo, poderíamos chegar ao teorema 157767733443477; assim, mais tarde, no artigo, poderíamos encontrar "... logo (aplicando o teorema 157767733443477) temos...". Para tornar claro qual era o teorema relevante teríamos que comparar os dois números, dígito por dígito, possivelmente marcando os algarismos a lápis para ter certeza de não serem contados duas vezes. Se, apesar disso, ainda se pensa que há outros quadrados 'imediatamente reconhecíveis', isso não destrói meus argumentos, desde que estes quadrados possam ser encontrados por algum processo de que o meu tipo de máquina é capaz. Esta idéia é desenvolvida em [III] abaixo.

As mudanças simples devem, portanto, incluir:

a. Mudanças do símbolo em um dos quadrados observados.

b. Mudanças de um dos quadrados observados para outro quadrado a uma distância de L quadrados daqueles previamente observados.

Pode ocorrer que alguma destas mudanças envolva necessariamente uma mudança de estado da mente. A operação única mais geral deve, portanto, ser tomada como uma das seguintes:

A. Uma mudança possível (**a**) do símbolo junto com uma mudança possível do estado da mente.

B. Uma mudança possível (**b**) dos quadrados observados, junto com uma mudança possível do estado da mente.

A operação realmente executada é determinada, conforme foi sugerido [acima] pelo estado da mente do computador e pelos símbolos observados. Em particular, eles determinam o estado da mente do computador após a operação ter sido realizada.

Podemos agora construir uma máquina para fazer o trabalho deste computador. A cada estado da mente do computador corresponde uma '*m*-configuração' da máquina. A máquina examina *B* quadrados correspondendo aos *B* quadrados observados pelo computador. Em qualquer movimento a máquina pode mudar um símbolo em um quadrado examinado ou pode mudar qualquer um dos quadrados examinados para outro quadrado que diste não mais do que *L* quadrados de um dos previamente examinados. O movimento que é feito e a configuração subseqüente são determinados pelo símbolo examinado e pela *m*-configuração. ...

[III] Suponhamos, como em [I], que a computação é executada em uma fita; mas evitamos introduzir o 'estado da mente' considerando uma contrapartida física mais definida dele. É sempre possível, para o computador, parar seu trabalho, ir embora e esquecer tudo sobre ele e mais tarde voltar e continuá-lo. Se o computador faz isso, ele deve deixar uma nota com instruções (escritas em alguma forma padrão) explicando como o trabalho deve ser continuado. Esta nota é a contrapartida do 'estado da mente'. Vamos supor que o computador trabalhe de maneira tão esporádica que ele nunca faz mais do que um passo a cada sessão. A nota com instruções deve capacitá-lo a executar um passo e escrever a próxima. Assim, o estado do progresso da computação, em qualquer estágio, é completamente determinado pela nota de instruções e pelos símbolos na fita. Isto é, o estado do sistema pode ser descrito por uma expressão única (seqüência de símbolos), consistindo dos símbolos na fita seguidos por Δ (que supomos não aparecer em nenhum outro lugar) e então pelas instruções. Esta expressão pode ser chamada de 'fórmula de estado'. Sabemos que a fórmula de estado a qualquer estágio dado é determinada pela fórmula de estado antes do último passo ter sido dado e assumimos que a relação destas duas fórmulas é exprimível no cálculo funcional [veja o capítulo 20 deste texto]. Em outras palavras, assumimos que existe um axioma **A** que exprime as regras governando o comportamento do computador, em termos da relação da fórmula de estado em qualquer estágio com a fórmula de estado no estágio precedente. Se isso é assim, podemos construir uma máquina para escrever as fórmulas de estado sucessivas e portanto para computar o número desejado. (Turing, 1936, p.135-40)

B. Descrições e exemplos de Máquinas de Turing

Descreveremos uma máquina de acordo com as condições prescritas por Turing no seu artigo (acima). Vamos assumir que o computador possa examinar somente um quadrado por vez (o limite *B* de Turing, será, nesse caso, 1) e pode-se mover no máximo um quadrado para a esquerda ou direita (o seu limite *L* é, portanto, 1). Os mesmos argumentos que nos convenceram que ter algum limite não era uma restrição poderiam nos convencer também de que podemos simular quaisquer limites maiores a partir destes. Vamos também assumir que o único símbolo, além do quadrado em branco, que a máquina pode reconhecer é 1. Como podemos utilizar notação unária para representar números, isso não será restrição sobre o que podemos computar. Esta versão é devida principalmente a Kleene, 1952, capítulo XIII; veja Odifreddi, 1989, para uma explicação detalhada de por que as restrições são não essenciais.

A máquina é composta das seguintes partes:

1. Uma *fita* dividida em quadrados; a fita é assumida como finita, mas quadrados brancos podem ser adicionados à extremidade direita ou esquerda a qualquer momento; ou seja, a fita é 'potencialmente infinita'

2. Um dispositivo chamado *cabeça de leitura,* que pode fazer o seguinte:

i. Observar um quadrado em um momento (o *quadrado examinado*).

ii. Ler se o quadrado é branco ou tem um 1 escrito nele.

iii. Escrever ou apagar um símbolo 1.

iv. Movimentar-se para o quadrado imediatamente à esquerda ou direita daquele que está sendo observado.

Assumimos ainda que a máquina está sempre em algum estado "da mente" dentre uma coleção finita e arbitrária de tais estados (ou, como Turing diz, ela trabalha de acordo com um estoque finito de notas de instruções).

A operação da máquina é determinada pelo estado corrente e pelo símbolo corrente sendo observado (um branco, que denotamos a partir de agora por '0', ou um '1'), que geram as seguintes operações e um novo (ou possivelmente o mesmo) estado:

a. Escreva o símbolo 1 no quadrado observado: 1

b. Apague qualquer símbolo que apareça no quadrado observado: 0

c. Mova um quadrado para a direita do quadrado observado: *D*

d. Mova um quadrado para a esquerda do quadrado observado: *E*

Assim, uma instrução completa para a máquina consiste de uma *quádrupla*

$$(q_i, S, Op, q_j)$$

onde q_i é o estado corrente, $S \in \{0,1\}$ é o símbolo corrente (lembre-se que '0' significa simplesmente que a fita está em branco), $Op \in \{1, 0, D, E\}$ é uma das operações acima, e q_j é o novo estado. Note que permitimos ambos $(q_i, 0, 0, q_j)$ e $(q_i, 1, 1, q_j)$, que querem dizer que a máquina apenas muda de estado.

Para visualizar a operação de uma máquina de Turing, imagine a fita como um trilho que pode ser estendido à vontade em ambas as direções, com os quadrados sendo os espaços entre as conexões. Sobre o trilho anda um carro que tem uma abertura no fundo, de forma que se pode ver um quadrado, e que tem uma alavanca que pode movê-lo um quadrado para qualquer direção. Pense em uma pessoa na máquina, que tem *n* cartões diferentes rotulados $q_1, q_2, \ldots, q_n$, que contêm instruções. Em todo estágio, apenas um destes cartões está num painel para o qual ela olha. A instrução tem uma forma condicional: *se* você vir isto, *então* faça aquilo e pegue o cartão número ...

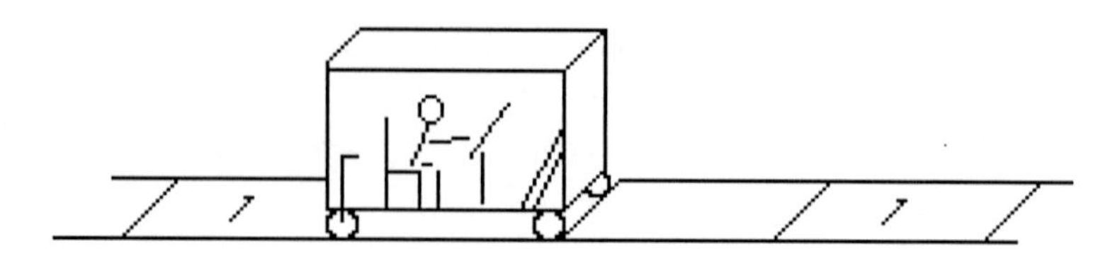

Façamos algumas *convenções* sobre as máquinas:

1. Uma máquina de Turing (*MT*) sempre começa no seu estado de menor número, que por conveniência chamamos de q_1.

2. Se não há instrução possível a seguir, a máquina pára.

3. As quádruplas em um programa para uma MT nunca apresentam conflito em instruções: em qualquer programa não há quádruplas que têm as mesmas duas coordenadas e que discordam em uma das duas últimas.

Um *programa* para uma máquina de Turing é uma coleção finita de quádruplas sujeita a estas convenções.

Não há diferença (em teoria) se pensamos em uma MT única rodando todos os programas diferentes ou se temos uma MT dedicada a cada programa e nos referiremos indiferentemente a um conjunto de quádruplas como um programa ou uma máquina.

Chamamos uma *configuração* de uma MT a uma tripla ordenada:

(conteúdo da fita, quadrado examinado, estado)

As quádruplas, então, podem ser vistas como funções que transformam configurações em novas configurações. Parênteses e vírgulas são omitidos nas quádruplas abaixo.

Exemplo 1 Escreva n 1's alinhados numa fita branca de uma MT e faça a cabeça de leitura retornar ao ponto inicial.

O número de 1's que a máquina escreve será controlado pelo número de quádruplas que escrevem 1's. As figuras abaixo denotam configurações e os números sob os quadrados denotam os estados.

(a)	0 0 0 0 ··· 1	Lembre que a máquina começa no estado q_1. Damos a instrução $q_1\,0 1\,q_1$ para fazer a cabeça escrever no quadrado que é examinado. Isto produz (b).
(b)	0 1 0 0 ··· 1	Agora devemos movimentar a cabeça: $q_1\,1D\,q_2$ produz (c)
(c)	0 1 0 0 ··· 2	Agora escrevemos os próximos $(n - 1)$ 1's repetindo as instruções acima usando estados diferentes, q_2 01 q_2, q_2 1D q_3, …, q_n 01 q_{n+1}, o que produz (d).

(d) $0\,1\,1 \cdots \underset{n+1}{1}\,0 \cdots$ Para voltar à posição original não é preciso contar: apenas movimentamos para a esquerda até encontrarmos um branco e então movemos um quadrado para a direita.

(e) $\underset{n+2}{0}\,1\,1 \cdots 1\,0 \cdots$ $q_{n+1}\,1E\,q_{n+1}$, $q_{n+1}\,0D\,q_{n+2}$

O programa consiste, assim, de $2n+1$ quádruplas usando $n+2$ estados:

$$q_1\,01\,q_1,\ q_1\,1D\,q_2,\ q_2\,01\,q_2,\ q_2 1D\,q_3,\ \ldots,$$
$$q_n\,01\,q_{n+1},\ q_{n+1}\,1E\,q_{n+1},\ q_{n+1}\,0D\,q_{n+2}.$$

Exemplo 2 Escreva uma MT que, quando iniciada com a cabeça de leitura no primeiro 1 (1 mais à esquerda) de uma seqüência de 1's em uma fita que não contenha nada mais, duplica o número de 1's e pára com a cabeça no primeiro 1.

Faremos uma máquina que começa no primeiro 1 da esquerda e (i) apaga o 1, (ii) move-se diretamente para o fim da seqüência de 1's, (iii), pula o primeiro branco encontrado, (iv) se encontra um branco, vai para o próximo passo; se encontra um 1, vai para o último 1 da direita daquela cadeia, (v) escreve dois novos 1's, (vi) retorna ao primeiro 1 da cadeia original e repete, desde o passo (i) até que: (vii) encontra um espaço em branco, enquanto procura aquele primeiro 1 e então se move para a direita e pára no 1 mais à esquerda da nova cadeia.

$q_1\,1\,0\,q_2$ Vê um 1 inicial e o apaga.
$q_2\,0\,D\,q_3$
$q_3\,1\,D\,q_3$ Move um quadrado além do espaço em branco para a direita da seqüência de entrada.
$q_3\,0\,D\,q_4$

$q_4\,0\,0\,q_5$ Ou aquele quadrado é branco, ou move-se para a direita, até o primeiro espaço em branco.
$q_4\,1\,D\,q_4$

$q_5\,0\,1\,q_5$ Escreve dois 1's à direita.
$q_5\,1\,D\,q_6$
$q_6\,0\,1\,q_7$

$q_7\,1\,E\,q_7$ Move para o primeiro 1 da cadeia original (entrada).
$q_7\,0\,E\,q_8$
$q_8\,1\,E\,q_8$
$q_8\,0\,D\,q_9$

q_9 1 1 q_1 q_9 0 D q_{10}	Repete todo o procedimento se ainda houver algum 1 da cadeia inicial; caso contrário vai para o primeiro 1 da nova cadeia e pára.

Vejamos como esta MT funciona num exemplo concreto, duplicando três 1's.

Configurações sucessivas da máquina são:

0 1 1 1 0 (1) 1	0 0 1 1 0 (2) 2	0 0 1 1 0 (3) 3	0 0 1 1 0 (4) 3
0 0 1 1 0 (5) 3	0 0 1 1 0 0 (6) 4	0 0 1 1 0 0 (7) 5	0 0 1 1 0 1 (8) 5
0 0 1 1 0 1 0 (9) 6	0 0 1 1 0 1 1 (10) 7		

Você deveria agora escrever todas as configurações restantes da máquina até que ela pare.

Exemplo 3 Escreva $2n$ 1's numa fita branca, parando no 1 mais à esquerda.

Este problema pode ser resolvido do mesmo modo que no Exemplo 1, usando $2n + 2$ estados. Mas há uma forma mais econômica (em termos de número de estados): podemos utilizar a máquina do exemplo 1 para escrever n 1's usando $n + 2$ estados, então conectamos a máquina do exemplo 2 para duplicar esta seqüência. A única questão é: como 'conectamos' duas máquinas? Para isso podemos renomear os estados da segunda máquina, de tal maneira que o primeiro estado é agora q_{n+2}, o último é q_{n+11} e o i-ésimo é $q_{(n+1)+i}$. Assim, usamos n+11 estados em vez de $2n + 2$.

C. Máquinas de Turing e funções

Precisamos fazer algumas convenções para podermos interpretar uma MT como calculando uma função. Para representar números utilizaremos cadeias de 1's, 111...1; para $n \geq 1$ denotamos a cadeia de n 1's por 1^n. Dizemos que uma fita está na *configuração padrão* se está em branco ou contém somente uma cadeia na forma 1^n.

Diremos que uma máquina de Turing *M calcula a saída m com entrada n* se:

i. M começa examinando o primeiro 1 da esquerda, de uma cadeia 1^{n+1} com a fita contendo somente esta cadeia,

ii. M inicia no seu estado de menor número,

iii. M pára no seu estado de maior número e

a) Se $m = 0$ então a fita está em branco,

ou

b) Se $m \neq 0$ e M e então a máquina está examinando o primeiro 1 de 1^m da fita contendo somente esta cadeia.

Note que usamos 1^{n+1} para representar a entrada n mas 1^m para representar a saída m.

Para funções de várias variáveis, dizemos que M calcula a saída m para entrada $n_1, n_2, \ldots, n_k$ se:

i. M começa examinando o primeiro 1 à esquerda de uma cadeia

$$1^{n_1+1}\,0\,1^{n_2+1}\,0 \ldots 0\,1^{n_k+1}$$

numa fita contendo somente esta cadeia,

ii. e **iii.** como os anteriores.

Diremos que uma máquina de Turing *M calcula uma função f de k variáveis* se, para todo $(n_1, n_2, \ldots, n_k)$, $f(n, n_2, \ldots, n_k) = m$ se e somente se M calcula a saída m para entrada $(n_1, n_2, \ldots, n_k)$.

Finalmente, diremos que uma função é *computável por máquina de Turing (computável por MT)* se existe uma máquina de Turing que a calcula. Esta é uma definição extensional. Pede-se, no exercício 5, que se mostre que, se há uma máquina que calcula uma função f, então há arbitrariamente muitas outras que também calculam f. Apesar disso, quando discutimos uma máquina particular que calcula f, é conveniente, em geral, referir-se a ela como T_f.

Aqui estão alguns exemplos de funções computáveis por MT.

A função sucessor $S(n) = n + 1$. Tudo o que devemos fazer é começar a máquina em 1^{n+1} e parar! A máquina $T_S = \{q_1\ 1\ 1\ q_2\}$ faz exatamente isso.

Mas se a máquina T_S opera numa fita que não esteja na configuração padrão, ela também não executa nenhuma operação. Assim, as funções de mais do que uma variável não são computadas por T_S.

A função zero $Z(n) = 0$

Devemos apagar todos os 1's da fita. Tomamos T_Z como

1) $q_1 1\ 0\ q_2$ 2) $q_1\ 0\ D\ q_3$ 3) $q_2\ 0\ D\ q_1$ 4) $q_3\ 1\ 1\ q_1$

Observe que, neste caso, a máquina também calcula a função constante igual a zero, para qualquer número de entradas.

Adição Soma $(n, m) = n+m$

Definimos uma máquina que, começando de $1^{n+1}\ 0\ 1^{m+1}$, escreve 1 no espaço em branco entre os dois blocos, vai para a esquerda e apaga os três primeiros 1's e então pára (numa configuração padrão). Isto é feito pela máquina T_{soma}:

$q_1\ 1\ D\ q_1$ $q_1\ 0\ 1\ q_2$	Escreve 1 no espaço entre as cadeias de entrada.
$q_2\ 1\ E\ q_2$ $q_2\ 0\ D\ q_3$	Procura pelo primeiro 1 à esquerda.
$q_3\ 1\ 0\ q_4$ $q_4\ 0\ D\ q_5$	Apaga o primeiro 1 e vai para a direita.
$q5\ 1\ 0\ q6$ $q_6\ 0\ D\ q_7$	Apaga o próximo 1 e vai para a direita.
$q_7\ 1\ 0\ q_8$ $q_8\ 0\ D\ q_9$	Apaga o terceiro 1, vai para a direita e pára.

Multiplicação Mult$(m, n)=m\cdot n$

Apresentada com uma cadeia $1^{m+1}\ 0\ 1^{n+1}$, usamos a primeira cadeia como um dispositivo contador para controlar o número de repetições da segunda: apagamos um 1 da cadeia 1^{n+1} e repetimos a cadeia resultante m vezes. A dificuldade aqui é que o valor de m tem de ser lido a partir da entrada, em vez de ser controlado pelo número de estados, como no Exemplo 3. Aqui está uma descrição de como nossa máquina T_{mult} trabalhará:

1. Começando a partir de $1^{m+1}\ 0\ 1^{n+1}$, T_{mult} apaga o primeiro 1 de 1^{m+1};

Subcaso **i.** se não há mais 1's, apaga o resto dos 1's da fita e pára (pois m=0)

Subcaso **ii.** se há 1's restantes, apaga o último 1 à direita de 1^{n+1}.

2. Se não há 1's na segunda cadeia, T_{mult} apaga tudo e pára (pois neste caso $n = 0$).

3. Se ainda houver 1's em ambas as cadeias, T_{mult} começa uma sub-rotina de transferência para mover a cadeia 1^n exatamente n quadrados para a direita:

$$\cdots 00\underbrace{1 1\cdots 1}_{m-vezes}0\underbrace{1 1\cdots 1}_{n-vezes}\cdots \quad \text{resulta em}$$

$$\cdots 00\underbrace{1 1\cdots 1}_{m-vezes}0\underbrace{0 0\cdots 0}_{n-vezes}\underbrace{1 1\cdots 1}_{n-vezes}\cdots$$

Então T_{mult} apaga o primeiro 1 de 1^m e repete este processo de transferência de bloco de n 1's enquanto houver 1's a serem apagados em 1^n.

4. Quando T_{mult} encontra o último 1 no bloco contador, apaga-o, move-se dois quadrados para a direita e muda todos os 0's para 1's (indo para a direita), até que o primeiro 1 é encontrado. Neste ponto teremos m blocos sucessivos de n 1's e a máquina vai para o primeiro 1 (mais à esquerda) e pára.

A máquina T_{mult}

$q_1\ 1\ 0\ q_1$
$q_1\ 0\ D\ q_2$ — Começando no 1 mais à esquerda de $1^{m+1}\ 0\ 1^{n+1}$, apaga este 1, e vai para a direita.

$q_2\ 0\ D\ q_3$ — Se m=0, apaga o resto da fita e pára.
$q_3\ 1\ 0\ q_4$
$q_4\ 0\ D\ q_3$
$q_3\ 0\ 0\ q_{39}$

$q_2\ 1\ 1\ q_5$ — Se $m \neq 0$, vai para o segundo 1 de 1^{n+1}.
$q_5\ 1\ D\ q_5$
$q_5\ 0\ D\ q_6$
$q_6\ 1\ D\ q_{17}$

$q_{17}\ 0\ E\ q_{10}$ — Se este quadrado tem um 0, então apaga tudo e pára
$q_{10}\ 1\ 0\ q_{35}$ — (o produto é 0 porque $n = 0$).
$q_{35}\ 0\ E\ q_{36}$
$q_{36}\ 0\ E\ q_{36}$
$q_{36}\ 1\ 1\ q_{37}$
$q_{37}\ 1\ 0\ q_{38}$
$q_{38}\ 0\ E\ q_{37}$
$q_{37}\ 0\ E\ q_{39}$

$q_{17}\ 1\ 1\ q_7$ — Se este quadrado tem um 1, então $n \neq 0$; nesse caso apaga o último 1
$q_7\ 1\ D\ q_7$ — de 1_{n+1}.
$q_7\ 0\ E\ q_8$
$q_8\ 1\ 0\ q_9$

$q_9\ 0\ E\ q_{14}$	Volta ao primeiro 1 de 1^m.
$q_{14}\ 1\ E\ q_{14}$	
$q_{14}\ 0\ E\ q_{15}$	
$q_{15}\ 1\ E\ q_{15}$	
$q_{15}\ 0\ D\ q_{16}$	
$q_{16}\ 1\ 1\ q_{18}$	Apaga o primeiro 1 de 1^m e se move para a direita.
$q_{18}\ 1\ 0\ q_{18}$	
$q_{18}\ 0\ D\ q_{19}$	Se não há mais 1's em 1^m, completa os espaços em branco com 1's enquanto se move para a direita e volta à configuração padrão.
$q_{19}\ 0\ D\ q_{32}$	
$q_{32}\ 0\ 1\ q_{33}$	
$q_{33}\ 1\ D\ q_{32}$	
$q_{32}\ 1\ E\ q_{34}$	
$q_{34}\ 1\ E\ q_{34}$	
$q_{34}\ 0\ D\ q_{39}$	
$q_{19}\ 1\ D\ q_{20}$	Enquanto há 1's em 1^m, entra numa sub-rotina de deslocamento:
$q_{20}\ 1\ D\ q_{20}$	vai para o primeiro 1 de 1^n e o apaga.
$q_{20}\ 0\ D\ q_{21}$	Então move-se para a direita um quadrado.
$q_{21}\ 0\ D\ q_{21}$	
$q_{21}\ 1\ 0\ q_{22}$	
$q_{22}\ 0\ D\ q_{23}$	
$q_{23}\ 0\ 1\ q_{29}$	Se este quadrado está vazio, então o bloco inteiro 1^n foi deslocado.
$q_{29}\ 1\ E\ q_{30}$	Vai para o início do bloco contador.
$q_{30}\ 0\ E\ q_{30}$	
$q_{30}\ 1\ E\ q_{31}$	
$q_{31}\ 1\ E\ q_{31}$	
$q_{31}\ 0\ D\ q_{18}$	
$q_{23}\ 1\ D\ q_{24}$	Se este quadrado não está vazio, continua deslocando e apagando
$q_{24}\ 1\ D\ q_{24}$	1's de 1^n.
$q_{24}\ 0\ D\ q_{25}$	
$q_{25}\ 1\ D\ q_{26}$	
$q_{26}\ 1\ D\ q_{26}$	
$q_{26}\ 0\ 1\ q_{27}$	
$q_{25}\ 0\ 1\ q_{27}$	
$q_{27}\ 1\ E\ q_{27}$	
$q_{27}\ 0\ E\ q_{28}$	
$q_{28}\ 1\ E\ q_{28}$	
$q_{28}\ 0\ D\ q_{21}$	

Composição de funções

Se f e g são funções de uma variável e T_f, cujo maior estado é q_n, calcula f e T_g calcula g, então, para produzir uma máquina que calcula a composição $g \circ f$, fazemos o seguinte:

i. Adicionamos quádruplas (a T_f) para converter a saída (de f) em entrada (para g), escrevendo um 1 à direita e voltando ao primeiro 1:

$$q_n\ 1\ D\ q_n, \quad q_n\ 0\ 1\ q_{n+1}, \quad q_{n+1}\ 1\ E\ q_{n+1}, \quad q_{n+1}\ 0\ D\ q_{n+2}$$

ii. Renomeamos os estados de T_g a partir de q_i para q_{i+n+1}, de forma que comece onde paramos a seqüência anterior,

iii. Chamamos o conjunto destas quádruplas de $T_{g \circ f}$.

Há muitas outras funções que são computáveis por MT e muitos modos de combinar máquinas para formar novas funções a partir destas. Mas, se você ainda não notou, as máquinas de Turing são uma forma bastante incômoda de calcular. É difícil mostrar que mesmo as funções mais simples são computáveis por MT: agradeceremos a quem nos mostrar uma máquina de Turing que calcula a função exponencial $f(x, y) = x^y$ com uma explicação suficientemente clara.

O objetivo das máquinas de Turing, pelo menos no que diz respeito ao que tratamos neste livro, é prover uma análise da noção de computabilidade quebrando-a nos seus menores componentes. Em vez de nos determos em máquinas de Turing, vamos considerar a computabilidade do ponto de vista das descrições aritméticas de funções e então mostrar, no capítulo 17, que os dois enfoques são equivalentes.

Exercícios

1. a. A máquina do exemplo 2 calcula uma função?

b. Defina uma MT (i.e., dê uma coleção de quádruplas) que, para todo n, duplica uma cadeia da forma 1^n, criando $1^n\ 0\ 1^n$. Esta máquina calcula alguma função?

2. a. Defina uma MT que calcula a função *projeção* na primeira coordenada, $P(m, n) = m$.

‡ b. Para todo k e i tais que $k \geq i \geq 1$, defina uma MT que calcule a *projeção* na i-ésima coordenada, $P_k^i(n_1, \ldots, n_k) = n_i$.

3. Mostre que, para todo n, a função *constante* $\lambda x(n)$ é computável por MT. (*Sugestão:* Modifique o exemplo 1. Sua modificação também calcula $\lambda x\ \lambda y(n)$?)

4. Prove que há infinitas funções distintas que são computáveis por MT.

5. Prove que se uma função é computável por MT, então há infinitas máquinas de Turing distintas que a calculam.

6. Mostre que a função *igualdade*

$$E(m,n) = \begin{cases} 1 \text{ se } m = n \\ 0 \text{ se } m \neq n \end{cases}$$

é computável por MT.

‡ 7. Dê uma enumeração efetiva de todas as máquinas de Turing que satisfaça os critérios (1), (2), (3) do capítulo 7, §C.

8. *O problema da parada para máquinas de Turing*

A partir do exercício 7 podemos listar todas as máquinas de Turing, e em particular as de uma variável M_0, M_1, ..., M_n,... (sendo a n-ésima máquina a que tem o n-ésimo maior número associado a ela). Cada máquina destas calcula uma função de uma variável (apesar de poder ser indefinida para toda entrada). Mostre que a função:

$$p(m,n) = \begin{cases} 1 \text{ se } M_m \text{ pára com entrada } n \\ 0 \text{ caso contrário} \end{cases}$$

conhecida como *problema da parada para máquinas de Turing*, não é computável por nenhuma máquina de Turing.

(*Sugestão:* Se houvesse uma máquina P que computasse p, poderíamos definir outra máquina de Turing tal que, dada uma entrada n,

a. escreve $1^{n+1}\ 0\ 1^{n+1}$

b. implementa P naquela entrada e então:

se o resultado é a fita em branco, escreve 1 e pára ou,
se o resultado é um único 1 na fita, entra num laço (*loop*) e nunca pára.

Qual seria o número desta nova máquina?)

‡ 9. *O problema do Castor Ocupado ("Busy Beaver").*

Este problema foi proposto por T. Rado em 1962 para dar um exemplo concreto de uma função que não é computável por máquina de Turing.

Dada uma MT, defina sua *produtividade* como o número de 1's na fita se a máquina pára numa configuração padrão, começando de uma fita em branco e 0 caso contrário. Para cada $n \geq 1$ definimos $p(n)$ como a produtividade *máxima* de qualquer máquina com n estados.

a. Mostre que $p(1) \geq 1$.

b. Mostre que $p(n + 11) \geq 2n$. (*Sugestão:* veja o exemplo 3.)

c. Mostre que $p\ (n + 1) > p(n)$.

Conclua que, para todo i, j, se $p(i) \geq p(j)$ então $i \geq j$.

d. Mostre que, se existe uma MT P, com k estados, que computa a função p, então $p(n + 2 + 2k) \geq p[p(n)]$.

(*Sugestão:* conecte P duas vezes com a máquina Tn do exemplo 1, que escreve n 1's numa fita branca (sugestivamente: $P[P(Tn)]$).

e. Conclua que p não é computável por MT.

(*Sugestão:* $p(n + 13 + 2k) \geq p[p(n + 11)]$ e então aplique as partes (c) e (b) para obter uma contradição.)

Leitura complementar

Para mais detalhes sobre máquinas de Turing consulte Martin Davis, *Computability and Unsolvability* ou *Recursive Functions,* de Rózsa Péter ou *Introduction to Metamathematics,* de Stephen Kleene.

9
A Tese de Church: um fato surpreendente

A. Um fato surpreendente

Nos capítulos 7 e 8, estudamos uma formalização da noção de computabilidade. Nos capítulos seguintes veremos outras duas: funções recursivas e funções representáveis num sistema formal.

Um fato surpreendente

Todas as tentativas de formalizar a noção intuitiva de função computável fornecem exatamente a mesma classe de funções.

Assim, se uma função é computável por máquina de Turing, pode ser também computada em qualquer outro sistema descrito no capítulo 7, §E. Este é um fato matemático que requer uma prova. Nos capítulos 17 e 21 ela é apresentada para as duas formalizações mencionadas acima; Odifreddi, 1989, estabelece todas as equivalências.

O Fato Surpreendente a que nos referimos é enunciado com respeito a uma classe extensional de funções, mas pode ser formulado construtivamente: qualquer procedimento computacional para qualquer tentativa de formalizar a noção intuitiva de função computável pode ser traduzido em outra formalização, de tal forma que as duas formalizações têm as mesmas saídas para as mesmas entradas.

Em 1936, mesmo antes destas equivalências serem estabelecidas, Church afirmou:

> Agora definimos a noção, anteriormente discutida, de uma função de inteiros positivos *efetivamente calculável,* identificando-a com a noção de uma função recursiva de inteiros positivos (ou de uma função λ-definível de inteiros positivos). Acredita-se que esta definição seja justificada pelas considerações que seguem, tanto quanto uma justificação positiva possa alguma vez ser obtida para a escolha de uma definição formal que corresponda a uma noção intuitiva. (Church, 1936, p.100)
>
> [Nota: a definição de Church de "função recursiva" é diferente daquela que é comumente usada hoje em dia].

Então temos:

Tese de Church: uma função é computável sse é λ-definível.

Esta é uma tese não-matemática: iguala uma noção intuitiva (computabilidade) com uma noção precisa e formal (λ-definível). Pelo nosso fato surpreendente esta tese equivale a

Uma função é computável sse é computável por máquina de Turing.

Turing introduziu suas máquinas numa tentativa consciente de capturar, nos termos mais simples possíveis, o significado de computabilidade. O fato de o seu modelo ter se tornado a mesma classe de funções que as de Church, como mostrado por Turing no artigo citado abaixo, foi uma evidência bastante forte de que aquela era a classe 'certa'. Mais tarde consideraremos algumas críticas à Tese de Church em que a noção de computabilidade deveria coincidir com uma classe maior ou menor do que a de funções computáveis por máquina de Turing.

Antes disso, estudaremos esta classe de um ponto de vista puramente aritmético, sem usar sequer uma definição de máquina. As máquinas de Turing quebram a noção de computabilidade nas suas partes mais básicas, mas ao custo de conseguir uma definição que é bastante trabalhosa de usar. Mudando para *funções recursivas* teremos um sistema aritmético que podemos usar mais facilmente.

Mas primeiro analisaremos uma outra formalização da noção de computabilidade dada por Post, com seus comentários sobre a Tese de Church.

B. Emil L. Post, sobre computabilidade (Opcional)

A análise de Post sobre computabilidade foi obtida independentemente da de Turing, apesar de não da de Church. Assim, é surpreendente quão semelhante ela é à análise de Turing no seu artigo no capítulo 8 (semelhanças com a nossa formalização das idéias de Turing não são surpreendentes, já que temos sido influenciados pelos desenvolvimentos desde então, incluindo o artigo de Post). Também Post tenta justificar sua formulação em termos intuitivos. Note que, diferentemente de Church, ele não trata a Tese de Church como uma *definição* mas afirma que se, como de fato é verdade, o Fato Surpreendente é válido, então a Tese de Church é uma *lei natural*.

"Processos Combinatórios Finitos – Formulação 1"*

A formulação presente deveria ser significativa no desenvolvimento da lógica simbólica, considerando o teorema de Gödel sobre a incompletude da lógica simbólica[1] e os resultados de Church a respeito dos problemas absolutamente insolúveis[2].

Temos em mente um *problema geral* que consiste de uma classe de *problemas específicos*. Uma solução do problema geral será então uma que forneça uma resposta para cada problema específico.

Na formulação seguinte dois conceitos estão envolvidos: aquele de um *espaço de símbolos,* em que o trabalho de ir do problema à resposta deve ser levado adiante[3] e um *conjunto de diretivas* fixado e inalterável, que irá tanto dirigir as operações no espaço de símbolos como determinar a ordem em que aquelas diretivas devem ser aplicadas.

Na formulação presente o espaço de símbolos deve consistir de uma seqüência (infinita nos dois sentidos) de espaços ou caixas, isto é, ordinalmente semelhante à série de inteiros ..., –3, –2, –1, 0, 1, 2, 3, ... O solucionador de problemas ou operador deve se mover e trabalhar neste espaço de símbolos, sendo capaz de estar e operar em no máximo uma caixa por vez. Fora a presença do operador, uma caixa deve admitir uma de duas condições possíveis, isto é, vazia ou não marcada e contendo uma marca simples, como por exemplo um traço vertical.

Uma das caixas deve ser destacada e denominada ponto inicial. Agora assumimos ainda que um problema específico é dado na forma simbólica por um número finito de caixas sendo marcadas com um traço. Da mesma forma, a resposta deve ser dada na forma simbólica por tal configuração de caixas marcadas. Em termos específicos, a resposta deve ser a configuração de caixas marcadas deixadas após a conclusão do processo de solução.

Assume-se que o operador é capaz de executar as seguintes ações primitivas:[4]

(a) *Marcar a caixa em que ele está (supondo que esteja vazia),*

(b) *Apagar a marca da caixa em que ele está (supondo que esteja marcada),*

(c) *Mover para a caixa à sua direita,*

(d) *Mover para a caixa à sua esquerda,*

(e) *Determinar se a caixa em que ele está é uma caixa marcada ou não.*

O conjunto de diretivas que, note-se, é o mesmo para todos os problemas específicos e então corresponde ao problema geral, deve ser da seguinte forma. Deve iniciar como:

Comece no ponto inicial e siga a diretiva 1.

Este conjunto consiste, assim, de um número finito de diretivas a serem numeradas 1, 2, 3, ... *n*. A *i*-ésima diretiva deve então ter uma das formas:

(A) *Execute a operação* O_i [O_i = (a), (b), (c), *ou* (d)] e *então siga a diretiva* j_i,

(B) *Execute a operação* (e) *e de acordo com a resposta (sim ou não), siga correspondentemente a diretiva* j_i' *or* j_i'',

(C) *Pare.*

Obviamente, apenas uma única diretiva deve ser do tipo C. Note também que o estado do espaço de símbolos afeta diretamente o processo apenas através de diretivas do tipo B.

Um conjunto de diretivas será dito *aplicável* a um dado problema geral se, em sua aplicação, a cada problema específico nunca ordena a operação (a) quando a caixa em que o operador está é marcada ou (b) quando não é marcada.[5] Um conjunto de diretivas aplicáveis a um problema geral estabelece um processo determinístico quando aplicado a cada problema específico. Este processo termina quando e somente quando chega à diretiva do tipo (C). O conjunto de diretivas determina um *1-processo finito* em conexão com o problema geral, se ele for aplicável ao problema e *se o processo que o conjunto estabelece termina para cada problema específico.* Um 1-processo finito associado com um problema geral será chamado de uma *1-solução* do problema se a resposta que fornece para cada problema específico está sempre correta.

Não nos preocupamos aqui em como a configuração de caixas marcadas correspondente a um problema específico, e aquela correspondente à sua resposta, simbolizam o problema e a resposta significativos. Na verdade, assume-se acima que o problema específico seja dado na forma simbolizada por um agente externo e, presumivelmente, a resposta simbólica seja recebida da mesma forma. Um desenvolvimento mais autocontido é feito a seguir. O problema geral claramente consiste de no máximo uma infinidade enumerável de problemas específicos. Não precisamos considerar o caso finito. Imagine então uma correspondência um a um estabelecida entre a classe de inteiros positivos e a classe de problemas específicos. Podemos, arbitrariamente, representar o inteiro positivo *n* marcando as primeiras *n* caixas à direita do ponto inicial. O problema geral será dito então *1-dado* se é estabelecido um 1-processo finito tal que, quando aplicado à classe de inteiros positivos desta forma simbolizados, fornece, de forma biunívoca, a classe de problemas específicos que constituem o problema geral. É conveniente ainda assumir que quando o problema geral é então 1-dado, cada processo específico, no seu fim, deixa o operador no ponto inicial. Se então um problema geral é 1-dado e 1-resolvido, com algumas mudanças óbvias podemos combinar os dois conjuntos de diretivas para obter um 1-processo finito, que dá a resposta a cada problema específico quando este for dado pelo seu número na forma simbólica.

Com algumas modificações a formulação acima é também aplicável à lógica simbólica. Não temos agora uma classe de problemas específicos, mas uma marcação finita inicial simples do espaço de símbolos para formalizar as assertivas formais primitivas da lógica. Por outro lado, não haverá agora diretivas do tipo (C). Conseqüentemente, assumindo a aplicabilidade, será estabelecido um processo determinístico, que é *infindável*. Assumimos, ainda, que aparecerão no curso deste processo certos grupos de símbolos reconhecíveis, isto é, seqüências finitas de caixas marcadas e não-marcadas, que não serão mais alterados no decorrer do processo. Estas serão as assertivas derivadas da lógica. O conjunto de diretivas obviamente corresponde aos processos dedutivos da lógica. A lógica pode então ser tomada como *1-gerada*.

Um procedimento alternativo, menos comprometido, contudo, com o espírito da lógica simbólica, seria estabelecer um 1-processo finito que, dado n, fornecesse o n-ésimo teorema ou assertiva formal da lógica, novamente simbolizado como acima.

Nosso conceito inicial de um problema específico envolve uma dificuldade que deveria ser mencionada. A saber, se um agente externo apresenta a marcação finita inicial do espaço de símbolos, não há maneira pela qual possamos determinar, por exemplo, qual é a primeira e qual é a última caixa marcada. Tal dificuldade é inteiramente evitada quando o problema geral é 1-dado. Será também evitada sempre que um 1-processo finito tiver sido estabelecido. Na prática, os problemas significativos específicos seriam simbolizados de tal maneira que os limites de tal simbolização pudessem ser reconhecíveis por grupos característicos de caixas marcadas e não marcadas.

A raiz da nossa dificuldade, contudo, se encontra provavelmente em nossa suposição de um espaço de símbolos infinito. Na presente formulação, as caixas são entidades físicas, pelo menos conceitualmente, como por exemplo quadrados contíguos. Nosso agente externo não poderia mais apresentar um número infinito de tais caixas da mesma forma que não poderia marcar uma infinidade delas, se fossem dadas. Por outro lado, se ele nos apresentar o problema específico numa faixa finita de tal espaço de símbolos, a dificuldade desaparece. É claro que isto de fato requereria uma extensão das operações primitivas, a fim de permitir a extensão necessária do dado espaço finito de símbolos enquanto o processo avança. Uma versão final de uma formulação do presente tipo iria, portanto, estabelecer também diretivas para gerar o espaço de símbolos.[6]

O autor acredita que a presente formulação se mostre logicamente equivalente à recursividade no sentido do desenvolvimento de Gödel-Church.[7] Seu propósito, contudo, não é somente apresentar um sistema com uma certa potencialidade lógica, mas também, no seu âmbito restrito, de fidelidade psicológica. Neste sentido último, formulações mais e mais amplas são contempladas. Por outro lado, nosso objetivo será mostrar que todas são logicamente redutíveis à formulação 1. Oferecemos esta conclusão, no presente momento, como uma *hipótese de trabalho*. No nosso entendimento, tal é a identificação de Church entre calculabilidade efetiva e recursividade.[8] A partir desta hipótese e devido à aparente contradição com todo desenvolvimento matemático começando com a prova de Cantor da não-enumerabilidade dos pontos de uma reta, deriva-se independentemente um desenvolvimento de Gödel-Church. O sucesso do programa acima mudaria, para nós, esta hipótese não tanto para uma definição ou axioma, mas para uma *lei natural.* Somente assim, parece ao autor, o teorema de Gödel sobre a incompletude das lógicas simbólicas de um certo tipo geral e os resultados de Church sobre a irresolubilidade recursiva de certos problemas podem ser transformados em conclusões que dizem respeito a todas as lógicas simbólicas e a todos os métodos de resolubilidade. (Post, 1936)

* "Recebido em 7 de outubro de 1936. O leitor deveria comparar com o artigo de A. M.Turing, "On computable numbers", que será publicado brevemente em *Proceedings of the London Mathematical Society.* O presente artigo, entretanto, apesar de apresentar uma data posterior, foi escrito independente do de Turing. *Editor"* [do *The Journal of Symbolic Logic*].

1 Kurt Gödel, [1931].

2 Alonzo Church, [1936].

3 Espaço de símbolos e tempo.

4 Assim como seguir as diretivas descritas abaixo.

5 Mesmo que nossa formulação do conjunto de diretivas pudesse ter sido facilmente estruturada para que a aplicabilidade fosse imediatamente assegurada, não parece desejável fazer tal coisa por uma variedade de razões.

6 O desenvolvimento da formulação 1 tende a ser intrincado nos seus estágios iniciais. Como isso não é adequado ao espírito de tal formulação, a forma definitiva desta formulação pode perder algo da sua presente simplicidade em favor de maior flexibilidade. Ter mais de uma maneira de marcar uma caixa é uma possibilidade. A naturalidade buscada no desenvolvimento pode talvez ser mais bem obtida admitindo um número finito de objetos físicos, talvez dois, que possam servir como ponteiros, aos quais o operador possa identificar e mover de uma caixa para outra.

7 A comparação pode, talvez, ser feita mais facilmente definindo uma 1-função e provando a equivalência entre esta definição e a de função recursiva. (Veja Church, loc. cit., p.350) Uma 1-função $f(n)$ no domínio dos inteiros positivos seria uma para a qual um 1-processo finito pode ser estabelecido, tal que para cada problema dado por um inteiro positivo n seria produzida uma resposta $f(n)$, n e $f(n)$ simbolizado como acima.

8 Cf. Church, loc. cit., pp.346, 356-58. Na realidade, o trabalho desenvolvido por Church e outros leva esta identificação bem além do estágio de hipótese de trabalho. Contudo, mascarar esta identificação sob o rótulo de definição esconde o fato de que foi feita uma descoberta fundamental nas limitações da capacidade de matematização do *Homo sapiens*, e esconde de nós a necessidade da sua contínua verificação.

Leitura complementar

Turing escreveu sua própria versão (Turing 1939, p.166) das conclusões que ele havia obtido baseado em sua tese de doutorado escrita sob a supervisão de Church na Universidade de Princeton em 1938. Essa versão é o que mais se aproxima do que se poderia chamar de 'tese de Church-Turing'. A recente exposição de Davis (2000) enfatiza que Gödel também estava convencido pelo argumento de Turing de que um conceito absoluto havia sido identificado. (Gödel, 1946).

Uma preocupação de Turing era se a inteligência poderia ou não se manifestar através de operações simples e rotineiras, isto é, a partir de operações 'completamente sem inteligência'. Este é o cerne do problema que Turing se colocava, e que é colocado pela pesquisa da inteligência artificial hoje em dia. O argumento de Turing é que o cérebro é organizado de alguma forma para manifestar inteligência, e que esta organização pode ser alcançada ou simulada por uma máquina de estados finitos. Esta posição aparece em seu famoso artigo "Computing Machinery and Intelligence", de 1950.

Ao mesmo tempo, Turing nessa época começava a se interessar pela questão completamente nova da teoria matemática da morfogênese, isto é, da formação de padrões em sistemas biológicos, estudando equações diferenciais não lineares para a formação de padrões pelo processo de reação-difusão ("The chemical basis of morphogenesis", 1952). Suas idéias a respeito da morfogênese tiveram profundo impacto na biofísica contemporânea. Um pouco antes de sua morte, em 1954, Turing havia começado a se interessar também pela questão da computação quântica.

10
Funções recursivas primitivas

Enquanto a mais convincente definição de procedimento mecânico é dada por meio do conceito das máquinas abstratas de Turing, o conceito equivalente de funções recursivas apareceu primeiro historicamente, mais ou menos como o completamento de extensões das definições recursivas simples de adição e multiplicação. (Wang, 1974, p.87)

A. Definição por indução

Neste livro, dentro do enfoque tradicional da computabilidade, só tratamos de funções de números naturais em números naturais. Quando você aprendeu a operação de exponenciação pela primeira vez provavelmente foi da forma:

$$x^n = \underbrace{x \cdot x \cdot \ldots \cdot x}_{n \text{ vezes}}$$

Esta forma é bastante sugestiva e provavelmente o convenceu de que você poderia computar esta função. Mais tarde você deve ter aprendido uma definição própria por indução: $x^0 = 1$ e $x^{n+1} = x^n\, x$.

Similarmente, a função fatorial é usualmente apresentada como: $n! = n \cdot (n-1) \cdot \ldots \cdot 2 \cdot 1$. Uma definição indutiva desta função seria $0! = 1$; $(n+1)! = (n+1) \cdot (n!)$.

Na sua forma mais simples, a definição de uma função f por indução a partir de uma outra função g é da forma $f(0) = m$ e $f(n+1) = g(f(n))$. Acreditamos que este método de definição realmente produz uma função porque podemos nos convencer de que a geração dos valores de f pode ser associada à geração de números naturais e é completamente determinada a cada passo:

Mesmo estando convencidos, contudo, este procedimento não pode ser reduzido a uma prova por indução, dado que para aplicar este método deveríamos ter f previamente.

Para	0	1	2	3	...
Associe	$f(0) = m$	$f(1) = g(m)$	$f(2) = g(f(1))$	$f(3) = g(f(2))$	...

Mais ainda, como a geração da série dos números naturais é efetiva (computável), se g é computável então, sem dúvida, f também será computável. Assim, consideremos as funções que podem ser obtidas usando a indução e a composição, começando por algumas que são obviamente computáveis.

B. A definição das funções recursivas primitivas

A classe de funções que descrevemos em termos intuitivos em §A é composta inteiramente de funções computáveis. Mas, para que uma função seja computável, deve haver um algoritmo ou procedimento para computá-la. Assim, na nossa definição formal desta classe de funções devemos substituir as idéias intuitivas e semânticas de §A por descrições precisas das funções, exatamente como fizemos no capítulo 8. Para começar, tomamos como variáveis as letras n, x_1, x_2,... apesar de continuarmos usando x, y, e z informalmente. Escreveremos $\vec{x}$ para denotar $(x_1,..., x_i)$.

A seguir listamos as funções elementares, incontestavelmente computáveis, e que usaremos como blocos básicos para definir todas as outras. Todas as funções tratadas serão sempre entre números naturais.

1. Funções básicas (iniciais)

- *zero*: $Z(n)=0$ para todo n
- *sucessor*: $S(n)=$ o número que sucede n na seqüência dos números naturais
- *projeções*: $P_k^i(x_1,\cdots,x_k) = x_i$ para $1 \leq i \leq k$

Algumas vezes as projeções são chamadas *funções de seleção*, e P_1^1 de função *identidade*, escrita como $id(x)=x$. Não podemos escrever de forma simplista que $S(x)=x+1$ porque a adição é uma função um pouco mais complexa na hierarquia, e que pretendemos ainda definir.

A seguir, especificamos como se podem definir novas funções a partir de outras que já tenham sido anteriormente apresentadas.

2. Operações básicas

Composição

Se g é uma função de m-variáveis e $h_1, \ldots, h_m$ são funções de k variáveis, já definidas, então a composição gera a função

$$f(\vec{x}) = g(h_1(\vec{x}), \ldots, h_m(\vec{x}))$$

Recursão primitiva

Para funções de uma variável, o esquema é:

$$f(0) = d$$
$$f(n+1) = h(f(n), n)$$

onde d é um número e h é uma função já definida.

Para funções de duas ou mais variáveis, se g e h já estão definidas, então f é dada por *recursão primitiva em h com base g*:

$$f(0, \vec{x}) = g(\vec{x})$$
$$f(n+1, \vec{x}) = h(f(n, \vec{x}), n, \vec{x})$$

[A razão pela qual permitimos que n e $\vec{x}$, tanto quanto $f(n, \vec{x})$, apareçam em h é que pode ser que queiramos saber simultaneamente o passo em que estamos e a entrada, de forma que podemos ter, por exemplo, $f(5, 47) = f(10, 47)$, mas $f(6, 47) \neq f(11, 47)$.]

3. Uma definição indutiva da classe de funções

Finalmente, completamos a definição estipulando que as *funções recursivas primitivas* são exatamente as básicas ou as que podem ser obtidas a partir daquelas por um número finito de aplicações das operações básicas. Para ver isso, associe:

0 a todas as funções básicas

1 a todas aquelas funções que podem ser obtidas por uma ou nenhuma aplicação de uma operação básica a funções às quais foi associado 0 (assim, às funções básicas também se associa 1)

⋮

$n + 1$ a todas aquelas funções que podem ser obtidas por no máximo uma aplicação de uma operação básica a funções às quais foi associado um número menor do que $n + 1$.

Dessa forma, uma função é recursiva primitiva se e somente se a ela é associado um número n.

Um outro modo de descrever a classe das funções recursivas primitivas é afirmando que é a *menor* classe que contém as funções básicas e que é *fechada sob* as operações básicas, onde 'menor' é entendido como a intersecção de conjuntos, e 'fechada sob' significa que, sempre que uma das operações é aplicada aos elementos do conjunto, o objeto resultante também está no conjunto. Esta forma de apresentação pressupõe que a infinidade inteira completada da classe de funções existe como uma intersecção de outras classes infinitas de funções, enquanto a definição indutiva não é nada mais do que uma forma construtiva de aplicar a expressão "recursiva primitiva" a várias funções. Como queremos evitar o uso de infinidades na nossa análise de computabilidade, quando nos referirmos a uma classe fechada sob uma operação, entenderemos tal fato como uma simplificação para uma definição indutiva.

Assim, para demonstrar que uma função é recursiva primitiva devemos mostrar que ela tem uma descrição, uma definição que se adapta precisamente aos critérios acima. Apesar disso, aqui, como para as funções computáveis por máquina de Turing, se uma função tem uma definição, então terá um número arbitrário de definições alternativas (exercício 9).

C. Exemplos

1. As constantes

Para qualquer número natural n, a função $\lambda x\, f(x) = n$ pode ser definida como:

$$\lambda x \underbrace{S(S(\ \dots\ S(Z(x))\ \dots\ ))}_{n \text{ repetições de } S}$$

Mas o uso de '...' é precisamente o que estamos tentando evitar. Para tanto, definimos indutivamente uma seqüência de funções: $C_0 = Z$; $C_{n+1} = S\mathrm{o}C_n$, de forma que $\lambda x_1\, C_n(x_1) = n$.

Aqui, novamente, definimos os números naturais por uma representação unária, refletindo a idéia de que "zero e a idéia de mais um" (em vez de "número inteiro e zero") é o nosso conceito primitivo.

2. Adição

Podemos definir $x+n$ considerando-a como uma função de uma variável, n, com a outra mantida fixa como um parâmetro. Portanto, definimos a adição por x, $\lambda n\ (x+n)$, como:

$$x+0=x$$
$$x+(n+1)=(x+n)+1$$

Mas esta não é uma definição própria, de acordo com a nossa descrição de funções recursivas primitivas. Assim, tentemos novamente:

$$+(0,\ x) = x$$
$$+(n+1,\ x) = S\ (+(n,\ x))$$

Esta parece uma definição formal cuidadosa, mas ainda não tem a forma requerida. Uma definição que se adapta exatamente aos critérios dados em §B para uma função ser classificada como recursiva primitiva, começa definindo $S(P_3^1(x_1,x_2,x_3))$, que é recursiva primitiva, desde que é uma composição de funções iniciais. Então,

$$+(0,x_1)=P_1^1(x_1)$$
$$+(n+1,x_1)=S(P_3^1(+(n,x_1),n,x_1))$$

3. Multiplicação

Agora que temos a adição, podemos dar uma definição indutiva da multiplicação. Usamos x como um parâmetro para definir $x\ \ n$ como uma multiplicação por x, de forma que $x\cdot 0=0$ e $x\cdot(n+1)=(x\cdot n)+x$. Ou, escrevendo na notação funcional,

$$\cdot(0,x)=0 \text{ e } \cdot(n+1,x)=+(x,\cdot(n,x)).$$

Esta definição parece suficientemente formal, mas novamente não está na forma especificada no §B, necessária para justificar que a multiplicação seja recursiva primitiva. O primeiro exercício a seguir pede que você dê tal definição.

4. Exponenciação

Formalmente, no nosso sistema de funções recursivas primitivas, definimos

$$Exp(0,x_1)=1$$

$$Exp(n+1, x_1) = h\,(Exp\,(n, x_1), n, x_1)$$

onde

$$h(x_1, x_2, x_3) = \cdot\,(P_3^1\,(x_1, x_2, x_3),\ P_3^3\,(x_1, x_2, x_3))$$

5. Sinal e teste de zero

A função sinal é

$$sn(0) = 0$$
$$sn(n+1) = 1$$

A função teste do zero é

$$\overline{sn}\,(0) = 1$$
$$\overline{sn}\,(n+1) = 0$$

O exercício 2 pede definições destas funções que satisfaçam aos critérios de §B.

6. Metade

Não podemos dividir números ímpares por 2, mas podemos encontrar o maior número natural menor ou igual à metade de n:

$$metade(n) = \begin{cases} \dfrac{n}{2} & \text{se } n \text{ é par} \\ \dfrac{n-1}{2} & \text{se } n \text{ é ímpar} \end{cases}$$

Para dar uma definição recursiva primitiva desta função, primeiro devemos separar o caso em que n é ímpar:

$$ímpar(n) = \begin{cases} 1 & \text{se } n \text{ é ímpar} \\ 0 & \text{se } n \text{ é par} \end{cases}$$

Pedimos que você mostre que *ímpar* é recursiva primitiva no exercício 3. Então,

$$metade(0) = 0, \text{ e } metade\,(n+1) = h(metade(n), n)$$

onde

$$h(x_1, x_2) = +\,(\,P_2^1\,(x_1, x_2),\ ímpar(\,P_2^2\,(x_1, x_2))$$

7. Predecessor e subtração limitada

Para definir a adição, começamos com a função sucessor, que adiciona 1. Para definir a subtração, começamos com a função predecessor, que subtrai 1, a saber, $P(0) = 0$; $P(n + 1) = n$. O exercício 4 abaixo pede a você que mostre que esta função é recursiva primitiva.

Como não podemos definir subtração nos números naturais, definimos a *subtração limitada*:

$$x \dot{-} n = \begin{cases} x - n & \text{se } n \leq x \\ 0 & \text{se } n > x \end{cases}$$

Mantendo x fixo, com o aumento de n o valor de $x \dot{-} n$ decresce até chegar a 0.

Assim, podemos definir: $x \dot{-} 0 = x$; $x \dot{-} (n+1) = P(x \dot{-} n)$, o que você pode converter numa definição normal correta (exercício 4).

Exercícios, Parte 1

1. Dê uma definição de multiplicação como uma função recursiva primitiva que atenda precisamente às especificações de §B. Compare esta definição à de máquina de Turing, no capítulo 8, §C.

2. Demonstre que $\overline{sn}$ e sn são recursivas primitivas.

3. Mostre que *ímpar* é recursiva primitiva.

4. Mostre que as funções predecessor e subtração limitada são recursivas primitivas.

5. Dê uma definição recursiva primitiva da função fatorial descrita em §A.

6. Demonstre que as seguintes funções são recursivas primitivas:

$$<(x,y) = \begin{cases} 1 & \text{se } x < y \\ 0 & \text{se } x \geq y \end{cases} \quad \text{e} \quad E(x,y) = \begin{cases} 1 & \text{se } x = y \\ 0 & \text{se } x \neq y \end{cases}$$

7. Mostre que a função f 'definida' por $f(n) = 0 + 1 + ... + n$ é recursiva primitiva.

8. Denote o *máximo* de $x_1, \ldots, x_n$ por $max\,(x_1, \ldots, x_n)$. Mostre que é recursiva primitiva. (*Sugestão*: cf. §C. 1; existe uma função para cada n.)

9. Mostre que se f tem uma definição recursiva primitiva, então há um número arbitrário (enumerável) de outras definições recursivas primitivas que levam a f.

10. Uma famosa função definida por indução é a série de Fibonacci:

$$1, 1, 2, 3, 5, 8, 13, \ldots, \mu_{n+2} = \mu_{n+1} + \mu_n$$

Para calcular μ_n devemos saber o que foi calculado nos dois passos anteriores, o que pode ser feito desde que tenhamos os dois primeiros termos. Veja se você consegue dar uma definição de $f(n) = \mu_n$ como uma função recursiva primitiva.

D. Outras operações recursivas primitivas

Não nos surpreenderíamos se você tivesse dificuldade em mostrar que a série de Fibonacci (exercício 10) é recursiva primitiva. Trata-se de uma função claramente computável, mas a recursão primitiva nos permite usar somente o último valor da função no passo indutivo, e não os dois valores anteriores. Antes de atacar esta função, seria mais útil mostrar que qualquer definição que começa com funções recursivas primitivas e utiliza quaisquer dos valores anteriores da função no passo de indução sempre resulta numa função recursiva primitiva.

Chamamos uma operação de *recursiva primitiva* se toda vez que é aplicada a funções recursivas primitivas ela devolve uma função recursiva primitiva. Nesse caso, ela pode ser simulada usando composição, recursão primitiva e funções auxiliares recursivas primitivas. Nesta seção mostraremos que a operação descrita acima, e algumas outras, são maneiras legítimas de formar funções recursivas primitivas a partir de outras funções recursivas primitivas.

1. Adição e multiplicação de funções

Se f e g são recursivas primitivas, então $f+g$ é recursiva primitiva, onde $(f+g)(x) = f(x)+g(x)$ (composição de funções recursivas primitivas). Da mesma forma, $(f \cdot g)(x) = f(x) \cdot g(x)$ é recursiva primitiva se f e g são. Geralmente, definimos:

$$\sum_{i=1}^{n} f_i(\vec{x}) \equiv_{Def} f_1(\vec{x}) + \ldots + f_n(\vec{x})$$

$$\prod_{i=1}^{n} f_i(\vec{x}) \equiv_{Def} f_1(\vec{x}). \ \ldots \ \cdot f_n(\vec{x})$$

No exercício 11 pedimos a definição indutiva correta destas funções, que não use '...' e que se mostre que, para cada n, se $f_1,\ldots, f_n$ são recursivas primitivas, então também o são $\sum_{i=1}^{n} f_i(\vec{x})$ *e* $\prod_{i=1}^{n} f_i(\vec{x})$.

2. Funções definidas de acordo com as condições

Como um exemplo, considere:

$$f(n) = \begin{cases} 2n & \text{se } n \text{ par} \\ 3n & \text{se } n \text{ é ímpar} \end{cases}$$

Aqui estamos considerando os números naturais divididos em dois conjuntos: A=pares, e B=ímpares. Precisamos usar aqui apenas informalmente a noção de conjunto, já que não precisamos ter todos os números de uma vez para dividi-los. Tudo de que precisamos é que as seguintes funções sejam recursivas primitivas:

$$ímpar(n) = \begin{cases} 1 & \text{se } n \text{ é ímpar} \\ 0 & \text{se } n \text{ é par} \end{cases}$$

e

$$par(n) = \overline{sn}[ímpar(n)] = \begin{cases} 1 & \text{se } n \text{ é par} \\ 0 & \text{se } n \text{ é ímpar} \end{cases}$$

(veja os exercícios 2 e 3).

A função característica de uma condição (ou, informalmente, de um conjunto) A é

$$C_A(x) = \begin{cases} 1 & \text{se } x \text{ satisfaz à condição} \\ 0 & \text{se } x \text{ não satisfaz à condição} \end{cases}$$

Dizemos que *uma condição* (conjunto) é *recursiva primitiva* se sua função característica é recursiva primitiva.

Suponha que temos n condições recursivas primitvas $A_1,\ldots, A_n$ tais que todo número x satisfaz uma e somente uma delas (por exemplo, par/ímpar). [Informalmente, temos uma partição disjunta (sem intersecção) de todos os números naturais em conjuntos $A_1,..., A_n$.] Suponha, ainda, que temos n funções recursivas primitivas $h_1,..., h_n$. Podemos então definir

$$f(x) = \begin{cases} h_1(x) & \text{se } x \text{ satisfaz} \quad A_1 \\ \vdots & \\ h_n(x) & \text{se } x \text{ satisfaz} \quad A_n \end{cases}$$

que é, assim, recursiva primitva: $f \quad é \quad \sum_{i=1}^{n} h_i \cdot C_{A_i}$

Freqüentemente precisamos de provas não-construtivas para *demonstrar* que todo x satisfaz exatamente uma entre $A_1,..., A_n$. Mas isso está *fora* do sistema, e não afeta a propriedade de uma função ser recursiva primitiva ou não. Lembre-se de que estamos considerando as funções extensionalmente.

Como um exemplo, podemos mostrar que dada uma função recursiva primitiva g, a função abaixo é recursiva primitva:

$$\begin{aligned} &f(0) = x_0 \\ &f(1) = x_1 \\ &\vdots \\ &f(n) = x_n \\ &\text{e para } x > n, f(x) = g(x). \end{aligned}$$

Podemos sempre especificar o valor de uma função num número arbitrário de lugares antes de darmos um procedimento geral: isso é como criar uma tabela suplementar de valores, com a seguinte intuição:

FINITO	=	TRIVIAL
MÉTODO GERAL	=	*para todos, exceto uma quantidade finita inicial*

Veja o exercício 13.

3. Predicados e operações lógicas

Podemos ter condições envolvendo mais do que um número, por exemplo, "$x < y$" ou "$max(x, y)$ é divisível por z". Chamamos uma condição que é satisfeita (ou não) por toda k-upla de números um *predicado* ou *relação* de k variáveis. Por exemplo, $R(x, y)$ definida como $x < y$ é satisfeita por (2, 5) e não é satisfeita por (5, 2). Dizemos que $R(2, 5)$ *é verdadeiro* (ou simplesmente escrevemos "$R(2, 5)$") e $R(5,2)$ *é falso* (ou simplesmente escrevemos "não $R(5, 2)$"). Outro exemplo é o predicado $Q(x, y, z)$ definido como $x + y = z$. Então $Q(2, 3, 5)$, mas não $Q(5, 2, 3)$. Usualmente utilizamos letras maiúsculas para predicados.

De maneira similar ao caso dos conjuntos, definimos a *função característica de um predicado R* como:

$$C_R(x) = \begin{cases} 1 & \text{se } R(\vec{x}) \\ 0 & \text{se não } R(\vec{x}) \end{cases}$$

e dizemos que um predicado é *recursivo primitivo* se a sua função característica o for. Podemos considerar conjuntos como predicados de uma variável.

Dados dois predicados, podemos formar outros; por exemplo, de "x é ímpar" e "x é divisível por 7" podemos formar

"x é ímpar e x é divisível por 7"
"x é ímpar ou x é divisível por 7"
"x *não* é divisível por 7"

Dados dois predicados P, Q escrevemos

$P(\vec{x}) \wedge Q(\vec{x}) \equiv_{\text{Def}}$ $\vec{x}$ satisfaz P e $\vec{x}$ satisfaz Q

$P(\vec{x}) \vee Q(\vec{x}) \equiv_{\text{Def}}$ $\vec{x}$ satisfaz P ou $\vec{x}$ satisfaz Q, ou satisfaz ambos P e Q

$\neg P(\vec{x}) \equiv_{\text{Def}}$ $\vec{x}$ não satisfaz P

$P(\vec{x}) \rightarrow Q(\vec{x}) \equiv_{\text{Def}}$ $\vec{x}$ não satisfaz P ou $\vec{x}$ satisfaz Q

(No capítulo 18 §C sugerimos que se leia $P \rightarrow Q$ como "se P, então Q".) Não é necessário exigir que P e Q utilizem o mesmo número de variáveis. Por exemplo, "x é ímpar e $x < y$" será visto como um predicado de 2 variáveis: (x, y) satisfaz a parte "x é ímpar" se x satisfizer.

No exercício 14 pedimos que se mostre que se P, Q são recursivas primitivas, então também o são todas as anteriores.

Podemos reapresentar estas idéias em termos de conjuntos. Dados A e B, definimos

$$A \cap B = \{x : x \in A \wedge x \in B\}$$
$$A \cup B = \{x : x \in A \vee x \in B\}$$
$$\overline{A} = \{x : x \notin A\}$$

Se A e B são recursivas primitivas, também o são estes conjuntos.

4. Minimização limitada

Se temos uma função computável, devemos poder verificar o que sabemos sobre ela até algum limite dado. Dizemos que *f é obtida a partir de h pela operação de minimização limitada* se

$$f(\vec{x}) = min\, y \leq n\, [h(\vec{x}, y) = 0]$$

o que significa:

o menor $y \leq n$ tal que $h(\vec{x}, y) = 0$ se existir algum; n caso contrário.

Note que n é fixo para todo $\vec{x}$, isto é, temos uma função diferente para cada n.

Há dois modos de mostrar que esta operação é recursiva primitiva. Poderíamos definir uma função diferente para cada n, e então mostrar por indução em n que cada uma é recursiva primitiva. Mas em geral queremos mostrar algo mais, a saber, que há uma função recursiva primitiva que calcula todas elas. Dizemos que as funções $h_1, \ldots, h_n, \ldots$ são *uniformemente* recursivas primitivas se há uma função recursiva primitiva q tal que, para todo n, $h_n(\vec{x}) = \lambda\, \vec{x}\; q(n, \vec{x})$ (cf. exercício 12a.)

Neste caso definimos $min\, y \leq n\, [h(\vec{x}, y) = 0]$ como $q(n, \vec{x})$ onde

$$q(0, \vec{x}) = 0$$
$$q(n + 1, \vec{x}) = q(n, \vec{x}) + sn(h(\vec{x}, q(n, \vec{x})))$$

Apesar de o limite ser fixado para cada $\vec{x}$, não precisa necessariamente ser o mesmo para todo $\vec{x}$: se h e g são recursivas primitivas, então f é também, onde $f(\vec{x}) = min\, y \leq g(\vec{x})\, [h(\vec{x}, y) = 0]$. Além disso, podemos verificar mais do que se apenas uma saída de h é igual a 0. Se a função g e o predicado Q são recursivas primitivas, então f também é, onde $f(\vec{x}) = min\, y \leq g(\vec{x})\, [Q(\vec{x}, y)]$, usualmente escrita como $f(\vec{x}) = \min y_{y \leq g(\vec{x})}[Q(\vec{x}, y)]$ (exercício 15). Também pedimos que você mostre o mesmo quando '≤' é trocado por '<'.

5. Existência e universalidade limitadas

Podemos tomar a minimização limitada como uma forma de lidar com questões de existência sob um limite. Para um predicado P definimos

$$\exists y \leq n\, P(\vec{x}, y) \equiv_{\text{Def}} \text{existe um } y \leq n \text{ tal que } P(\vec{x}, y)$$

e

$$\forall y \leq n\, P(\vec{x}, y) \equiv_{\text{Def}} \text{para todo } y \leq n,\, P(\vec{x}, y)$$

No exercício 15 pedimos que mostre que estes predicados são recursivos primitivos se P é.

6. Iteração

Iteração é uma forma mais simples de definição por indução. Informalmente, a iteração da função h é

$$f(n,\ x) = h^{(n)}(x) = \underbrace{h(h(\ \dots\ h(x)\ \dots\ ))}_{n\ vezes}$$

Esta forma de descrever f é apenas sugestiva. Incluindo $n = 0$, definimos

$$h^{(0)}(x) = x$$
$$h^{(n+1)}(x) = h(h(\cdots h(x)\cdots))$$

Dizemos então que f *se origina por iteração a partir de h* se $f(0,x) = id(x)$ e $f(n+1, x) = h^{(n+1)}(x) = h(P_3^1(f(n,x), n, x))$
que está numa forma correta para demonstrar que a função é recursiva primitiva.

7. Funções definidas simultaneamente

Algumas vezes definimos duas funções f e g juntas, de forma que no passo $n + 1$ o valor de cada uma depende dos valores prévios de ambas (um exemplo interessante onde isso acontece é o caso das variações no preço das ações na bolsa de valores, digamos entre Rio de Janeiro e São Paulo). Mais precisamente, tomamos k, q, h e t como recursivas primitivas. Definimos

$$f(0,\ \vec{x}) = k(\vec{x})$$
$$f(n+1,\ \vec{x}) = h(f(n,\ \vec{x}), g(n,\ \vec{x}), n,\ \vec{x})$$
$$g(0,\ \vec{x}) = q(\vec{x})$$
$$g(n+1,\ \vec{x}) = t(f(n,\ \vec{x}), g(n,\ \vec{x}), n,\ \vec{x})$$

as quais pedimos que mostre que são primitvas recursivas no exercício 18.

8. Indução por curso de valores ou indução forte

Até aqui utilizamos apenas o valor $f(n)$ previamente encontrado ao calcular $f(n+1)$. Isso corresponde a uma indução simples. Usar quaisquer dos valores previamente calculados corresponde a uma prova por *indução por curso de valores* ou *indução forte*:

dada uma assertiva $A(n)$,
se $A(0)$, e para todo n, se todo $y \leq n$ $A(y)$, então $A(n+1)$:
então, para todo n, $A(n)$

A indução por curso de valores pode ser reduzida à indução simples aplicando a indução simples a $\forall y \leq n\, A(y)$.

Similarmente, queremos mostrar que uma definição de uma função que pode usar todos os seus valores previamente calculados, que chamamos de uma *recursão por curso de valores*, pode ser reduzida à recursão primitiva. Para fazer isso codificamos os valores prévios da função em uma nova função, já que não podemos ter um número variável de variáveis no passo indutivo. Tome p_n como o n-ésimo primo: $p_0 = 2$, $p_1 = 3$, $p_2 = 5$,.... Tome f como a função que tem uma definição por curso de valores. Defina f^* por:

$$f^*(0,\vec{x}) = 1$$
$$f^*(n+1,\vec{x}) = p_n^{f(n,\vec{x})+1} \cdot \cdots \cdot p_1^{f(1,\vec{x})+1} \cdots p_0^{f(0,\vec{x})+1}$$
$$= p_n^{f(n,\vec{x})+1} \cdot f^*(n,\vec{x})$$

Qualquer definição de $f(n+1, \vec{x})$ que usa os valores $f(0, \vec{x})$, $f(1, \vec{x})$,..., $f(n, \vec{x})$ em alguma função recursiva primitiva auxiliar pode ser definida a partir dos valores de $f^*(n+1,\vec{x})$. E podemos simultaneamente definir f e f^*, já que nosso procedimento de codificação e decodificação nos primos é recursivo primitivo. (Veja exercício 18).

E. Números primos como códigos

1. Queremos mostrar, inicialmente, que a função p, definida por $p(n)=$ o n-ésimo primo, p_n, é recursiva primitiva. Começamos notando que

m divide n (escreve-se "$m \mid n$") sse $\exists i \leq n(m \cdot i = n)$

é um predicado recursivo primitivo por §D.5; denotamos a sua função característica como "$d(m,n)$". Portanto,

n é primo sse $(1 < n) \wedge [\forall x < n(x = 1 \vee \neg\, (x \mid n))]$

é um predicado recursivo primitivo (por §D. 5). Denote a sua função característica por

$$Primo(n) = \begin{cases} 1 & \text{se } n \text{ é primo} \\ 0 & \text{se } n \text{ não é primo} \end{cases}$$

Pelo teorema de Euclides (exercício 4.6), sabemos que se p é primo, então há outro primo entre p e $p! + 1$. Definimos a função auxiliar $h(z) = \min y_{y \leq z!+1}$ $[z < y \wedge \text{primo}(y) = 1]$. Então podemos definir a função p por $p(0) = 2$, $p(n + 1) = h(p(n))$.

2. Se codificamos os primos, e temos o número 270, por exemplo, devemos saber os expoentes dos primos na decomposição: $270 = 2^1 \cdot 3^3 \cdot 5^1$. Seja

$[x]_n$ = o expoente do n-ésimo primo na decomposição prima de x

Se esta é uma função bem definida ou não depende do fato de todo número natural ter uma decomposição única em primos (exercício 4.4). Para mostrar que $[x]_n$ é recursiva primitiva, note que $p_n^{[x]_n}$ divide x, mas $p_n^{[x]_n+1}$ não. Assim, $[x]_n = min\, y < x\, [d(p(n)^{y+1}, x) = 0]$.

3. Definimos o *comprimento* de x como sendo

$cp(x) = min\, y < x\, ([x]_y = 0)$

o que mede o número de primos distintos em seqüência, começando com dois que tenham expoentes diferentes de zero na decomposição prima de x. Por exemplo,

$$cp(6) = cp(2 \cdot 3) = cp(p_0 \cdot p_1) = 2$$
$$cp(21) = cp(3 \cdot 7) = cp(p_1 \cdot p_3) = 0$$
$$cp(42) = cp(2 \cdot 3 \cdot 7) = cp(p_0 \cdot p_1 \cdot p_3) = 2$$

4. Devemos codificar o 0, mas $p_n^0 = 1$ e não podemos dizer se p_n ocorre ou não. Assim, codificamos y em um número via p_n^{y+1}. Para decodificar precisamos, então, da função

$$(x)_n = [x]_n \dot{-} 1 = \begin{cases} \text{1 a menos que o expoente do } n\text{-ésimo primo} \\ \text{na decomposição prima de x} \end{cases}$$

Note que para $x > 0$, $(x)_n < x$. Escrevemos $(x)_{n,\, m}$ para $((x)_n)_m$.

5. Agora temos um modo de codificar seqüências finitas de números em números simples. Codificamos $(a_0, a_1,..., a_n)$ por

$$\langle a_0, a_1, \ldots, a_n \rangle = p_0^{a_0+1} \cdot p_1^{a_1+1} \cdot \ldots \cdot, p_n^{a_n+1}.$$

Para cada n esta é recursiva primitiva (exercício 19).

Com a convenção de que todo número codifica no máximo até o seu comprimento, temos também uma seqüência única associada a cada número natural:

x codifica a seqüência $((x)_0, (x)_1, \cdots (x)_{cp(x) \dot{-} 1})$,

onde, se $cp(x) = 0$, x codifica a seqüência vazia

Esta é a codificação que usaremos neste texto

Não precisamos ter $x = \langle((x)_0, (x)_1, \cdots (x)_{cp(x)\dot{-}1})\rangle$; por exemplo, $756 = 2^2 \cdot 3^3 \cdot 7$ codifica a seqüência (1, 2), mas $\langle 1, 2\rangle = 108$. Números diferentes podem codificar a mesma seqüência.

6. Dessa forma, temos uma codificação que não é injetora, mas que é suficiente para nossos propósitos. Podemos, se quisermos, dar uma codificação 1-1, mas esta é mais difícil de construir e de usar. No capítulo 5 §B.2, você mostrou (exercício 5.4) que a função de pareamento $J(x, y) = \frac{1}{2}[(x + y - 2)(x + y - 1)] + x$ é bijetora. Podemos codificar $(a_0, a_1, ..., a_n)$ por $J(a_0, J(a_1, \cdots, J(a_{n-1}, a_n))\cdots)$. Isto é, dada a codificação de n-uplas, J_n, a codificação de $n+1$-uplas é $J_{n+1}(a_0, a_1, \cdots, a_n) = J(a_0, J_n(a_1, \cdots, a_n))$. Para decodificar definimos as funções de 'despareamento'

$$K(z) = min\ x \leq z\ [\exists y \leq z\ (J(x, y) = z)]$$

$$L(z) = min\ y \leq z\ [\exists x \leq z\ (J(x, y) = z)],$$

que são recursivas primitivas por §D.4 e D.5; e

$$K(J(x, y)) = x, \quad L(J(x, y)) = y, \quad J(K(z), L(z)) = z$$

A decodificação de seqüências maiores é deixada como exercício (21).

F. Enumerando as funções recursivas primitivas

A seguir apresentamos um esquema de como se pode enumerar computavelmente as funções recursivas primitivas.

Primeiramente atribuímos a todas as funções iniciais um número: # (Z) = 11, # (S) = 13, $\#(p_n^i) = (p_{n+5})^{i+1}$. Então, a cada operação sob a qual a classe é fechada vamos associar uma operação aritmética. Se $\#(g) = a$ e $\#(h) = b$, então a composição $g \circ h$ terá o número $2^a \cdot 3^b$. Em geral, se $\#(h_1)=a_1$, $\#(h_2)=a_2$,..., $\#(h_m)=a_m$ e cada uma é função de k variáveis e g é uma função de m variáveis, e $\#(g) = b$, então a função $g\ (h_1(\vec{x}),..., h_m(\vec{x}))$ terá o número $\#(f) = 2^b \cdot 3^{\langle a_0,\ a_1,\ \ldots\ ,\ a_m\rangle}$. E, finalmente, se # $(g) = a$ e # $(h) = b$ e estas são funções com um número apropriado de variáveis, então f, definida por recursão primitiva em h com base g, terá o número $5^a \cdot 7^b$.

Dada qualquer definição recursiva primitiva, podemos seguir os passos acima e obter um número para a função, que chamamos de *índice*; por outro lado, dado qualquer número, podemos decompô-lo em primos, e depois decompor os expoentes em primos, e assim por diante, até que tenhamos uma expressão constituída somente de primos; podemos então determinar se corresponde a uma definição de uma função recursiva primitiva. Assim, as condições para a enumeração de Gödel são satisfeitas (capítulo 7, §C). Além disso, podemos verificar se a definição corresponde a uma função de 1 variável, de forma que possamos fazer uma lista computável das funções recursivas primitivas de uma variável: $f_0, f_1, \ldots, f_n, \ldots$ onde f_n é a função que tem n -ésimo índice. Nossa lista terá repetições, desde que toda função recursiva primitiva tem um número arbitrário de definições diferentes (exercício 9), e estamos realmente enumerando definições.

G. Por que recursiva primitiva ≠ computável

Considere a função $g(x) = f_x(x)+1$. Esta função é computável, já que a nossa enumeração é computável. Apesar disso, não pode ser recursiva primitiva: se fosse, ela coincidiria com f_n para algum n, e então teríamos $g(n) = f_n(n) + 1 = f_n(n)$. Este tipo de argumento chama-se *diagonalização*.

Fizemos g diferente de toda função recursiva primitiva de uma variável fazendo com que g difira de

$$
\begin{array}{ccccc}
f_0(0)+1 & f_0(1) & f_0(2) & f_0(3) & \cdots \\
f_1(0) & f_1(1)+1 & f_1(2) & f_1(3) & \cdots \\
f_2(0) & f_2(1) & f_2(2)+1 & f_2(3) & \cdots \\
\vdots & \vdots & \vdots & f_3(3)+1 & \cdots \\
f_n(0) & f_n(1) & f_n(2) & \cdots & f_n(n)+1\ldots
\end{array}
$$

cada f_n na diagonal. Assim, encontramos uma função computável que não é recursiva primitiva.

Aqui está outra forma de produzir uma função computável que não é recursiva primitiva. Definimos

$$
\begin{array}{ll}
h(0) & f_0(0)+1 \\
h(1) & f_0(1)+f_1(1)+1 \\
\vdots & \\
h(n) & f_0(n)+f_1(n)+\cdots+f_n(n)+1 \\
\vdots &
\end{array}
$$

Novamente, h é computável, já que a nossa enumeração é. Apesar disso, h *domina* todas as funções recursivas primitivas de uma variável; ou seja, se f é uma função recursiva primitiva de uma variável, então $f = f_n$ para algum n, assim, para todo $x \leq n$, $h(x) > f(x)$. Logo, h não pode ser recursiva primitiva.

Se ainda não temos todas as funções computáveis, como podemos obtê-las? De que outras operações precisamos?

Exercícios, Parte 2

11. Para todo $n \geq 2$, dê definições recursivas primitivas apropriadas de:

$$\sum_{i=1}^{n} f_i(\vec{x}) \equiv_{Def} f_1(\vec{x}) + \ldots + f_n(\vec{x}) \text{ e}$$

$$\prod_{i=1}^{n} f_i(\vec{x}) \equiv_{Def} f_1(\vec{x}) \cdot \ldots \cdot f_n(\vec{x})$$

(*Sugestão:* É fácil para $n = 2$; o resto segue por indução.)

12. a. Mostre que, mantendo uma variável fixa em numa função recursiva primitiva, obtemos uma função recursiva primitiva, isto é, dado que $\lambda n \lambda\ (\vec{x})\ f(n, \vec{x})$ é recursiva primitiva, mostre que para todo n, $\lambda \vec{x}\ f(n, \vec{x})$ é recursiva primitiva. (*Sugestão*: Use §C.1.)

b. Use a parte (*a*) e o exercício 11 para mostrar que se f é recursiva primitiva, também o são

$$\lambda \vec{x} \sum_{i=1}^{n} f(i, \vec{x}) \quad \text{e} \quad \lambda \vec{x} \prod_{i=1}^{n} f(i, \vec{x})$$

13. Suponha que temos uma quantidade enumerável de condições recursivas primitivas $A_1, \ldots, A_n, \ldots$ tais que todo x satisfaz exatamente uma delas. E suponha ainda que temos também a mesma quantidade de funções recursivas primitivas $h_1, \ldots, h_n, \ldots$. Seja f definida por $f(x) = h_n(x)$ se A_n é satisfeita por x. Será f necessariamente recursiva primitiva? Dê uma prova ou um contra-exemplo com restrições apropriadas.

14. Mostre que se P e Q são condições recursivas primitivas, então também o são $P \wedge Q$, $P \vee Q$, $\neg P$, e $P \rightarrow Q$.

15. a. Mostre que se h e g são recursivas primitivas, então f também é, onde

$$f(\vec{x}) = \min y_{y \leq g(\vec{x})}[h(\vec{x}, y) = 0].$$

b. Mostre que se a função g e o predicado Q são recursivos primitivos, então também o é f, onde $f(\vec{x}) = \min y_{y \leq g(\vec{x})}[Q(\vec{x}, y)]$.

c. Mostre que se o predicado P e a função g são recursivos primitivos, então também o são os predicados $\exists y \leq g(\vec{x})[P(\vec{x}, y)]$ e $\forall y \leq g(\vec{x})\ [P(\vec{x}, y)]$.

d. Repita as partes (a)–(c) com "$\leq$" substituído por "$<$".

16. Dê uma aplicação de uma definição por condições e uma por minimização limitada que mostre a utilidade de saber que estas operações são recursivas primitivas.

17. Mostre que a função $e(x) = x^x$ é recursiva primitiva. Descreva a função $f(n, x)$ obtida pela iteração de e. Calcule $f(3, 2)$, $f(3, 3)$, $f(10, 10)$. Tente descrever em notação matemática informal a função g que resulta da iteração de $\lambda x\, f(x, x)$. Calcule $g(3)$.

†18. a. Mostre que se h, g, e t são recursivas primitivas então f também o é, onde f é definida por

$$f(0, \vec{x}) = g(\vec{x})$$
$$f(1, \vec{x}) = t(\vec{x}),$$
$$\text{e para } n \geq 1, f(n+1, \vec{x}) = h(f(n-1, \vec{x}), n, \vec{x})$$

Use nossas codificações, e não a recursão simultânea.

b. Mostre que a definição simultânea por recursão (§D.7) é uma operação recursiva primitiva.

(*Sugestão:* Defina uma nova função

$$j(n, \vec{x}) = \begin{cases} f(\frac{n}{2}, \vec{x}) & \textit{se } n \textit{ é par} \\ g(\frac{n-1}{2}, \vec{x}) & \textit{se } n \textit{ é ímpar} \end{cases} .)$$

19. Mostre que para cada n, $\langle a_0, a_1, \ldots, a_n \rangle$ é recursiva primitiva.

20. Usando nosso código (§E.5), encontre $\langle 3, 1, 0 \rangle$, $\langle 0, 0, 2 \rangle$, e $\langle 2, 1, 0, 2, 2 \rangle$. Que seqüências são codificadas por 900 e por 19.600? E por $2^{1047} - 1$?

21. Em termos de K e L (§E.6), dê uma função que produza o i -ésimo elemento na seqüência representada por $J_{n+1}(a_0, a_1,..., a_n)$.

†22. Seja $f(n) = 0$ n-ésimo dígito na expansão decimal def π; isto é, $f(0) = 3, f(1) = 1, f(2) = 4,...$. Mostre que f é recursiva primitiva.

23. Compare a prova de que há uma função computável que não é recursiva primitiva com:

a. A prova de que os reais não são enumeráveis

b. A prova de que não há um conjunto de todos os conjuntos

c. O paradoxo do Mentiroso.

Leitura complementar

"Mathematical induction and recursive definitions", de R. C. Buck, apresenta uma boa discussão de definição por indução com muitos exemplos.

11
A hierarquia de Grzegorczyk (Opcional)

Apesar de termos visto que as funções recursivas primitivas não são todas as funções computáveis, elas são uma classe bastante importante: quase todas as funções que normalmente estudamos na teoria de números e todas as aproximações usuais para funções de valores reais (cf. exercício 10.22) são recursivas primitivas. Neste capítulo estudaremos mais profundamente a natureza da indução e da recursão primitiva e, fazendo isso, desenvolveremos uma idéia para a definição de classes maiores de funções computáveis. *Exceto no que se refere ao §B*, nem este material nem o capítulo 12 são essenciais ao nosso objetivo de investigar o programa de Hilbert.

A. Hierarquias e recursão limitada

Propomos aqui uma análise das funções recursivas primitivas separando-as em uma hierarquia. O que é uma hierarquia? É um sistema de classificação – do menos importante para o mais importante; ou do mais complexo para o menos complexo; ou de qualquer qualidade que acreditemos que possa ser estratificada. É motivador, para se ter uma idéia de como a noção de hierarquia aparece com freqüência, ver como os elizabetanos estratificaram toda a existência em uma hierarquia:

A grande cadeia da existência

O conceito da grande cadeia do ser, importante na atividade intelectual do século XVI, partia do princípio da ordem hierárquica: todas as coisas imagináveis estariam organizadas numa ordem fixa.

> No início há a mera existência, a classe inanimada: os elementos, líquidos e metais. Mas apesar da falta em comum de vida, existe uma imensa diferença em virtude; a água é mais nobre do que a terra, o rubi mais do que o topázio, o ouro mais do que o latão: os elos da cadeia aí estão. A seguir há a existência e a vida, a classe vegetal, onde novamente o carvalho é mais nobre do que o espinheiro. Depois há a existência, a vida e o sentimento, a classe sensível. Nesta há três divisões. Primeiro as criaturas que têm tato, mas não audição, memória ou movimento. São mariscos e parasitas de árvores. Então há animais que têm tato, memória e movimento, mas não audição, como por exemplo as formigas. Finalmente há os animais superiores, cavalos e cachorros, etc., que têm todas estas faculdades. As três classes levam ao homem, o qual tem não apenas existência, vida e sentimento, como também entendimento. (E. M. W. Tillyard, 1943, p.25-6)
>
> The Elizabethan World Picture (Vintage/Random House, 1943)

Esta maneira de organizar a existência pode hoje nos parecer exagerada na sua pretensa universalidade, mas é usual (e conveniente) que os objetos matemáticos sejam imaginados hierarquizados. Entre as funções recursivas primitivas podemos facilmente reconhecer variados níveis de complexidade:

- *complexidade de definição*: por exemplo, quantas recursões são usadas;

- *complexidade de cálculo*: seguramente, adicionar é 'mais simples' do que multiplicar e $x \cdot y$ é 'mais simples' de calcular do que x^y, que é ainda 'mais simples' do que

$$f(n, x) = x^{x^{x^{\cdot^{\cdot^{\cdot^{x}}}}}} \Big\} \; n \text{ vezes;}$$

- *complexidade de taxa de crescimento*: os valores da função exponencial crescem muito mais rapidamente do que aqueles da multiplicação, os quais por sua vez crescem mais rapidamente do que os da adição.

Como poderíamos construir classes de funções que refletissem tais intuições?

Podemos basear nossa primeira classe, chamada de E^0, nas funções mais simples que temos:

Z (zero), S (sucessor) e P_n^i (as funções de projeção). Sob que operações esta classe deveria estar fechada? A composição não parece aumentar a complexidade das funções, pelo menos comparada com a recursão. Mas, se permitimos a recursão, podemos ter a adição e, de fato, todas as funções recursivas primitivas. Assim, afirmamos que só podemos usar a recursão se não obtivermos uma função que seja mais complicada, ou seja, uma que não cresça mais do que uma que já temos. Isso é o que se chama de *recursão limitada*. Formalmente, a função f é definida por recursão em h com base g, limitada por k se

$$f(n+1, \vec{x}) = h(f(n, \vec{x}), n, \vec{x})$$
$$f(0, \vec{x}) = g(\vec{x})$$
$$f(n, \vec{x}) \leq k(n, \vec{x})$$

Desse modo, a recursão limitada é a recursão comum com uma cláusula adicional, que requer que a função seja definida como menor do que uma anteriormente obtida.

Uma aplicação completa, não limitada, de recursão (iteração) à função sucessor produz a adição. Assim, podemos tomar a segunda classe, E^1, como aquela que obtemos quando adicionamos $\lambda\, x\, y\, (x + y)$ ao estoque de funções iniciais de E^0, fechando-as sob as mesmas operações.

E^2 pode ser a classe que obtemos ao adicionar $\lambda\, x\, y\, (x \cdot y)$ ao estoque de funções iniciais, desde que a multiplicação é o resultado de uma aplicação não limitada da recursão (iteração) à adição.

Sucessivamente, E^3 pode ser a classe que obtemos ao adicionar $\lambda\, x\, y\, (x^y)$ ao estoque de funções iniciais, já que a exponenciação é o resultado de uma aplicação não limitada da recursão (iteração) à multiplicação. Esta última classe, definida originalmente por Kalmar, é importante por si mesma, e por isso a tratamos primeiramente.

B. As funções elementares

Definimos a classe de *funções elementares* como

E = a menor classe de funções contendo Z, S, as funções de projeção e $\lambda xy(x^y)$, e que é fechada sob a composição e recursão limitada.

Lembramos que esta é uma simplificação da definição indutiva do termo "função elementar" (veja o final do capítulo 10 §B).

Este não é o melhor modo de definir a classe porque para aplicar recursão limitada devemos saber de antemão se a função que obteremos será menor do que alguma que já temos e o procedimento computacional requereria uma prova que o acompanhasse. Podemos mostrar, entretanto, que a operação de recursão limitada pode ser substituída por minimização limitada. Lembre-se de que uma função f é definida por *minimização limitada* nas funções g e h se

$$f(\vec{x}) = \min y_{y \leq g(\vec{x})}[h(\vec{x}, y) = 0]$$

TEOREMA 1

a. A adição, a codificação e decodificação de funções estão em E.

b. Na definição de E a operação de recursão limitada pode ser substituída por minimização limitada.

Prova: a. A definição de adição no capítulo 10 §C.2 é aceitável aqui: $\lambda xy\,(x + 2)^{y+2}$ está em E pois é uma composição de funções em E, e $(x + y) \leq (x + 2)^{y+2}$. Agora basta, simplesmente, seguir nossas definições de funções de codificação e decodificação (capítulo 10 §E) e todas as funções das quais aquelas dependem para ver que elas podem ser limitadas por funções em E. Deixamos isso para você.

b. Para ver que E é fechada sob minimização limitada, veja o capítulo 10 §D.4. Todas as recursões utilizadas lá podem ser limitadas por funções em E, o que você pode verificar.

Agora defina a classe de funções C pela mesma definição que E exceto substituindo a operação de recursão limitada pela operação de minimização limitada. Devemos mostrar que $E \subseteq C$.

Assim, suponha que temos uma função f definida por recursão em g e h limitada por k, onde $g, h, k \in C$. Então note que

$$f(m,\vec{x}) = (\min z \leq r(k(m,\vec{x}))[(z)_0 = g(\vec{x}) \wedge \forall i < m, (z)_{i+1} = h((z)_i, i, \vec{x})])_m$$

onde r é uma função a ser determinada como segue. Deixamos para você mostrar que a função característica da parte que está em colchetes está em C (sugestão: comece mostrando que a igualdade está em C, a partir de Z e das funções de projeção: use os exercícios 2, 4 e 6 do Capítulo 10, Parte I). Assim, para mostrar que f está em C, só falta mostrar que o operador de minimização nesta definição pode ser limitado por alguma função em C.

Sabemos que f é limitada por $\lambda m\,\vec{x}\,k(m, \vec{x}) \in C$. Podemos assumir que k é crescente em m porque a cada vez que utilizamos a recursão limitada podemos escolher tal função, começando com $\lambda xy\,(x^y)$. Assim, o menor z na definição acima tem a forma:

$$\begin{aligned} z &= \langle f(0, \vec{x}), \ldots, f(m, \vec{x}) \rangle \\ &\leq \langle k(0, \vec{x}), \ldots, k(m, \vec{x}) \rangle \end{aligned}$$

$$\leq \langle\, k\,(m,\ \vec{x}\,),\ \dots\ ,\ k\,(m,\ \vec{x}\,)\,\rangle$$
$$< p_m^{m \cdot k(m,\vec{x})}$$

onde p_m é o m-ésimo primo. A multiplicação está em C porque todas as recursões necessárias para defini-la podem ser limitadas por $\lambda xy(x^y)$. Portanto, precisamos apenas mostrar que a função $p(m) = p_m$ está em C. Para isso usamos a definição de p dada no capítulo 10 §E.1 e a desigualdade $p_m \leq 2^{2^m}$ (exercício 1); basta então tomar a função r como $\lambda x\ (2^{2^x})$, a qual está em C porque é uma composição de funções em C. Portanto a função r está em C. ■

Na prova do teorema 1.b vemos quão importantes é ter disponíveis as funções de codificação e decodificação. De todas as classes descritas na seção anterior, E é a menor que contém as funções de codificação e decodificação e na qual podemos substituir recursão limitada por minimização limitada. Por esta razão é tomada como a base mínima para investigar as funções recursivas primitivas. Ao mesmo tempo, marca o limite do que muitos acreditam ser as funções 'factivelmente' computáveis, já que contém a exponenciação.

C. Iterando a iteração: a função de Ackermann

Deveria parecer claro como continuar a definir as classes E^0, E^1, E^2, E^3, ..., mas conseguiremos construir uma maneira geral de descrever todas esta classes? Conseguiríamos, pela iteração repetida, obter todas as funções recursivas primitivas? Para responder a essas perguntas veremos o que conseguimos pela iteração sucessiva, começando com a função sucessor.

1. As funções ψ_m e provas por indução dupla

Defina as funções $\psi_0, \psi_1, \cdots \psi_m, \cdots$ por

$$\psi_0(n) = n + 1$$

e

$$\psi_{m+1}(0) = \psi_m(1)$$
$$\psi_{m+1}(n+1) = \psi_m(\psi_{m+1}(n))$$

Podemos provar por indução em m que cada ψ_m é recursiva primitiva: ψ_0 é, e ψ_{m+1} é produzida por recursão em ψ_m. De fato, ψ_{m+1} é uma iteração pura de ψ_m:

$$\psi_{m+1}(n) = \psi_m^{(n+1)}(1)$$

como você pode verificar (exercício 2).

Obteremos funções que crescem muito rápido (cf. exercício 10.17). Tão rápido que, dada qualquer função recursiva primitiva, haverá alguma ψ_m que a limita. Para mostrar isso, primeiramente devemos estabelecer os vários modos pelos quais as ψ_m's crescem.

TEOREMA 2

a. $\psi_m(n) > n$
b. $\psi_{m+1}(n+1) > \psi_m(n)$
c. $\psi_{m+1}(n) \geq \psi_m(n+1)$
d. $\psi_{m+1}(n) > \psi_m(n)$

Precisamos de uma nova técnica de prova para este teorema. *Uma prova por indução dupla* de uma assertiva $P(m, n)$ tem os seguintes passos:

1. Provamos $P(0, n)$ para todo n por indução em n: inicialmente provamos $P(0, 0)$ e então, assumindo $P(0, n)$, mostramos que segue $P(0, n + 1)$.

2. Assumimos que $P(m, n)$ vale para todo n (o passo de indução para m). Então provamos $P(m + 1, n)$ por indução em n: primeiro provamos $P(m + 1, 0)$ e então, assumindo $P(m + 1, n)$ (o passo de indução para n) provamos $P(m + 1, n + 1)$.

Este processo é simplesmente o uso repetido de indução simples e portanto deveria ser aceitável. Num sentido preciso (veja capítulo 12 §B), ele pode ser reduzido à indução simples. Note que no passo de indução para m podemos igualmente assumir que $P(i, n)$ vale para todo $i \leq m$ e no passo de indução para n podemos assumir que $P(m + 1, i)$ vale para todo $i \leq n$ (cf. indução por curso de valores ou indução forte no capítulo 10 §D.8). Provaremos a parte (a) do teorema por indução dupla e deixaremos o resto da prova como exercício 3.

Prova: a. Podemos passar pelo nível básico de uma só vez, pois $\psi_0(n) = n + 1 > n$.

Para o passo de indução para m, suponha que para todo n, $\psi_m(n) > n$. Então, $\psi_{m+1}(0) = \psi_m(1) > 1 > 0$.

Para o passo de subindução para n, suponha que $\psi_{m+1}(n) > n$. Logo,

$\psi_{m+1}(n+1) = \psi_m(\psi_{m+1}(n))$
$> \psi_{m+1}(n)$ por indução em m
$> n$ por indução em n. Conseqüentemente,
$\psi_{m+1}(n+1) > (n+1)$. ■

2. Dominando as funções recursivas primitivas

Para provar aquilo que queremos, primeiro devemos torná-lo preciso. Dizemos que g *domina estritamente* f se, para todo x, $g(x) > f(x)$. Esta definição somente vale para funções de uma variável; assim, em geral, dizemos que uma função de uma variável, g, *domina* $f(\vec{x})$ *estritamente* se, para todo $\vec{x}$, $g(max(\vec{x})) > f(\vec{x})$.

TEOREMA 3

a. Cada uma das funções iniciais Z, S, P_n^i é estritamente dominada por ψ_1.

b. se g é estritamente dominada por ψ_a e $h_1, \ldots, h_r$ são estritamente dominadas, respectivamente, por $\psi_{a_1}, \cdots, \psi_{a_r}$, então $f(\vec{x}) = g(h_1(\vec{x}), \ldots, h_r(\vec{x}))$ é estritamente dominada por ψ_{m+2}, onde $m = max(a, a_1, \ldots, a_r)$.

c. se g é estritamente dominada por ψ_a, h é estritamente dominada por ψ_b e f é obtida por recursão primitiva em h com base g, então f é estritamente dominada por ψ_{m+2}, onde $m = max(a, b, 1)$.

d. se f é recursiva primitiva, então para algum r, f é estritamente dominada por ψ_r.

Prova: Deixamos as partes (a), (b) e (c) como bons (e difíceis) exercícios em prova por indução (exercício 4).

Para a parte (d) usaremos a indução, mas de um novo modo. É conveniente lembrar que explicação do caráter indutivo da definição da expressão "recursiva primitiva" foi feita no capítulo 10 §B. A uma função f se atribui esta denominação se ela tem uma definição começando com as funções iniciais, usando composição e recursões primitivas. Assim, podemos *induzir sobre o número de operações utilizadas numa definição* para provar uma versão construtiva da parte (d): se f tem uma definição que usa no máximo m aplicações de composição e recursão primitiva, começando com as funções iniciais, então f é estritamente dominada por ψ_{2m+1}.

Isto é verdade para 0 operações, pois nesse caso temos as funções iniciais que, pela parte (a), são limitadas por ψ_1. Portanto, suponha que seja verdade para funções que usam no máximo m operações. Suponha que f possa ser definida por recursão em g e h, onde as últimas usam no máximo m aplicações das operações e então são estritamente dominadas por ψ_{2m+1}. Assim, pela parte (c), f é estritamente dominada por $\psi_{(2m+1)+2} = \psi_{2(m+1)+1}$. O mesmo argumento se aplica se f é definida por composição. ■

3. A Função de Ackermann e recursão dupla encadeada

Trabalhando com a coleção de ψ_m's, você pode ter pensado que poderia considerar a seqüência inteira de funções como uma descrição de como computar $\psi_m(n)$ para qualquer m, n. Ou seja, você poderia pensar em $\psi_m(n)$ como uma função simples de duas variáveis definida por:

$$\psi(0,n) = n+1$$
$$\psi(m+1,0) = \psi(m,1)$$
$$\psi(m+1,n+1) = \psi(m,\psi(m+1,n))$$

W. Ackermann deu esta definição inicialmente em 1928 para mostrar que há um procedimento computável que não é primitivo recursivo.

Mas por que se justifica dizer que ψ é uma função e, mais ainda, computável? Sua definição parece envolver uma definição indutiva, com alguma coisa mais. Isso se deve ao fato de ser uma *definição por indução em 2 variáveis.* Considere todos os pares de números naturais dispostos como segue:

	$(0, 0)$	$(0, 1)$	$\ldots$	$(0, n)$	$(0, n+1)$	$\ldots$
	$(1, 0)$	$(1, 1)$	$\ldots$	$(1, n)$	$(1, n+1)$	$\ldots$
	$(m, 0)$	$(m, 1)$	$\ldots$	(m, n)	$(m, n+1)$	$\ldots$
linhas $\rightarrow$	$(m+1, 0)$	$(m+1, 1)$	$\ldots$	$(m+1, n)$	$(m+1, n+1)$	$\ldots$

Na recursão comum (primitiva), para determinar o valor de f em $(m+1, n+1)$, isto é, $f(m+1, n+1)$, permitimo-nos observar os valores de f apenas nas linhas precedentes, $f(x, y)$ tais que $x \leq m$. Isso parece uma restrição arbitrária: por que não nos permitiríamos olhar valores de f em lugares precedendo $(m+1, n+1)$ na *mesma linha,* isto é, $f(m+1, x)$ para $x < n+1$?

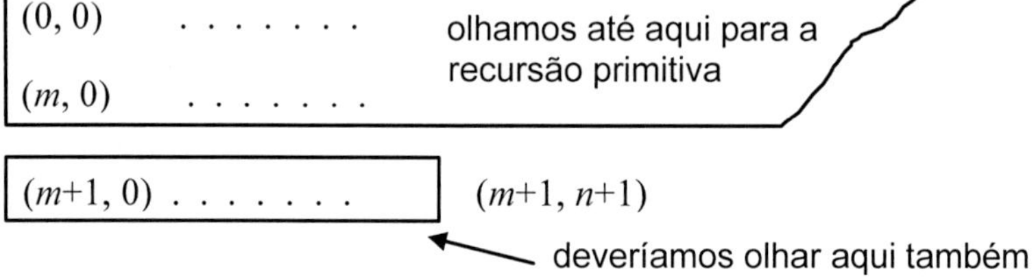

$(0, 0)$ . . . .
$(m, 0)$ . . . .
olhamos até aqui para a recursão primitiva

$(m+1, 0)$ . . . . $(m+1, n+1)$
deveríamos olhar aqui também

Além disso, o *encadeamento* não causa problemas; ou seja, podemos aplicar f a si mesma, por exemplo, $f(m+1, n+1) = f(m, f(m+1, n))$, pois somos novamente levados a cálculos prévios de f. Para calcular qualquer f desta forma em $(m+1, n+1)$, precisamos apenas de um número finito de valores de f em lugares que precedam $(m+1, n+1)$:

quando começamos em (m + 1, n + 1) há apenas um número finito de lugares a visitar na mesma linha antes de (m + 1, n + 1). Então podemos ir a um ponto arbitrariamente distante numa linha precedente, digamos (m, n + 400). Mas daí, novamente, há apenas um número finito de lugares *naquela* linha à qual fomos levados, ... continuando devemos em um certo momento atingir (0,0), para o qual um valor é dado.

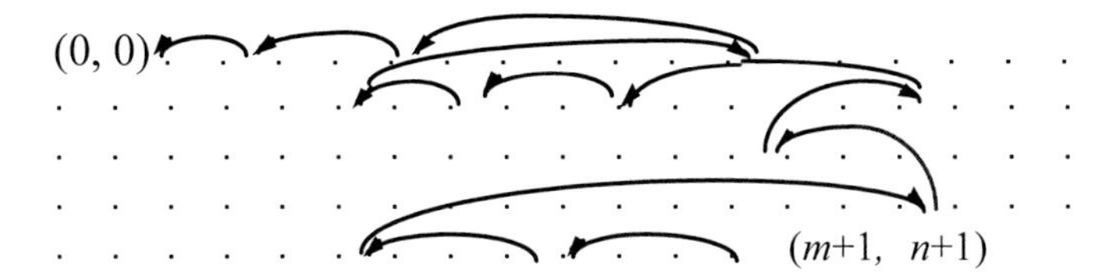

por exemplo, para nossa função ψ como computamos $\psi(2,1)$? $\psi(2,1) = \psi(1,\psi(2,0))$. Assim, precisamos de $\psi(2,0)$, que é igual a $\psi(1,1)$ e $\psi(1,1) = \psi(0,\psi(1,0))$. Mas, $\psi(1,0) = \psi(0,1) = 2$. Agora volte aos outros passos.

Concluímos assim que a recursão dupla encadeada (definição por indução em duas variáveis) é uma operação apropriada para definir uma função computável. Mas ela não pode ser reduzida à recursão primitiva.

TEOREMA 4

ψ não é recursiva primitiva.

Prova: Suponha que ψ seja recursiva primitiva. Então a *diagonal* $f(m) = \psi(m,m)$ seria também recursiva primitiva. Mas, pelo teorema 3.d, para algum r, $f(m) < \psi(r,m)$, para todo m. Em particular, teríamos $f(r) < \psi(r,r) = f(r)$, que é uma contradição. ■

D. A hierarquia de Grzegorczyk

Agora podemos usar as ψ_m's para construir a hierarquia que começamos no §A. Andrzej Grzegorczyk [pronuncia-se An-djei Dje-gor-tchik], 1953, foi o primeiro a construir uma hierarquia baseada em recursões sucessivas e a nossa será uma variação desta, começando com as funções elementares.

Definição Para $m \geq 3$ defina a classe indutiva

$E_m = E(\psi_m)$

= a menor classe de funções contendo Z, S, as funções de projeção e ψ_m e que é fechada sob recursão limitada e composição.

Daí, a definição de E_m é a mesma que para E, com a exceção de que ψ_m substitui $\lambda xy(x^y)$.

TEOREMA 5

a. $E = E_3$.

b. Na definição de E_m a operação de recursão limitada pode ser substituída por minimização limitada.

Prova: a. É suficiente mostrar que $\psi_3 \in E$ e $\lambda xy\ (x^y) \in E(\psi_3)$. Como $\psi_3(n) = 2^{n+3} - 3$ (exercício 2), $\psi_3 \in E$. Do Exercício 5, $x{\cdot}y < 2^{x+y}$, donde $x{\cdot}y < 2^{(x+y)+3} - 3$ e, então, está em $E(\psi_3)$. De maneira similar, $x^y \leq 2^{x\cdot y}$ logo (com os detalhes deixados para você) $\lambda xy\ (x^y) \in E(\psi_3)$.

b. Como $\lambda xy\ (x^y) \in E_3$, $\lambda xy\ (x^y) \in E_m$ para todo m (via teorema 2.d), assim podemos usar a mesma prova do teorema 1. ■

Agora podemos afirmar que as E_{m}'s formam uma hierarquia.

TEOREMA 6

a. $E_m \subseteq E_{m+1}$.

b. se f é recursiva primitiva, então para algum $m, f \in E_m$.

c. $\psi_{m+1} \notin E_m$ e assim $E_m \neq E_{m+1}$.

Prova: a. Esta parte segue do teorema 2.d.

b. Esta parte segue do teorema 3.d , pois, dada uma definição de uma função recursiva primitiva, existe algum m tal que ψ_m domina todas as recursões usadas naquela definição.

c. Para provar esta parte usaremos o fato de que se $f \in E_m$ é uma função de uma variável, então para algum a e para todo x, $f(x) < \psi_m^{(a)}(x)$ (exercício 6). Assim, para algum a

$$\begin{aligned} f(x) &< \psi_m^{(a)}(\psi_{m-1}^{(x+1)}(1)) && \text{(pelo exercício 2)} \\ &< \psi_m^{(a)}(\psi_m^{(x+1)}(1)) && \text{(pelo teorema 2)} \\ &= \psi_m^{(a+x+1)}(1) = \psi_{m+1}(a+x) \end{aligned}$$

Agora suponha que $\psi_{m+1} \in E_m$. Então $\psi_{m+1}(x+x)$ também pertenceria. Mas então para algum a e todo x , $\psi_{m+1}(x+x) < \psi_{m+1}(a+x)$ o que, pelo teorema 2 é impossível (ou ainda, tomando x = a, obtém-se uma contradição imediata) Assim, ψ_{m+1} não pertence a E_m e encontramos uma função em E_{m+1} que domina todas as funções in E_m. ■

Temos o seguinte quadro:

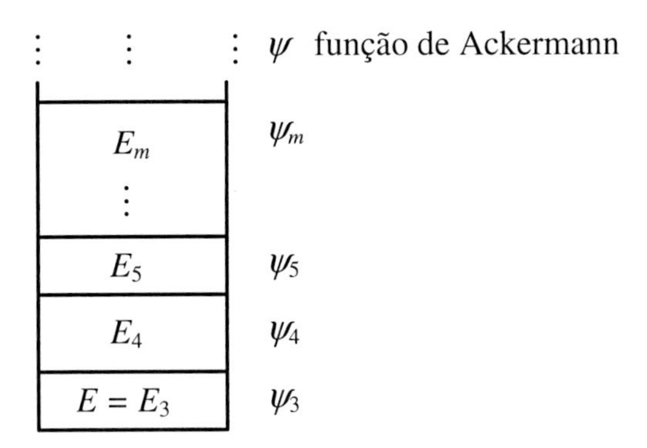

Note que construímos uma *hierarquia cumulativa*: cada classe contém a precedente, estendendo-a com novos elementos. Isso é mais comum em matemática (e normalmente mais fácil) do que fazer cada classe completamente diferente das precedentes.

Toda nova classe permite uma recursão (iteração) a partir da anterior. Isso produz uma função que cresce mais rápido do que qualquer outra da classe precedente, e pode ser usada para dar um limite à minimização limitada. A função de Ackermann conecta toda esta classe (infinita enumerável) de recursões novas em uma função que cresce mais rápido do que qualquer função recursiva primitiva. A operação de indução dupla encadeada que utilizamos para definir a função de Ackermann é computável, e isso nos dá a primeira pista sobre como estender as funções recursivas primitivas no capítulo 12.

Exercícios

Cuidado: Nem toda assertiva envolvendo duas variáveis requer uma prova por indução dupla.

1. a. Prove por indução: $2^0 + 2^1 + \ldots + 2^n < 2^{n+1}$.

b. Seja p_n o n-ésimo primo (lembre que p_0=2). Prove por indução em n que $p_n \leq 2^{2^n}$. (*Sugestão*: substitua $n!$ por um produto de primos na prova de Euclides e use a parte (a).)

2. a. Prove que $\psi_{m+1}(n) = \psi_m^{(n+1)}(1)$.

b. Calcule $\psi_1(3)$, $\psi_2(1)$, $\psi_4(2)$, $\psi_5(2)$ e $\psi_{421}(2)$.

c. Exprima ψ_1, ψ_2, ψ_3 e ψ_4 como funções aritméticas usando operações familiares, tais como adição, multiplicação e exponenciação. Em particular, mostre que $\psi_3(n) = 2^{n+3} - 3$. Tente dar uma notação para descrever ψ_m.

3. Complete a prova do teorema 2.

‡ 4. Complete a prova do teorema 3.
(*Sugestão*: Para a parte (c), mostre que $f(n,\vec{x}) < \psi_{m+1}(\max(\vec{x},n))$. Então use o fato de que $\max(\vec{x}) + n < \psi_2(\max(\vec{x},n))$ e o teorema 2.c. Não tentamos conseguir os melhores limites possíveis, e, se você não conseguir os nossos, tente mostrar que existe pelo menos *algum* limite, por exemplo , m+3 em vez de m +2.)

5. a. Prove por indução que para todo x , $x < 2^x$.
b. Prove por indução em y que, para todo x, y, $x \cdot y < 2^{x+y}$.
c. Prove por indução em y que, para todo x, y, $x^y \leq 2^{x \cdot y}$.

‡ 6. Prove que se $f \in E_m$ e f tem uma definição que usa no máximo r composições começando com as funções iniciais de E_m então, para todo $\vec{x}$, $f(\vec{x}) < \psi_m^{(2^r+1)}(\max(\vec{x}))$. (*Sugestão*: Veja a prova do teorema 3. Lembre-se de que a recursão limitada não aumenta o valor da função acima de algum que já temos.)

‡ 7. A iteração é tão forte quanto a recursão primitiva, uma vez que temos as funções e codificação. Prove que a menor classe de funções que contém as funções iniciais S, Z, P_m^i para todo m e $1 \leq i \leq m$, as funções de codificação $\lambda(x)_m$ e $\langle x_0, x_1, \cdots, x_m \rangle$ para todo m e que é fechada sob composição e iteração é a classe das funções recursivas primitivas. (*Sugestão*: se f é definida por recursão em h , defina $s(n, \vec{x}) = \langle f(n, \vec{x}), n, \vec{x} \rangle$ e mostre que s pode ser definida pela iteração de uma função t que produz $t(\langle a, n, \vec{x} \rangle) = \langle h(a, n, \vec{x}), n+1, \vec{x} \rangle$.)

8. Mostre que não obtemos todas as funções recursivas primitivas começando por um número finito de funções recursivas primitivas e fechando-as sob recursão limitada e composição.

Leitura complementar

No artigo original de Grzegorczyk, "Some Classes of recursive functions", pode-se encontrar os detalhes da formulação desta hierarquia. Rózsa Péter, em seu livro *Recursive Functions* também desenvolve a hierarquia e dá uma boa exposição da função de Ackermann. Odifreddi, em *Classical Recursion Theory* volume 2, também trata deste assunto, com outras hierarquias de funções recursivas primitivas.

12
Recursão múltipla (Opcional)

Neste capítulo vamos mostrar, esquematicamente, como estender a hierarquia de Grzegorczyk na nossa investigação de outras operações e funções computáveis. Isso é apenas motivação e não será necessário posteriormente.

A. As funções multiplamente recursivas

1. Recursão dupla

No capítulo 11, §C.3, justificamos a *recursão encadeada em duas variáveis* como uma operação computável. Na sua forma geral definimos uma função f de duas variáveis a partir de g, h e k pelas equações (salientando o uso de f em negrito)

$$\mathbf{f}(0, y) = g(y)$$
$$\mathbf{f}(x + 1, 0) = \mathbf{f}(x, \mathbf{f}(x, a)) \text{ para um número fixo } a$$
$$\mathbf{f}(x + 1, y + 1) = h(x, y, \mathbf{f}(x + 1, y), \mathbf{f}(x, k(x, y, \mathbf{f}(x + 1, y))))$$

Esta definição não é tão complicada quanto parece: no primeiro nível fazemos f igual a uma outra função. No nível seguinte, primeiro definimos f para $y = 0$ usando alguns valores anteriores de f. Então, para os estágios sucessores de y o processo é quase como para a recursão primitiva, sendo a principal diferença que agora permitimos que f seja aplicada em si mesma num valor anterior (encadeamento). Para definir uma função $f\ (x, y, \vec{z})$ de mais de 2 variáveis, simplesmente insira a seqüência $\vec{z}$ em todos os lugares 'óbvios'.

Escolhendo h apropriadamente podemos mostrar que a recursão primitiva é uma forma especial de recursão dupla. Assim definimos indutivamente uma nova classe de funções computáveis, as *funções duplamente recursivas*:

$\boldsymbol{M_2}$ = a menor classe contendo as funções recursivas primitivas iniciais (Z, S e P^i_n) e fechada sob a recursão dupla encadeada e composição.

Chamando de $\boldsymbol{P}$ a classe de funções recursivas primitivas, temos $\boldsymbol{P} \subset \boldsymbol{M_2}$. Como a função de Ackermann não é recursiva primitiva, $\boldsymbol{P} \neq \boldsymbol{M_2}$.

Teremos agora todas as funções computáveis?

2. *n*-recursão

Não, pois podemos enumerar computavelmente as funções duplamente recursivas como fizemos com $\boldsymbol{P}$ (capítulo 10 §F) e daí diagonalizar ou definir uma função que as domine (capítulo 10 §G).

Com as funções recursivas primitivas, transformamos aquela descrição informal numa definição formal de uma função ψ que utiliza a recursão encadeada em mais uma variável para dominar as funções recursivas primitivas (capítulo 11 §C). Podemos fazer o mesmo aqui, isto é, podemos definir uma função ρ que usa a recursão encadeada em 3 variáveis e domina todas as funções duplamente recursivas. Usando ρ podemos dividir as funções duplamente recursivas numa hierarquia baseada no aumento da fronteira na minimização limitada a cada nível. Como você pode imaginar, a definição e as provas que estabelecem este resultado estão bastante entrelaçadas, apesar de as idéias já estarem claras. Assim, recomendamos o livro de Péter, 1967, para os detalhes.

Usando uma forma geral de recursão encadeada em 3 variáveis, podemos definir a classe de funções triplamente recursivas, $\boldsymbol{M_3}$. Podemos então diagonalizar com uma função definida por recursão encadeada em 4 variáveis, que estabelece uma hierarquia em $\boldsymbol{M_3}$ baseada no aumento da fronteira na minimização limitada. De forma geral, para todo n podemos definir a classe das funções n-recursivas, $\boldsymbol{M_n}$ com recursão encadeada em n variáveis como operação básica. Então podemos diagonalizar estas funções com uma função n + 1-recursiva, estabelecendo uma hierarquia em $\boldsymbol{M_n}$ baseada no aumento da fronteira na minimização limitada.

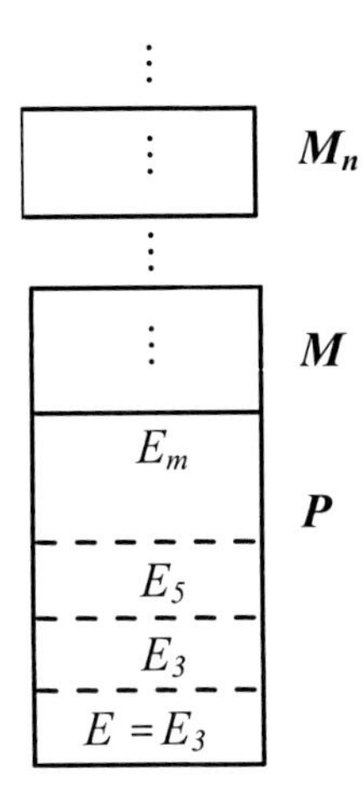

Estendendo o limite sob o qual podemos fazer a minimização limitada, obtemos classes cada vez maiores de funções computáveis.

3. Diagonalizando as funções multiplamente recursivas

Uma vez que definimos uma forma geral de n-recursão para todo n não temos mais variáveis para a indução. Assim, teríamos agora seguramente todas as funções computáveis?

Não ainda, e pela mesma razão. Podemos dar uma definição indutiva da classe $\boldsymbol{M}$ de todas as *funções multiplamente recursivas* como a menor classe contendo as funções iniciais Z, S, P_k^i e fechada sob as operações de composição e de recursão encadeada em n variáveis para todo n. Dessa forma é apenas um pouco mais difícil dar uma enumeração computável destas funções e diagonalizar, ou, de maneira similar, obter uma função computável que domina todas.

Como, então, devemos proceder?

B. Recursão em tipos de ordem

Lembre-se que explicamos o termo "computar por indução dupla" referindo-nos a este quadro:

	$(0, 0)$	$(0, 1)$	$\ldots$	$(0, n)$	$(0, n+1)$	$\ldots$
linhas	$(1, 0)$	$(1, 1)$	$\ldots$	$(1, n)$	$(1, n+1)$	$\ldots$
	$\vdots$	$\vdots$		$\vdots$	$\vdots$	
	$(m, 0)$	$(m, 1)$	$\ldots$	(m, n)	$(m, n+1)$	$\ldots$
	$(m+1, 0)$	$(m+1, 1)$	$\ldots$	$(m+1, n)$	$(m+1, n+1)$	$\ldots$

Para calcular $f(m+1, n+1)$ poderíamos voltar pela linha $m+1$ e daí para algum lugar em alguma linha anterior, digamos para $f(m-16, 158107654)$, o que, apesar de muito longe, nos levaria para uma linha ainda mais anterior, já que há somente 158107654 lugares precedendo aquele naquela linha e assim sucessivamente; finalmente alcançamos a linha 0 e chegamos a $f(0, 0)$. Sabendo este valor, poderíamos calcular $f(m+1, n+1)$.

Em essência, o que estávamos fazendo era colocar uma ordem nos pares de números: $(m, n) < (x, y)$ sse $m < x$, ou então $m = x$ e $n < y$. Se pensamos nos números naturais com a sua ordem usual, à qual nos referimos como ω, então o que temos aqui é uma representação de ω^2. Podemos imitar esta ordenação de pares através de uma reordenação dos números naturais:

à 0-ésima linha, atribua os ímpares: 1, 3, 5, 7, ...
à primeira linha, atribua os números divisíveis por 2, mas não por 4:
2, 6, 10, 14, ...
à segunda linha, atribua os números divisíveis por 4, mas não por 8:
4, 12, 20, 28, ...
à n-ésima linha, atribua os números divisíveis por 2^n, mas não por 2^{n+1}.

Para não deixarmos o 0 de fora, subtraia 1 de todas as entradas acima. Mais formalmente, primeiro note que todo número natural pode ser representado na forma $2^m(2n+1) - 1$, para algum m e n. Então a ordem $<_{\varpi^2}$ que imita nosso quadrado de pares de números naturais é

$$a <_{\varpi^2} b \quad \text{sse} \quad a = 2^m(2n+1) - 1 \quad \text{e} \quad b = 2^x(2y+1) - 1$$
$$\text{e} \quad m < x, \quad \text{ou} \quad m = x \quad \text{e} \quad n < y$$

Portanto, a recursão dupla reduz-se à recursão primitiva respeitando esta ordem, em vez da ordem usual dos números naturais. Ou seja, a operação de recursão dupla pode ser substituída pela operação de recursão em $<_{\varpi^2}$, onde definimos f a partir de g, h e g por

$$\mathrm{f}(0, \vec{x}) = \mathrm{g}(\vec{x})$$

(*) $\mathrm{f}(r+1, \vec{x}) = \mathrm{h}(\mathrm{f}(\mathrm{q}(r+1, \vec{x}), \vec{x}), r, \vec{x}),$

onde

$$\mathrm{q}(0, \vec{x}) = 0$$

e

$$q(r+1, \vec{x}) <_{\varpi^2} r+1$$

De uma forma semelhante, a prova por indução dupla pode ser reduzida à prova por indução nesta ordem.

Para recursão tripla, que quadro temos? Precisamos utilizar triplas de números naturais colocados num cubo, ϖ^3.

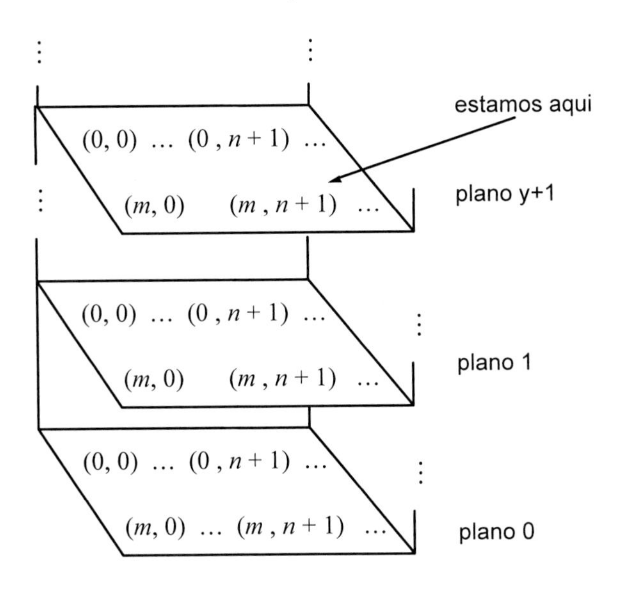

Para calcular $f(y + 1, m + 1, n + 1)$ começamos naquele lugar na linha m do plano $y + 1$. Agora você pode descrever como procedemos para chegar a (0, 0, 0). A recursão tripla pode então ser reduzida à recursão simples numa ordem dos números naturais que copia esta ordem de triplas.

Para indução em 4 variáveis, utilizamos quádruplas de números naturais dispostas numa fila de cubos semelhantes a ω^3, que chamamos de ω^4. De forma geral, podemos reduzir a recursão em n variáveis com respeito a uma ordem $<_{\omega^\omega}$ como em (*) acima, o que imita a disposição em n-uplas dos números naturais. A recursão encadeada em n variáveis pode também ser reduzida à recursão numa única variável respeitando a ordem ω^n, apesar de sua forma ser mais complicada (veja Odifreddi, volume 2).

Estes ω^n são exemplos dos 'números transfinitos' de Cantor, a que Hilbert se referiu na sua conferência (capítulo 6). Mas para nossos propósitos eles são simplesmente formas de dispor os números naturais em ordens mais complicadas. O que é importante sobre estas ordenações é que são *bem-ordenadas:* toda coleção não-vazia de números naturais tem um menor elemento na ordem. Elas são computáveis, de fato recursivas primitivas. Isso é o que precisamos para ter certeza de que temos um procedimento computável para uma função definida por recursão na ordem, desde que podemos sempre voltar, como descrevemos acima.

Para continuar além da recursão nestes tipos de ordem, inventamos uma ordem que corresponde à coleção de todas as ênuplas para todos os n (as $n + 1$-uplas seguindo as n-uplas) seguidos por mais uma cópia dos números naturais, o que denotamos por $\omega^{\omega} + \omega$. Definimos a classe de funções que utilizam a operação de recursão encadeada com respeito à ordem $<_{\omega^{\omega} + \omega}$, e usando esta operação podemos diagonalizar as funções multiplamente recursivas. Mas mesmo assim não teremos todas as funções computáveis, já que podemos enumerá-las e diagonalizá-las ou criar uma função que as domina e ultrapassa o limite da minimização limitada.

Não importa quão longe possamos ir neste caminho, se usarmos ordens que justificamos antes como computáveis e que são uma 'extensão natural' das anteriores, podemos sempre diagonalizar computavelmente e aumentar a fronteira para a minimização limitada.

Leitura complementar

Para mais detalhes sobre funções multiplamente recursivas consulte o livro de Péter, *Recursive Functions*. Hausdorff, em *Set Theory*, faz uma exposição básica dos tipos de ordem que discutimos, e Rogers, em *Theory of Recursive Functions and Effective Computability*, pp.219-22, apresenta a teoria de tipos de ordem computáveis como uma série de bons (mas difíceis) exercícios. Odifreddi, *Classical Recursion Theory*, volume 2, cobre a recursão em tipos de ordem e a relaciona a várias hierarquias das funções computáveis.

13
O operador de busca mínima

Neste capítulo vamos estudar o que acontece se eliminamos o limite da minimização limitada. A operação resultante poderia ainda ser considerada uma operação 'computável'?

A. O operador μ

Eliminando o limite na minimização limitada temos um problema de pontos indefinidos. De fato, considere

$$f(x) = \text{o menor } y \text{ tal que } y + x = 10.$$

Para cada $x > 10$, $f(x)$ é indefinida. Mesmo assim f é ainda computável: para $f(12)$, por exemplo, podemos verificar para cada y que $y + 12 \neq 10$.

Você poderia argumentar que é óbvio que não há y que torne $f(12)$ definida. Então, por que não podemos usar este fato para fazer uma função melhor, que seja definida para todo x? Isso significaria estar saindo do sistema. Precisaríamos não só de um programa, uma instrução para f que nos dissesse para calcular $y + x$ e verificar se ela é igual a 10 ou não, mas também uma *prova* de que não há tal y se $x > 10$. No presente caso isso seria fácil. Mas nem sempre é: considere a seguinte função:

$$h(z) = \text{o menor } \langle x, y\rangle \text{ tal que } x, y \text{ são primos e } x + y = 2 \cdot z$$

Até a presente data (2003) ninguém sabe para quais z esta função é definida (a conjectura de que ela é definida para todo z é chamada "conjectura de

Goldbach"). Podemos, contudo, construtivamente verificar cada par de primos $\langle x, y\rangle$, como, por exemplo, com $w = 47$, para decidir se $x + y = 2 \cdot 47$.

Definimos o *operador de busca mínima*, também chamado de *operador*-μ, como:

$$\mu y\, [f(\vec{x}, y) = 0] = z \quad \text{sse} \quad \begin{cases} f(\vec{x}, z) = 0 \text{ e} \\ \text{para todo } y < z,\, f(\vec{x}, y) \text{ está definida e é} > 0 \end{cases}$$

B. O operador "min"

Uma comparação: denote por "$\min_y [f(\vec{x}, y) = 0]$" a menor solução para a equação $f(\vec{x}, y) = 0$, se tal solução existir, e indefinida caso contrário.

O exemplo seguinte mostra que o operador-min não é o mesmo que o operador μ. Defina a função recursiva primitiva:

$$h(x, y) = \begin{cases} x - y & \text{se } y \leq x \\ 1 & \text{caso contrário} \end{cases}$$

Agora defina

$$g(x) = \mu y\, [2 \dot{-} h(x, y) = 0]$$

$$g^*(x) = \min_y [2 \dot{-} h(x, y) = 0]$$

Então

$$g(0), g(1) \text{ são indefinidas, e } g(2) = 0$$
$$g^*(0), g^*(1) \text{ são indefinidas, e } g^*(2) = 0$$

Por outro lado defina

$$f(x) = \mu y\, [g(y) \cdot (x + 1) = 0]$$
$$f^*(x) = \min_y [g^*(y) \cdot (x + 1) = 0]$$

Então $f(x)$ é indefinida para todo x; mas para todo x, $f^*(x) = 2$.

C. O operador μ produz uma operação computável

Por que escolhemos o operador μ e não o operador min? Podemos não ser capazes de predizer para quais x a equação $f(x, y) = 0$ tem uma solução. Afirmar que $\min_y [f(x, y) = 0] = 1$ quando $f(x, 0)$ é indefinida devido a uma busca infinita equivale à conclusão de uma tarefa infinita.

Mas com o operador μ, se $f(x, 0)$ é indefinida (isto é, se estamos numa busca que nunca acaba), então $\mu y\ [f(x, y) = 0]$ é também indefinida. De fato, mesmo que $f(x, 1)$ seja definida e $f(x, 1) = 0$, o fato de $f(x, 0)$ ser indefinida torna o valor de $\mu y[f(x,y) = 0]$ também indefinido.

Para calcular $g(x) = \mu y\ [f(x, y) = 0]$ procedemos por passos:

Passo 0: calcule $f(x, 0)$
se definida e = 0 a saída é o valor deste passo;
se definida e > 0 continuamos a procura no próximo passo;
se nunca obtivermos uma resposta para $f(x, 0)$, então $g(x)$ será indefinida, já que estaremos numa procura infindável

Passo 1: calcule $f(x, 1)$ – proceda como no passo 0
Passo 2: calcule $f(x, 2)$ – proceda como no passo 0
⋮

Afirmar, por exemplo, min_y[f(x,y)=0]=1 pode equivaler à conclusão de uma tarefa infinita: basta que f(x,0) seja indefinida devido a uma busca infinita.

14
Funções recursivas parciais

A. As funções recursivas parciais

1. Nossas investigações anteriores nos levam à seguinte definição:

As *funções recursivas parciais* são a menor classe contendo as funções zero, sucessor e as projeções, e fechada sob as operações de composição, recursão primitiva e sob o operador μ.

Lembramos, novamente, que, mesmo que expressa em termos de classes, na realidade esta é uma definição indutiva do termo 'recursiva parcial' (veja capítulo 10 §B). Utilizaremos doravante a abreviação *r.p.* para 'recursiva parcial'.

Como as nossas funções podem não ser definidas para todas as entradas, diremos que uma função que é definida para todas as entradas é *total* e continuaremos a usar letras latinas minúsculas *f, g, h,* etc., para funções totais. Note que qualquer função total que investigamos até aqui é recursiva parcial: podemos defini-la da mesma forma que antes, simplesmente esquecendo qualquer referência a limites. O termo *recursivo* é reservado a funções r.p. totais.

Chamamos as funções que podem ser indefinidas para algumas entradas de funções *parciais*, e utilizamos letras gregas minúsculas φ, ψ, ρ e assim por diante, para denotá-las. Escrevemos, por exemplo, $\varphi(x)$ para a aplicação da função (considerando-a como um procedimento) a x. Não queremos dizer com isso que necessariamente existe um objeto chamado $\varphi(x)$, já que φ aplicada a x pode ser indefinida. Escrevemos

$\varphi(x)\downarrow$ para denotar "φ aplicada a x é definida"

$\varphi(x)\not\downarrow$ para denotar "φ aplicada a x não é definida"

Quando duas funções parciais são a mesma (do ponto de vista extensional)? Inicialmente, φ e ψ *concordam na entrada* x_o se ambas $\varphi(x_o)\downarrow$ e $\psi(x_o)\downarrow$ e produzem valores iguais, ou ambas $\varphi(x_o)$ e $\psi(x_o)$ são indefinidas. Neste caso, escrevemos

$$\varphi(x_o) \approx \psi(x_o)$$

Dizemos que φ e ψ são a mesma função se elas concordam em todas as entradas; isto é, para todo x, $\varphi(x) \approx \psi(x)$ Neste caso, escrevemos

$$\varphi \approx \psi.$$

Estas convenções também se aplicam a funções de várias variáveis.

Dizemos que um *conjunto A* ou uma *relação R é recursiva* se a sua função característica, C_A ou C_R, é recursiva (veja capítulo 10 §D.2 e §D.3). Note que toda função característica é total (pela lei lógica do terceiro excluído).

Quando utilizamos o operador μ, precisamos reverter os papéis de 0 e 1 na função característica; dessa forma definimos a *função representante* para uma relação R como $\overline{sn}\ C_R$.

2. O fato de que o operador μ requerer que procuremos um y tal que $\varphi(\vec{x}, y) = 0$ não é tão restritivo quanto possa parecer. Dada uma relação R, escrevemos

$$\mu y \leq g(\vec{x})[R(\vec{x}, y)]$$

significando

$$\mu y[y \leq g(\vec{x}) \wedge R(\vec{x}, y)]$$

Lema 1 Se g e R são recursivas então τ, ρ, ψ e γ definidas a seguir são r.p:

$$\begin{aligned}
\tau(\vec{x}) &\approx \mu y[\varphi(\vec{x}, y) = a] \\
\rho(\vec{x}) &\approx \mu y[R(\vec{x}, y)] \\
\psi(\vec{x}) &\approx \mu y \leq g(\vec{x})[R(\vec{x}, y)] \\
\gamma(\vec{x}) &\approx \mu y < g(\vec{x})[R(\vec{x}, y)]
\end{aligned}$$

Deixamos a prova do lema acima como Exercício 1.

B. A diagonalização e o problema da parada

Por que não se pode aplicar o método da diagonalização à classe das funções recursivas parciais?

Assuma, por enquanto, que podemos efetivamente enumerar todas as funções recursivas parciais de uma variável por $\varphi_1, \varphi_2, \ldots, \varphi_n, \ldots$ (indicaremos no próximo capítulo como isso pode ser feito, mas de nossa experiência anterior com enumeração sabemos que isso é plausível). Podemos então definir $\psi(x) = \varphi_x(x) + 1$. *Mas isso não servirá para obter a diagonalização,* porque algumas $\varphi_x(x)$ *podem não ser definidas.* Seria possível evitar isso e diagonalizar, decidindo se $\varphi_x(x)\downarrow$?

TEOREMA 2 Não há nenhuma função recursiva que decida se $\varphi_x(x)$ é definida.

Prova: Suponha que exista uma tal função recursiva f, de modo que:

$$f(x) \approx \begin{cases} 1 & \text{se } \varphi_x(x)\downarrow \\ 0 & \text{se } \varphi_x(x)\not\downarrow \end{cases}$$

Então

$$\rho(x) \approx \begin{cases} \not\downarrow & \text{se } \varphi_x(x)\downarrow \\ 0 & \text{se } \varphi_x(x)\not\downarrow \end{cases}$$

é recursiva parcial (pela primeira e última vez definiremos formalmente esta função:

$\rho(x) \approx \mu\, y\, [y + f(x) = 0]$. Logo ρ deve ser φ_y para algum y. Mas então

$$\rho(y) \approx \begin{cases} \not\downarrow & \text{se } \varphi_y(y)\downarrow \\ 0 & \text{se } \varphi_y(y)\not\downarrow \end{cases}$$

o que é uma contradição. Assim, não existe tal f. ■

A diagonalização não funciona, mas ao custo de termos introduzido as funções parciais!

Mostramos que o conjunto $K \equiv_{\text{Def}} \{x : \varphi_x(x)\downarrow\}$ não é recursivo. Mais geralmente, defina $K_0 \equiv_{\text{Def}} \{\langle x, y\rangle : \varphi_x(y)\downarrow\}$. A função característica de K_0 é chamada de *o problema da parada para funções recursivas parciais*, uma vez que $\langle x, y\rangle$ está em K_0 sse o x-ésimo algoritmo aplicado a y pára. Deixamos a prova do corolário seguinte como exercício 4.

COROLÁRIO 3 (A Insolubilidade do Problema da Parada) K_0 não é recursivo.

C. As funções recursivas gerais

Lembre-se de que, no capítulo 7, sugerimos que você escrevesse os critérios que achava razoáveis para que um procedimento fosse computável. Se sua opinião era que todo procedimento deveria terminar, você não deve estar muito satisfeito com o fato de termos introduzido funções parciais.

Dizemos que uma função $g(\vec{x}, y)$ é *regular* se ela é total e se, para todo $\vec{x}$ existe algum y tal que $g(\vec{x}, y) = 0$. A classe de *funções recursivas gerais* é definida exatamente como as recursivas parciais, com a exceção de que o operador μ pode ser aplicado apenas a funções regulares. Claramente, toda função recursiva geral é uma função total e, de fato, uma função recursiva parcial total.

A Tese de Church (em uma das suas formas conceitualmente equivalentes à que vimos no Capítulo 9) afirma que: uma função é computável sse é recursiva geral.

Mas criar uma classe cujas funções são totais é uma melhora apenas aparente, porque a operação resultante de aplicar o operador μ a funções regulares não é bem definida: para x arbitrário *não podemos decidir* se $g(x, y) = 0$ tem uma solução. De fato, para tanto, deveríamos calcular $g(x, 0)$, $g(x, 1)$, $g(x, 2)$,..., mas pode ocorrer que nenhuma delas seja zero (e note que, se pudéssemos decidir, isto faria com que resolvêssemos o problema da parada). Assim, *não podemos efetivamente enumerar* as funções recursivas gerais (e portanto não podemos computavelmente diagonalizá-las também). A ambigüidade das funções parciais é essencial para se obter uma classe de funções computáveis que possamos enumerar computavelmente e que não possamos diagonalizar computavelmente. No capítulo 15 mostraremos que *as funções recursivas gerais coincidem com as funções r.p. totais.*

D. Gödel, a respeito das funções parciais

> Gödel afirma que a noção precisa de procedimento mecânico é apresentada de maneira clara pelas máquinas de Turing produzindo funções parciais, ao invés de recursivas gerais. Em outras palavras, a noção intuitiva não requer que um procedimento mecânico sempre termine ou tenha sucesso. Um procedimento que seja às vezes falho, se definido rigorosamente, é ainda um procedimento, isto é, uma forma bem determinada de proceder. Portanto temos aqui um excelente exemplo de um conceito que não nos parecia bem determinado a princípio, mas que se tornou claro depois como resultado de uma reflexão cuidadosa. A definição resultante do conceito de mecânico pelo conceito rigoroso de "executável por uma máquina de Turing" é correta e única. Contrariamente ao conceito mais complexo de procedimentos mecânicos que sempre terminam, o conceito não qualificado, visto claramente agora, tem o mesmo significado para os intuicionistas [um ramo da matemática construtiva, veja capítulo 25] e para os clássicos. Mais ainda, é absolutamente impossível que qualquer um que entenda a questão e saiba a definição de Turing possa se decidir por um conceito diferente. (Wang, p.84)

Exercícios

1. Prove o Lema 1 (cf. exercício 10.15).

2. Mostre que a função definida por

$$g(x) = \begin{cases} 0 & \text{se } x \text{ é par} \\ \not\downarrow & \text{se } x \text{ é ímpar} \end{cases}$$

é recursiva parcial, dando uma definição pelo operador μ e usando funções que já mostramos serem recursivas parciais.

3. a. Aplicados a funções regulares, o operador min e o operador μ são e-quivalentes:
mostre que se φ é recursiva parcial e f, definida por

$$f(\vec{x}) = \mu y\, [\varphi(\vec{x}, y) = 0] \text{ é total, então para todo } \vec{x},$$
$$f(\vec{x}) = \min y\, [\varphi(\vec{x}, y) = 0].$$

b. Mostre que as funções recursivas parciais não são fechadas sob o operador min.
(*Sugestão*: Defina $\psi(x, y) = 1$ se $y = 1$, ou se $y = 0$ e $\varphi_x(x)\downarrow$.)

4. Prove que K_0 não é recursivo.

5. Dizemos que uma função ψ *estende* uma função φ se sempre que $\varphi(x)\downarrow$, $\psi(x)\downarrow = \varphi(x)$. Mostre que há uma função recursiva parcial φ que não pode ser estendida a uma função recursiva total.
(*Sugestão*: Considere $\varphi \simeq \lambda x\,(\varphi_x(x) + 1)$.)

6. Afirmamos que não podíamos diagonalizar a classe das funções r.p. Mas não seria possível que a função f, definida por

$$f(x) = \begin{cases} \varphi_x(x)+1 & \text{se } \varphi_x(x)\downarrow \\ 0 & \text{c.c.} \end{cases}$$

pudesse diagonalizar a classe das funções r.p.? Explique.

7. Explique por que você concorda (ou não) que as funções parciais são computáveis. As observações de Gödel (via Wang) são um argumento convincente para se aceitar os procedimentos parciais como computáveis?

15
Enumerando as funções recursivas parciais

A. Por que e como: a idéia inicial

Queremos enumerar as funções recursivas parciais por duas razões. Inicialmente, queremos justificar e tornar precisos os comentários que fizemos no capítulo 14 sobre o problema da parada e a diagonalização. Em segundo lugar, ao enumerar as funções, faremos uma codificação que leva em conta como cada uma delas é construída, de forma que dado o número de uma função podemos decodificá-la para computar a função em qualquer entrada. Dessa forma teremos um procedimento recursivo parcial que simula todas as funções recursivas parciais, ao qual chamamos de uma *função universal* para as funções recursivas parciais.

A idéia da enumeração não é difícil; não mais difícil do que o esquema que fizemos para a enumeração das funções recursivas primitivas no capítulo 10 §F. Mas escrevê-la é um pouco complicado e, assim, daremos primeiramente a idéia de forma simplificada. Utilizaremos a codificação das seqüências de números que apresentamos no capítulo 10 §E.5, com a qual você já deve ter se habituado.

A enumeração é um procedimento indutivo: como base, enumeramos as funções iniciais, como, por exemplo, Z toma o número 0, S toma o número $<1>$, e P_n^i toma o número $<1, i>$ (o número de variáveis determinará n). No passo de indução assumimos que já enumeramos diversas funções, como φ_a, φ_b, φ_{b_1}, φ_{b_2}, $\ldots$, φ_{b_k}.

A partir daí, correspondendo a cada operação que podemos utilizar para produzir novas funções, associaremos uma operação aritmética:

- a composição $\phi = \varphi_a(\varphi_{b_1}, \varphi_{b_2}, \ldots, \varphi_{b_k})$ terá número

$$<a, <b_1, b_2, \ldots, b_k>, 0>;$$

- a recursão primitiva que define uma função por recursão em φ_b com base φ_a,

$$\phi(0, \vec{x}) = \varphi_a(\vec{x})$$
$$\phi(n+1, \vec{x}) = \varphi_b(\phi(n, \vec{x}), n, \vec{x}) \text{ terá número } < a, b, 0, 0 >;$$

- o operador de busca mínima, $\mu y(\varphi_a(\vec{x}, y) = 0)$ terá número $< a, 0, 0, 0, 0 >$.

Há, entretanto, duas complicações que fazem a enumeração mais difícil do que este esquema simples. Primeiro, queremos que todo número seja o número de alguma função, teremos então muita redundância: por exemplo, mais do que simplesmente associar $< a, 0, 0, 0, 0 >$ à função que resulta da aplicação do operador μ em φ_a, associaremos a esta função todo n com $cp(n) \geq 5$ tal que $(n)_0 = a$. Segundo, precisamos enumerar todas as funções com quaisquer números possíveis de variáveis de uma só vez. Então, quando chegarmos ao número n, teremos de estipular, para todo k, qual é a n-ésima função de k variáveis. Isso é análogo a definir uma máquina de Turing que funcione para entradas de qualquer número de variáveis.

Agora, dado qualquer número, podemos decodificá-lo para saber a qual função ele corresponde. Por exemplo, se temos $n = < a, 0, 0, 0, 0 >$, então sabemos que este é o código de uma função que resulta da aplicação do operador de busca mínima a φ_a, onde $a < n$. Podemos continuar a desempacotá-lo, obtendo, por exemplo, $a = < 4796521, 814, 0, 0 >$. Neste caso, sabemos que φ_a é obtida por recursão primitiva em φ_{814} com base $\varphi_{4796521}$. Se desempacotarmos n até chegar a uma descrição completa utilizando apenas primos, 0, e 1, poderemos obter uma descrição da função indexada em termos de funções iniciais e de operações sobre elas. Portanto, dado qualquer x podemos descrever como calcular $\varphi_n(x)$. A descrição formal deste processo equivale a definir uma função universal para as funções recursivas parciais.

B. Índices para as funções recursivas parciais

Lembre-se que $\varphi \approx \psi$ significa que, para todo x, $\varphi(x) \downarrow$ se $\psi(x) \downarrow$, (isto é, são ambas simultaneamente definidas ou simultaneamente indefinidas para cada entrada) e são iguais se ambas são definidas.

Indexaremos todas as funções r.p. de quaisquer números de variáveis de uma só vez. A n-ésima função de k variáveis para $k \geq 1$ será denotada φ_n^k, apesar de não escrevermos o expoente k se estiver suficientemente claro. As variáveis serão sempre denominadas $x_1, x_2, \ldots, x_k$. O seguinte procedimento dá uma definição por indução em n para todos os k de uma vez.

Por indução, temos $\varphi_n^k(x_1, x_2, \ldots, x_k) \approx$

Caso 1 (zero, sucessor): $cp(n) = 0$ ou 1

n codifica a seqüência vazia ou $(n)_0$

Se $cp(n) = 0$, então $\approx$ a função constante 0

Se $cp(n) = 1$, então $\approx$ a função sucessor, $x_1 + 1$

Caso 2 (projeções): $cp(n) = 2$

n codifica a seqüência $((n)_0, (n)_1)$

Se $(n)_0 = 0$ ou $(n)_1 = 0$, então $\approx$ à função constante 0

Se $(n)_0 \geq 1$ e $1 \leq (n)_1 \leq k$, então $\approx P_k^{(n)_1}(x_1, x_2, \ldots, x_k)$

Se $(n)_0 \geq 1$ e $k < (n)_1$, então $\approx P_k^{(k)}(x_1, x_2, \ldots, x_k)$

Caso 3 (composição de funções): $cp(n) = 3$

n codifica a seqüência $((n)_0, (n)_1, (n)_2)$

Se $cp((n)_1) = 0$, então $\approx \varphi_{(n)_0}^k$

Se $cp((n)_1) \geq 1$, então $\approx \varphi_{(n)_0}^{cp((n)_1)}(\varphi_{((n)_1)_0}^k, \ldots, \varphi_{((n)_1)cp((n)_1)\dot{-}1}^k)$

Caso 4 (recursão primitiva): $cp(n) = 4$

n codifica a seqüência $((n)_0, (n)_1, (n)_2, (n)_3)$

Se $k = 1$, então

$\varphi_n(0) = (n)_0$

$\varphi_n(x_1 + 1) \approx \varphi_{(n)_1}^2(\varphi_n(x_1), x_1)$

Se $k > 1$, então

$\varphi_n^k(0, x_2, \ldots, x_k) \approx \varphi_{(n)_0}^{k-1}(x_2, \ldots, x_k)$

$\varphi_n^k(x_1 + 1, x_2, \ldots, x_k) \approx \varphi_{(n)_1}^{k+1}(\varphi_n^k(x_1, x_2, \ldots, x_k), x_1, x_2, \ldots, x_k)$

Caso 5 (operador μ): $cp(n) \geq 5$

n codifica a seqüência $((n)_0, \ldots)$

$\varphi_n^k(x_1, x_2, \ldots, x_k) \approx \mu x_{k+1}[\varphi_{(n)_0}^{k+1}(x_1, x_2, \ldots, x_k, x_{k+1}) = 0]$

Isso completa a enumeração. Se $\psi \approx \varphi_n^k$, dizemos que n é um *índice* para ψ.

É importante notar que este procedimento enumera programas, ou descrições de funções. Pode ocorrer que muitas descrições diferentes produzam a mesma função. O Exercício 2 pede que se mostre que toda função recursiva parcial tem uma quantidade arbitrária de índices diferentes. Contudo, este fenômeno não é mero acidente desta enumeração: no exercício 9 você é solicitado a demonstrar que não há função recursiva capaz de determinar se, em todos os casos, dois programas (ou duas descrições) produzem a mesma função.

Mostramos a seguir que esta enumeração é completa, isto é, enumera de fato todas as funções recursivas parciais.

TEOREMA 1 A função φ é recursiva parcial se e somente se, para algum n, $\varphi \approx \varphi_n$.

Prova: Primeiramente teremos de mostrar, por indução em n, que para cada n a função φ_n é recursiva parcial. Isso é deixado como exercício.

Por outro lado, para mostrar que, se φ é recursiva parcial, existe n tal que $\varphi \approx \varphi_n$. utilizamos indução no número de aplicações das operações básicas na definição de φ.

Se nenhuma operação básica foi usada, então φ é uma função inicial. Nesse caso, se φ é Z, então $\varphi \approx \varphi_o$; se φ é S, então $\varphi \approx \varphi_4$; se φ é P_k^i, então $\varphi \approx \varphi_{4.3^{i+1}}$. Suponha agora, por hipótese de indução, que o resultado é verdadeiro para toda função que usa no máximo m aplicações das operações básicas em sua definição, e que φ usa $m + 1$ aplicações das operações básicas. Se φ é definida por uma aplicação do operador μ sobre ρ e ρ tem uma definição com no máximo m aplicações das operações básicas, então para algum r, $\rho \approx \varphi_r$ e nesse caso $\varphi \approx \varphi_{2^{r+1}.3.5.7.11}$. Os demais casos são similares, e deixados como no exercício 1. ■

C. Classes algorítmicas (opcional)

Geralmente, chamamos uma classe de funções de números naturais de *algorítmica* se contém as funções iniciais zero, sucessor e projeções, e além disso (possivelmente) outras funções consideradas iniciais, e é fechada sob as operações de composição, recursão primitiva e operador μ.

A classe de funções recursivas parciais é a menor classe algorítmica. Na terminologia da teoria de conjuntos, é a intersecção de todas as classes algorítmicas, o que significa que toda função recursiva parcial está contida em toda classe algorítmica. Assim, a diferença entre uma classe geral algorítmica e as funções recursivas parciais consiste em definir quais funções iniciais não-recursivas adicionais são escolhidas.

Se $f_1, f_2, \ldots, f_n$ são funções totais dos números naturais, então dizemos que φ é *recursiva parcial em* $\{f_1, f_2, \ldots, f_n\}$ sse φ pode ser obtida a partir das funções iniciais: zero e o sucessor, as projeções, e $f_1, f_2, \ldots, f_n$ pelas operações de composição, recursão primitiva, e operador μ.

No exercício 11 pede-se que você obtenha uma enumeração das funções recursivas parciais em $\{f_1, f_2, \ldots, f_n\}$.

D. O predicado de computação universal

Usando nossa enumeração, poderíamos querer verificar se $\varphi_n(b) \downarrow = p$. No entanto, esta tarefa é impossível, em razão da insolubilidade do problema da parada (corolário 14.3). Entretanto, *se* $\varphi_n(b) \downarrow = p$, podemos afirmar que: desde que n codifica a definição da função, é possível realmente efetuar a computação. Mas $\varphi_n(b)$ poderia ser indefinida devido, por exemplo, a uma busca infinita. Contudo, teremos um predicado recursivo limitando as buscas que podemos fazer para verificar se $\varphi_n(b) \downarrow = p$. O predicado quaternário "$C(n, b, p, q)$" significará que $\varphi_n(b) \downarrow = p$ e q limita o maior número utilizado naquela computação. Portanto, se vale $C(n, b, p, q)$, também vale $C(n, b, p, w)$ para qualquer $w > q$ (intuitivamente, se você pode computar em tempo q e $q < w$, então você pode computar em tempo w). Mais ainda, considerando que todas as buscas são limitadas por q, o predicado que verifica a computação será realmente recursivo primitivo. Este é um ponto importante: não há procedimento efetivo para *determinar* se $\varphi_n(b) \downarrow = p$, mas dada uma suposta computação "$\varphi_n(b) \downarrow = p$ em tempo q", podemos *verificá-la* de forma recursiva primitiva. De fato (pelo corolário 3), o processo de verificação é elementar.

Quando escrevemos "$C\ (n, b, p, q)$", estamos afirmando que $C\ (n, b, p, q)$ vale.

TEOREMA 2 (O Predicado de Computação Universal)

Existe um predicado recursivo primitivo C tal que

$$\varphi_n^k(b_1, \ldots, b_k) = p \text{ sse } \exists\, q\ C(n, < b_1, \ldots, b_k >, p, q)$$

Mais ainda, se $C(n, b, p, q)$ e $q < w$, então $C(n, b, p, w)$.

Prova: Definiremos C por indução em n (isto é, no número da função) estipulando aqueles casos em que o predicado é válido (e, portanto, entendendo que nos demais ele falha). Assim, quando definimos $C(n, b, p, q)$ podemos assumir que já teremos definido $C(m, x, y, z)$ para qualquer $m < n$ e todos os x, y, z. Podemos fazer isso porque as únicas funções que são exigidas na definição de φ_n são φ_m para $m < n$. Note também que se $C(n, b, p, v)$ e $cp\ (b) = k \geq 1$, então b codificará $(b_1, \ldots, b_k)$ de forma que k é o número de variáveis envolvidas (as variáveis são enumeradas começando por 1, e os primos começando por $p_0 = 2$).

Caso 1 $cp\,(n) = 0$ e $p = 0$
ou $cp\,(n) = 1$ e $p = (b)_0 + 1$

Caso 2 $cp\,(n) = 2$ e
$(n)_0 = 0$ ou $(n)_1 = 0$, e $p = 0$
ou $(n)_0 \geq 1$ e $1 \leq (n)_1 \leq cp\,(b)$ e $p = (b)_{(n)_1 \dot{-} 1}$
ou $(n)_0 \geq 1$ e $cp(b) < (n)_1$ e $p = (b)_{cp(b) \dot{-} 1}$

Note que q é irrelevante nos casos 1 e 2.

Caso 3 $cp\,(n) = 3$ e
$cp\,(\,(n)_1\,) = 0$ e $C\,(\,(n)_0, b, p, q)$
ou $cp\,(\,(n)_1\,) \geq 1$ e
$\exists\, d \leq q$ com $cp\,(d) = cp\,(\,(n)_1\,)$ e
$C\,(\,((n)_1\,)_i, b, (d)_i, q)$ para $0 \leq i \leq cp\,(\,(n)_1\,) \dot{-} 1$
e $C\,(\,(n)_0, d, p, q)$

Caso 4 $cp\,(n) = 4$ e
$cp\,(b) = 1$ e $(b)_0 = 0$ e $p = (n)_0$
ou $cp\,(b) = 1$ e $(b)_0 \geq 1$ e $\exists\, e$, $0 < e \leq q$, tal que
$C\,(n, \frac{b}{2}, e, q)$ e $C\,(\,(n)_1, \langle\, e, (b)_0 \dot{-} 1\rangle, p, q)$
ou $cp\,(b) > 1$ e $(b)_0 = 0$ e
$C\,(\,(n)_0, \langle(b)_1, \ldots, (b)_{cp(b) \dot{-} 1}\rangle, p, q\,)$
ou $cp\,(b) > 1$ e $(b)_0 \geq 1$ e $\exists\, e$, $0 < e \leq q$,
tal que $C\,(n, \frac{b}{2}, e, q)$ e
$C\,(\,(n)_1, \langle e, (b)_0 \dot{-} 1, (b)_1, \ldots, (b)_{cp(b) \dot{-} 1}\rangle, p, q\,)$

Caso 5 $cp\,(n) \geq 5$ e
$C\,(\,(n)_0, b \cdot p\,(cp\,(b)\,)^{1+p}, 0, q)$ [lembre-se que $p\,(x)$ é o x-ésimo primo]
e $\forall i < p$, $\exists\, e$, $0 < e < q$, tal que
$C\,(\,(n)_0, b \cdot p\,(cp\,(b)\,)^{1+i}, e, q)$

Isso completa a descrição de C.

Agora devemos mostrar que C faz o que afirmamos. Primeiro, note que C é recursivo primitivo desde que toda condição é obtida por meio da existência limitada aplicada a alguma condição recursiva primitiva.

Para mostrar que $\varphi_n(b_1, \ldots, b_k) = p$ sse $\exists q\ C(n, \langle b_1, \ldots, b_k \rangle, p, q)$ fazemos a indução em n e a subindução em $b = \langle b_1, \ldots, b_k \rangle$. Para a base, note que o resultado é direto para $cp(n) \leq 2$.

Suponha agora que seja verdade para $a < n$, e que para n seja verdade para todo $x < b$. Faremos apenas um caso, e deixaremos o resto para você. Suponha que $\varphi_n(b_1, \ldots, b_k) = p$ e $cp(n) = 5$. Então $\varphi_{(n)_0}(b_1, \ldots, b_k, p) = 0$ e portanto, já que $(n)_0 < n$, por indução há algum v tal que $C((n)_0, \langle b_1, \ldots, b_k, p \rangle, 0, v)$. Mais ainda, para cada $i < p$, $\varphi_{(n)_0}(b_1, \ldots, b_k, i) \downarrow > 0$. Então, por indução, sabemos que há $u_0, \ldots, u_{p-1}$ e $v_0, \ldots, v_{p-1}$ tais que para todo $i \leq p - 1$, $u_i > 0$ e $C((n)_0, \langle b_1, \ldots, b_k, i \rangle, u_i, v_i)$. Tome

$$q = max\,(u_0, \ldots, u_{p-1}, v_0, \ldots, v_{p-1}, v, p) + 1$$

Então $C(n, \langle b_1, \ldots, b_k \rangle, p, q)$. ■

Afirmamos no teorema 2 que C é recursivo primitivo, mas na verdade provamos mais que isso. Lembre-se que uma função é elementar se está em E (capítulo 11B). Mostramos na verdade que:

COROLÁRIO 3 O Predicado de Computação Universal é elementar.

Prova: O argumento consiste apenas em repassar a definição de C para verificar que todas as condições são obtidas por existência limitada sobre alguma condição elementar. ■

Considerando que a função (total) que representa o predicado de computação universal é recursiva parcial, ela deve ter um índice. Definimos como seu índice o menor c de forma que:

$$\varphi_c^4(n,m,p,q) = \begin{cases} 0 & \text{se } C(n,m,p,q) \\ 1 & \text{se não } C(n,m,p,q) \end{cases}$$

E. O teorema da forma normal

O que fizemos até aqui, neste capítulo, pode parecer apenas um exercício tedioso a respeito de rotular e decodificar enumerações. Mas os rótulos que demos codificam muita informação: utilizando a enumeração podemos definir uma função recursiva parcial universal tal que calcula todas as outras, análoga a uma máquina de Turing que simula todas as outras.

TEOREMA 4 Para $\vec{x} = (x_1, x_2, \ldots, x_k)$ a função

$$\lambda n, \vec{x}\,(\mu q\,[C(n, \langle \vec{x} \rangle, (q)_0, q)])_0$$

é recursiva parcial e é universal para as funções recursivas parciais de k variáveis.

Isto é, se φ é uma função recursiva parcial de k variáveis, então para algum n, e todo $\vec{x}$:

$$\varphi(\vec{x}) \approx (\mu q\, [C\,(n, \langle \vec{x} \rangle, (q)_0, q)\,])_0$$
$$\approx (\mu q\, [\varphi_c^4\,(n, \langle \vec{x} \rangle, (q)_0, q) = 0]\,)_0$$

Prova: Pelo teorema 1, se φ é recursiva parcial, então para algum n, φ é φ_n. Daí, pelo teorema 2, se $\varphi(\vec{x}) \downarrow = p$, então existe algum r tal que $C\,(n, \langle \vec{x} \rangle, p, r)$.

Portanto $C\,(n, \langle \vec{x} \rangle, p, \langle p, r \rangle)$ e o resultado se obtém. ■

Sabemos que toda função recursiva geral é recursiva parcial, mas no capítulo 14 afirmamos que poderíamos demonstrar o inverso. Utilizando o Teorema da Forma Normal podemos fazê-lo agora.

COROLÁRIO 5 a. Toda função recursiva parcial pode ser definida com no máximo uma aplicação do operador μ.

b. Uma função total é recursiva parcial sse é recursiva geral.

Prova: a. Esta parte segue do teorema 4, já que φ_c^4 é recursiva primitiva.

b. Dada qualquer função recursiva parcial total, pelo teorema 4 existe uma definição desta função que utiliza apenas uma aplicação do operador μ aplicado a uma função recursiva primitiva. Assim, aquela função recursiva primitiva deve ser regular. ■

F. O teorema *s-m-n*

Considere a função recursiva parcial

$$\varphi\,(x, y) \simeq x^y + [y \cdot \varphi_x^1\,(y)\,]$$

(Exercício 4). Suponha que tomamos y como um parâmetro e considere, por exemplo,

$$\lambda x\,(x^3 + [3 \cdot \varphi_x^1\,(3)\,]\,)$$

Então esta é também uma função recursiva parcial. De maneira geral, utilizando o Teorema da Forma Normal podemos mostrar que se começamos com uma função recursiva parcial e mantemos uma ou mais variáveis fixadas, conseguimos outra função recursiva parcial. Mais ainda, podemos efetivamente encontrar um índice para a nova função a partir do índice da função dada.

TEOREMA 6 (O Teorema *s-m-n*) Para todo n, $m \geq 1$ existe uma função recursiva S_n^m tal que, se mantivermos as primeiras m variáveis fixas em φ_x ($a_1, \ldots, a_m, y_1, \ldots, y_n$), então um índice para a função recursiva parcial resultante é $S_n^m(x, a_1, \ldots, a_m)$. Isto é,

$$\lambda y_1 \ldots y_n [\varphi x (a_1, \ldots, a_m, y_1, \ldots, y_n)]$$

$$\approx \varphi_{S_n^m(x, a_1, \ldots, a_m)}(y_1, \ldots, y_n)$$

Prova: A primeira parte da equação é

$$(\mu q[\varphi_c(x, \langle \underbrace{a_1, \ldots, a_m}_{\uparrow}, \underbrace{y_1, \ldots, y_n}_{\uparrow} \rangle, (q)_0, q) = 0])_0$$

considere estas como constantes considere estas como projeções

Para começar, o número 36 é um índice para a função identidade. No exercício 5 pedimos que você defina uma função recursiva primitiva h tal que para todo n, $\varphi_{h(n)}$ é a função constante $\lambda x(n)$. Como antes, $p(m)$ é o m-ésimo primo. Deixamos a você o cálculo de um índice d para a função $\lambda x\ ((x)_0)$. Considere um índice f para a função $\langle\ .\ \rangle$ que codifica uma seqüência. A função *ind* calcula o índice das projeções (*ind*(k) é um índice da projeção na k-ésima variável). Utilizando isso, podemos definir

$$S_n^m(x, a_1, \ldots, a_m) = 2^{d+1} \cdot 3^{2^{a+1}+1} \cdot 5$$

onde $a = 2^{b+1} \cdot 3 \cdot 5 \cdot 7 \cdot 11$ e $b = 2^{c+1} \cdot 3^{e+1} \cdot 5$ onde

$$e = 2^{h(x)+1} \cdot 3^{\beta+1} \cdot 5^{\gamma+1} \cdot 7^{ind(n+1)+1}$$

$$\beta = 2^{f+1} \cdot 3^{1+p(0)^{1+h(a_1)} \ldots p(m\text{-}1)^{1+h(a_m)} \cdot p(m)^{1+ind(1)} \ldots p(m+n-1)^{1+ind(n)}} \cdot 5$$

$$\gamma = 2^{d+1} \cdot 3^{2^{ind(n+1)+1}+1} \cdot 5$$

Para verificar que este procedimento está correto é necessário voltar à enumeração no §B para confirmar cada parte. Este é um bom modo de se familiarizar com a enumeração e com a forma com que ela funciona, e por isso deixamos de novo para você.

Note que cada função S_n^m é elementar já que envolve apenas adição, multiplicação e composição nas funções p e h, e todas estas são elementares. ■

G. O teorema do ponto fixo

A auto-referência pode ser um problema, como já observamos pelo paradoxo do mentiroso e pelos vários usos da diagonalização. Mas também tem sido bastante útil, já que é exatamente no que a recursão primitiva se baseia: funções podem ser definidas em termos de si próprias. Vimos também outras formas de recursão nas quais uma função poderia ser definida em termos de si mesma nos capítulos 10-12. Aqui mostraremos que a imunidade à diagonalização que as funções recursivas parciais possuem pode ser bem aproveitada para encontrarmos pontos fixos, e portanto são formas bastante gerais de definir uma função em termos de si mesma.

TEOREMA 7 (O Teorema do Ponto Fixo)
Se f é recursiva, então existe um e tal que $\varphi_e \approx \varphi_{f(e)}$.

Prova: Considere a função

$$\lambda xy\varphi_{\varphi_x(x)}(y) \approx \begin{cases} \varphi_{\varphi_{x(x)}}(y) & \text{se } \varphi_x(x)\downarrow \\ \uparrow & \text{caso contrário} \end{cases}$$

Esta função é recursiva parcial, pois pode ser definida como

$$\psi(x, y) \approx (\mu q\ C(\varphi_x(x), \langle y \rangle, (q)_0, q))_0$$

Então, pelo Teorema *s-m-n* existe uma função g tal que $\varphi_{g(x)} \approx \lambda y\ \psi(x, y)$. Agora considere $f \circ g$, que é recursiva. Para algum d temos $f \circ g \approx \varphi_d$. Portanto, pela definição de g,

$$\varphi_{g(d)} \approx \varphi_{\varphi_d(d)}$$

e pela definição de d,

$$\varphi_{f(g(d))} \approx \varphi_{\varphi_d(d)}$$

Portanto, podemos tomar $e = g(d)$. ■

O Teorema do Ponto Fixo é algumas vezes chamado de Teorema da Recursão. Aqui está um exemplo de sua utilização que usaremos mais tarde.

COROLÁRIO 8 Se A é um conjunto recursivo infinito, então seus elementos podem ser enumerados em ordem crescente por uma função recursiva.

Prova: Seja a o menor elemento de A. Primeiro note que a função que queremos é definida pelas equações

$$f(0) = a$$
$$f(x+1) = \mu y\,[\,y > f(x) \wedge y \in A\,]$$

Defina uma função de duas variáveis ρ por:

$$\rho\,(i, 0) = a$$
$$\rho\,(i, x+1) \approx \mu y\,[\,y > \varphi_i(x) \wedge y \in A\,]$$

a qual deixamos para você mostrar que é recursiva parcial. A coleção de funções $\lambda x \rho(i, x)$ nos dá uma matriz para a qual (em vez de diagonalizar) podemos encontrar um ponto fixo. Primeiro, pelo Teorema *s-m-n*, existe algum *s* recursivo tal que $\varphi_{s(i)} \approx \lambda x \rho(i, x)$. Então, pelo Teorema do Ponto Fixo, existe algum *e* tal que $\varphi_{s(e)} \approx \varphi_e$. Portanto,

$$\varphi_e\,(0) = a$$
$$\varphi_e\,(x+1) \approx \mu y\,[\,y > \varphi_e(x) \wedge y \in A\,] \quad \blacksquare$$

Exercícios

1. Complete a prova do Teorema 1.

2. Prove que

a. Há exatamente uma quantidade enumerável de funções recursivas parciais diferentes.

b. Toda função recursiva parcial tem uma quantidade arbitrária de índices diferentes.

3. A partir dos resultados deste capítulo temos uma função recursiva parcial universal. Portanto, de agora em diante não é mais necessário escrever programas, apenas manipular índices. O argumento está correto?

4. Mostre que o exemplo que demos em §F, $\varphi\,(x, y) \approx x^y + [y \cdot \varphi_x^1\,(y)\,]$, é recursiva parcial. (*Sugestão*: Use o Teorema da Forma Normal.)

5. Defina uma função recursiva primitiva *h* tal que para todo *n*, $\varphi_{h(n)}$ é a função constante $\lambda x\,(n)$.

6. a. Dê um índice para a adição.

b. Dê um índice para a multiplicação.

Expresse suas respostas em notação decimal.

‡7. a. Mostre que há um predicado recursivo primitivo *Prim* tal que f é recursiva primitiva se para algum n, $f = \varphi_n^k$ e *Prim*(n). (*Nota*: Podem haver alguns índices de adição, por exemplo, que não satisfazem *Prim,* mas pelo menos um satisfará.)

b. Usando a parte (a) mostre que existe uma função recursiva total que não é recursiva primitiva (cf. capítulo 10 §G).

‡8. O *gráfico* de uma função φ é $\{z : z = \langle x, \varphi(x) \rangle \}$. Mostre que há uma função com gráfico recursivo primitivo que não é recursiva primitiva.

9. Mostre que não há nenhuma função recursiva que possa identificar se dois programas computam a mesma função. Isto é, mostre que nenhuma função f satisfaz

$$f(x,y) = \begin{cases} 1 & \text{se } \varphi_x \approx \varphi_y \\ 0 & \text{se } \varphi_x \not\approx \varphi_y \end{cases}$$

(*Sugestão*: Mostre que g tal que

$$\varphi_{g(x)} \approx \begin{cases} \lambda x(1) \text{ se } \varphi_x(x)\downarrow \\ \downarrow \text{ em todas as entradas se } \varphi_x(x)\not\downarrow \end{cases}$$

é recursiva, e procure uma solução para o Problema da Parada.)

10. Seja A = $\{x : \varphi_x^1$ é total$\}$.

a. Mostre que não há nenhuma função recursiva f tal que A = imagem de f. (*Sugestão*: Diagonalize.)

b. Mostre que A não é recursiva. (*Sugestão*: Reduza esta à parte (a).)

11. Enumere as funções recursivas parciais em $\{f_1, \ldots, f_n\}$. Usando isso, produza um predicado de computação universal para as funções r.p. em $\{f_1, \ldots, f_n\}$ que também seja r.p. em $\{f_1, \ldots, f_n\}$. Qual o significado disso se $f_1, \ldots, f_n$ são recursivas?

‡12. Dê um índice para a função recursiva parcial universal de k variáveis definida no teorema 4 em termos dos índices c, d e e, onde φ_c^4 é a função representante para o predicado de computação universal, d é um índice para $\lambda n\, (n)_0$, e e é um índice para $\lambda \vec{x} \langle \vec{x} \rangle$.

13. Podemos eliminar a recursão primitiva como operação básica ao definir as funções recursivas parciais se expandirmos a classe de funções iniciais. Mos-

tre que as funções recursivas parciais são a menor classe contendo as funções zero, sucessor, projeção e exponenciação, e que é fechada sob composição e o operador μ. (*Sugestão*: Use o corolário 3, teorema 4 e teorema 11.1.)

‡14. *Teorema de Rice*

Prove que: Se **C** é uma coleção de funções r.p., então $\{x : \varphi_x$ está em **C**$\}$ é um conjunto recursivo se **C** = Ø ou **C** = todas as funções r.p. (*Sugestão*: Assuma o contrário, e considere $\varphi_a \in$ **C**, $\varphi_b \notin$ **C**. Defina uma função recursiva f tal que

$$\varphi_{f(x)} \approx \begin{cases} \varphi_a & \text{se } \varphi_x \notin \mathbf{C} \\ \\ \varphi_b & \text{se } \varphi_x \in \mathbf{C} \end{cases}$$

Use então o Teorema do Ponto Fixo.)

Por que isso não contradiz o exercício 7?

Leitura complementar

Virtualmente todos os teoremas deste capítulo foram originalmente provados por Kleene, e em particular o Teorema da Forma Normal foi provado em 1936; veja sua *Introduction to Metamathematics* para mais detalhes. Nossa versão do Teorema da Forma Normal é de G. Sacks por Robert W. Robinson.

Os teoremas deste capítulo não dependem da enumeração particular que demos, mas apenas do fato de que existe *alguma* enumeração efetiva das funções recursivas parciais. Os critérios para uma enumeração aceitável são discutidos por Rogers, no livro *Theory of Recursive Functions and Effective Computability* (exercícios 2-0, 2-11, e 11-10), e por Odifreddi, em *Classical Recursion Theory,* capítulo II.5.

Para uma discussão mais geral do Teorema do Ponto Fixo e suas extensões, veja Odifreddi, especialmente capítulo II.2.

Para o estudo de classes algorítmicas, veja *Degrees of Unsolvability: Structure and Theory,* de R. L. Epstein.

16
Listabilidade

A. Listabilidade e conjuntos recursivamente enumeráveis

A idéia da listagem efetiva dos elementos de um conjunto é complementar à noção de computabilidade. Começando com a computabilidade, tomamos um conjunto como efetivamente enumerável se ele é a saída de alguma função computável: $\{f(0), f(1), f(2),...\}$. Mas, da mesma forma, começando com a idéia de efetivamente fazer uma lista, podemos tomar um conjunto A como computável se ele e seu complemento são efetivamente enumeráveis: neste caso, para decidir se x está em A listamos os elementos de A: a_0, a_1, a_2,... e simultaneamente listamos os elementos de $\overline{A}$: b_0, b_1, b_2,..., até x aparecer em uma das listas.

Como identificamos a noção de função computável com aquela de função recursiva total (Tese de Church), identificaremos a noção de uma coleção efetivamente enumerada com a noção de saída de alguma função recursiva total. Entretanto, temos de tomar a lista sem elementos como um caso separado, considerando que ela não é a saída de nenhuma função recursiva.

Definição

Um conjunto é *recursivamente enumerável* (*r.e.*) se é vazio ou é a imagem de alguma função recursiva total de uma variável.

Podemos relaxar a condição de que f seja total, o que nas aplicações é bastante conveniente.

TEOREMA 1 B é r.e. sse existe alguma função r.p. ψ tal que $B = \{y : \exists x\ \psi(x){\downarrow} = y\}$.

Prova: $\Rightarrow$ Nesta direção é imediato, já que toda função recursiva é r.p.

$\Leftarrow$ Suponha que seja dada ψ. Se $B = \varnothing$ então está provado. Agora suponha que B é não-vazio.

Em termos intuitivos pensamos na nossa função universal como uma máquina, que acionamos com um índice para ψ. Fazemos então um passo do cálculo para ψ (0). Obviamente, ela pode não parar. Assim, fazemos outro passo do cálculo de ψ (0) e o primeiro passo de ψ (1). Executamos então outro passo de ψ (0), outro de ψ (1) e o primeiro passo de ψ (2),..., outro passo de ψ (0) (se ainda não parou), outro de ψ (1) (se ainda não parou), outro de ψ (1),..., outro de ψ $(n-1)$ e o primeiro de ψ (n).

Este processo é chamado de computação em *rabo-de-andorinha*:

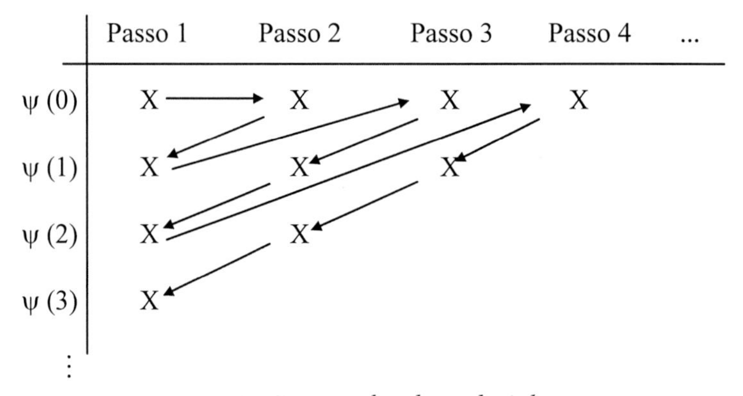

computação em rabo-de-andorinha

Na primeira vez que conseguimos algum y tal que $\psi(y){\downarrow}$, nomeamos esta saída $f(0)$; na segunda vez que obtemos algum y tal que $\psi(y){\downarrow}$, nomeamos esta saída $f(1)$;...; na n-ésima vez deste processo obteremos um y tal que $\psi(y){\downarrow}$ e nomearemos esta saída $f(n-1)$. Se B for infinito, disso resulta f ser total e se $\psi(y){\downarrow}$, então em algum momento este valor aparecerá como $f(n)$ para algum n. Entretanto B pode ser finito e nesse caso em vez de f estar 'procurando' novas saídas, ela estará apresentando o seu valor anterior se nenhum outro (novo) foi definido neste estágio.

Formalmente, existe algum m tal que $\psi \approx \varphi_m$. Assim

$$y \in \mathrm{B} \text{ sse } \exists x \exists q[\varphi_c(m, \langle x\rangle, y, q) = 0]$$

onde φ_c é a função representante do predicado de computação universal (capítulo 15 §D). Dê o nome h à função definida por $h(x, y, q) = \varphi_c(m, \langle x \rangle, y, q)$. Então $h(x, y, q)$ será 0 sse $\varphi_m(x)\downarrow = y$ "em tempo q"; caso contrário será 1. Seja $f(0)$ = o menor elemento em B. Então $f(x + 1) = [h((x)_0, (x)_1, (x)_2) \cdot f(x)] + \overline{sn}\,[h((x)_0, (x)_1, (x)_2)] \cdot (x)_1$. Você pode verificar que esta função f é total e que B é imagem de f como afirmamos acima. ■

COROLÁRIO 2 B é r.e. sse B é a imagem de alguma função elementar.

Prova: Porque φ_c é elementar (colorário 15.3), a função h na prova do teorema 1 é elementar. ■

O teorema a seguir é a versão formal da nossa descrição de que um conjunto é computável sse ele e seu complemento são ambos efetivamente listáveis.

TEOREMA 3 A é recursivo sse ambos A e $\overline{A}$ são r.e.

Prova: $\Rightarrow$ Esta direção é o exercício 1.

$\Leftarrow$ Suponha que ambos são r.e. Então existem funções f e g recursivas tais que A = a imagem de f e $\overline{A}$ = a imagem de g. Defina uma função recursiva h por $h(x) = \mu y\ [f(y) = x \vee g(y) = x]$. Dessa forma, a função característica de A pode ser expressa como $E[f(h(x)), x]$, onde E é a função igualdade do exercício 10.6. ■

Obtemos, portanto, uma forma equivalente da tese de Church:

Um conjunto é efetivamente listável sse é recursivamente enumerável.

B. Domínios de funções recursivas parciais

Surpreendentemente, podemos também caracterizar conjuntos r.e. como domínios de funções r.p. Mais ainda, podemos passar efetivamante de uma descrição de um conjunto r.e. como a imagem de uma função r.p. φ para uma descrição sua como um domínio de outra função r.p. ψ. Mas o que é uma descrição? Em nosso caso, não é nada mais do que um índice. Assim, para ir efetivamente de uma descrição para outra significa que temos uma função recursiva que transforma índices.

TEOREMA 4 Existem funções recursivas f e g tais que

$$\text{domínio } \varphi_x = \text{imagem } \varphi_{f(x)}$$
$$\text{imagem } \varphi_x = \text{domínio } \varphi_{g(x)}$$

Portanto A é r.e. sse existe alguma recursiva parcial ψ tal que

$$A = \{x : \psi(x)\downarrow\}.$$

Prova: Primeiro exibiremos uma *f*.

Dado qualquer x definimos

$$\psi(y) \cong \begin{cases} y & \text{se } \varphi_x(y)\downarrow \\ \uparrow & \text{c.c.} \end{cases}$$

Resulta que imagem de ψ = domínio de φ_x. Este procedimento é *efetivo em* x; e com isso queremos dizer que existe um procedimento recursivo para derivar um índice para ψ apenas em termos de x. Para demonstrar isto primeiro definimos formalmente via $\tau(x, y) \approx (\mu q\ C(x, \langle y\rangle, (q)_0, q))_0 \cdot 0 + y$ e então $\psi \approx \lambda y\ \tau(x, y)$. Já que τ é r.p., existe algum d (que você pode calcular, se quiser) tal que $\tau \approx \varphi_d$; isto é, $\psi \approx \lambda y\ \varphi_d(x, y)$. Um índice para ψ é então dado pelo Teorema *s-m-n* como $S_1^1(d, x)$. Portanto podemos tomar *f* como $\lambda x S_1^1(d, x)$.

Para g, suponha que seja dado x. Num procedimento de 'rabo-de-andorinha', execute φ_x para mais e mais entradas e defina

$$\rho(y) \cong \begin{cases} 1 & \text{se } y \text{ ocorre na lista de saídas} \\ \uparrow & \text{c.c.} \end{cases}$$

Conseqüentemente, domínio de ρ = imagem de φ_x. Este procedimento é efetivo em x; de fato, defina γ por $\gamma(x, y) \approx sn(\mu q\ C(x, \langle (q)_0\rangle, y, q))$ e então $\rho \approx \lambda y\ \gamma(x, y)$. Como para algum e, $\gamma \approx \varphi_e$, pelo Teorema *s-m-n* podemos tomar g como $\lambda x S_1^1(e,x)$. ■

O nome usual para conjuntos r.e. dado na literatura é:

$$W_x = \text{domínio de } \varphi_x$$

Chamamos x um índice r.e. para W_x.

Agora podemos recolocar o problema da parada (teorema 14.2) em termos de conjuntos r.e.

$$K = \{x : \varphi_x(x)\downarrow\} = \{x : x \in W_x\}$$

Sabemos que K não é recursivo. Entretanto é r.e., pois é o domínio de ψ, onde $\psi(x) \approx \mu q\ C(x, \langle x\rangle, (q)_0, q)$. Portanto, K é r.e. mas não é recursivo. Ainda mais, $\overline{K}$ não pode ser r.e. (e portanto não recursivo) pois, se fosse, pelo teorema 3 K seria recursivo.

Se, adicionalmente, queremos investigar métodos não-construtivos de provas, podemos mostrar que há infinitos conjuntos r.e. que não são recursivos: tome qualquer elemento de a em $\overline{K}$, e $K \cup \{a\}$ será r.e. mas não recursivo (exercício 2). Escolha então qualquer elemento de $\overline{K \cup \{a\}}$ e repita o processo indefinidamente. O exercício 6 apresenta outros exemplos de conjuntos r.e. e não recursivos que surgem mais naturalmente.

C. O teorema da projeção

Nossa caracterização final relaciona a enumerabilidade com expressabilidade em termos de condições aritméticas.

TEOREMA 5 A é r.e. sse existe algum predicado recursivo R tal que

$$A = \{ x : \exists y\, R(x, y)\}.$$

Prova: $\Rightarrow$ Esta direção é fácil usando o predicado de computação universal.

$\Leftarrow$ Dado R, defina uma função r.p. ψ por $\psi(x) \approx \mu y\, [R\,(x, y)]$. Então $\psi(x)\downarrow$ sse vale, para algum y, $R(x, y)$. Assim A = domínio de ψ, e pelo teorema 4 obtemos a prova. ■

Exercícios

Para alguns dos exercícios a seguir você precisará das novas técnicas de *rabo-de-andorinha* ou de obtenção de uma função efetivamente a partir dos índices de outras (veja a prova do teorema 4).

1. Prove que se A é recursivo então A e $\overline{A}$ são r.e.

2. a. Mostre que se a $\in \overline{K}$ então $K \cup \{a\}$ é r.e. mas não recursivo.
b. Mostre que existe um conjunto que não é r.e. e cujo complemento também não é r.e., mas sem usar simplesmente um argumento de contagem.

3. Mostre que se A é r.e. e pode ser enumerado em ordem crescente, então A é recursivo.

4. A é *recursivamente enumerável sem repetições* se existe alguma função recursiva f que é injetora e A = imagem de f. Prove que se A é r.e. e infinito então pode ser recursivamente enumerado sem repetições.

5. Classifique, quando possível, os conjuntos a seguir como (i) recursivo, (ii) recursivamente enumerável, e/ou (iii) tem complemento recursivamente enumerável:

$\{x : x$ é par$\}$

$\{x :$ existe uma seqüência de x 5's na expansão decimal de $\pi\}$

$\{x :$ existe uma seqüência de pelo menos x 5's na expansão decimal de $\pi\}$

$\{x : W_x = \varnothing\}$

$\{x : \varphi_x$ é total$\}$ (*Sugestão*: Veja o exercício 15.10.)

Para um n fixo, $\{x : W_x = W_n\}$

$\{x : W_x$ é infinito$\}$

Para um $z \in [0, 1)$ arbitrário, $\{x : x = \langle n, y\rangle$ onde y é o n-ésimo dígito na expansão decimal de $z\}$

6. Mostre que os conjuntos r.e. são efetivamente fechados sob união e intersecção, isto é, existem funções recursivas f e g tais que $W_x \cup W_y = W_{f(x, y)}$ e $W_x \cap W_y = W_{g(x, y)}$. Eles são também efetivamente fechados sob complementação?

Leitura complementar

Um ótimo texto sobre computabilidade, baseado na noção de uma enumeração efetiva é "Diophantine decision problems", de Julia Robinson. O artigo seminal de Post é também bastante interessante, "Recursively enumerable sets of positive integers and their decision problems." Para mais detalhes sobre este assunto veja *Classical Recursion Theory*, de Odifreddi, e *Recursively Enumerable Sets and Degrees*, de Soare.

17
Computação por Máquina de Turing = recursividade parcial (Opcional)

No capítulo 9 nos referimos ao Fato Surpreendente de que todos os sistemas que foram até agora propostos como formalizações da noção de computabilidade são equivalentes. Neste capítulo provaremos a equivalência de dois deles. Mais ainda, isso será feito de forma construtiva: dada uma definição de uma função recursiva parcial f, produziremos uma máquina de Turing que a calcula, e dada uma máquina de Turing que calcula uma função f, produziremos uma definição recursiva parcial de f. A Parte III deste livro não dependerá deste capítulo.

A. Todas as funções recursivas parciais são computáveis por Máquinas de Turing...

Para tornar a prova deste fato mais natural mostraremos algo mais forte do que o título desta seção. Dizemos que uma máquina de Turing que computa uma função *usa uma fita de direção única* se em nenhum ponto, em quaisquer das suas computações, para quaisquer entradas ela vai para o primeiro espaço em branco à esquerda da entrada. Isto é, a configuração inicial para a entrada $(n_1, \ldots, n_k)$ é:

nunca vai à esquerda deste ponto ↓   quadrados em branco podem ser acrescentados aqui ↓

$$0\ 1^{n_1+1}\ 0 \ldots 0\ 1^{n_k+1}$$

1

TEOREMA 1

Toda definição de uma função recursiva parcial pode ser efetivamente convertida numa máquina de Turing que computa aquela função utilizando uma fita de direção única e que nunca pára numa configuração não-padrão, para uma entrada com o número correto de variáveis.

Prova: Primeiro note que todas as máquinas do capítulo 8 §C utilizam fitas de direção única e que as máquinas que você definiu como respostas aos exercícios no capítulo 8 podem ser modificadas para que operem numa fita de direção única, se é que já não o fazem.

Portanto, podemos concluir que as funções recursivas parciais iniciais (sucessor, projeções (exercício 8.2), zero), assim como as funções igualdade (exercício 8.6), adição e multiplicação podem ser computadas em MTs que utilizam uma fita de direção única. Mais ainda, para estas funções totais as máquinas sempre param na configuração padrão. Agora precisamos mostrar que a classe de funções computadas por MTs que utilizam fitas de direção única e nunca param numa configuração não-padrão é fechada sob composição, operador-μ e recursão primitiva.

Composição Já mostramos este resultado para funções de uma variável no capítulo 8 §C. Agora suponha que $\varphi_1, \ldots, \varphi_m$ sejam funções de k variáveis, seja ψ uma função de m variáveis e que tenhamos uma máquina para cada função que a calcula, utilizando uma fita de direção única e que nunca pára numa configuração não-padrão. Descreveremos a operação de uma máquina que simula a composição destas, $\psi\,(\varphi_1, \ldots, \varphi_m)$ e deixaremos para você a definição precisa da máquina como um conjunto de quádruplas (não achamos que seja fácil fazer isso, mas por outro lado apresentar a definição é menos relevante do que ter certeza de que existe a definição).

Para entrada $\vec{x} = (n_1, \ldots, n_k)$, começamos com a configuração da fita $01^{n_1+1}\, 0 \ldots 0\; 1^{n_k+1}$, a que chamaremos $1^{\vec{x}+1}$. Aqui estão os conteúdos sucessivos da fita.

1. $0\; 1^{\vec{x}+1}$
2. $0\; 1^{\vec{x}+1}\; 0\,0\,0\; 1^{\vec{x}+1}$
3. $0\; 1^{\vec{x}+1}\; 0\,0 \ldots 0\; 1^{\varphi_1(\vec{x})}$

Não estamos operando a máquina $T\varphi_1$ numa fita mal configurada. O que estamos fazendo é adicionar quádruplas que permitem a simulação da máquina no estágio apropriado da computação. Sabemos que a máquina será simulada corretamente porque ela nunca passa à esquerda do primeiro branco à esquerda da entrada.

Analogamente, continuamos,

4. $0\ 1^{\vec{x}+1}\ 0\ 0\ 0\ 1^{\varphi_1(\vec{x})+1}$
5. $0\ 1^{\vec{x}+1}\ 0\ 0\ 0\ 1^{\varphi_1(\vec{x})+1}\ 0\ 0\ 1^{\vec{x}+1}$
6. $0\ 1^{\vec{x}+1}\ 0\ 0\ 0\ 1^{\varphi_1(\vec{x})+1}\ 0\ 0\ 1^{\varphi_2(\vec{x})+1}$
7. $0\ 1^{\vec{x}+1}\ 0\ 0\ 0\ 1^{\varphi_1(\vec{x})+1}\ 0\ 0\ 1^{\varphi_2(\vec{x})+1}\ 0\ 0\ 1^{\vec{x}+1}$
8. $0\ 1^{\vec{x}+1}\ 0\ 0\ 0\ 1^{\varphi_1(\vec{x})+1}\ 0\ 0\ 1^{\varphi_2(\vec{x})+1}\ 0\ 0 \cdots 0\ 0\ 1^{\varphi_m(\vec{x})+1}$
9. $0\ 1^{\varphi_1(\vec{x})+1}\ 0\ 0\ 1\ 1^{\varphi_2(\vec{x})+1}\ 0\ 0 \cdots 0\ 0\ 1^{\varphi_m(\vec{x})+1}$
10. $1^{\psi[\varphi_1(\vec{x})+1, \varphi_2(\vec{x})+1, \varphi_m(\vec{x})+1]}$

Note que para todo i a máquina que calcula $\varphi_i(\vec{x})$ não pára, e conseqüentemente a máquina composta também não pára com $\vec{x}$.

O operador μ Suponha que tenhamos uma máquina que calcula uma função φ que utiliza uma fita de direção única e que nunca pára numa configuração não-padrão. Descreveremos a operação de uma máquina que simula o operador μ aplicado a φ, $\mu y\, [\varphi(\vec{x}, y) = 0]$ e deixaremos que você defina a máquina como um conjunto de quádruplas. Aqui estão os conteúdos sucessivos da fita.

1. $0\ 1^{\vec{x}+1}$
2. $0\ 1^{\vec{x}+1}\ 0\ 1$
3. $0\ 1^{\vec{x}+1}\ 0\ 1\ 0\ 1^{\varphi(\vec{x},0)+1}\ 0\ 1$
4. Use a máquina igualdade, T_E, para determinar se $\varphi(\vec{x}, 0) = 0$ aplicando-a à cadeia que começa à direita de $1^{\vec{x}+1}\ 0\ 1\ 0$ (isto é, introduza as quádruplas de T_E apropriadamente renomeadas).
5. Apague a fita até $0\ 1^{\vec{x}+1}\ 0\ 1$.
6. a. Se igual, apague a fita.
   b. Se não for igual, adicione um 1 à direita, $0\ 1^{\vec{x}+1}\ 0\ 11$.
   ⋮
7. $0\ 1^{\vec{x}+1}\ 0\ 1^{n+1}$
8. $0\ 1^{\vec{x}+1}\ 0\ 1^{n+1}\ 0\ 1^{\varphi(\vec{x},n)+1}$
9. $0\ 1^{\vec{x}+1}\ 0\ 1^{n+1}\ 0\ 1^{\varphi(\vec{x},n)+1}\ 0\ 1$
10. Use a máquina igualdade, T_E, para determinar se $\varphi(\vec{x}, n) = 0$ aplicando-a à cadeia que começa à direita de $0\ 1^{\vec{x}+1}\ 0\ 1^{n+1}\ 0$; apague a fita até $0\ 1^{\vec{x}+1}\ 0\ 1^{n+1}\ 0$.

    a. Se igual, apague tudo, exceto 1^n.

    b. Se não for igual, adicione um 1 à direita, $0\ 1^{\vec{x}+1}\ 0\ 1^{n+2}$ e repita o processo.

Recursão Primitiva Este item é bastante difícil, tão difícil que somos tentados a deixá-lo para o leitor. Existe, porém, uma saída mais simples. No capítulo 21 §A provaremos que a classe das funções recursivas parciais compreende a menor classe contendo as funções zero, sucessor, projeções, adição, multiplicação e a função característica para a igualdade e que é fechada sob composição e operador μ. Isso é o que precisamos para completar esta prova. Você pode ler a seção citada com a base que já tem. ■

B. ... e vice-versa

TEOREMA 2

Se uma máquina de Turing calcula uma função φ, então o conjunto de quádruplas da máquina pode ser efetivamente convertido em uma definição recursiva parcial de φ.

Prova: Seja M uma máquina de Turing que calcula a função φ. Codificando o que a máquina faz a cada passo de sua computação, poderemos derivar uma definição recursiva parcial de φ.

Inicialmente associamos os seguintes números às operações:

Apaga o símbolo corrente, se existe algum	0
Escreve o símbolo 1	1
Movimenta um quadrado para a direita	2
Movimenta um quadrado para a esquerda	3

Seja n o maior estado numerado de M. As quádruplas de M podem ser vistas como uma função g de (estados, símbolos) em (operações, estados). Por exemplo, $q_1\ 0\ D\ q_2$ pode ser escrito como $g\,[(q_1, 0)] = (D, q_2)$. Se associamos o número j ao estado q_i, podemos expressar esta função numericamente como:

$$d(x) = \begin{cases} g[(x)_0, (x)_1] & \text{se } g \text{ é definida} \\ 47 & \text{caso contrário} \end{cases}$$

Deixaremos que você formalize esta definição, mas deve estar claro que d é recursiva primitiva, já que é uma tabela finita.

Para codificar as descrições da fita, suponha que após t passos da computação com entrada $\vec{x}$ a máquina M está no estado $q(t)$ e o símbolo observado é

$$s(t) = \begin{cases} 0 & \text{se em branco} \\ 1 & \text{se o símbolo é 1} \end{cases}$$

Suponha que temos a seguinte configuração:

em branco daqui para a esquerda — em branco daqui para a direita

$$\begin{array}{c} \downarrow \qquad\qquad\qquad\qquad\qquad\qquad\qquad\qquad\qquad \downarrow \\ \ldots\ b_s \mid b_{s-1} \mid \ldots \mid b_1 \mid b_0 \mid s(t) \mid c_0 \mid c_1 \mid \ldots \mid c_{r-1} \mid c_r \ldots \\ \uparrow \\ q(t) \end{array}$$

Deveríamos indicar que ambos s e q dependem de $\vec{x}$, mas, para tornar mais legível, omitiremos isso até o fim da prova. Denotaremos que b_i ou c_i está em branco com um 0. (Note que nem c_r nem b_s podem ser 0, já que marcam o ponto a partir do qual a fita está em branco.)

Podemos descrever esta configuração codificando os conteúdos da fita à esquerda e à direita do quadrado que está sendo observado:

$$b\ (t) = \langle \mathrm{b}_0, \mathrm{b}_1, \ldots, b_s \rangle$$
$$c\ (t) = \langle \mathrm{c}_0, \mathrm{c}_1, \ldots, c_r \rangle$$

onde estes são 0, se a fita está em branco naquela direção.

Com entrada $\vec{x}$, a máquina começa numa fita contendo apenas $1^{\vec{x}+1}$ (veja a prova do teorema 1 para notação). Assim $b\ (0) = 0$, $s\ (0) = 1$, $q\ (0) = 1$; deixaremos que você descreva $c(0)$. Então, no passo $t + 1$, chame $a = d\ (\langle\ q(t), s(t)\ \rangle)$, e temos $q(t + 1) = (a)_1$ e um dos seguintes casos:

i. A máquina se movimenta à direita neste passo, ou seja, $(a)_0 = 2$

$$s(t + 1) = (c\ (t))_0$$
$$b(t + 1) = \langle s(t), b_0, b_1, \ldots, b_s \rangle$$
$$c(t + 1) = \langle c_1, \ldots, c_r \rangle$$

ii. A máquina se movimenta à esquerda, ou seja, $(a)_0 = 3$

$$s(t + 1) = (c\ (t))_0$$
$$b(t + 1) = \langle b_1, \ldots, b_s \rangle$$
$$c(t + 1) = \langle c_0, c_1, \ldots, cr, s(t) \rangle$$

iii. A máquina escreve ou apaga, isto é, $(a)_0 = 0$ ou 1

$$s(t + 1) = (a)_0$$
$$b(t + 1) = b(t)$$
$$c(t + 1) = c(t)$$

Deixamos para você a confirmação de que *b*, *c*, *q* e *s* são funções recursivas primitivas (veja o capítulo 10 §D.2 e §D.7). De fato, elas são elementares.

Para determinar, no estágio *t*, se a máquina parou numa configuração padrão, devemos saber no máximo quantos quadrados da fita foram utilizados até este estágio. Como em cada estágio a máquina pode adicionar não mais do que um novo quadrado, um limite superior é $c(0) + t$. Então no estágio *t* a máquina parou numa configuração padrão se:

$$d(\langle q(t), s(t)\rangle) = 47$$
$$b(t) = 0$$

e

$$\forall i < c\,(0) + t\,[\neg\,[\,(p_i)^2 \mid c(t)\,] \rightarrow \neg\,[\,(p_{i+1})^2 \mid c\,(t)\,]\,]$$

Esta é uma condição recursiva primitiva e de fato elementar; chamemos a sua função característica *h*. Se a máquina pára na configuração padrão, então a saída é $cp(c\,(t))$. Lembrando agora que cada uma das funções que definimos depende de $\vec{x}$, temos:

$$\varphi\,(\vec{x}\,) = cp(c(\vec{x}\,,\, \mu\, t\,[h\,(\vec{x}\,, t) = 1]\,)\,). \quad \blacksquare$$

Combinando os teoremas 1 e 2, temos o seguinte:

COROLÁRIO 3 Uma função é computável por MT
sse é recursiva parcial
sse é computável por uma MT que utiliza uma fita de direção única e que nunca pára numa configuração padrão. ■

Essas correspondências computáveis nos permitem traduzir fatos sobre funções recursivas parciais em fatos sobre máquinas de Turing. Por exemplo, do teorema 15.4 podemos deduzir:

COROLÁRIO 4 Existe uma máquina de Turing universal. ■

No exercício 8.8 definimos o Problema da Parada para máquinas de Turing e esquematizamos uma prova de que ele não é computável por máquina de Turing. Agora podemos concluir este resultado diretamente do corolário 14.3:

COROLÁRIO 5 (O Problema da Parada para Máquinas de Turing)
O Problema da Parada para máquinas de Turing não é computável por máquinas de Turing. ■

Leitura complementar

Turing descreveu as máquinas universais em seu artigo de 1936, "On computable numbers, with an application to the Entscheidungsproblem" (p.241). Não é difícil mostrar que existem infinitas máquinas de Turing universais. A importância das máquinas universais pode ser mais bem avaliada tendo-se em conta o fato de que qualquer computador moderno pode ser simulado (através de programas adequados) por outro computador, e pelo fato de que programas podem também ser vistos como dados que podem ser manipulados por outros programas.

Além de ter demonstrado a indecidibilidade do Problema da Parada para máquinas de Turing em seu famoso artigo de 1936, Turing ainda resolveu o chamado ***Entscheidungsproblem*** (indecidibilidade da lógica de primeira ordem). Este mesmo resultado foi independentemente obtido por Alonzo Church ainda em 1936, em seu *An unsolvable problem of elementary number theory.* Turing também estudou mais profundamente a questão do incomputável *em sua tese de doutorado em* Princeton em 1938, sob a orientação de Church *(já mencionada na* Leitura Complementar *do capítulo 9)* que resultou no artigo "Systems of logic based on ordinals" de 1939.

Parte III

Lógica e Aritmética

18
Lógica proposicional

A. Revisitando o programa de Hilbert

Como temos agora uma melhor visão do conceito de 'computável' ou 'construtivo', é conveniente retornar às idéias de Hilbert (capítulo 6).

Como vimos, Hilbert acreditava que o infinito completado não teria existência real, pelo fato de não corresponder a nenhum objeto concreto no mundo. Coleções infinitas, de acordo com sua visão, seriam elementos ideais comparáveis à raiz quadrada de -1 em álgebra, cuja existência só tem sentido na medida em que esses elementos ideais podem ser empregados para se obter provas de asserções finitárias.

Não podemos, é claro, introduzir elementos fictícios arbitrariamente em nosso discurso matemático. Os critérios que Hilbert propunha para que tais elementos fossem introduzidos eram, em resumo, os seguintes: (1) eles não devem levar a contradições, e (2) devem ser frutíferos, isto é, seu uso deve ser conveniente. As coleções infinitas, por exemplo, seriam frutíferas já que conseguem prover fundamentos para a análise matemática.

Hilbert pensava que as coleções infinitas seriam justificadas em matemática, e que não levariam a contradições, e procurava apoiar seu ponto de vista demonstrando que tais coleções seriam consistentes com a matemática finitista. Mais ainda, para que tal prova fosse isenta de dúvidas, ela deveria evitar qualquer raciocínio infinitário. Seu programa para justificar esse enfoque, independentemente de suas opiniões a respeito do finito e do infinito, consistia na formulação da matemática como um sistema lógico e na prova, por meios construtivos ou finitistas, de que o sistema seria livre de contradições. Sua proposta era começar com os números naturais, pois uma vez que ele pudesse axiomatizar a aritmética, poderia ter segurança a respeito do restante.

Apresentaremos nos próximos capítulos uma particular axiomatização da aritmética. Talvez contrariando expectativas, não tentaremos formalizar toda a aritmética, mas apenas uma pequena parte dela. Tão logo tenhamos estudado as propriedades deste sistema formal percebemos que já temos respostas para Hilbert, considerando qualquer formalização da aritmética que contenha pelo menos este pequeno fragmento. Em outras palavras, teremos identificado o mínimo de propriedades aritméticas que já é suficiente para oferecer respostas às indagações de Hilbert.

B. Sistemas formais

Da mesma forma como as provas em geometria, onde tomamos as noções de 'ponto', 'reta' e as relações de 'estar entre', 'passar por' etc., como noções primitivas, e assumimos axiomas ou postulados tidos como intuitivamente óbvios, tais como "Dados dois pontos existe uma única reta que passa por eles", os axiomas da aritmética são considerados verdades primeiras, universalmente aceitas e intuitivamente óbvias, a partir das quais se derivam todas as outras como teoremas.

No caso da aritmética, seremos ainda mais cuidadosos: explicitaremos quais métodos de prova são admitidos

Definiremos uma linguagem formal para a aritmética, escolhendo os axiomas e explicitando o que pode constituir uma prova. Os métodos de prova, uma linguagem formal e alguns dos axiomas constituirão a parte *lógica* do sistema, enquanto outros axiomas terão conteúdo aritmético específico. A parte lógica a que nos referimos será adequada ao estudo da aritmética – não partimos do pressuposto de que seja também adequada ao estudo de qualquer outra disciplina.

Iniciamos nesse capítulo a investigação da parte mais simples da lógica.

C. Lógica proposicional

1. A linguagem formal

A lógica proposicional formaliza o raciocínio a respeito de asserções matemáticas como um todo, sem se preocupar com sua estrutura interna. Por exemplo, se **p** é uma proposição: "todos os números são pares ou ímpares" e **q** é "todo número ou é 0, ou é sucessor de algum outro número", então, em primeira análise, **p** e **q** são elementares, isto é, sua forma interna não importa.

Podemos começar com quaisquer proposições, e combiná-las através dos conectivos 'e', 'ou', 'não' e 'se... então', formando novas proposições. Por exemplo, "todos os números são pares ou ímpares ***e*** todo número ou é 0, ou é sucessor de algum outro número"; outro exemplo, "***não*** (é o caso que) todos os números são pares ou ímpares". Os conectivos em português (ou qualquer outra linguagem natural), porém, são extremamente vagos e informais para se referir à aritmética, e por isso introduzimos suas contrapartidas formais $\wedge$ para 'e', $\vee$ para 'ou', $\neg$ para 'não' e $\rightarrow$ para 'se... então'. Dessa forma, correspondendo aos exemplos acima, temos que $\mathbf{p} \wedge \mathbf{q}$ e $\neg\mathbf{p}$, por exemplo, são novas proposições (veremos que estes quatro conectivos serão os únicos que serão necessários).

Na definição a seguir e no restante do capítulo usaremos letras latinas sem subscritos, tais como **A** e **B** como metavariáveis para nos referir a palavras na linguagem formal.

A linguagem formal da lógica proposicional

Variáveis: $\mathbf{p}_0, \mathbf{p}_1, \ldots, \mathbf{p}_n, \ldots$
Conectivos: $\wedge, \vee, \neg, \rightarrow$
Parênteses: (,)
Definição indutiva das *fórmulas bem formadas (fbf)*:

i. $(\mathbf{p}_i)$ é uma fbf.
ii. Se **A** e **B** são fbfs, então também o são: $(\mathbf{A} \wedge \mathbf{B})$, $(\mathbf{A} \vee \mathbf{B})$, $(\neg\mathbf{A})$ e $(\mathbf{A} \rightarrow \mathbf{B})$.
iii. Uma cadeia de símbolos é uma fbf sse decorre de aplicações de (i) ou de (ii) acima.

Pode parecer óbvio que existe somente uma maneira para ler cada fbf, mas este fato requer uma prova, que será dada no apêndice deste capítulo.

Algumas vezes, quando estamos nos referindo a alguma fbf, podemos *informalmente* omitir parênteses ou usar chaves ou colchetes, de forma que melhore a legibilidade. Por exemplo, podemos escrever $(((\mathbf{p}_1) \rightarrow (\mathbf{p}_2)) \rightarrow (\neg((\mathbf{p}_1) \rightarrow (\mathbf{p}_2))))$ como $(\mathbf{p}_1 \rightarrow \mathbf{p}_2) \rightarrow [\neg(\mathbf{p}_1 \rightarrow \mathbf{p}_2)]$. Devemos lembrar que a última forma é somente uma abreviação da primeira.

Uma fbf é apenas um objeto formal que não afirma coisa alguma até que se estabeleça a que sentenças suas variáveis correspondem. Por exemplo, poderíamos fazer **p1** corresponder a "2 + 2 = 4" e $\mathbf{p}_2$ a "2 divide 9". Então $\mathbf{p}_1 \rightarrow \mathbf{p}_2$ corresponde a "2 + 2 = 4 $\rightarrow$ 2 divide 9". Coloquialmente esta sentença pode ser lida como "Se 2 + 2 = 4, então 2 divide 9", mas nosso objetivo é substituir 'se... então...' por um conectivo formal para evitar a ambigüidade da linguagem natural. Falta ainda dizer exatamente como entendemos os conectivos formais.

2. Verdade e falsidade: tabelas-verdade para os conectivos

Certamente uma das propriedades mais importantes das proposições é que elas possam ser verdadeiras ou falsas, mas não ambos. Embora haja outras propriedades importantes das proposições, como o assunto a que elas se referem, o método de verificação, etc., concordaremos que as únicas propriedades que nos interessam são seus valores de verdade e nada mais. Portanto uma *proposição* será uma sentença matemática que tomamos como verdadeira ou falsa, mas não ambas.

Deveremos ser capazes de definir como o valor de verdade de proposições complexas depende de suas partes constituintes, através dos conectivos.

A formalização do 'não', chamada *negação*, é simples: Se **A** é verdadeira, ¬**A** deve ser falsa, e se **A** é falsa, ¬**A** deve ser verdadeira. Em forma tabular, fazendo 'V' corresponder a 'verdadeiro' e 'F' a 'falso', temos uma *tabela-verdade* da negação:

A	¬**A**
V	F
F	V

Analogamente, a formalização de 'e', que chamamos de *conjunção*, é relativamente simples e incontroversa: **A**∧**B** é verdadeira exatamente quando (e somente quando) **A** e **B** são verdadeiros. A tabela-verdade é a seguinte:

A	**B**	**A**∧**B**
V	V	V
V	F	F
F	V	F
F	F	F

Para a formalização do 'ou', que chamamos de *disjunção*, existem duas alternativas. Podemos assumir que **A**∨**B** é verdadeira se alguma ou ambas as partes são verdadeiras: isso é chamado *ou inclusivo*. Também podemos assumir **A**∨**B** verdadeira se apenas uma das partes é verdadeira: este seria o *ou exclusivo*. A primeira alternativa parece ser a mais adequada para o pensamento matemático, e sua tabela é a seguinte:

A	B	A∨B
V	V	V
V	F	V
F	V	V
F	F	F

O conectivo que suscita maior debate é o *condicional*, que formaliza o 'se... então'. Considerando **A→B**, se o *antecedente* **A** é verdadeiro, então o condicional deveria ser verdadeiro se e somente se o *conseqüente* **B** também fosse verdadeiro, pois a partir de verdade só deveríamos poder concluir verdades, e nunca falsidades. (Isso pode parecer desconcertante num exemplo como "Se os cães têm quatro patas, então 2+2=4", mas lembre que estamos preocupados somente com a verdade ou falsidade do antecedente e do conseqüente, e não com a sua referência, isto é, com o assunto a que eles se referem.)

A questão central aqui então é o que acontece quando o antecedente é falso. Considere, por exemplo, "se m e n são números naturais ímpares, então $m+n$ é par". Esta sentença é certamente verdadeira, independente dos valores particulares de m e n. Considere os dois casos particulares seguintes: "se 4 e 8 são números naturais ímpares, então 4+8 é par" e "se 4 e 7 são números naturais ímpares, então 4+7 é par". Em ambos os casos, o antecedente é falso; no primeiro o conseqüente é verdadeiro, enquanto no segundo o conseqüente é falso. Como estes casos particulares são verdadeiros, temos de aceitar que quando o antecedente é falso, para qualquer valor de verdade do conseqüente a sentença é verdadeira. Portanto a tabela-verdade deve ser:

A	B	A→B
V	V	V
V	F	F
F	V	V
F	F	V

Nossa formulação de 'se... então...' nos permite lidar com os casos em que o "antecedente não se aplica", tratando-os como vacuamente verdadeiros.

Afirmamos anteriormente que os quatro conectivos são suficientes para tratar da lógica, pelo menos sob a suposição de que as únicas propriedades de proposições que nos interessam são seus valores de verdade. A razão é que qualquer outro conectivo que dependa somente dos valores de verdade das proposições constituintes pode ser definido em termos destes quatro conectivos. Por exemplo, **(A∨B)** ∧ ¬**(A∧B)** formaliza o 'ou exclusivo', pois esta sentença é verdadeira se e somente se ou **A** ou **B** é verdadeira, mas não ambas. Um outro conectivo, mais importante, é a formalização de 'se e somente se': $(\mathbf{A} \rightarrow \mathbf{B}) \wedge (\mathbf{B} \rightarrow \mathbf{A})$ que abreviamos por $\mathbf{A} \leftrightarrow \mathbf{B}$. Uma discussão mais completa da definibilidade entre conectivos e da lógica proposicional como um todo pode ser encontrada em Epstein, 1989.

3. Validade

Considere uma fbf $\neg(\mathbf{p}_1 \wedge \neg \mathbf{p}_1)$. Não importa a que proposições $\mathbf{p}_1$ corresponda, esta fbf será sempre avaliada como verdadeira, como pode ser facilmente verificado. Muitas outras fbfs serão também sempre avaliadas como verdadeiras, como, por exemplo, $\neg\neg \mathbf{p}_1 \rightarrow \mathbf{p}_1$, $\mathbf{p}_2 \vee \neg \mathbf{p}_2$, ... Chamamos uma fbf *válida* (ou *tautologia*) se é sempre avaliada como verdadeira independentemente de quais proposições correspondam a suas variáveis; em outras palavras, tais proposições serão avaliadas como verdadeiras *somente em função de sua forma.* Note que existem fbfs que não são válidas; por exemplo, $\mathbf{p}_1 \rightarrow \mathbf{p}_2$ não é válida porque $\mathbf{p}_1$ pode ser verdadeira e $\mathbf{p}_2$ pode ser falsa, resultando $\mathbf{p}_1 \rightarrow \mathbf{p}_2$ falsa. Estamos interessados nas tautologias, porque são elas que podemos justificadamente utilizar em nosso raciocínio lógico.

D. Decidibilidade da validade

1. Verificando validade

Parece óbvio, após verificar a validade de algumas fbfs (exercício 1), que se possa decidir efetivamente se a dada fbf é ou não válida. Passamos a investigar este processo mais cuidadosamente.

Temos de verificar que, não importa quais proposições sejam atribuídas às variáveis, a avaliação seja sempre V. Porém, como em lógica proposicional uma proposição sempre se reduz apenas aos seus valores de verdade, tudo que temos de fazer é considerar todas as maneiras de atribuir V ou F às variáveis que aparecem na fórmula, e mostrar que cada uma destas atribuições produz V. Em outras palavras, temos de construir a tabela. Por exemplo, considere a fbf $\neg(\mathbf{p}_1 \rightarrow \mathbf{p}_2) \rightarrow (\mathbf{p}_1 \rightarrow \mathbf{p}_2)$, que produz a seguinte tabela:

$\mathbf{p}_1$	$\mathbf{p}_2$	$(\mathbf{p}_1 \rightarrow \mathbf{p}_2)$	$\neg(\mathbf{p}_1 \rightarrow \mathbf{p}_2)$	$\neg(\mathbf{p}_1 \rightarrow \mathbf{p}_2) \rightarrow (\mathbf{p}_1 \rightarrow \mathbf{p}_2)$
V	V	V	F	V
V	F	F	V	F
F	V	V	F	V
F	F	V	F	V

Uma das linhas da tabela (ou seja, uma atribuição de valores-verdade) é avaliada como F; portanto, $\neg(\mathbf{p_1} \rightarrow \mathbf{p_2}) \rightarrow (\mathbf{p_1} \rightarrow \mathbf{p_2})$ não é uma fbf válida: ela não é sempre verdadeira devido somente à sua forma.

Outra maneira de verificar a validade é usar o chamado *método das refutações*, ou ainda *método dos tablôs*, ou *método das árvores semânticas.* A idéia é tentar falsificar a fórmula, isto é, tentar obter uma atribuição de valores-verdade que produza uma avaliação F. Se isso for possível, a fórmula não é válida. Caso contrário, será válida. Por exemplo, $\mathbf{A} \rightarrow \mathbf{B}$ pode ser falsificado sse existe uma atribuição que faça **A** verdadeiro e **B** falso. Neste caso,

	$\neg(\mathbf{p_1} \wedge \mathbf{p_2})$	$\rightarrow$	$(\mathbf{p_2} \rightarrow \mathbf{p1})$	
é falso se temos	T		F	
o que acontece se	$\mathbf{p_1} \wedge \mathbf{p_2}$		$\mathbf{p_2}$	$\mathbf{p_1}$
são	F		T	F

e esta é uma atribuição falsificadora, logo, a fbf não é válida.

Similarmente,

	$((\mathbf{p_1} \wedge \mathbf{p_2}) \rightarrow \mathbf{p_3})$	$\rightarrow$	$(\mathbf{p_1} \rightarrow (\mathbf{p_2} \rightarrow \mathbf{p_3}))$	
é falso se	T		F	
se			$\mathbf{p_1}$	$\mathbf{p_2} \rightarrow \mathbf{p_3}$
são			T	F
se			$\mathbf{p_2}$	$\mathbf{p_3}$
são			T	F

Mas se $\mathbf{p_1}$ é V, $\mathbf{p_2}$ é V e $\mathbf{p_3}$ é F, então $(\mathbf{p_1} \wedge \mathbf{p_2}) \rightarrow \mathbf{p_3}$ é F, portanto, não há maneira de falsificar o esquema, logo ele é válido.

É importante observar que este método é usado também para produzir provas, e não só para verificar validade.

2. Decidibilidade

Se o procedimento para verificar validade de fbfs é completamente mecânico, como parece ser, deveríamos ser capazes de expressá-lo como uma função recursiva.

Dizemos que uma classe C de questões (cada uma das quais pode ser respondida como 'sim' ou 'não') é *decidível* se podemos enumerar C (veja Capítulo 7, final do § B.2) e o conjunto resultante dos números de Gödel que representa questões para os quais a resposta 'sim' é *computável*, ou seja, existe um procedimento computável para determinar se um número representa uma questão com resposta 'sim'. (No caso de problemas que têm três ou mais respostas possíveis, temos de decidir como reduzi-los a questões do tipo 'sim ou não'.) De acordo com a Tese de Church, uma classe de questões é decidível se o conjunto de números de Gödel com resposta 'sim' é *recursivo*. O *problema de decisão* para uma classe *C* consiste em determinar se *C* é decidível ou não. Dizemos que o *problema de decisão é solúvel* se *C* é decidível. Neste caso, uma representação de *C* através de números de Gödel e uma apresentação recursiva do conjunto de problemas com resposta 'sim' constituem, conjuntamente, um processo de decisão para *C*, embora freqüentemente uma descrição informal de como fazer isso seja dito um procedimento de decisão. Dizemos também que o problema é *recursivamente decidível* ou que temos um *procedimento recursivo de decisão.* Informalmente, dizemos também que um problema de decisão é *recursivo* em vez de recursivamente decidível.

Demos um procedimento informal de decisão para a classe de questões "A fbf **A** da nossa linguagem formal para a lógica proposicional é válida?", e, portanto, devemos ser capazes de produzir um procedimento formal de decisão. Faremos isso agora, embora seja mais interessante que você produza o seu próprio procedimento, uma vez que você já sabe como trabalhar com números de Gödel e derivar informação recursivamente a partir deles (veja o capítulo 15 e o predicado de computação universal).

Uma enumeração de Gödel para as fórmulas da lógica proposicional

Apresentamos uma função que associa um número natural **[[A]]**, chamado número de Gödel, para cada fórmula **A**.

$$[[(\mathbf{p_i})]] = \langle i \rangle$$

Se $[[\mathbf{A}]] = a$ e $[[\mathbf{B}]] = b$, então:

$$[[(\neg\mathbf{A})]] = \langle a, 0\rangle$$

$$[[(\mathbf{A}\wedge\mathbf{B})]] = \langle a, b, 0\rangle$$

$$[[(\mathbf{A}\vee\mathbf{B})]] = \langle a, b, 0, 0\rangle$$

$$[[(\mathbf{A}\rightarrow\mathbf{B})]] = \langle a, b, 0, 0, 0\rangle$$

Podemos mostrar que esta enumeração satisfaz as condições para uma enumeração de Gödel, (1)-(3) do capítulo 7§C. Para nossos procedimentos de indução, devemos notar que, se $[[\mathbf{A}]] = a$, então o número de Gödel de qualquer fbf que é parte de **A** é menor do que *a*.

Poderíamos ter dado uma enumeração tal que cada número natural fosse o número de Gödel de alguma fbf, mas isso complicaria as coisas desnecessariamente; é mais fácil identificar quais são os números que são números de Gödel provenientes de alguma fbf.

a. O conjunto dos números de Gödel de fbfs é decidível, isto é, existe uma função recursiva h tal que

$$h\ (n) = \begin{cases} 1 \text{ se para algum } \mathbf{A}, [[\mathbf{A}]] = n \\ 0 \text{ caso contrário} \end{cases}$$

Demonstração: Definimos h por indução sobre n.

Primeiro, $h\ (0) = 0$.
Agora, dado qualquer $n > 0$, há três subcasos:

1. $cp\ (n) = 1$ e portanto n codifica (i); então
   se $n = \langle i \rangle$, definimos $h\ (n) = 1$;
   se $n \neq \langle i \rangle$, definimos $h\ (n) = 0$.
2. $cp\ (n) = 2$, e portanto n codifica (i, j); então
   se $n = \langle i, j \rangle$, e $h(i) = 1$ e $j = 0$, definimos $h(n) = 1$ (desde que $i < n$, $h(i)$ está definido);
   caso contrário, definimos $h(n) = 0$.
3. $cp\ (n) = 3$, e portanto n codifica (i, j, k); então
   se $n = \langle i, j, k \rangle$, e $h(i) = h(j) = 1$ e $k = 0$, definimos $h(n) = 1$;
   caso contrário, definimos $h(n) = 0$.

Você deve ser capaz de completar a definição.

Passamos agora à definição do procedimento de decisão, que nada mais é do que o método das tabelas verdade descrito acima, traduzido para funções aritméticas em números de Gödel.

b. Primeiro mostramos que podemos listar os índices das variáveis proposicionais que aparecem numa fbf.

Existe uma função recursiva f tal que, se $n = [[\mathbf{A}]]$ e $\mathbf{p}_{\mathbf{i}_1}, \ldots, \mathbf{p}_{\mathbf{i}_r}$ são as variáveis proposicionais que aparecem em $\mathbf{A}$, então $f(n) = \langle i_1, \ldots, i_r \rangle$; caso contrário $f(n)=0$.

Demonstração: Uma definição recursiva para f é a seguinte:

Se $cp\ (n) \leq 1$
   e $n = \langle i \rangle$, então $f(n) = \langle i \rangle$;
   caso contrário, $f(n) = 0$.
Se $cp\ (n\ ) = 2$
   e $h(n) = h((n)_0\ ) = 1$ [isto é, n e $(n)_0$ são números de Gödel de fbfs] então $f(n) = f((n)_0\ )$
   caso contrário, $f(n) = 0$.
Se $cp\ (n) \geq 3$

e n, $(n)_0$, e $(n)_1$ são números de Gödel de fbfs, então $f(n) = \langle i_1, \ldots, i_r \rangle$, onde

$i_1 = \mu z \leq f((n)_0) \cdot f((n)_1)$ $[(\exists m \leq cp(f((n)_0)) - 1$ e $z = (f[(n)_0])_m)$ ou $(\exists m \leq cp(f((n)_1)) - 1$ e $z = (f[(n)_1])_m)]$

(os limites estão aqui só para mostrar que uma busca infinita não é necessária), e para $j \geq 1$, i_{j+1} definido como no caso de i_1 exceto que $z > i_j$; caso contrário, $f(n) = 0$.

c. Identificando F com 0, e T com 1, mostramos que podemos listar todas as possíveis atribuições de valores-verdade para as variáveis que aparecem numa fbf.

Existe uma função recursiva g tal que, se n = [[**A**]] e $\mathbf{p}_{\mathbf{i}_1}, \ldots, \mathbf{p}_{\mathbf{i}_r}$ são as variáveis proposicionais aparecendo em **A**, então $g(n) = \langle x_1, \ldots, x_{2^r} \rangle$, onde x_i = ⟨a seqüência de 0's e 1's de comprimento r que representa i em notação binária⟩. Você pode tornar esse processo mais explícito, caso deseje.

d. Existe uma função recursiva $a(n,m)$ tal que se n = [[**A**]] e m representa uma atribuição de V´s e F´s àquelas variáveis aparecendo em **A** em termos de 0's e 1's, então $a(n,m)=1$ sse **A** é avaliado como V pelas tabelas verdade para aquela atribuição particular.

Demonstração: Damos a definição recursiva de $a(n,m)$.

Se n não é o número de Gödel de alguma fbf, isto é, $h(n) = 0$, ou se $m \neq (g(n))_k$ para algum $k < cp(g(n))$, então $a(n,m) = 0$.

Caso contrário, para algum **A**, [[**A**]] = n e $f(n) = \langle b_1, \ldots, b_r \rangle$ = a lista de índices de variáveis em **A**, e

$m = \langle j_1, \ldots, j_r \rangle$, onde cada j_k é 0 ou 1.

Se $cp(n) \leq 1$, então $n = \langle p \rangle$, e $p = j_k$ para algum k, portanto $a(n,m) = j_k$.

Se $cp(n) = 2$, então $a((n)_0,m) = i$ já está definido, e portanto $a(n,m) = 1 \dot{-} i$.

Se $cp(n) = 3$, 4 ou 5, então $a((n)_0,m) = i$ e $a((n)_1,m) = j$ já estão definidos, e portanto se $cp(n) = 3$,

$a(n,m) = i \cdot j$, se $cp(n) = 4$, $a(n,m) = máx(i,j)$; se $cp(n) = 5$, $a(n,m) = sn((1 - i) + j)$. ■

e. Finalmente, para poder verificar se n é um número de uma fbf válida, temos de saber se existe uma avaliação que produza valor falso. Para tanto temos de verificar se $a(n, m) = 0$ para algum $m = (g(n))_k$, onde $k \leq 2^{cp(g(n))} - 1$.

A função recursiva que faz esse trabalho é

$$e(n) = \prod_{k=0}^{k=2^{cp(g(n))}-1} a(n, (g(n))_k)$$

e **A** é válida se **[[A]]** = n e $e(n) = 1$.

Este procedimento de decisão, embora efetivo, é praticamente inútil para fbfs contendo, digamos, 40 ou mais variáveis proposicionais, pois teríamos de verificar cerca de 2^{40} atribuições de 0's e 1's. Existem vários métodos que permitem simplificar um pouco esse procedimento, mas até o momento não existe um processo que permita verificar validade de maneira não exponencial em relação ao número de variáveis proposicionais que ocorrem na fórmula. A conjectura mais aceita entre os especialistas é que não existe um processo rápido (ou seja, factível em computadores reais) para resolver o problema da validade. Esta questão está intimamente ligada ao chamado Problema P $\stackrel{?}{=}$ NP, uma das mais importantes questões em teoria da computação. Este problema é crítico porque se pode mostrar que muitos problemas combinatórios (como o problema do caixeiro-viajante e muitas outras questões em teoria dos grafos, problemas sobre números primos, etc.) têm a mesma complexidade que o procedimento de decisão da validade (ou de satisfatibilidade) para o cálculo proposicional (ver *Leitura Complementar* no fim do capítulo).

E. Axiomatização da lógica proposicional

Existe uma outra maneira de obter as fbfs válidas: podemos axiomatizar as verdades da lógica, do mesmo modo que axiomatizamos as verdades da geometria e da aritmética.

Queremos encontrar um pequeno número de fbfs válidas, a partir das quais, através de regras ou princípios logicamente aceitáveis, se possa obter todas as outras. Por razões técnicas, em vez de começarmos com fbfs específicas, utilizaremos esquemas de fbfs. Um *esquema* é uma fbf cujas variáveis são substituídas por metavariáveis, **A**, **B**, **C**, ... Por exemplo, $(\mathbf{p_1} \wedge \mathbf{p_2}) \rightarrow \mathbf{p_1}$ é uma fbf válida, e portanto $(\mathbf{A} \wedge \mathbf{B}) \rightarrow \mathbf{A}$ é um *esquema válido* pois toda instância desse esquema permanece válido, independentemente da escolha das particulares fbfs **A** e **B**. Podemos pensar que esquemas são a forma estrutural de fbfs, da mesma forma que fbfs são a forma estrutural das proposições. Quando assumimos um esquema como axioma entendemos que toda instância daquele esquema é um axioma, e, portanto, um esquema abrevia uma classe infinita de fbfs.

A única regra que usaremos é a regra de *modus ponens*: a partir de **A** e **A** → **B** conclua **B**. Esta regra é um *método de prova válido* pois toda vez que **A** e **A** → **B** são verdadeiros, **B** também o é, e conseqüentemente toda vez que **A** e **A** → **B** são válidos, **B** também o é.

Nosso sistema axiomático para a lógica proposicional é o seguinte, omitindo parênteses externos para melhor legibilidade:

A Lógica Proposicional Clássica (LPC)

Toda instância de cada um dos esquemas abaixo é um axioma:

1. $\neg \mathbf{A} \rightarrow (\mathbf{A} \rightarrow \mathbf{B})$
2. $\mathbf{B} \rightarrow (\mathbf{A} \rightarrow \mathbf{B})$
3. $(\mathbf{A} \rightarrow \mathbf{B}) \rightarrow ((\neg \mathbf{A} \rightarrow \mathbf{B}) \rightarrow \mathbf{B})$
4. $(\mathbf{A} \rightarrow (\mathbf{B} \rightarrow \mathbf{C})) \rightarrow ((\mathbf{A} \rightarrow \mathbf{B}) \rightarrow (\mathbf{A} \rightarrow \mathbf{C}))$
5. $\mathbf{A} \rightarrow (\mathbf{B} \rightarrow (\mathbf{A} \wedge \mathbf{B}))$
6. $(\mathbf{A} \wedge \mathbf{B}) \rightarrow \mathbf{A}$
7. $(\mathbf{A} \wedge \mathbf{B}) \rightarrow \mathbf{B}$
8. $\mathbf{A} \rightarrow (\mathbf{A} \vee \mathbf{B})$
9. $\mathbf{B} \rightarrow (\mathbf{A} \vee \mathbf{B})$
10. $((\mathbf{A} \vee \mathbf{B}) \wedge \neg \mathbf{A}) \rightarrow \mathbf{B}$

Regra: A partir de **A** e de $\mathbf{A} \rightarrow \mathbf{B}$ conclua **B** (*modus ponens*).

Uma *prova de* B num sistema axiomático é uma seqüência $\mathbf{B_1}, \ldots, \mathbf{B_n} = \mathbf{B}$, onde cada $\mathbf{B_i}$ é um axioma ou é derivada a partir de duas fbfs anteriores na seqüência, $\mathbf{B_j}$ e $\mathbf{B_k}$ com $j, k < i$, pela regra de *modus ponens*, ou seja, $\mathbf{B_k}$ é $\mathbf{B_j} \rightarrow \mathbf{B_i}$ (note que aqui os $\mathbf{B_i}$'s são metavariáveis que representam fbfs). Isso corresponde à maneira como provaríamos algo usando somente esta única regra de prova. Dizemos que **A** é *teorema* do sistema axiomático se tem uma prova, e nesse caso escrevemos $\vdash \mathbf{A}$. A lógica proposicional clássica é também chamada de *cálculo proposicional*, abreviado como *CP*.

Vamos mostrar como o sistema funciona provando dois teoremas. A seqüência de fbfs constitui a prova; os comentários à direita justificam os passos da seqüência.

$\vdash \mathbf{p_1} \rightarrow \mathbf{p_1}$

Prova:

1. $\vdash \mathbf{p_1} \rightarrow ((\mathbf{p_1} \rightarrow \mathbf{p_1}) \rightarrow \mathbf{p_1})$ instância do axioma 2
2. $\vdash \mathbf{p_1} \rightarrow (\mathbf{p_1} \rightarrow \mathbf{p_1})$ instância do axioma 2
3. $\vdash (\mathbf{p_1} \rightarrow ((\mathbf{p_1} \rightarrow \mathbf{p_1}) \rightarrow \mathbf{p_1})) \rightarrow ((\mathbf{p_1} \rightarrow (\mathbf{p_1} \rightarrow \mathbf{p_1})) \rightarrow (\mathbf{p_1} \rightarrow \mathbf{p_1}))$ instância do axioma 4
4. $\vdash (\mathbf{p_1} \rightarrow (\mathbf{p_1} \rightarrow \mathbf{p_1})) \rightarrow (\mathbf{p_1} \rightarrow \mathbf{p_1})$ por *modus ponens* usando as fbfs 1 e 3
5. $\vdash \mathbf{p_1} \rightarrow \mathbf{p_1}$ por *modus ponens* usando as fbfs 2 e 4 ■

$\vdash (p_1 \wedge \neg p_1) \to p_2$

Prova:

1. $(p_1 \wedge \neg p_1) \to p_1$ axioma 6
2. $(p_1 \wedge \neg p_1) \to \neg p_1$ axioma 7
3. $(\neg p_1 \to (p_1 \to p_2)) \to [(p_1 \wedge \neg p_1) \to (\neg p_1 \to (p_1 \to p_2))]$ axioma 2
4. $\neg p_1 \to (p_1 \to p_2)$ axioma 1
5. $(p_1 \wedge \neg p_1) \to (\neg p_1 \to (p_1 \to p_2))$ *modus ponens* usando fbfs 3 e 4
6. $[(p_1 \wedge \neg p_1) \to (\neg p_1 \to (p_1 \to p_2))] \to$
$[((p_1 \wedge \neg p_1) \to \neg p_1) \to ((p_1 \wedge \neg p1) \to (p_1 \to p_2))]$ axioma 4
7. $[((p_1 \wedge \neg p_1) \to \neg p_1) \to ((p_1 \wedge \neg p_1) \to (p_1 \to p_2))]$
modus ponens usando as fbfs 5 e 6
8. $(p_1 \wedge \neg p_1) \to (p_1 \to p_2)$ *modus ponens* usando as fbfs 2 e 7
9. $[(p_1 \wedge \neg p_1) \to (p_1 \to p_2)] \to [((p_1 \wedge \neg p_1) \to p_1) \to ((p_1 \wedge \neg p_1) \to p_2)]$
axioma 4
10. $((p_1 \wedge \neg p_1) \to p_1) \to ((p_1 \wedge \neg p_1) \to p_2)$ *modus ponens*, fbfs 8 e 9
11. $(p_1 \wedge \neg p_1) \to p_2$ *modus ponens*, fbfs 1 e 10 ■

O teorema acima é importante, pois mostra que se pudermos provar na lógica proposicional clássica uma proposição e sua negação, poderíamos provar sua conjunção (pelo Axioma 5) e pelo teorema provaríamos *qualquer* proposição (em termos de esquemas, provamos que toda instância de $(\mathbf{A} \wedge \neg \mathbf{A}) \to \mathbf{B}$ é um teorema). Em outras palavras, em lógica proposicional *clássica*, se tivermos uma contradição, poderemos provar todas as outras proposições, resultando na *trivialização* do sistema. Existem muitos outros sistemas não-clássicos onde isso não acontece: por exemplo, nas lógicas paraconsistentes e nas lógicas relevantes a contradição não resulta necessariamente em trivialização (ver *Leitura Complementar* no fim do capítulo).

Outros teoremas formais que você pode provar estão no exercício 4.

Cada um dos esquemas de axioma é válido, e desde que a regra é válida, todo teorema deve ser válido (exercício 3). Mas por que escolher estes e não outros esquemas de axiomas? Uma das razões é que cada um é "intuitivamente óbvio". Mas, além disso, com estes podemos dar uma prova conceitualmente clara de que toda fbf válida é um teorema, e portanto podemos provar o seguinte:

TEOREMA 1 (A Completude da Lógica Proposicional Clássica) A é uma fbf válida sse $\vdash \mathbf{A}$.

Uma prova conceitualmente clara deste teorema pode ser encontrada em Epstein, 1989, capítulo II, mas com a desvantagem de ser não-construtiva. No apêndice deste capítulo incluímos uma prova construtiva (porém mais complicada).

Agora podemos ver por que nossa única regra de prova é suficiente: não precisamos de quaisquer outras para obter todas as fbfs válidas. Mais ainda, podemos simular outras regras. Por exemplo, a regra "a partir de $\mathbf{A} \rightarrow \mathbf{B}$ e $\mathbf{A} \rightarrow \neg\mathbf{B}$ conclua $\neg\mathbf{A}$" sempre leva fbfs verdadeiras a fbfs verdadeiras. Podemos ainda concluir a mesma regra através de teoremas: se temos que $\mathbf{A} \rightarrow \mathbf{B}$ e $\neg\mathbf{A} \rightarrow \mathbf{B}$ são teoremas, então temos a seguinte demonstração de $\mathbf{B}$:

$(\mathbf{A} \rightarrow \mathbf{B}) \rightarrow ((\neg\mathbf{A} \rightarrow \mathbf{B}) \rightarrow \mathbf{B})$ é um axioma;
coloque aqui a prova de $\mathbf{A} \rightarrow \mathbf{B}$;
conclua, por *modus ponens*, $(\neg\mathbf{A} \rightarrow \mathbf{B}) \rightarrow \mathbf{B}$;
coloque aqui a prova de $\neg\mathbf{A} \rightarrow \mathbf{B}$;
conclua, por *modus ponens*, $\mathbf{B}$.

Analogamente, para derivar a regra de *modus tollens*, "a partir de $\neg\mathbf{B}$ e $\mathbf{A} \rightarrow \mathbf{B}$ conclua $\neg\mathbf{A}$", usamos o fato de que $\neg\mathbf{B} \rightarrow ((\mathbf{A} \rightarrow \mathbf{B}) \rightarrow \neg\mathbf{A})$ é um teorema.

F. Provas como procedimento computável

Depois de entender as duas provas que fornecemos neste sistema axiomático e tentar demonstrar alguns teoremas (exercício 4), você pode ter concluído que para provar que uma certa fbf é um teorema, deve ser necessária uma boa dose de perspicácia e criatividade. Mas na verdade provar é um procedimento completamente mecânico. Tudo que temos de fazer é começar com nossos axiomas e listar todas as provas possíveis até obter aquela fbf desejada como a fbf final numa seqüência de prova. Podemos apresentar um procedimento recursivo usando a enumeração de Gödel de fbfs. Basta mostrar que podemos listar recursivamente todos os teoremas.

a. Primeiro mostramos que podemos reconhecer se uma fbf tem a forma esquemática que faz dela um axioma. Por exemplo:

$$a_1(n) = \begin{cases} 1 & \text{se } n = [[\mathbf{A}]] \text{ e A é uma instância do axioma 1} \\ 0 & \text{caso contrário} \end{cases}$$

é recursiva. Generalizando,

$$a(n) = \begin{cases} 1 & \text{se } n = [[\mathbf{A}]] \text{ e A é uma instância de um axioma} \\ 0 & \text{caso contrário} \end{cases}$$

é recursiva.

b. Podemos então reconhecer quando um número codifica uma seqüência de fbfs.

$$s(n) = \begin{cases} 1 & \text{se } n = \langle (n)_0, \ldots, (n)_{cp(n)-1} \rangle \text{ e cada } (n)_i, i < cp(n) \text{ é} \\ & \text{o número de Gödel de uma fbf, digamos Bi, e Bi é a instância} \\ & \text{de um axioma, ou para algum } j, k < i, \text{ Bj é Bk} \to \text{Bi} \\ 0 & \text{caso contrário} \end{cases}$$

é recursiva.

c. Determinamos em seguida se um número codifica uma seqüência de fbfs que é uma seqüência de prova, isto é:

$$prv(n) = \begin{cases} 1 & \text{se } n = \langle (n)_0, \ldots, (n)_{cp(n)-1} \rangle \text{ e para } i < cp(n), (n)_i \text{ é o número} \\ & \text{de Gödel de uma fbf, digamos } \mathbf{B_i}, \text{ e } \mathbf{B_i} \text{ é a instância de um axioma,} \\ & \text{ou para algum } j, k < i, \ \mathbf{B_j} \text{ é } \mathbf{B_k} \to \mathbf{B_i} \\ 0 & \text{caso contrário} \end{cases}$$

é recursiva. Portanto, o conjunto de provas no nosso sistema axiomático é recursivamente decidível.

d. Finalmente, usando a parte (c), podemos definir uma função recursiva t que lista os números de Gödel de teoremas, isto é: se $t(n) = m$ então $m = [[\mathbf{A}]]$ e $\vdash \mathbf{A}$; e se $\vdash \mathbf{A}$ e $[[\mathbf{A}]] = m$, então para algum n, $t(n) = m$. Tudo que temos a fazer para calcular $t(n)$ é procurar pelo n-ésimo menor número a tal que $prv(a) = 1$ e tomar $t(n) = (a)_{cp(a)-1}$. O exercício 6 pede que você preencha os detalhes desta prova.

Você pode se perguntar por que nos damos ao trabalho de dar um procedimento recursivo para a prova, quando poderíamos simplesmente listar as fbfs válidas (já que sabemos que **A** é um teorema sse **A** é válida e que existe um procedimento recursivo para determinar validade). A razão é que queremos enfatizar que o procedimento de prova num sistema formal é um processo computável. Há casos em que pode não haver qualquer procedimento de decisão para uma teoria, ou podemos não conhecer nenhum, e a única maneira de nos acercarmos das verdades dessa teoria seria provar teoremas. Nesses casos é importante saber que podemos listar os teoremas recursivamente. Note que nosso procedimento recursivo para listar teoremas *não é* um procedimento de decisão que decide se uma dada fbf é ou não um teorema. Usando a linguagem do capítulo 16, apenas estabelecemos que o conjunto dos números de Gödel de teoremas é recursivamente enumerável.

Note ainda que este procedimento recursivo para listar teoremas não distingue entre teoremas interessantes e desinteressantes, nem entre provas eficazes ou redundantes. A teoria da prova automática de teoremas se interessa por este tipo de questões (ver *Tópicos Adicionais*).

Apêndice (Opcional)

1. O teorema da Legibilidade Única

TEOREMA 2 Existe uma única maneira de se ler cada fbf.

Prova: Se **A** é uma fbf, então existe pelo menos uma maneira de lê-la, dado que ela tem uma definição. Para estabelecer que esta maneira é única, mostramos que nenhum segmento inicial de uma fbf é uma fbf.

A idéia é que se começarmos à esquerda de uma fbf subtraindo 1 para cada parêntese esquerdo e adicionando 1 para cada parêntese direito, a soma será zero somente no fim da fbf. Mais precisamente, defina uma função f que associa a cada concatenação de símbolos primitivos $\sigma_1 \ldots \sigma_n$ da nossa linguagem formal um número inteiro, da seguinte maneira:

$$f(\neg) = 0; f(\wedge) = 0; f(\vee) = 0; f(\rightarrow) = 0; f(\mathbf{p_i}) = 0;$$
$$f(\,(\,) = -1; f(\,)\,) = +1;$$

e

$$f(\sigma_1 \ldots \sigma_n) = f(\sigma_1) + \ldots + f(\sigma_n)$$

Para mostrar que f (**A**) = 0 para toda fbf **A**, procedemos por indução no número de símbolos em **A**. As fbfs com o menor número de símbolos são ($\mathbf{p_i}$), i = 0, 1, 2, ..., e para estas o resultado é imediato. Agora suponha que seja verdade para todas as fbfs com menos símbolos do que **A**. Temos, então, quatro casos, que por enquanto não podemos assumir como distintos:

Caso i. **A** é da forma (¬**B**). Então **B** tem menos símbolos do que **A**, e por indução f (**B**) = 0, logo f (**A**) = 0.

Caso ii. **A** é da forma (**B** ∧**C**). Então **B** e **C** têm menos símbolos do que **A**, logo f (**B**) = f (**C**) = 0 e daí f (**A**) = 0.

Caso iii. **A** é da forma (**B** ∨ **C**)
Caso iv. **A** é da forma (**B** → **C**)
} são tratados similarmente

Nos casos iii e iv (respectivamente, onde **A** é da forma (**B** ∨ **C**) e **A** é da forma (**B**→**C**)), procede-se de maneira análoga.

Deixamos ao leitor mostrar, pelo mesmo método, que qualquer parte inicial **A*** de uma fbf **A** deve ter *f* (**A***) < 0. Portanto nenhuma parte inicial de uma fbf é uma fbf.

Suponha agora que, dada uma fbf, ela possa ser, ao mesmo tempo da forma **(A ∧B)** e **(C→D)**. Então **A ∧ B)** é idêntico a **C→D)** e daí **A** é idêntica a **C**, pois, de outra forma, uma seria um segmento inicial da outra, contrariando o que acabamos de provar. Mas então, **∧B)** é idêntico a **→D)**, o que é uma contradição. Os outros casos são similares.

Com o propósito de usar indução sobre fórmulas, definimos indutivamente o *comprimento de uma fbf*:

i. O comprimento de $(\mathbf{p_i})$ é 1.
ii. Se o comprimento de **A** é *n*, então o comprimento de **(¬A)** é $n + 1$.
iii. Se o máximo dos comprimentos de **A** e **B** é *n*, então **(A ∧B)**, **(A ∨ B)**, e **(A → B)** têm cada qual comprimento $n + 1$.

2. O teorema da completude para a lógica proposicional clássica

Para provar o Teorema da Completude, teremos de propor algumas definições, e provar dois lemas.

Primeiramente, definimos que **A** é uma *conseqüência* de um conjunto finito Γ de fbfs se existe uma seqüência de fbfs **B1**, …, $\mathbf{B_n} = \mathbf{A}$ tal que cada **Bi** é um axioma, ou é uma fórmula de Γ, ou é derivável de duas fbfs da seqüência, $\mathbf{B_j}$ e $\mathbf{B_k}$ com $j, k < i$, através da regra de *modus ponens*. Neste caso escrevemos Γ ⊢ **A**.

Deixamos para você provar que:

(a) ∅ ⊢ **A** sse **A** é um teorema;
(b) se **A** ∈ Γ então Γ ⊢ **A**;
(c) se **A** é um teorema, então Γ ⊢ **A**; e
(d) se Γ ⊢ **A** e Γ ⊢ **A → B**, então Γ ⊢ **B**.

Lema 3 (O Teorema da Dedução) Γ ∪ {**A**} ⊢ **B** se Γ ⊢ **A → B**.

Demonstração: A prova da direita para a esquerda é imediata. Suponha, por outro lado, que existe uma prova de **B** a partir de Γ ∪{**A**}, a saber, $\mathbf{B_1}$, …, $\mathbf{B_n} = \mathbf{B}$. Mostraremos, por indução em *i* que para cada *i,* Γ ⊢ $\mathbf{A} \rightarrow \mathbf{B_i}$. Cada $\mathbf{B_1}$ é um axioma, ou está em Γ, ou é o próprio **A**. Nos primeiros dois casos, o resultado segue a partir do esquema de axiomas 2. No último, basta modificar a prova dada no §E de que ⊢ $\mathbf{p_1} \rightarrow \mathbf{p_1}$ para obter ⊢ **A → A**.

Suponha agora que para todo $k < i$, ⊢ $\mathbf{A} \rightarrow \mathbf{B_k}$. Se $\mathbf{B_i}$ é um axioma, ou está em Γ, ou é **A**, procedemos como acima. O único outro caso é quando $\mathbf{B_i}$ é uma conseqüência através de *modus ponens* de $\mathbf{B}_m$ e $\mathbf{B}_j$ onde $\mathbf{B}_j$ é $\mathbf{B}_m \to \mathbf{B}_i$ e $m, j < i$. Mas então por indução temos $\Gamma \vdash \mathbf{A} \to (\mathbf{B}_m \to \mathbf{B}_i)$ e $\Gamma \vdash \mathbf{B}_m$, e portanto pelo axioma 4 concluímos que $\Gamma \vdash \mathbf{A} \to \mathbf{B}_i$.

Formalmente uma *atribuição* de valores-verdade às variáveis proposicionais é uma função $v : \{\mathbf{p}_0, \mathbf{p}_1, \ldots\} \to \{V, F\}$. O Teorema da Legibilidade Única justifica que toda atribuição possa ser estendida de maneira única para todas as fbfs através das tabelas-verdade.

No que segue usaremos metavariáveis $\mathbf{q}_1, \mathbf{q}_2, \ldots$ para denotar variáveis proposicionais.

Lema 4 (Kalmár, 1935) Seja **C** uma fbf qualquer e $\mathbf{q}_1, \ldots, \mathbf{q}_n$ as variáveis proposicionais que ocorrem nela. Seja v uma atribuição. Defina, para $i \leq n$,

$$\mathbf{Q}_i = \begin{cases} \mathbf{q}_i & \text{se } v(\mathbf{q}_i) = V \\ \neg\mathbf{q}_i & \text{se } v(\mathbf{q}_i) = F \end{cases}$$

e defina $\Gamma = \{\mathbf{Q}_1, \ldots, \mathbf{Q}_n\}$. Então:

i. Se $v(\mathbf{C}) = V$, então $\Gamma \vdash \mathbf{C}$.
ii. Se $v(\mathbf{C}) = F$, então $\Gamma \vdash \neg\mathbf{C}$.

Demonstração: Nesta demonstração há vários esquemas que devemos mostrar serem esquemas de teoremas. Indicá-los-emos por um * e deixaremos ao leitor o encargo de demonstrá-los a partir dos axiomas, com a ajuda do Teorema da Dedução.

Procedemos por indução no comprimento de **C**. Se **C** é $(\mathbf{p}_i)$, então a prova consiste em mostrar que $\vdash \mathbf{p}_i \to \mathbf{p}_i$ e $\vdash \neg\mathbf{p}_i \to \neg\mathbf{p}_i$, que segue como no §E acima. Suponha agora o lema verdadeiro para todas as fbfs de comprimento $\leq n$ e que **C** tem comprimento $n + 1$. Temos quatro casos:

Caso i. **C** é $\neg\mathbf{A}$. Se $v(\mathbf{C}) = T$, então $v(\mathbf{A}) = F$. Logo, por indução $\Gamma \vdash \neg\mathbf{A}$ como desejado. Se $v(\mathbf{C}) = F$, então $v(\mathbf{A}) = V$, logo $\Gamma \vdash \mathbf{A}$. Mas * $\vdash \mathbf{A} \to \neg\neg\mathbf{A}$, portanto $\Gamma \vdash \neg\neg\mathbf{A}$ como queríamos.

Caso ii. **C** é $\mathbf{A} \wedge \mathbf{B}$. Se $v(\mathbf{C}) = V$, então $v(\mathbf{A}) = v(\mathbf{B}) = V$. Logo $\Gamma \vdash \mathbf{A}$ e $\Gamma \vdash \mathbf{B}$, e portanto pelo axioma 5, $\Gamma \vdash \mathbf{A} \wedge \mathbf{B}$. Se $v(\mathbf{C}) = F$, então $v(\mathbf{A}) = F$ ou $v(\mathbf{B}) = F$. Suponha que $v(\mathbf{A}) = F$. Então $\Gamma \vdash \neg\mathbf{A}$. Desde que * $\vdash (\mathbf{D} \to \mathbf{E}) \to (\neg\mathbf{E} \to \neg\mathbf{D})$, via axioma 6 temos $\vdash \neg\mathbf{A} \to \neg(\mathbf{A} \wedge \mathbf{B})$ e logo $\Gamma \vdash \neg(\mathbf{A} \wedge \mathbf{B})$.

Se $v(\mathbf{B}) = F$ o argumento é o mesmo, exceto pelo uso do axioma 7.

Caso iii. **C** é $\mathbf{A} \vee \mathbf{B}$. Se $v(\mathbf{C}) = V$, então $v(\mathbf{A}) = V$ ou $v(\mathbf{B}) = V$. Se $v(\mathbf{A}) = V$ então $\Gamma \vdash \mathbf{A}$, logo pelo axioma 8 temos $\Gamma \vdash \mathbf{A} \vee \mathbf{B}$, e similarmente se $v(\mathbf{B}) =$

V. Se v (**C**) = F então v (**A**) = F e v (**B**) = F, logo $\Gamma \vdash \neg\mathbf{A}$ e $\Gamma \vdash \neg\mathbf{B}$. Desde que * $\vdash \neg\mathbf{A} \rightarrow (\neg\mathbf{B} \rightarrow \neg(\mathbf{A} \vee \mathbf{B}))$, temos $\Gamma \vdash \neg\mathbf{C}$.

Caso iv. **C** é $\mathbf{A} \rightarrow \mathbf{B}$. Se v (**C**) = V, então v (**A**) = F ou v (**B**) = V. Se v (**A**) = F então $\Gamma \vdash \neg\mathbf{A}$ e logo pelo axioma 1 temos $\Gamma \vdash \mathbf{A} \rightarrow \mathbf{B}$. Se v (**B**) = V então use axioma 2. Finalmente, se v (**C**) = F então v (**A**) = V e v (**B**) = F. Logo $\Gamma \vdash \mathbf{A}$ e $\Gamma \vdash \neg\mathbf{B}$ e portanto desde que * $\vdash \mathbf{A} \rightarrow (\neg\mathbf{B} \rightarrow \neg(\mathbf{A} \rightarrow \mathbf{B}))$, temos $\Gamma \vdash \neg\mathbf{C}$. ■

TEOREMA (A Completude da Lógica Proposicional Clássica) A é uma fbf válida sse $\vdash$ A.

Demonstração: Já havíamos visto anteriormente que se **A** é um teorema, então **A** é válida (veja exercício 3 abaixo). Para estabelecer a recíproca, suponha que **A** é válida e $\mathbf{q_1}, \ldots, \mathbf{q_n}$ são as variáveis proposicionais que ocorrem em **A**. Como **A** é válida, então para toda atribuição v temos v (**A**) = T. Considere v_1 tal que atribua V para todas as variáveis, e v_2 tal que atribua V a todas as variáveis, exceto para **qn,** à qual atribui F. Então pelo Lema 4, $\{\mathbf{q1}, \ldots, \mathbf{qn\!-\!1}, \mathbf{q_n}\} \vdash \mathbf{A}$ e $\{\mathbf{q_1}, \ldots, \mathbf{q_{n-1}}, \neg\mathbf{q_n}\} \vdash \mathbf{A}$. Portanto, pelo Teorema da Dedução $\{\mathbf{q_1}, \ldots, \mathbf{q_{n-1}}\} \vdash \mathbf{q_n} \rightarrow \mathbf{A}$ e $\{\mathbf{q_1}, \ldots, \mathbf{q_{n-1}}\} \vdash \neg\mathbf{q_n} \rightarrow \mathbf{A}$. Conseqüentemente, via axioma 3, $\{\mathbf{q_1}, \ldots, \mathbf{q_{n-1}}\} \vdash \mathbf{A}$. Repetindo este procedimento 2^n vezes, obtemos $\vdash \mathbf{A}$.

Exercícios

1. Verifique, por qualquer método, se as seguintes fbfs são ou não válidas:
a. $\mathbf{p_1 \rightarrow (p_2 \rightarrow p_1)}$
b. $\mathbf{[p_1 \rightarrow (p_2 \rightarrow p3)] \rightarrow [(p_1 \rightarrow p_2) \rightarrow (p_1 \rightarrow p_3)\ ]}$
c. $\mathbf{[(\ p_1 \rightarrow p_2) \wedge \neg\ p_1\ ] \rightarrow \neg\ p_2}$
d. $\mathbf{[p_1 \wedge \neg(p_1 \wedge p_2) \rightarrow \neg\ p_2}$
e. $\mathbf{[((\ p_1 \wedge p_2) \rightarrow p_3) \vee p_1\ ] \rightarrow (p_2 \vee p_3)}$
f. $\mathbf{[(\ p_1 \wedge p_2) \vee p_3] \leftrightarrow [\ (p_1 \wedge p_3) \vee (p_2 \wedge p_3)]}$

2. Prove que se A é teorema, então A tem uma quantidade arbitrária enumerável de provas.

3. a. Prove que cada esquema de axioma é válido.
b. Prove que se **A** é um teorema, então **A** é válida.
(*Sugestão*: Indução no número de passos da prova.)

‡4. Prove que as seguintes fbfs são teoremas do nosso sistema axiomático:

a. $(\neg \mathbf{p_1} \rightarrow \mathbf{p_1}) \rightarrow \mathbf{p_1}$ (*Sugestão*: Use um teorema já demonstrado.)
b. $\neg\neg \mathbf{p_1} \rightarrow \mathbf{p_1}$ (*Sugestão*: Use parte (a).)

5. Explique como as seguintes regras podem ser justificadas a partir de derivações em nosso sistema axiomático:
Adjunção: a partir de **A** e **B** conclua $\mathbf{A} \wedge \mathbf{B}$
Distribuição: a partir de $(\mathbf{A} \vee \mathbf{B})$ e $(\mathbf{A} \vee \mathbf{C})$ conclua $\mathbf{A} \vee (\mathbf{B} \wedge \mathbf{C})$

6. Preencha os detalhes da prova dada em §F de que podemos listar recursivamente os teoremas da lógica proposicional (isto é, dê as definições recursivas das funções a_1, a, s, prv e t).

Leitura complementar

Para uma introdução à lógica proposicional, veja *The Semantic Foundations of Logic, Volume 1: Propositional Logics* (R. L. Epstein, com colaboração de W. A. Carnielli, I. M. L. D´Ottaviano, S. Krajewski e R. D. Maddux). O livro de Garey e Johnson, *Computers and Intractability*, é um bom texto introdutório para a questão da complexidade de algoritmos.

Para detalhes sobre o método de provas por refutação (tablôs) no caso da lógica clássica, veja o livro de R. S. Smullyan, *First-Order Logic*, e para uma visão geral do método (incluindo o tratamento por tablôs de uma grande classe de lógicas multivalentes), veja o artigo de W. A. Carnielli *Systematization of finite many-valued logics through the method of tableaux.*

Para um texto compreensivo sobre a questão das lógicas paraconsistentes tanto de um ponto de vista técnico como conceitual, com uma ampla bibliografia, veja o artigo de W. A. Carnielli, M. E. Coniglio, e J. Marcos, "Logics of formal inconsistency". Veja também o capítulo IX de Epstein, *The Semantic Foundations of Logic, Volume 1: Propositional Logics.*

19
A lógica de primeira ordem e os teoremas de Gödel

Neste capítulo revisamos o que já fizemos até aqui, e esclarecemos o que se pretende fazer nos capítulos seguintes. Primeiramente estávamos preocupados com o uso de métodos infinitários em matemática. De acordo com a análise de Hilbert no capítulo 6, decidimos investigar se o uso de conjuntos infinitos poderia ser justificado, o que aconteceria se pudéssemos provar sua consistência com a matemática finitista usual. Uma tal prova, havíamos concordado, deveria ser ela própria finitista, se quiséssemos evitar uma petição de princípio.

Portanto a primeira coisa a fazer deveria ser compreender o significado de 'métodos finitistas'. Para tanto, formalizamos a noção de função computável como computável no sentido das máquinas de Turing, e mostramos que tal noção equivale à noção de função recursiva parcial. Após uma breve discussão, adotamos a Tese de Church (pelo menos como uma hipótese de trabalho) como garantia de que essa formalização é adequada a nossos propósitos.

Voltamo-nos então à análise da noção de prova, apresentando a idéia de sistema formal e desenvolvendo a lógica proposicional. Mostramos como utilizar a idéia de funções computáveis em situações onde temos métodos finitistas não numéricos, através da enumeração de Gödel e da noção de decidibilidade. Como um exemplo mostramos que o sistema de lógica proposicional que adotamos era decidível e que o processo de provar teoremas no sistema formal poderia ser visto como uma máquina representada por uma função computável.

Nosso próximo passo é verificar se podemos construir um sistema formal suficientemente poderoso para formalizar a aritmética (ou pelo menos parte dela) e para poder provar sua própria consistência através de meios finitários. Veremos que isso não é possível.

A idéia fundamental é que dado qualquer sistema formal podemos enumerar suas fbfs (usando números de Gödel) e traduzir asserções sobre o sistema, tais como "esta fbf é um teorema" ou "o sistema é consistente" em asserções acerca de números naturais. Portanto, se nosso sistema puder formalizar mesmo uma pequena parte da aritmética, poderemos traduzir asserções sobre o sistema dentro do próprio sistema, ou, em outras palavras, o sistema passará a se referir a si mesmo. Dessa forma, através da auto-referência será possível reproduzir dentro do sistema uma variação do Paradoxo do Mentiroso.

Este projeto será desenvolvido nos quatro próximos capítulos, e seus passos principais serão os seguintes:

1. O primeiro passo, portanto, é definir uma linguagem formal para a aritmética.

Certamente necessitamos de símbolos para adição e multiplicação + e •, para igualdade, = e para zero, **0**. Ainda mais, necessitaremos símbolos para cada um dos números naturais. A maneira mais simples de conseguir isso é ter um símbolo para a função sucessor: ′. Nesse caso, podemos representar qualquer numeral em notação unária, por exemplo, **0**′′′′ seria um numeral para 4. Abreviaremos este processo usando numerais itálicos, por exemplo, *4* abrevia **0**′′′′.

Não queremos sobrecarregar o sistema mais do que o estritamente necessário. Com o que temos já podemos escrever polinômios; por exemplo, usando **x**, **y**, **z** como variáveis para números naturais, podemos escrever o polinômio $x^2+y^2+z^3$ como **((x · x) + (y · y)) + ((z · z) · z)**. A partir de nossa experiência com funções recursivas primitivas, sabemos que começando com estas funções e com as projeções (que já estarão embutidas na notação lógica) podemos obter funções muito mais complicadas. Tudo que precisamos é que outras operações sobre funções sejam definíveis.

2. Para obter uma função em termos de outras procederemos como no caso do sistema formal para a lógica proposicional: provar será um procedimento computável para o sistema formal da aritmética. Portanto poderemos ver nosso sistema formal como uma maneira de calcular funções se soubermos como interpretar os símbolos, de maneira análoga à qual interpretamos cálculos na máquina de Turing como funções.

Diremos, grosso modo[1], que uma função total $f(x_1, \ldots, x_k)$ é *representável* se existe uma expressão na linguagem formal, digamos **A**, que usa variáveis $\mathbf{x_1}$,

1 Note que uma definição especializada para o caso do sistema formal **Q** será dada em detalhes no capítulo 21.B.

..., $\mathbf{x_k}$, $\mathbf{x_{k+1}}$ tal que para quaisquer números $m_1, ..., m_k$ e n, temos $f(m_1, ..., m_k) = n$ sse podemos provar em nosso sistema formal $\mathbf{A}(\boldsymbol{m_1}, ..., \boldsymbol{m_k}, \boldsymbol{n})$ e não podemos provar $\mathbf{A}(\boldsymbol{m_1}, ..., \boldsymbol{m_k}, \boldsymbol{j})$ para nenhum outro número j. Esta definição só será útil se nosso sistema for consistente (já que a partir de uma contradição poderíamos provar qualquer coisa). Toda função que for representável será computável (recursiva): para encontrar o valor na entrada $m_1, ..., m_k$, basta buscar na lista de teoremas até encontrar um da forma $\mathbf{A}(\boldsymbol{m_1}, ..., \boldsymbol{m_k}, \boldsymbol{n})$. Observe que a idéia de calcular a partir de provas num sistema formal foi, historicamente, uma das primeiras tentativas para caracterizar a computabilidade.

Se tomamos como axiomas as definições indutivas de adição e multiplicação e ainda definições que garantam que sucessor é uma função injetora cuja imagem são todos os naturais exceto zero, formando o que denominamos sistema axiomático ***Q***, então seremos capazes de estabelecer que todas as funções recursivas iniciais são representáveis, e que a classe das funções representáveis é fechada sob composição e sob o operador μ. Se pudermos mostrar que esta classe é fechada também sob recursão primitiva, então teremos que todas as funções recursivas são representáveis, e como conseqüência teremos amplos recursos para traduzir as versões numéricas das asserções sobre nosso sistema de volta no próprio sistema.

Para mostrar que as funções representáveis são fechadas sob recursão primitiva, faremos uma pequena digressão na teoria dos números para definir novas funções de codificação e decodificação que não dependem da exponenciação. Dessa maneira, provaremos no capítulo 21 que *uma função é representável em nosso sistema formal sse é recursiva,* o que constitui outra caracterização da classe de funções recursivas.

3. Antes mesmo que possamos tratar da representabilidade de funções, contudo, temos de esclarecer a linguagem formal, axiomas e métodos de prova de nosso sistema da aritmética. Isso é o que faremos no capítulo 20, tendo em mente que tentaremos obter um sistema tão simples quanto necessário para representar as funções recursivas.

Para tanto, temos de tratar com os *quantificadores* "para todo" e "existe". Discutiremos o uso dos quantificadores no capítulo 20, e mostraremos que basta quantificar sobre elementos, por exemplo "para todo x existe um y tal que $x + y = x$". Não será necessário quantificar sobre conjuntos de elementos, como seria no caso de "Todo conjunto não-vazio de números possui um menor elemento". A quantificação sobre elementos é chamada de *quantificação de primeira ordem*, em contrapartida à quantificação sobre conjuntos, que é dita de *segunda ordem.*

4. Desde que as funções recursivas são representáveis no sistema formal ***Q***, poderemos provar que o conjunto de teoremas de ***Q*** é indecidível. Esquematicamente, a prova é como segue.

Temos que os conjuntos recursivos são representáveis. Portanto, se pudermos diagonalizar os conjuntos representáveis, teremos como conseqüência que o conjunto resultante não será recursivo. Para diagonalizar os conjuntos representáveis basta que possamos reconhecer que uma fbf tem um formato particular, a saber, se ela tem uma variável que possamos substituir por numerais. Isso pode ser feito recursivamente em termos de números de Gödel: digamos que estas fórmulas são $\mathbf{A}_1$, $\mathbf{A}_2$, ... Daí, sob a hipótese de que ***Q*** é consistente, se um conjunto é representado por alguma fórmula deve haver algum *m* de tal maneira que este conjunto seja $\{n : \mathbf{A}_m\ (\boldsymbol{n})$ é teorema de $\boldsymbol{Q}\}$. A diagonalização destes conjuntos é $S = \{m : \mathbf{A}_m\ (\boldsymbol{m})$ não é teorema de $\boldsymbol{Q}\}$, o qual não é representável, e portanto não é recursivo. Mas se *S* não é recursivo, isso só pode ser devido ao fato de que o conjunto de teoremas de ***Q*** (traduzido em números de Gödel) não é recursivo.

Portanto, o conjunto de teoremas de nosso sistema formal não é recursivamente decidível. Ainda mais, a situação será a mesma para qualquer outro sistema formal axiomático que contenha ***Q,*** desde que não contenha uma contradição, pois tudo o que estamos usando é o fato de que podemos obter as funções recursivas representáveis neste sistema. Isso será feito no capítulo 22.

Desta forma, realizamos uma boa parte da análise de Hilbert. Concluímos que *aceitando a tese de Church e supondo que o sistema formal envolvido não contém contradições, não existe procedimento computável para decidir, em qualquer teoria 'razoavelmente forte' da aritmética, quais proposições são teoremas.*

5. Mais ainda, considere todas as proposições em nossa linguagem formal que sejam verdadeiras a respeito dos números naturais, e suponha que pudéssemos axiomatizá-las. Se assim fosse, para decidir se uma certa proposição é um teorema, já que cada proposição ou sua negação é verdadeira, mas não ambas, deveríamos somente deixar nossa maquinaria de prova produzir teoremas até que obtivéssemos a prova da proposição em questão ou de sua negação. Este seria um procedimento computável para decidir sobre teoremas, contrário ao que acabamos de estabelecer. Portanto, podemos concluir que, *em nossa linguagem formal, as proposições verdadeiras a respeito de números naturais não são axiomatizáveis.*

6. Finalmente, retornamos à questão principal: podemos ou não estabelecer a consistência dos métodos infinitários na aritmética por meios finitários?

Uma vez que a noção de 'meios finitários' possa ser traduzida pela enumeração de Gödel em procedimentos construtivos sobre números naturais, procuraremos uma teoria formal da aritmética na qual se possa capturar todos os métodos finitários de prova. Esta teoria deveria estender ***Q***, de forma que pudesse se referir a conjuntos recursivos através de suas representações. Precisamos ainda ser capazes de obter provas por indução. Adicionando ao sistema ***Q*** o esquema de indução, obtemos o que se chama *Aritmética (Elementar) de* Peano, denotado por **AP**[2]. Parece então bastante plausível que uma prova de consistência finitária possa ser formalizada neste sistema. (Não afirmamos que ***AP*** formaliza *apenas* procedimentos finitários de prova.)

Podemos então nos questionar se, em particular, é possível provar em ***AP*** que ***AP*** é por si mesma consistente. Em termos precisos, construímos, através da enumeração de Gödel, uma fbf particular da linguagem formal (que chamaremos de **Consis)** tal que é verdadeira sse ***AP*** é consistente.

Finalmente, usamos o poder da auto-referência para construir uma variante do paradoxo do mentiroso: uma fbf **U** que, em termos de números de Gödel *expressa o fato de que ela própria não é demonstrável.* Daí, se **U** for demonstrável, considerando que ela expressa sua própria indemonstrabilidade, poderemos também provar sua negação. Portanto, se ***AP*** é consistente, então **U** não é demonstrável, e conseqüentemente verdadeira. Desta forma, produzimos *uma sentença que é verdadeira mas indemonstrável em nosso sistema formal.*

O que demonstramos foi o seguinte: (*) "se ***AP*** é consistente, então **U** não é um teorema de ***AP***". Mas a prova de (*) é realmente finitária, e pode ser formalizada em ***AP*** na forma **Consis** $\rightarrow$ **U**. Se pudéssemos provar **Consis** em ***AP***, poderíamos também provar **U**, o que já sabemos ser impossível. Portanto, *se **AP** é consistente, não podemos provar sua própria consistência dentro de **AP**.*

É claro que poderíamos tomar a fbf **Consis** como um novo axioma, mas isso não seria de grande ajuda. De fato, desde que o novo sistema também seria axiomatizável, poderíamos usar a enumeração de Gödel novamente e repetir todo o processo. Ou seja: concluímos que *não existe teoria axiomatizável da aritmética que possa demonstrar sua própria consistência,* pelo menos se a teoria é suficientemente poderosa para permitir expressar as definições indutivas de adição e multiplicação, caracterizar a função sucessor, e permitir provas por indução. Em conclusão, mesmo que não tenhamos conseguido capturar todos os possíveis métodos finitários de provas dentro de ***AP***, acrescentar tais métodos não resolve as questões levantadas por Hilbert: não é possível provar a consistência de métodos infinitários na matemática por meios finitistas.

---

2 O acrônimo ***PA*** aparece muitas vezes para designar a Aritmética de Peano em vez de ***AP***, mesmo na literatura em línguas latinas, em razão de seu uso já consagrado na língua inglesa.

20
A aritmética de primeira ordem

A. Uma linguagem formal para a aritmética

1. Variáveis

Precisaremos usar variáveis que possam representar (isto é, que possam ser substituídas por) números. Nossas variáveis formais serão $\mathbf{x}_0$, $\mathbf{x}_1$, ..., $\mathbf{x}_n$, ... Nos esquemas de fórmulas usaremos **x**, **y**, **z**, **w** como metavariáveis que por sua vez representam (isto é, podem ser substituídas por) variáveis formais.

2. Termos e funções aritméticas

Como discutimos no capítulo 19, adotamos símbolos somente para três funções: sucessor, formalizado pelo símbolo ′; adição, formalizada por +; e multiplicação, por ·.

Adotamos também o símbolo **0**, com a intenção de representar o número zero. Os símbolos ′, +, · e **0** são apenas marcas formais primitivas e indefinidas, semelhantes ao uso que, em geometria, se faz do conceito de linha, reta e ponto. Nossa meta é axiomatizar as propriedades dos números naturais usando estes símbolos. Mantemos sempre nossa meta em vista mas não assumimos nada mais acerca dos símbolos formais do que o explicitamente postulado.

A primeira coisa que devemos explicitar é como formar expressões aplicando estas funções ao **0** ou às variáveis. Informalmente, poderíamos escrever $(x + y + 0)\cdot z$, mas temos de ser mais cuidadosos, porque neste caso não podemos permitir ambigüidade sobre qual adição está sendo calculada em primeiro lugar. Devemos dar definições indutivas precisas do que chamamos *termos*. Usamos os símbolos **t**, **u**, e **v** como metavariáveis que podem ser substituídas por termos.

Termos

i. Toda variável é um termo, e **0** é um termo.
ii. Se **t** e **u** são termos, então **(t)′**, **(t + u)**, e **(t · u)** também o são.
iii. Uma cadeia de símbolos é um termo sse é obtida por aplicação de (i) ou (ii).

3. Numerais em notação unária

Para formalizar uma proposição tal como "2 + 2 = 4", necessitamos um símbolo para a igualdade: =. Para representar os números 2 e 4, usamos notação unária: um símbolo formal para zero é **0**, para 1 é **(0)′**, para 2 é **((0)′)′**, para 3 é **(((0)′)′)′**, e para 4 é **((((0)′)′)′)′**. Portanto, "2 + 2 = 4" será formalizado como **((0)′)′ + ((0)′)′ = ((((0)′)′)′)′**. O uso dos parênteses garante a não ambigüidade das proposições, mas para facilitar a leitura serão geralmente omitidos; em particular, escrevemos **t′** para **(t)′**, e *informalmente* **0″ + 0″ = 0″″**.

Mas ainda assim a leitura é trabalhosa, e adotamos então a seguinte abreviação: um numeral em notação unária que tem n ocorrências do símbolo ′ será denotado pelo numeral n em formato negrito itálico. Por exemplo, nossa representação abreviada da formalização de "2 + 2 = 4" será ***2 + 2 = 4***.

4. Quantificadores: existência e universalidade

O uso de variáveis é conveniente para expressar generalidade. Informalmente podemos escrever $x + y = y + x$ para expressar a lei comutativa da adição, mas esta forma é ambígua porque não temos como diferenciar a asserção de que para todo x e y vale $x + y = y + x$ e a validade desta lei para x e y específicos. Um problema similar foi resolvido para as funções recursivas através da notação λ. Aqui, porém, explicitamos nosso significado através do *quantificador universal* ∀. Informalmente, escrevemos $\forall x\ \forall y\ (x + y = y + x)$, cuja versão formal poderia ser $\forall \mathbf{x_1}\ (\forall \mathbf{x_2}\ (\mathbf{x_1}+\mathbf{x_2} = \mathbf{x_2} + \mathbf{x_1}))$. Informalmente, continuamos a omitir parênteses quando não há risco de interpretação errônea.

De maneira análoga, escrevemos $\exists x\ (x + x = 4)$ significando que "existe um x tal que $x + x = 4$". Como em nossa linguagem formal pretendemos ser parcimoniosos, não vamos introduzir um símbolo novo para o quantificador existencial, mas sim defini-lo a partir do quantificador universal. Considere a expressão (informal) $\neg\ \forall x\ \neg\ (x + x = 4)$, que significa "não é o caso que para todo x, não é o caso que $x + x = 4$". Mas, se não é o caso que para todo x, $x + x \neq 4$, então deve existir algum x para o qual $x + x = 4$, *pelo menos dentro da perspectiva clássica não-construtiva de existência.* Reciprocamente, se existe algum x para o qual $x + x = 4$, então não pode ser que para todo x tenhamos $x + x \neq 4$. Portanto, da perspectiva clássica não-construtiva (que, afinal de contas, é a que nós estamos investigando aqui) não é necessário um novo símbolo primitivo para a existência, e podemos definir $\exists \mathbf{x}$ como uma abreviatura de $\neg \forall \mathbf{x} \neg$, ao qual chamaremos *quantificador existencial.*

Pode parecer que estamos erigindo nosso sistema a partir de uma hipótese não-construtiva excessivamente forte, mas conservando a perspectiva construtivista podemos sempre esquecer esta abreviatura e sustentar que nosso formalismo somente apresenta recursos para quantificação universal. Como já alertamos anteriormente, somente quantificaremos sobre elementos, e nunca sobre conjuntos; desta forma, nos conservamos dentro da lógica de *primeira ordem.*

É conveniente notar uma precaução sobre o uso dos quantificadores. Considere, informalmente, $\forall x \exists y (x+y = 0)$ e $\exists y \forall x (x+y = 0)$. O primeiro se lê "para todo x existe algum y tal que $x+y = 0$", e o segundo como "existe algum y tal que para todo x, $x+y = 0$". Interpretados como proposições sobre números inteiros, o primeiro é verdadeiro e o segundo é falso. Portanto, *a ordem de quantificação é importante, e deve ser lida da esquerda para a direita.*

5. A linguagem formal

Agora estamos prontos para estabelecer nossa linguagem formal.

Uma linguagem formal para a aritmética

Variáveis: $\mathbf{x_0}, \mathbf{x_1}, \ldots, \mathbf{x_n}, \ldots$
Constante: **0**
Símbolos funcionais: $'$, $+$, $\cdot$
Igualdade: $=$
Conectivos: $\wedge$, $\vee$, $\neg$, $\rightarrow$
Quantificador: $\forall$
Parênteses: **(,)**

A definição de *termo* foi dada acima. A definição indutiva de fbfs é dada a seguir:

Fórmula bem formada (fbf)

Como no caso da lógica proposicional, usamos **A**, **B**, **C**, ... para representar fbfs

i. Se **t** e **u** são termos, então **(t = u)** é uma fbf. No caso, uma *fbf atômica.*

ii. Se **A** e **B** são fbfs, então **(A∧B)**, **(A∨B)**, **(¬A)**, e **(A→B)** também o são.
iii. Se **A** é uma fbf e **x** é uma variável, então **(∀x A)** é uma fbf.
iv. Uma cadeia de símbolos é uma fbf sse ela é obtida através de aplicações de (i), (ii) ou (iii).

Como estas são definições indutivas, pode-se definir uma enumeração de Gödel para termos fbfs atômicas e fbfs em geral (exercício 11).

Convenções informais: Algumas convenções que usaremos para tornar as fbfs mais legíveis são as seguintes:

1. Abreviamos o numeral em notação unária que tem *n* ocorrências de ′ pelo número decimal correspondente *n* em negrito itálico.
2. Escrevemos ∃ **x** para ¬ ∀**x** ¬ .
3. Escrevemos **(t ≠ u)** para ¬ **(t = u)**.
4. Omitimos os parênteses mais externos.
5. Escrevemos algumas vezes **]** e **[** no lugar de **)** e **(**.

Ainda, quando o sentido é claro, omitimos parênteses entre quantificadores e parênteses internos.

6. A interpretação padrão e a axiomática

Como dissemos antes, não podemos assumir nada sobre nosso formalismo, exceto o que é explicitamente postulado. Até agora temos liberdade de interpretar as variáveis sobre qualquer domínio. Por exemplo, podemos usar as fbfs nesta linguagem para expressar propriedades dos inteiros módulo 5, ou de um anel onde ′ poderia ser o inverso aditivo. Entretanto, o simbolismo foi projetado para fazer referência aos números naturais onde + é interpretado como adição,· é interpretado como multiplicação, e ′ como sucessor: esta é a interpretação padrão. Na discussão a seguir, sempre que afirmarmos que uma fbf é *verdadeira nos números naturais* ou simplesmente *verdadeira*, teremos em mente a interpretação padrão.

No caso da lógica proposicional nossa axiomatização pretendia produzir todas as fbfs válidas como teoremas. Aqui não falaremos sobre validade, e nossa tarefa será mais simples: tudo que queremos são axiomas verdadeiros a respeito dos números naturais e regras de provas que produzam fbfs verdadeiras a partir de fbfs verdadeiras, de tal forma que axiomatize um pedaço da aritmética suficiente para representar as funções recursivas. Para tanto, temos de primeiramente esclarecer os princípios de inferência que pretendemos codificar.

B. Princípios de inferência e axiomas lógicos

1. Fórmulas fechadas e a regra de generalização

Considere, informalmente, $x + y = z$. Esta fórmula não é verdadeira nem falsa, a menos que especifiquemos particulares valores para x, y, e z. Por exemplo, $2 + 3 = 5$ é verdadeiro, porém $2 + 3 = 7$ é falso.

Considere agora $\exists y\ (x + y = z)$. Não temos mais a possibilidade de variar y livremente. Na verdade, esta fbf descreve uma relação de dois lugares. Pelo fato de $\exists y\ (2 + y = 5)$ ser verdadeira, o par (2,5) pertence à relação, mas (7,2) não pertence. Dizemos que x e z são *livres* nesta fórmula, enquanto y é *ligada*. Se ligamos z através de um quantificador universal, obtemos $\forall z \exists y\ (x + y = z)$, que descreve uma propriedade da variável livre x. Observando que $\forall z \exists y\ (5 + y = z)$ é falso, 5 não possui esta propriedade, mas 0 possui (na verdade, é o único número natural que a possui).

Se, em seguida, ligamos x através do quantificador existencial, obtendo $\exists x \forall z \exists y\ (x + y = z)$, então nenhuma das variáveis é livre: temos agora uma proposição que é verdadeira ou falsa. Neste caso é verdadeira e expressa a idéia de que existe um primeiro número natural.

Somente fbfs nas quais todas as variáveis são ligadas podem ser verdadeiras ou falsas. De forma mais precisa, temos de esclarecer quais variáveis são afetadas por quais quantificadores; por exemplo, em $\forall x \exists y\ (x + y = 0) \rightarrow \forall y\ (x \cdot y = 0)$, o último x não está ligado por nenhum quantificador. Definimos o *escopo do quantificador* $\forall$x em $(\forall x\ (A)\ )$ como (A). Portanto, em $\forall \mathbf{x_1} \exists \mathbf{x_2} (\mathbf{x_1}+\mathbf{x_2}= \mathbf{0}) \rightarrow \forall \mathbf{x_2}(\mathbf{x_1}\cdot \mathbf{x_2} = \mathbf{0})$ o escopo de $\forall \mathbf{x_1}$ é $\exists \mathbf{x_2} (\mathbf{x_1} + \mathbf{x_2} = \mathbf{0})$.

Uma *ocorrência* de uma variável **x** é *ligada em* **A** se esta variável ocorre imediatamente após o símbolo $\forall$, como em $\forall$**x**, ou se ela ocorre dentro do escopo de um quantificador $\forall$**x** numa fbf. Caso contrário *a ocorrência é livre em* **A**. No nosso exemplo, a última ocorrência de $\mathbf{x_1}$ é livre, enquanto as duas primeiras são ligadas. Muitas vezes, escrevemos **A(x)** quando queremos enfatizar que há uma ocorrência livre de **x** em **A**.

Finalmente, dizemos que uma fbf é *fechada* se ela não contém variáveis livres. Fbfs fechadas são também chamadas *sentenças;* as teses do nosso sistema deverão ser sentenças.

Em matemática informal freqüentemente utilizamos fórmulas que não são fechadas para expressar leis, tais como a lei comutativa da adição: $x + y = y + x$. Neste caso, estamos implicitamente assumindo $\forall x \forall y\ (x + y = y + x)$. Esta é uma convenção útil, que ajudará a simplificar as provas formais: podemos asseverar uma fbf qualquer com o entendimento de que todas as variáveis livres que nela ocorrem são quantificadas universalmente.

A versão formal de tal convenção é a *regra de generalização*: de **A** conclua $\forall \mathbf{x}$ **A**. Por exemplo, a partir de $(\mathbf{x}_1 + \mathbf{x}_2 = \mathbf{x}_2 + \mathbf{x}_1)$ aceita como uma tese, podemos concluir $\forall \mathbf{x}_1 \forall \mathbf{x}_2 (\mathbf{x}_1 + \mathbf{x}_2 = \mathbf{x}_2 + \mathbf{x}_1)$; podemos concluir também $\forall \mathbf{x}_{47} (\mathbf{x}_1 + \mathbf{x}_2 = \mathbf{x}_2 + \mathbf{x}_1)$, o que não é falso, mesmo que possa parecer estranho. É preferível tolerar os quantificadores 'supérfluos', porque evitá-los tornaria a definição de fbfs e de outras noções envolvidas muito mais complicadas.

É importante observar que não podemos substituir esta regra por um esquema da forma $\mathbf{A}(\mathbf{x}) \rightarrow \forall \mathbf{x}\, \mathbf{A}(\mathbf{x})$ porque isso poderia ser falso; por exemplo, $\mathbf{x} + \mathbf{x} = 2 \rightarrow \forall \mathbf{x}\, (\mathbf{x} + \mathbf{x} = 2)$ é falso se **x** for 1. Por outro lado, $\forall \mathbf{x}\, \mathbf{A}(\mathbf{x}) \rightarrow \mathbf{A}(\mathbf{x})$ é aceitável: se o antecedente é verdadeiro, então cada instância é verdadeira, independentemente do que se substitua por **x**.

2. Os conectivos proposicionais

Quando introduzimos os conectivos proposicionais no capítulo 18, afirmamos que eles conectam proposições. No caso de, por exemplo, $\exists \mathbf{x}\, \forall \mathbf{z}[(\mathbf{x} \cdot \mathbf{z} = \mathbf{0}) \wedge \exists \mathbf{y}\, (\mathbf{x} + \mathbf{y} = \mathbf{z})\,]$ onde $\wedge$ combina duas fórmulas abertas, podemos imaginar que quando as fórmulas estão completamente interpretadas, como no caso de $(0 \cdot 5 = 0) \wedge (0 + 5 = 5)$, os conectivos estão realmente conectando proposições. Neste sentido justifica-se o uso da lógica proposicional clássica do capítulo 18.

3. Substituição de variáveis

Uma variável pode ser interpretada por qualquer coisa dentro do nosso universo de discurso. Suponha que $\mathbf{A}(\mathbf{x})$ seja universalmente verdadeira, e **t** seja um termo qualquer: neste caso, se trocamos **x** por **t** em **A**, obtemos também uma fórmula verdadeira. Formalmente, $\forall \mathbf{x}\, \mathbf{A}(\mathbf{x}) \rightarrow \mathbf{A}(\mathbf{t})$ é válido, mas devemos ter cuidado na substituição de variáveis. Considere os seguintes exemplos esquemáticos:

$$\forall \mathbf{x} \neg \forall \mathbf{y}\, (\mathbf{x} = \mathbf{y}) \rightarrow \neg \forall \mathbf{y}\, (14 = \mathbf{y})$$
$$\forall \mathbf{x} \neg \forall \mathbf{y}\, (\mathbf{x} = \mathbf{y}) \rightarrow \neg \forall \mathbf{y}\, (\mathbf{z} + \mathbf{z} = \mathbf{y})$$
$$\forall \mathbf{x} \neg \forall \mathbf{y}\, (\mathbf{x} = \mathbf{y}) \rightarrow \neg \forall \mathbf{y}\, (\mathbf{x} = \mathbf{y})$$

Todos eles são verdadeiros nos números naturais, mas podemos incorrer em erro se substituirmos um termo que produza uma nova variável ligada:

De fato,

$$\forall \mathbf{x} \neg \forall \mathbf{y}\, (\mathbf{x} = \mathbf{y}) \rightarrow \neg \forall \mathbf{y}\, (\mathbf{y} = \mathbf{y})$$

é falso, resultado de uma substituição não criteriosa.

Dadas uma fórmula **A** e uma variável **x**, dizemos que um termo **t** *é livre para uma ocorrência de* **x** *em* **A** (no sentido de ser livre para ser substituído) se esta ocorrência **x** é livre em **A** e não cai dentro do escopo de nenhum quantificador ∀**y** onde **y** é uma variável que aparece em **t**, isto é, substituindo a ocorrência de **x** por **t**, não se obtêm novas ocorrências ligadas. Escrevemos **A(t)** como resultado da substituição de **x** (em **A**) por **t**, quando **t** é livre para **x** em **A**. Contudo, quando usamos esta notação, devemos especificar quais ocorrências de quais variáveis estão sendo substituídas. Se restringimos nosso esquema de substituição de maneira que **t** substitua todas as ocorrências de **x** para as quais ele é livre, então temos um esquema de axioma cujas instâncias são todas verdadeiras.

Note que para descrever quais axiomas queremos introduzir, estamos usando mais do que a idéia de um esquema (veja capítulo 18, §E), mas um esquema complementado por uma condição escrita em linguagem corrente. Daqui em diante, referir-nos-emos a uma tal descrição também como um *esquema.*

4. Distributividade do quantificador universal

Necessitamos de um esquema de axiomas que governe o relacionamento entre os quantificadores e os conectivos proposicionais.

Se ∀**x (A→B)** é verdadeiro e **x** não tem ocorrências livres em **A**, mesmo que **A** caia no escopo de ∀**x**, o quantificador na verdade só afeta as ocorrências de **x** em **B**. Portanto, **(A→∀x B)** será verdadeira, o que justifica tomar como um esquema de axioma:

∀**x (A→B)** → **(A→∀x B)** onde **x** não ocorre livre em **A**.

Por exemplo, em ∀**x (y = z → y + x = z + x)** o quantificador ∀**x** não afeta o antecedente, e portanto podemos distribuí-lo através do conectivo: **y = z →** ∀ **x (y + x = z + x)**.

5. Igualdade

Necessitamos também assumir algumas propriedades da igualdade para "=". A primeira é que tudo é igual a si mesmo: ∀**x (x = x)**. A outra é que podemos sempre substituir iguais por iguais: **(x =y)** → **[A(x)** → **A(y)]**. Aqui, também, devemos nos restringir a **y** livre para cada ocorrência de **x** que substituímos, apesar de neste caso não ser necessário substituir toda ocorrência. A partir destas propriedades obteremos as leis usuais da igualdade (teorema 2).

6. Princípios adicionais

Muitos outros princípios de inferência podem ser considerados básicos, mas os enunciados até aqui são suficientes para derivar os teoremas formais de que precisamos, como será mostrado nos próximos capítulos. Mais ainda, eles são adequados num sentido mais forte: quaisquer outros princípios de inferência que possam ser formalizados na nossa linguagem e que sejam corretos para todas as possíveis interpretações de nossos símbolos podem ser derivados dos princípios que escolhemos e apresentamos até aqui. Isso pode ser provado (de forma não-construtiva) e é chamado *teorema da completude para a lógica de primeira ordem* ('primeira ordem' se refere ao fato de que permitimos a quantificação apenas sobre elementos, e não sobre conjuntos de elementos), apesar de não necessitarmos deste teorema aqui. Veja, por exemplo, Mendelson, 1987.

C. O Sistema Axiomático Q

1. Os axiomas

Os axiomas e regras dadas compreendem a parte *lógica* do nosso sistema axiomático. A este conjunto precisamos ainda acrescentar axiomas específicos para a aritmética. Há muitas fbfs verdadeiras sobre os números naturais, e torna-se necessário decidir quais são realmente básicas, para que sejam escolhidas como axiomas. Afirmamos anteriormente que um dos nossos objetivos era representar as funções recursivas do nosso sistema começando com as funções que já possuíamos, a saber, sucessor, adição e multiplicação. Sendo assim, devemos fazer hipóteses suficientes sobre os símbolos ', +, e · para garantir este objetivo. Assumiremos as definições indutivas de adição em termos do sucessor, e da multiplicação em termos da adição e do sucessor; assumimos ainda que o símbolo sucessor define uma função injetora cujo domínio são todos os números naturais, com exceção do zero. A seguir apresentamos o sistema formal completo.

Axiomas lógicos e regras

Toda fbf na linguagem formal da aritmética que é uma instância de um esquema de axiomas da *lógica proposicional clássica* (capítulo 18 §E) é um axioma. Da mesma forma, toda instância dos esquemas seguintes é um axioma:

L1. *Substituição*: $\forall \mathbf{x}\, \mathbf{A}(\mathbf{x}) \rightarrow \mathbf{A}(\mathbf{t})$
onde $\mathbf{A}(\mathbf{t})$ é obtida substituindo todas as ocorrências de $\mathbf{x}$ em $\mathbf{A}$ por $\mathbf{t}$ para as quais $\mathbf{t}$ é livre.

L2. $\forall$–*distributividade*: $\forall \mathbf{x}\ (\mathbf{A} \to \mathbf{B}) \to (\mathbf{A} \to \forall \mathbf{x}\ \mathbf{B})$
se **A** não contém ocorrências livres de **x.**

Toda instância dos esquemas de igualdade é um axioma:
I1. $\forall x\ (x = x)$
I2. $(x = y) \to [\ A(x) \to A(y)]$
onde **A(y)** é obtido de **A(x)** substituindo algumas, mas não necessariamente todas, ocorrências livres de **y** por **x**, e **y** é livre para todas as ocorrências de **x** que **y** substitui.

As regras de prova são

Modus ponens: De **A** e **A→B** conclua **B**.
Generalização: De **A** conclua $\forall$**x A**.

Aos axiomas e regras lógicos acrescentamos os seguintes sete axiomas aritméticos:

*Sistema **Q***

$Q1.\ (\mathbf{x}_1' = \mathbf{x}_2') \to \mathbf{x}_1 = \mathbf{x}_2$
$Q2.\ \mathbf{0} \neq \mathbf{x}_1'$
$Q3.\ (\mathbf{x}_1 \neq \mathbf{0}) \to \exists\ \mathbf{x}_2\ (\mathbf{x}_1 = \mathbf{x}_2')$
$Q4.\ \mathbf{x}_1 + \mathbf{0} = \mathbf{x}_1$
$Q5.\ \mathbf{x}_1 + (\mathbf{x}_2)' = (\mathbf{x}_1 + \mathbf{x}_2)'$
$Q6.\ \mathbf{x}_1 \cdot \mathbf{0} = \mathbf{0}$
$Q7.\ \mathbf{x}_1 \cdot (\mathbf{x}_2)' = (\mathbf{x}_1 \cdot \mathbf{x}_2) + \mathbf{x}_1$

Note que *Q*1-*Q*7 são (abreviações de) fbfs, não esquemas.

Definimos uma *prova de* **B** como uma seqüência $\mathbf{B}_1, \ldots, \mathbf{B}_n = \mathbf{B}$, onde cada $\mathbf{B}_i$ é um axioma, ou é derivada de duas fbfs anteriores na seqüência, $\mathbf{B}_j$ e $\mathbf{B}_k$ com $j, k < i$ através da regra de *modus ponens* (ou seja, $\mathbf{B}_k$ é $\mathbf{B}_j \to \mathbf{B}_i$) ou é derivada através da regra de generalização (ou seja, $\mathbf{B}_i$ é $\forall \mathbf{x}\ \mathbf{B}_j$ para algum $j < i$).

Uma fbf **A** é um *teorema* deste sistema formal se existe uma prova de **A**. Neste caso, escrevemos $\vdash_Q$ **A**. O índice significa que o teorema depende dos axiomas aritméticos que assumimos, e será omitido sempre que estiver claro que nos referimos ao sistema ***Q***.

2. Consistência e verdade

Nossa discussão no §B pretendia convencer o leitor de que os axiomas do nosso sistema formal são verdadeiros na interpretação padrão, e que se as hipóteses de uma regra são verdadeiras, então também o é a sua conclusão. Portanto, todos os teoremas de Q são, acreditamos, verdadeiros sobre os números naturais.

Essa crença é parte da motivação do nosso sistema, mas não é parte do sistema propriamente dito, nem uma assertiva que necessitamos fazer sobre o sistema. Com exceção de um lugar (teorema 3), utilizaremos a noção de verdade apenas informalmente até o capítulo 22§C. Como Hilbert insistia, deveremos suspender o julgamento sobre questões de verdade e significado enquanto estudamos as propriedades sintáticas do sistema formal.

Em vez disso, o que assumiremos de forma explícita é que o sistema Q tem a propriedade sintática de ser *consistente*: não existe uma fbf **A** tal que $\vdash_Q$ **A** e $\vdash_Q$ ¬**A** se verifiquem simultaneamente.

D. ∃-Introdução e Propriedades de igualdade: algumas provas em Q

Demonstramos a seguir alguns teoremas a respeito do sistema Q:

TEOREMA 1 (∃-Introdução)

a. Se **t** é livre para **x** em **A(x)**, então ⊢ **A (t)→ ∃ x A(x).**

b. Se ⊢ **A → B,** então ⊢ **(∃ x A) → B** sempre que **x** não é livre em **B.**

Demonstração: Para provar que toda instância da parte (a) é um teorema devemos apresentar um esquema de provas. Por exemplo, na prova a seguir, tome como **A** uma fbf qualquer com uma variável livre $\mathbf{x_i}$ no lugar de **x** em **A,** e um termo **t** livre para $\mathbf{x_i}$ em **A,** e teremos uma prova real em Q.

a. 1. (∀x (¬A(x)) → ¬A(t)) axioma L1

2. (∀x (¬A(x)) → ¬A(t)) → (A(t) → ¬∀x (¬A(x)))

uma instância da fórmula proposicional válida **(A→¬B) → (B→¬A)**, e portanto um teorema. Formalmente deveríamos inserir aqui uma prova.

3. **A(t) → ¬∀x (¬A(x))** *modus ponens* sobre (1) e (2).

E (3), na forma abreviada, é o que queríamos demonstrar.

b. 1. **(A → B) → (¬ B → ¬A)** é uma instância de uma fbf proposicional válida e portanto um teorema. Formalmente deveríamos inserir uma prova aqui.

2. **(A →B)** por hipótese é um teorema. Deveríamos inserir uma prova aqui.

3. **(¬B → ¬A)** *modus ponens* em (1) e (2)

4. ∀**x (¬B → ¬A)** generalização

5. ∀**x (¬B → ¬A) → (¬B →** ∀**x ¬A)** axioma L2

6. **(¬B →** ∀**x ¬A)** *modus ponens* em (4) e (5)

7. $(\neg B \rightarrow \forall x\, \neg A) \rightarrow (\neg\forall x\, \neg A \rightarrow B)$ como em (1), mas usando uma instância da fbf proposicional válida $(A \rightarrow B) \rightarrow (\neg B \rightarrow \neg A)$

8. $\exists\, x\, A \rightarrow B$ *modus ponens* em (6) e (7), através da definição de ∃. ■

Note aqui o uso do teorema da completude para a lógica proposicional: toda fbf que é válida devido somente à sua forma proposicional é também um teorema, e portanto podemos, em princípio, inserir sua prova, a qual sabemos que existe (ver capítulo 18, apêndice 2). De agora em diante, quando escrevermos *por lógica proposicional* (ou *pelo cálculo proposicional, CP*), pretenderemos dizer que a fbf tem uma forma proposicional válida, e portanto que, em princípio, poderemos inserir uma prova dela.

Em seguida, indicaremos como a formalização das leis da reflexividade, simetria e transitividade da igualdade podem ser demonstradas.

TEOREMA 2 (Propriedades de =)

a. Para todo termo **t**, $\vdash t = t$.

b. $\vdash (t = u) \rightarrow [\, A(t) \rightarrow A(u)\,]$

para toda fbf **A(z)** onde **t** e **u** são livres para **z** em **A**, e **A(t)** é obtida a partir de **A(z)** substituindo todas as ocorrências de **z** por **t**, e **A(u)** substituindo todas as ocorrências de **z** por **u**.

c. $\vdash t = u \rightarrow u = t$.

d. $\vdash t = u \rightarrow (u = v \rightarrow t = v)$.

Demonstração: Novamente, apresentamos esquemas de provas.

a. 1. $\forall\, x_1\, (x_1 = x_1)$ axioma I1

2. $\forall\, x_1\, (x_1 = x_1) \rightarrow t = t$ axioma L1

3. $t = t$ *modus ponens* em (1) e (2).

b. Sejam **x**, **y** variáveis distintas que não aparecem em **A(z)** e que são livres para **z** em **A(z)**. Note então que **y**, **t**, **u** são todas livres para **x** em **A(x)**, e que **x**, **t**, **u** são todas livres para **y** em **A(y)**

1. $x = y \rightarrow (A(x) \rightarrow A(y))$ axioma I2

2. $\forall x\, (x = y \rightarrow (A(x) \rightarrow A(y))\,)$ regra de generalização

3. $t = y \rightarrow (A(t) \rightarrow A(y))$ pelo axioma L1 e *modus ponens*

4. $\forall y\, (t = y \rightarrow (A(t) \rightarrow A(y))\,)$ regra de generalização

5. $t = u \rightarrow (A(t) \rightarrow A(u))$ pelo axioma L1 e *modus ponens*, já que **u** é livre para **y**.

c. 1. $t = u \rightarrow (\, t = t \rightarrow u = t\,)$ pela parte (b)

2. $t = t$ pela parte (a)

3. $(t = t) \rightarrow ([t = u \rightarrow (t = t \rightarrow u = t)\,] \rightarrow (t = u \rightarrow u = t)\,)$

por lógica proposicional, dado que esta é uma instância de
$\mathbf{B \to [(A \to (B \to C)) \to (A \to C)]}$, a qual é válida
4. $\mathbf{[t = u \to (t = t \to u = t)\,] \to (t = u \to u = t)}$
modus ponens em (2) e (3)
5. $\mathbf{t = u \to u = t}$ *modus ponens* em (1) e (4).

d. 1. $\mathbf{(u = t) \to (u = v \to t = v)}$ pela parte (b)
2. $\mathbf{t = u \to u = t}$ pela parte (c)
3. $\mathbf{(t = u \to u = t) \to}$
$\mathbf{[\,((u = t\,) \to (u = v \to t = v)) \to ((t = u) \to (u = v \to t = v))\,]}$
por *PC* usando $\mathbf{(A \to B) \to [\,(B \to C) \to (A \to C)\,]}$
4. $\mathbf{((u = t) \to (u = v \to t = v)) \to [(t = u) \to (u = v \to t = v)]}$
modus ponens sobre (2) e (3)
5. $\mathbf{(t = u) \to (u = v \to t = v)}$ *modus ponens* sobre (1) e (4). ■

O mesmo método de substituição usado na prova do teorema 2b pode ser usado aqui para produzir provas formais em $\boldsymbol{Q}$ de versões de *Q*1-*Q*7 com quaisquer variáveis $\mathbf{x}$, $\mathbf{y}$ no lugar de $\mathbf{x_1}$ e $\mathbf{x_2}$; por exemplo, $\vdash_Q \mathbf{(x' = y') \to x = y}$ (exercício 8).

E. A debilidade do sistema Q

Pode parecer que se tivermos assumido o suficiente sobre números naturais para sermos capazes de representar toda função recursiva em $\boldsymbol{Q}$, então este sistema deveria ser poderoso o suficiente para demonstrar quase todas as propriedades básicas da aritmética. No entanto, um fato tão simples quanto $\mathbf{x \neq x'}$ não pode ser demonstrado em $\boldsymbol{Q}$. Como demonstrar isso? Sabemos como demonstrar que uma sentença é teorema: basta exibir a prova. Mas como se pode argumentar que *não existe* uma prova?

A idéia é a mesma da geometria plana: Beltrami e também Klein e Poincaré exibiram um modelo dos axiomas no qual falhava o postulado das paralelas. Vamos mostrar, no nosso caso particular, por que este procedimento é suficiente.

Suponha que possamos exibir alguma estrutura que satisfaça todos os axiomas do sistema $\boldsymbol{Q}$, isto é, um modelo de $\boldsymbol{Q}$. Como as regras de inferência nunca produzem fbfs falsas a partir de outras verdadeiras, então todo teorema de $\boldsymbol{Q}$ deve ser verdadeiro no modelo. Tudo que temos de fazer é produzir um modelo que satisfaça os axiomas de $\boldsymbol{Q}$ e tal que $\mathbf{x \neq x'}$ seja falso neste modelo. Daí, $\mathbf{x \neq x'}$ não pode ser um teorema de $\boldsymbol{Q}$.

Para apresentar tal modelo, precisamos acrescentar aos números naturais quaisquer dois objetos que não sejam números. Quaisquer dois objetos bastam:

por exemplo, este livro e um lápis, ou um ângulo reto e um obtuso; suponha que esses objetos sejam α e β. O modelo então consiste dos números naturais suplementados por α e β onde as tabelas seguintes interpretam $'$, $+$, e $\cdot$:

$+$	n	α	β
m	$m+n$	β	α
α	α	β	α
β	β	β	α

x	sucessor de x
n	$n+1$
α	α
β	β

$\cdot$	0	$n \neq 0$	α	β
0	0	0	α	β
$m \neq 0$	0	$m \cdot n$	α	β
α	0	β	β	β
β	0	α	α	α

Para mostrar que este é realmente um modelo de ***Q*** temos de assumir que os axiomas de ***Q*** (e conseqüentemente os teoremas de ***Q***) são verdadeiros se interpretados como números naturais. Então é imediato verificar que eles continuam verdadeiros quando adicionamos α e β. Como, no modelo, o sucessor de α é α é claro que $\mathbf{x \neq x'}$ não pode ser um teorema de ***Q***.

Mostramos a seguir uma lista de fbfs, todas verdadeiras a respeito de números naturais mas que não podem ser demonstradas em ***Q***, como se pode verificar usando o mesmo modelo (exercício 10).

TEOREMA 3 Se os teoremas de ***Q*** são verdadeiros nos números naturais então as seguintes sentenças não são teoremas de ***Q***, onde **x**, **y**, **z** são variáveis distintas (parênteses são omitidos para melhor legibilidade):

a. $\mathbf{x \neq x'}$
b. $\mathbf{x + (y + z) = (x + y) + z}$
c. $\mathbf{x + y = y + x}$
d. $\mathbf{0 + x = x}$
e. $\mathbf{\neg (\exists x (x' + y = z) \wedge \exists x (x' + z = y))}$
f. $\mathbf{x \cdot (y \cdot z) = (x \cdot y) \cdot z}$
g. $\mathbf{x \cdot y = y \cdot x}$
h. $\mathbf{x \cdot (y + z) = (x \cdot y) + (x \cdot z)}$
i. $\mathbf{x \cdot 1 = x}$

Recorde que, de acordo com nossas convenções, estas fbfs são equivalentes às suas formas universalmente quantificadas.

F. Provas como procedimentos computáveis

Vamos mostrar, mais adiante, que não existe procedimento de decisão para o conjunto de teoremas de Q. Por isso é ainda mais importante aqui que no caso da lógica proposicional estabelecer que podemos enumerar computavelmente os teoremas. O método é virtualmente o mesmo que o da lógica proposicional mas a estrutura das fbfs neste caso é mais complicada. Vamos esboçar a prova, deixando os detalhes para você, confiando que você tenha compreendido o caso da lógica proposicional.

Para começar, você deveria dar uma enumeração de Gödel para termos e fbfs (exercício 11), pois será mais simples usar sua própria enumeração. Escreveremos [[**t**]] para o número de Gödel de um termo **t** e [[**A**]] para o número de Gödel de uma fbf **A**.

1. Primeiro temos de mostrar que o conjunto de números de Gödel de termos e o conjunto de números de Gödel de fbfs são recursivos.

2. Em seguida mostramos que podemos decidir se uma ocorrência particular de uma variável em uma fbf é livre. Isto é, o seguinte conjunto é recursivo:

{ $\langle n, m, p\rangle$: para algum **A** e **x** (n = [[**A**]], m = [[**x**]], e a p-ésima ocorrência de **x** em **A** (lendo a partir da esquerda) é livre em **A**) }

Temos de mostrar então que podemos decidir se um termo **t** é livre para uma ocorrência particular de **x** numa fbf. Isto é, o seguinte conjunto é recursivo:

{ $\langle n, m, q, p\rangle$: para algum **A**, **x** e **t** (n = [[**A**]], m = [[**x**]], q = [[**t**]] e **t** é livre para a p-ésima ocorrência de **x** em **A** (lendo a partir da esquerda) }

3. Podemos decidir se uma fbf é uma instância de um dos esquemas de axiomas. A prova para a lógica proposicional pode ser usada aqui, com modificações, para o caso dos esquemas proposicionais, e deve ser imediato reconhecer os axiomas aritméticos e o primeiro axioma da igualdade em termos de sua enumeração de Gödel. A parte mais difícil do processo de decisão é mostrar que podemos reconhecer recursivamente se um número é número de Gödel de uma instância de um dos axiomas lógicos, ou do segundo axioma da igualdade, e é por essa razão que temos de nos preocupar com a parte (**2**).

4. Mostramos que se pode decidir se uma fbf é conseqüência de duas outras pela regra de *modus ponens* ou se é conseqüência de outra pela regra de generalização. Isto é, os conjuntos

{ $\langle n, m, p\rangle$: existem **A** e **B** (n = [[**A**]], m = [[**A** → **B**]], e p = [[**B**]]) }

e

$\{ \langle n, m \rangle$: para algum $\mathbf{A}$ e i $(n = [[\mathbf{A}]]$ e $m = [[\forall\, \mathbf{x}_i\, \mathbf{A}]]\,)\, \}$

são recursivos.

5. Podemos então determinar se um número codifica uma seqüência de fbfs que é uma prova. Isto é, o seguinte predicado é recursivo:

$$pr(n) = \begin{cases} 1 & \text{se } n \text{ é da forma } n = \langle (n)_0, \ldots, (n)_{cp(n)-1} \rangle \text{ e para } i < cp(n) \\ & (n)_i \text{ é o número de Gödel de uma fbf, digamos } \mathbf{B}_i \text{, e} \\ & \text{ou } \mathbf{B}_i \text{ é um axioma, ou para algum } j,k < i\ \mathbf{B}_j \text{ é } \mathbf{B}_k \to \mathbf{B}_i, \\ & \text{ou para algum } j < i\ \mathbf{B}_i \text{ é } \forall \mathbf{x}\, \mathbf{B}_j \text{, para alguma variável } \mathbf{x}; \\ 0 & \text{caso contrário} \end{cases}$$

6. A partir daí é então fácil listar os teoremas: basta procurar o próximo n que codifica uma seqüência de prova, isto é, tal que $pr\ (n) = 1$, e colocar na lista o número da fbf que esta seqüência demonstra, a saber, $(n)_{cp\,(n)\,-\,1}$.

O que mostramos é que podemos reconhecer se um número codifica uma prova de uma particular fbf. Isto é, que o predicado

$Pr(x, y) \equiv_{\mathrm{Def}} x$ codifica uma seqüência que prova $\mathbf{A}$ onde $y = [[\mathbf{A}]]$

é recursivo, já que $Pr\ (x, y)$ é $[\ pr\ (x) = 1$ e $y = (x)_{cp(x)\,-\,1}\ ]$.

Exercícios

1. Quais dos seguintes são termos, de acordo com nossa definição? Para aqueles que não são, explique por quê.

a. $(\ (\mathbf{x}_1 \cdot \mathbf{x}_2) + \mathbf{x}_4)$
b. $(\mathbf{x}_{47} + \mathbf{y})$
c. $(\ \mathbf{0}''\ ) \cdot (\mathbf{x}_4 + \mathbf{x}_1)$
d. $(\mathbf{t} + \mathbf{u})$
e. $((((\mathbf{x}_3)' \cdot \mathbf{x}_1) + \mathbf{x}_4) + ((\ \mathbf{0}\ )'\ )'\ )$
f. $(\ (\mathbf{x}_1)^2 \cdot \mathbf{x}_2)$
g. $(\ (\mathbf{x}_1 + \mathbf{x}_2) = \mathbf{x}_3)$

2. Dê exemplos de pelos menos três expressões em português que podem ser formalizadas por $\forall \mathbf{x}$ e cinco que podem ser formalizadas por $\exists\ \mathbf{x}$.

3. Escreva uma fbf ou esquema de fbfs que formalize as seguintes proposições informais sobre números naturais. Use nossas convenções para melhorar a legibilidade.

a. $1 + 3 = 5$
b. $8 = 2 \cdot 5$

c. Todo número é a soma de dois números.

d. Todo número par não nulo é a soma de dois ímpares.

e. 0 é o menor número natural.

f. Para todo n e m, ou $n = m$, ou $n > m$, ou $m > n$.

g. Se uma asserção é verdadeira para 0 e se sempre que for verdadeira para n também o for para $n + 1$, então é verdadeira para todo n.

h. Se um conjunto de números naturais não contém números pares, então deve conter somente ímpares.

4. Para cada uma das seguintes fbfs:
Identifique o escopo de cada quantificador.
Identifique quais ocorrências de variáveis são livres.
Tente reescrevê-la em português.
Esclareça se ela é verdadeira ou falsa na interpretação padrão

a. $\forall \mathbf{x_1} (\mathbf{x_1} \neq \mathbf{0} \rightarrow \exists\, \mathbf{x_3} (\mathbf{x_1} \cdot \mathbf{x_3} = \mathbf{0}'))$

b. $\forall \mathbf{x_1} (\exists\, \mathbf{x_2} (\mathbf{x_1} \cdot \mathbf{x_2} = \mathbf{0}) \rightarrow \forall \mathbf{x_2} (\mathbf{x_1} \cdot \mathbf{x_2} = \mathbf{0}))$

c. $\forall \mathbf{x_1} \exists\, \mathbf{x_2} (\mathbf{x_1} \cdot \mathbf{x_2} = \mathbf{0}) \rightarrow \forall \mathbf{x_2} (\mathbf{x_1} \cdot \mathbf{x_2} = \mathbf{0})$

d. $\exists\, \mathbf{x_1} (\mathbf{x_1}' + \mathbf{x_2} = \mathbf{x_3}) \rightarrow \mathbf{x_2} \neq \mathbf{x_3}$

e. $\forall \mathbf{x_1} \exists\, \mathbf{x_2} (\mathbf{x_1} + \mathbf{x_2} = \mathbf{x_1}') \rightarrow \forall \mathbf{x_1} \exists\, \mathbf{x_2} [\mathbf{x_1} + (\mathbf{x_1} + \mathbf{0}') = \mathbf{x_1}']$

f. $\forall \mathbf{x_1} [(\mathbf{x_2} = \mathbf{x_3}) \rightarrow (\mathbf{x_2} + \mathbf{x_1} = \mathbf{x_3} + \mathbf{x_1})]$

g. $\forall \mathbf{x_1} (\mathbf{x_1} + \mathbf{0} = \mathbf{x_1}) \rightarrow \mathit{2} + \mathbf{0} = \mathit{2}$

h. $\exists\, \mathbf{x_3} (\mathit{2} + \mathit{2} = \mathit{4})$

i. $[\forall \mathbf{x_1} \exists \mathbf{x2} (\mathbf{x_1} = \mathbf{x_2}') \rightarrow \mathbf{x_1} \neq \mathbf{0}] \rightarrow [\exists \mathbf{x_2} (\mathbf{x_1} = \mathbf{x_2}') \rightarrow \forall\, \mathbf{x_1} (\mathbf{x_1} \neq \mathbf{0})]$

5. a. Explique por que não se permite, no esquema de axioma da substituição (L1), substituir somente algumas ocorrências livres de x por t.

b. Dê uma definição indutiva de t *é livre para* x *em* A. (*Sugestão*: Indução na estrutura de A, usando a definição indutiva de fbf: se A é atômica, então t é livre para x em A; se A é da forma $\neg$B, então t é livre para x em A se...)

6. Dê uma justificativa informal para os esquemas em *Q*, demonstrados no teorema 1, que envolvem o quantificador existencial.

7. Dê uma justificativa informal de que as seguintes sentenças são verdadeiras acerca dos números naturais, e prove cada uma (usando apenas os axiomas e regras):

a. $\neg \exists\, \mathbf{x}\, \mathbf{A}(\mathbf{x}) \leftrightarrow \forall \mathbf{x} \neg \mathbf{A}(\mathbf{x})$

‡ b. $\exists\, \mathbf{x} \neg \mathbf{A}(\mathbf{x}) \leftrightarrow \neg \forall \mathbf{x}\, \mathbf{A}(\mathbf{x})$

c. $\neg \exists\, \mathbf{x} \neg \mathbf{A}(\mathbf{x}) \leftrightarrow \forall \mathbf{x}\, \mathbf{A}(\mathbf{x})$ (*Sugestão*: Use a parte (b).)

8. Mostre que toda instância das formas esquemáticas dos axiomas *Q*1-*Q*7 é um teorema de *Q*; por exemplo, mostre que para todo x, y temos $\vdash_Q$ (x′ = y′) → x = y. (*Sugestão*: ver prova do teorema 2.)

‡ 9. Mostre que as seguintes fbfs são teoremas de ***Q*** exibindo suas provas:

a. $3 = 4 \rightarrow 2 = 3$ b. $\mathbf{0} \neq 4$
c. $4 \neq \mathbf{0}$ d. $3 \neq 4$
e. $2 + 3 = 5$ f. $\exists \mathbf{x_1} (2 + (\mathbf{x_1})' = 5)$

10. Complete a prova do teorema 3 verificando que todos os axiomas de ***Q*** são verdadeiros no modelo descrito e que cada uma das asserções (a)-(i) falha. Intuitivamente, o que (e) significa?

‡ 11. a. Dê uma enumeração de Gödel dos termos da linguagem formal.
b. Dê uma enumeração de Gödel das sentenças atômicas da linguagem.
c. Dê uma enumeração de Gödel das fbfs da linguagem.
d. Usando sua própria enumeração, mostre que os conjuntos de termos, fórmulas atômicas e fbfs da linguagem são recursivamente decidíveis.

12. Preencha os detalhes da prova em D de que podemos enumerar recursivamente o conjunto dos números de Gödel de teoremas de ***Q***, e que *Pr* (*x*, *y*) é recursiva. (Use os exercícios 5 e 11.)

Leitura adicional

Para um tratamento mais abrangente da lógica de primeira ordem como uma formalização da matemática recomendamos *An Outline of Mathematical Logic*, de Grzegorczyk. Nossos axiomas lógicos e regras são de Church, que os derivou de Russell (ver *Introduction to Mathematical Logic* de Church, p.289). Os axiomas aritméticos são devidos a Raphael Robinson, 1950, e a melhor leitura sobre sua história é *Undecidable Theories* de Tarski, Mostowski, e Robinson, p.39. Mendelson em sua *Introduction to Mathematical Logic* dá soluções detalhadas aos exercícios 11 e 12 usando essencialmente o mesmo sistema que usamos aqui.

21
Funções representáveis na Aritmética formal

Neste capítulo mostraremos como representar as funções recursivas como as funções cujos valores se podem computar através dos mecanismos de prova de $\boldsymbol{Q}$. Para os capítulos posteriores, precisaremos somente das definições do parágrafo **B** deste capítulo e das definições e teoremas a partir do corolário 21 (parágrafo **C** deste capítulo).

A. Eliminação da recursão primitiva

Será imediato mostrar que as funções recursivas iniciais (zero, sucessor e as projeções) podem ser representadas em $\boldsymbol{Q}$. Da mesma forma, é fácil mostrar que esta classe é fechada sob as operações de composição e operador de busca mínima, embora o último caso requeira provas longas e tediosas em $\boldsymbol{Q}$. É, porém, muito mais difícil mostrar que as funções representáveis são fechadas sob recursão primitiva.

Uma possível maneira de mostrar a propriedade de fechamento sob recursão seria adicionar a $\boldsymbol{Q}$ infinitos axiomas correspondentes às equações de recursão para todas as funções recursivas primitivas. Mas isso é deselegante e contrário ao espírito de nosso programa, que pretendia usar um sistema simples da aritmética, em cuja consistência pudéssemos crer.

Uma forma mais direta seria utilizar as potencialidades do operador de busca mínima, já que adicionando funções de codificação e de decodificação podemos eliminar a recursão primitiva como uma operação inicial (veja exercício 13 do capítulo 15). Por exemplo, podemos definir:

$$x^y = (\mu z\, [\, (z)_0 = 1 \wedge (z)_{i+1} = x \cdot (z)_i \wedge cp\,(z) = y + 1])_y$$

mas, neste caso, usamos a exponenciação para definir nossas funções código.

Na verdade, tudo o que é necessário para definir as funções de codificação são a exponenciação, as funções recursivas iniciais, a composição e o operador de busca mínima (cf. teorema 11.1). Portanto, tudo se resolveria se adicionássemos apenas um novo símbolo funcional **exp** à nossa linguagem, juntamente com axiomas correspondentes às equações de recursão para a exponenciação em termos da multiplicação. Entretanto, esta solução ainda não seria satisfatória, já que a exponenciação carece da clareza e do caráter intuitivo da adição e da multiplicação. É possível, contudo, adotar uma idéia de Gödel, de 1931, que mostra como se pode definir uma função de codificação diferente e que não depende da exponenciação. Assim, podemos provar que as funções recursivas parciais podem ser caracterizadas como:

> $\boldsymbol{C}$ = a menor classe de funções contendo zero, sucessor, as projeções, adição, multiplicação e a função característica da igualdade, fechada sob composição e operador μ.

A prova deste fato requer uma digressão pela teoria dos números.

1. Uma digressão na teoria dos números

Para definir uma função β em $\boldsymbol{C}$ que possa realizar esta codificação, usaremos o Teorema Chinês do Resto.

Recordamos que $y \equiv z\ (mod\ x)$ (leia-se "y é congruente a z módulo x") significa que a diferença inteira entre y e z é divisível por x. Isto é,

$$y \equiv z\ (mod\ x) \text{ sse } x \mid (y - z)$$

Logo, se $y \equiv z(mod\ x)$ então y e z apresentam o mesmo resto na divisão por x. Se escrevemos

$$rest\ (x, y) = \text{o resto da divisão de } y \text{ por } x$$

então temos, para todo y e x,

$$y \equiv rest\ (x, y)\ (mod\ x).$$

O Teorema Chinês do Resto (exercício 1) dá condições suficientes para encontrar um número z que satisfaça simultaneamente um conjunto de equações de congruência:

$$z \equiv y_1\ (mod\ x_1),\ z \equiv y_2\ (mod\ x_2), \ldots,\ z \equiv y_n\ (mod\ x_n)$$

ou seja, se os x_i's são dois a dois primos entre si (isto é, não há dois deles com um fator comum diferente de 1), então existe um z nestas condições com $z \leq x_1 \cdot x_2 \cdot ... \cdot x_n$.

TEOREMA 1 (Função β de Gödel) Existe uma função $\beta \in \boldsymbol{C}$ tal que para toda seqüência finita de números naturais $a_0,..., a_n$ existe um número natural d tal que para todo $i \leq n$, $\beta(d, i) = a_i$.

Prova: Para construir β devemos mostrar que algumas outras funções também estão em $\boldsymbol{C}$. Primeiro, note que $\boldsymbol{C}$ é fechado sob as operações lógicas e sob as operações de quantificação existencial limitada e universal limitada (fatos que deixamos como um exercício para você, cf. capítulo 10, § D 3-5 e exercícios 10.14 e 10.15).

Portanto, as funções pareamento J e despareamento K e L do capítulo 10, § E.6 estão em $\boldsymbol{C}$:

$$J(x, y) = \frac{1}{2}\ [\ (x + y)\ (x + y + 1)\ ] + x$$
$$K(z) = min\ x \leq z\ [\exists\ y \leq z\ (J(x, y) = z)\ ]$$
$$L(z) = min\ y \leq z\ [\exists\ x \leq z\ (J(x, y) = z)\ ]$$

Podemos também definir em $\boldsymbol{C}$ as seguintes funções e predicados (usando suas funções características) conforme o exercício 2:

$m < n$, m divide n, p é um primo,

$m - n$, n é uma potência do primo p

Logo, $rest\ (x, y) = \mu\ z\ (\exists\ k \leq y\ [\ (k \cdot x) + z = y\ ]\ )$

a qual portanto está em $\boldsymbol{C}$.

Definimos agora a versão em três variáveis da função β de Gödel:

$$\beta^*(x, y, z) = rest\ (1 + (z + 1)\ y, x)$$

a qual, como vemos, está em $\boldsymbol{C}$. Falta-nos somente mostrar que, para toda seqüência de números naturais $a_0,..., a_n$ existem números naturais b e c tais que para todo $i \leq n$, $\beta^*\ (b, c, i) = a_i$. Daí, a função que buscamos para nosso teorema é

$$\beta\ (d, i) = \beta^*\ (K(d), L(d), i).$$

Seja $j = max\ (n, a_0,..., a_n)$ e $c = j\ !$.

Pelo exercício 1c adiante, os números $u_i = 1 + (i + 1)c$ para $0 \leq i \leq n$ não possuem fatores comuns distintos de 1. Logo, pelo Teorema Chinês do Resto, as equações $z \equiv a_i\ (mod\ u_i)$ têm uma solução simultânea $b \leq u_0 \cdot u_1 \cdot \cdots \cdot u_n$. Porém, para $i \leq n$, temos $a_i \leq j \leq j\ !$ e $j\ ! = c < 1 + (i + 1)c = u_i$, isto é, $a_i < u_i$ para todo $i < n$. Conseqüentemente, os a_i's são os restos da divisão de b pelos u_i 's. Isto é, b é um número tal que $a_i \equiv rest\,(u_i, b)$ para $i \leq n$. Portanto, para este b, temos $\beta^*\,(b, c, i) = rest\,(1 + (i + 1)c, b)$. ■

2. Uma caracterização das funções recursivas parciais

TEOREMA 2 As funções recursivas parciais são a menor classe de funções que contém zero, sucessor, as projeções, adição, multiplicação, e a função característica da igualdade, e que é fechada sob composição e o operador μ.

Prova: Devemos mostrar que esta classe é fechada sob recursão primitiva, mas isso é apenas uma simples variação do exemplo da exponenciação acima. Iremos mostrar o resultado apenas para as funções de uma variável e deixaremos o caso mais geral para o leitor (exercício 3).

Suponha que:

$f(0) = a$

$f(x + 1) = h\,(f(x), x)$, onde h está nesta classe

Defina o predicado

$S\,(x, b) \equiv_{\text{Def}} \beta\,(b, 0) = a \wedge \forall\, i \leq x\,[\,\beta\,(b, i + 1) = h\,(\beta\,(b, i), i)]$

Pelo teorema 1 (e sua prova) S está nesta classe de funções e para cada x existe algum b tal que $S\,(x, b)$. Então para todo x, $f(x) = \beta\,(\mu\, b\,[S\,(x, b)], x)$ e portanto f está em $\boldsymbol{C}$. ■

B. As funções recursivas são representáveis em Q

Seja f uma função *total* de k variáveis e $\mathbf{A(x_1, \ldots, x_k, x)}$ uma fbf com k+1 variáveis livres, onde $\mathbf{x}$ é distinta de $\mathbf{x_1}, \ldots, \mathbf{x_k}$. Dizemos que *$f$ está representada por* **A** *em* $\boldsymbol{Q}$ se:

$f(m_1, \ldots, m_k) = n$ implica

1. $\vdash_Q \mathbf{A}\,(\boldsymbol{m_1}, \ldots, \boldsymbol{m_k}, \boldsymbol{n})$
2. $\vdash_Q \mathbf{A}\,(\boldsymbol{m_1}, \ldots, \boldsymbol{m_k}, \mathbf{x}) \rightarrow \mathbf{x} = \boldsymbol{n}$

Desta definição derivaremos (lema 4) a seguinte condição:

3. Se $n \neq p$, então $\vdash_Q \neg\mathbf{A}\,(\boldsymbol{m_1}, \ldots, \boldsymbol{m_k}, \boldsymbol{p})$.

Dizemos que *f é representável em* $\boldsymbol{Q}$ se existe alguma fbf que a represente.

Por exemplo, mostraremos posteriormente que a adição está representada em $\boldsymbol{Q}$ pela fbf $\mathbf{x_1 + x_2 = x_3}$. Assim teremos, por exemplo, $\vdash_Q \mathbf{0'' + 0''' = 0'''''}$, $\vdash_Q \mathbf{0''+ 0''' = x_3 \rightarrow x_3 = 0'''''}$, e $\vdash_Q \mathbf{0''+ 0''' \neq 0''}$.

Dada uma função f que está representada por $\mathbf{A}$ em $\boldsymbol{Q}$, podemos calcular os seus valores *se* $\boldsymbol{Q}$ *é consistente*: para calcular $f(m_1, \ldots, m_k)$, começamos a provar teoremas até que obtemos $\vdash_Q \mathbf{A}\ (\boldsymbol{m_1, \ldots, m_k, n})$ para algum n. A condição (1) garante que encontraremos uma prova (e pela condição (3) ela será única) para a qual $n = f(m_1, \ldots, m_k)$.

Esta maneira de calcular foi originalmente tomada como uma explicação do que *significa* uma função ser computável (ver Herbrand, 1931, Church, 1936, pp.101-2; e os comentários de Gödel no final do capítulo 23). Nesta seção mostraremos que toda função recursiva é representável.

Para tanto, precisaremos mostrar que muitas fbfs específicas são teoremas de $\boldsymbol{Q}$. Isso é análogo a apresentar que as máquinas de Turing computam a função zero, a função sucessor, e assim por diante (na mesma linha da prova de que toda função recursiva é computável por uma máquina de Turing). Se você preferir, poderá omitir os detalhes e ir diretamente ao enunciado do teorema 19.

Nota: Outros textos podem definir representabilidade de maneira diferente ou empregar noções relacionadas tais como 'expressável', 'fortemente representável' ou 'fracamente representável'.

Nossa primeira meta é estabelecer a condição (3), e para esse fim provaremos o seguinte lema:

Lema 3 Para todo número natural n e m, se $n \neq m$, então $\vdash_Q \boldsymbol{n \neq m}$.

Prova: Aqui n e m são números, e $\boldsymbol{n}$ e $\boldsymbol{m}$ são numerais. Assim somos obrigados a provar que infinitas fbfs são teoremas de $\boldsymbol{Q}$. Para tanto faremos uma indução sobre o número m, primeiramente assumindo $n < m$.

Nossa base é $n = 0$, $m = 1$: o axioma $Q2$ é $\vdash_Q \mathbf{0 \neq x_1'}$, assim por generalização $\vdash_Q \forall \mathbf{x_1}\ (\mathbf{0 \neq x_1'})$, e por L1 e *modus ponens* temos $\vdash_Q \mathbf{0 \neq 0'}$.

Suponha o lema verdadeiro para m e todo $n < m$. Mostraremos que o lema é verdadeiro para todo $n < m + 1$. Se $n = 0$, procedemos como antes para mostrar $\vdash_Q \mathbf{0} \neq \boldsymbol{m'}$. Agora, suponha verdadeiro para n e $n + 1 < m + 1$. Portanto $n < m$, e assim por indução, $\vdash_Q \boldsymbol{n \neq m}$.

O axioma $Q1$ é $\vdash_Q \mathbf{x_1' = x_2' \rightarrow x_1 = x_2}$, assim por generalização e L1 podemos substituir: $\vdash_Q \boldsymbol{n' = m' \rightarrow n = m}$. Como $\mathbf{(A \rightarrow B) \rightarrow (\neg B \rightarrow \neg A)}$ é um esquema proposicional válido, $\vdash_Q \boldsymbol{(n' = m' \rightarrow n = m) \rightarrow (n \neq m \rightarrow n' \neq m')}$, e por aplicação de *modus ponens* duas vezes obtemos $\vdash_Q \boldsymbol{n' \neq m'}$.

Se $m < n$, então temos $\vdash_Q \mathbf{m} \neq \mathbf{n}$. Pelo Teorema 20.2, $\vdash_Q \mathbf{x} = \mathbf{y} \rightarrow \mathbf{y} = \mathbf{x}$, e assim por generalização e L1 temos, $\vdash_Q \mathbf{n} = \mathbf{m} \rightarrow \mathbf{m} = \mathbf{n}$, e portanto, como acima, $\vdash_Q \mathbf{n} \neq \mathbf{m}$. ■

Diversos pontos importantes devem ser observados nesta prova:

1. As letras *m, n, r, s*, etc. indicam números; assim ***m, n, r, s*** indicam numerais unários, enquanto **x** e **y** indicam variáveis na linguagem formal.

2. Usamos indução para provar algo acerca de ***Q***, mas não como uma regra de prova dentro de ***Q***.

3. Usamos generalização para obter a versão quantificada universalmente de *Q*1 a qual então usamos para obter a fórmula com ***n*** substituído em $\mathbf{x}_1$. Faremos uso freqüente deste tipo de argumento, e a partir de agora simplesmente diremos 'por substituição' ou 'por L1'. Também, usaremos os axiomas *Q*1-*Q*7 com quaisquer variáveis **x** e **y** no lugar de $\mathbf{x}_1$ e $\mathbf{x}_2$, como justificado pelas nossas observações no Capítulo 20§E e Exercício 20.9.

4. Citamos especificamente o esquema proposicional válido que justificou um dos nossos passos. No futuro diremos simplesmente 'por *CP*'.

5. Também omitiremos o subíndice ***Q*** dentro das provas, embora mantendo-o nos enunciados dos lemas e teoremas. Iremos nos referir aos axiomas de igualdade e ao teorema 20.2 coletivamente como 'propriedades da =', e ao teorema 20.1 como "∃-introdução".

Lema 4 Suponha que *f* esteja representado por **A** em ***Q***. Se $f(m_1, \ldots, m_k) = n$ e $n \neq p$, então $\vdash_Q \neg\, \mathbf{A}(\mathbf{m}_1, \ldots, \mathbf{m}_k, \mathbf{p})$.

Prova: Se $p \neq n$, então por lema anterior $\vdash \mathbf{p} \neq \mathbf{n}$. Como **A** representa *f*, $\vdash \mathbf{A}(\mathbf{m}_1, \ldots, \mathbf{m}_k, \mathbf{x}) \rightarrow \mathbf{x} = \mathbf{n}$. Portanto $\vdash \mathbf{A}(\mathbf{m}_1, \ldots, \mathbf{m}_k, \mathbf{p}) \rightarrow \mathbf{p} = \mathbf{n}$, e assim por *CP*, $\vdash \neg\, \mathbf{A}(\mathbf{m}_1, \ldots, \mathbf{m}_k, \mathbf{p})$. ■

O restante desta seção será dedicado a mostrar que as funções recursivas são representáveis em ***Q***. Para tanto primeiramente mostraremos que cada uma das funções zero, sucessor, as projeções, adição, multiplicação, e a função característica para a igualdade são representáveis, e então mostraremos que as funções representáveis são fechadas sob as operações de composição e o operador-μ.

Lema 5 A função zero é representada em ***Q*** pela fórmula $(\mathbf{x}_1 = \mathbf{x}_1) \wedge (\mathbf{x}_2 = \mathbf{0})$.

Prova: Por E1, $\vdash \mathbf{0} = \mathbf{0}$ e para qualquer *n*, $\vdash \mathbf{n} = \mathbf{n}$. Portanto por *CP*, $\vdash (\mathbf{n} = \mathbf{n}) \wedge (\mathbf{0} = \mathbf{0})$. Chamando **A** a fórmula do lema, provamos que

$\vdash$ **A(*n*, 0)** para qualquer *n*, o que mostra que **A** satisfaz a condição (1).

É fácil mostrar que ela satisfaz a condição (2), pois por *CP*,
$\vdash$ $[(\boldsymbol{n} = \boldsymbol{n}) \wedge (\mathbf{x}_2 = \mathbf{0})] \rightarrow \mathbf{x}_2 = \mathbf{0}$. ■

Lema 6 A função sucessor está representada em ***Q*** por $\mathbf{x}_1' = \mathbf{x}_2$.

Prova: Pela condição (1), suponha que o sucessor de *m* seja *n*. Então ***m′*** e ***n*** são termos idênticos, assim pelas propriedades da = temos $\vdash$ $\boldsymbol{m}' = \boldsymbol{n}$. A condição (2) é exatamente o teorema 20. 2.c. ■

Lema 7 A função projeção P_k^i onde $1 \leq i \leq k$ é representado em ***Q*** pela fórmula.

$(\mathbf{x}_1 = \mathbf{x}_1) \wedge \cdots \wedge (\mathbf{x}_k = \mathbf{x}_k) \wedge (\mathbf{x}_{k+1} = \mathbf{x}_i)$. ■

Deixamos a prova deste lema como exercício 4.

Lema 8 a. Para todo número natural *n* e *m*, se $n + m = k$, então $\vdash_Q \boldsymbol{n} + \boldsymbol{m} = \boldsymbol{k}$.
b. $\vdash_Q \boldsymbol{n} + \boldsymbol{1} = \boldsymbol{n}'$.

Prova: a. Provaremos por indução sobre *m*. Se $m = 0$, temos $\vdash$ $\boldsymbol{n} + \mathbf{0} = \boldsymbol{n}$ pelos axiomas *Q*4 e L1. Suponha verdadeiro para *r* e $m = r + 1$. Então para algum *s*,
$k = s + 1$, e $n + r = s$, por indução, $\vdash$ $\boldsymbol{n} + \boldsymbol{r} = \boldsymbol{s}$.
Por *Q*5, temos $\vdash$ $(\boldsymbol{n} + \boldsymbol{r})' = \boldsymbol{n} + \boldsymbol{r}'$, pelas propriedades da =, $\vdash$ $\boldsymbol{s}' = \boldsymbol{n} + \boldsymbol{r}'$, e pelo mesmo teorema, $\vdash$ $\boldsymbol{n} + \boldsymbol{r}' = \boldsymbol{s}'$; ou seja, $\vdash$ $\boldsymbol{n} + \boldsymbol{m} = \boldsymbol{k}$.
b. Esta parte é fácil, e a deixamos para você. ■

Lema 9 A adição é representada em ***Q*** pela fórmula $\mathbf{x}_1 + \mathbf{x}_2 = \mathbf{x}_3$.

Prova: Pelo Lema 8 a condição (1) é satisfeita. Para mostrar a condição (2), suponha $n + m = k$. Então pelas propriedades da =, já que $\vdash$ $\boldsymbol{n} + \boldsymbol{m} = \boldsymbol{k}$ temos:
$\vdash$ $(\boldsymbol{n} + \boldsymbol{m} = \mathbf{x}_3) \rightarrow \boldsymbol{k} = \mathbf{x}_3$, e usando a simetria da = e *CP*, temos:
$\vdash$ $(\boldsymbol{n} + \boldsymbol{m} = \mathbf{x}_3) \rightarrow \mathbf{x}_3 = \boldsymbol{k}$. ■

Lema 10 A multiplicação é representada em ***Q*** pela fórmula $\mathbf{x}_1 \cdot \mathbf{x}_2 = \mathbf{x}_3$. ■

A prova é similar à da adição, e a deixamos como exercício 6. ■

Lema 11 A função característica da igualdade é representada em ***Q*** pela fórmula

$[\,(x_1 = x_2) \wedge (x_3 = 1)\,] \vee [\,(x_1 \neq x_2) \wedge (x_3 = 0)\,]$.

Prova: Chamemos a função característica E. Se $n \neq m$, então $E(n, m) = 0$ e $\vdash \boldsymbol{n} \neq \boldsymbol{m}$ pelo Lema 4. Pelas propriedades da = temos $\vdash \mathbf{0} = \mathbf{0}$, e pelo *CP*,

$\vdash [(\boldsymbol{n} = \boldsymbol{m}) \wedge (\mathbf{0} = \boldsymbol{1})] \vee [(\boldsymbol{n} \neq \boldsymbol{m}) \wedge (\mathbf{0} = \mathbf{0})]$. Deixaremos para você mostrar que a condição (1) é satisfeita para o caso $E(n, n)$.

Para a condição (2), chamemos a fbf em questão de **A**. Então visto que

$\vdash \boldsymbol{n} = \boldsymbol{n}$, pelo *CP* obtemos $\vdash \mathbf{A}(\boldsymbol{n}, \boldsymbol{n}, \mathbf{x}_3) \rightarrow \mathbf{x}_3 = \boldsymbol{1}$, e similarmente se $n \neq m$ obtemos $\vdash \mathbf{A}(\boldsymbol{n}, \boldsymbol{m}, \mathbf{x}_3) \rightarrow \mathbf{x}_3 = \mathbf{0}$. ■

Lema 12 Se f e $g_1, \ldots, g_k$ são representáveis em $\boldsymbol{Q}$ e f é uma função de k variáveis, e todas as g_i são funções com o mesmo número de variáveis, então a composição $f(g_1, \ldots, g_k)$ é representável em $\boldsymbol{Q}$.

Prova: Provaremos para $f \circ g$, onde f e g são funções de uma variável, deixando a generalização para você.

Suponha que f seja representada por $\mathbf{B}(\mathbf{x}_1, \mathbf{w})$ e g por $\mathbf{A}(\mathbf{x}_1, \mathbf{y})$. Seja **z** uma variável que não aparece em **A** ou **B**. Por uso repetido da generalização e L1, você pode mostrar que as condições (1) e (2) para a representabilidade de f também valem para $\mathbf{B}(\mathbf{z}, \mathbf{w})$, e as condições (1) e (2) para g valem para $\mathbf{A}(\mathbf{x}_1, \mathbf{z})$. Afirmamos que $f \circ g$ está representada por $\exists\, \mathbf{z}\, (\mathbf{A}(\mathbf{x}_1, \mathbf{z}) \wedge \mathbf{B}(\mathbf{z}, \mathbf{w}))$, a qual denominaremos $\mathbf{C}(\mathbf{x}_1, \mathbf{w})$.

Se $(f \circ g)(n) = m$, então para algum a, $g(n) = a$ e $f(a) = m$. Portanto $\vdash \mathbf{A}(\boldsymbol{n}, \boldsymbol{a})$ e $\vdash \mathbf{B}(\boldsymbol{a}, \boldsymbol{m})$. Assim por *CP*, $\vdash \mathbf{A}(\boldsymbol{n}, \boldsymbol{a}) \wedge \mathbf{B}(\boldsymbol{a}, \boldsymbol{m})$, e daí pela $\exists$-introdução, $\vdash \mathbf{C}(\boldsymbol{n}, \boldsymbol{m})$.

Para a condição (2), temos $\vdash \mathbf{A}(\boldsymbol{n}, \mathbf{z}) \rightarrow \mathbf{z} = \boldsymbol{a}$, assim por *CP*,

$\vdash [\, \mathbf{A}(\boldsymbol{n}, \mathbf{z}) \wedge \mathbf{B}(\mathbf{z}, \mathbf{w})\,] \rightarrow \mathbf{z} = \boldsymbol{a}$. Temos também pelas propriedades da =,

$\vdash \mathbf{z} = \boldsymbol{a} \rightarrow (\mathbf{B}(\mathbf{z}, \mathbf{w}) \rightarrow \mathbf{B}(\boldsymbol{a}, \mathbf{w}))$ e pela representabilidade de g,

$\vdash \mathbf{B}(\boldsymbol{a}, \mathbf{w}) \rightarrow \mathbf{w} = \boldsymbol{m}$. Por *CP* obtemos $\vdash [\mathbf{A}(\boldsymbol{n}, \mathbf{z}) \wedge \mathbf{B}(\mathbf{z}, \mathbf{w})\,] \rightarrow \mathbf{w} = \boldsymbol{m}$. Pela $\exists$-introdução, temos $\vdash \mathbf{C}(\boldsymbol{n}, \mathbf{w}) \rightarrow \mathbf{w} = \boldsymbol{m}$. ■

Para mostrar que as funções representáveis são fechadas sob o operador μ precisamos dos seguintes lemas.

Lema 13 Para toda variável **x** e numeral $\boldsymbol{n}$, $\vdash_{\boldsymbol{Q}} \mathbf{x}' + \boldsymbol{n} = \mathbf{x} + \boldsymbol{n}'$.

Prova: A prova é por indução sobre n.

Se $n = 0$, então por $Q4$, $\vdash \mathbf{x} + \mathbf{0} = \mathbf{x}$, e $\vdash \mathbf{x}' + \mathbf{0} = \mathbf{x}'$. Então, pelas propriedades da =, $\vdash \mathbf{x}' + \mathbf{0} = (\mathbf{x} + \mathbf{0})'$. Por $Q5$, $\vdash \mathbf{x} + \mathbf{0}' = (\mathbf{x} + \mathbf{0})'$, assim novamente pelas propriedades da =, temos $\vdash \mathbf{x}' + \mathbf{0} = \mathbf{x} + \mathbf{0}'$.

Pela nossa hipótese de indução supomos que $n = m + 1$, e $\vdash \mathbf{x}' + \boldsymbol{m} = \mathbf{x} + \boldsymbol{m}'$. Por $Q5$, $\vdash \mathbf{x}' + \boldsymbol{m}' = (\mathbf{x}' + \boldsymbol{m})'$, e as propriedades da =, $\vdash \mathbf{x}' + \boldsymbol{m}' = (\mathbf{x} + \boldsymbol{m}')'$. Novamente por $Q5$, obtemos $\vdash (\mathbf{x} + \boldsymbol{m}')' = \mathbf{x} + \boldsymbol{m}''$, e pelas propriedades da =, temos $\vdash \mathbf{x}' + \boldsymbol{m}' = \mathbf{x} + \boldsymbol{m}''$; isto é, $\vdash \mathbf{x}' + \boldsymbol{n} = \mathbf{x} + \boldsymbol{n}'$. ■

Para quaisquer termos **t** e **u** que não contêm a variável $\mathbf{x_3}$, tomamos $\mathbf{t} < \mathbf{u}$ como sendo uma abreviação da formula $\exists \mathbf{x_3} (\mathbf{x_3}' + \mathbf{t} = \mathbf{u})$.

Lema 14 Se $n < m$, então $\vdash_Q \boldsymbol{n} < \boldsymbol{m}$.

Prova: Se $n < m$, então para algum k, $(k+1) + n = m$. Assim pelo lema 9, $\vdash \boldsymbol{k}' + \boldsymbol{n} = \boldsymbol{m}$. Por $\exists$-introdução, $\vdash \exists \mathbf{x_3} (\mathbf{x_3}' + \boldsymbol{n} = \boldsymbol{m})$; ou seja, $\vdash \boldsymbol{n} < \boldsymbol{m}$. ■

Lema 15 Para toda variável **x** distinta de $\mathbf{x_3}$,

a. $\vdash_Q \neg (\mathbf{x} < \mathbf{0})$.

b. Se $n = p + 1$, então $\vdash_Q \mathbf{x} < \boldsymbol{n} \to (\mathbf{x} = \mathbf{0} \vee \cdots \vee \mathbf{x} = \boldsymbol{p})$.

Prova: a. Esboçaremos a prova. Seja **y** uma variável distinta de **x** ou $\mathbf{x_3}$.

1.	$\mathbf{x} = \mathbf{0} \to (\mathbf{x_3}' + \mathbf{x} = \mathbf{0} \to \mathbf{x_3}' = \mathbf{0})$	propriedades da =, *Q*4, e *CP*
2.	$\mathbf{x_3}' \neq \mathbf{0}$	*Q*2 e propriedades da =
3.	$\mathbf{x} = \mathbf{0} \to \neg (\mathbf{x_3}' + \mathbf{x} = \mathbf{0})$	de (1) e (2) por *CP*
4.	$\mathbf{x} = \mathbf{y}' \to (\mathbf{x_3}' + \mathbf{x} = \mathbf{0} \to \mathbf{x_3}' + \mathbf{y}' = \mathbf{0})$	propriedades da =
5.	$\mathbf{x_3}' + \mathbf{y}' = (\mathbf{x_3}' + \mathbf{y})'$	*Q*5
6.	$\mathbf{x} = \mathbf{y}' \to (\mathbf{x_3}' + \mathbf{x} = \mathbf{0} \to (\mathbf{x_3}' + \mathbf{y})' = \mathbf{0})$	propriedades da = usando (4) e (5)
7.	$(\mathbf{x_3}' + \mathbf{y})' \neq \mathbf{0}$	*Q*2 e propriedades da =
8.	$\mathbf{x} = \mathbf{y}' \to \neg(\mathbf{x_3}' + \mathbf{x} = \mathbf{0})$	de (6) e (7) por *CP*
9.	$(\mathbf{x} = \mathbf{0} \vee \mathbf{x} = \mathbf{y}') \to \neg (\mathbf{x_3}' + \mathbf{x} = \mathbf{0})$	de (3) e (8) por *CP*
10.	$(\mathbf{x} = \mathbf{0} \vee \mathbf{x} = \mathbf{y}') \to \forall \mathbf{x_3} \neg(\mathbf{x_3}' + \mathbf{x} = \mathbf{0})$	L1 e L2
11.	$\exists \mathbf{x_3} (\mathbf{x_3}' + \mathbf{x} = \mathbf{0}) \to \neg (\mathbf{x} = \mathbf{0} \vee \mathbf{x} = \mathbf{y}')$	*CP* e definição
12.	$\mathbf{x} < \mathbf{0} \to (\mathbf{x} \neq \mathbf{0} \to \mathbf{x} \neq \mathbf{y}')$	definição e *CP*
13.	$\mathbf{x} < \mathbf{0} \to [\, \mathbf{x} \neq \mathbf{0} \to \forall \mathbf{y} (\mathbf{x} \neq \mathbf{y}') \,]$	L1 e L2
14.	$\mathbf{x} \neq \mathbf{0} \to \neg \forall \mathbf{y} (\mathbf{x} \neq \mathbf{y}')$	*Q*3 e definição
15.	$\neg (\mathbf{x} < \mathbf{0})$	de (13) e (14) por *CP*

b. Provaremos esta parte por indução sobre n. No que se segue será mais fácil ler **z** no lugar de $\mathbf{x_3}$; para a base $n = 1$ pretendemos provar que

$$\vdash \exists \mathbf{z} (\mathbf{z}' + \mathbf{x} = \boldsymbol{1}) \to \mathbf{x} = \mathbf{0}.$$

1.	$\exists \mathbf{y} (\mathbf{x} = \mathbf{y}') \vee \mathbf{x} = \mathbf{0}$	*Q*3 e *CP*, onde **y** é qualquer variável distinta de **x** ou **z**
2.	$\mathbf{x} = \mathbf{y}' \to (\mathbf{z}' + \mathbf{x} = \boldsymbol{1} \to \mathbf{z}' + \mathbf{y}' = \boldsymbol{1})$	propriedades da =
3.	$\mathbf{z}' + \mathbf{y}' = (\mathbf{z}' + \mathbf{y})'$	por *Q*5
4.	$\mathbf{x} = \mathbf{y}' \to (\mathbf{z}' + \mathbf{x} = \mathbf{0}' \to (\mathbf{z}' + \mathbf{y})' = \mathbf{0}')$	por (2) e (3) usando as propriedades da =, e a definição de **1**
5.	$(\mathbf{z}' + \mathbf{y})' = \mathbf{0}' \to (\mathbf{z}' + \mathbf{y} = \mathbf{0})$	axioma *Q*1

6. $(\mathbf{x} = \mathbf{y}' \wedge \mathbf{z}' + \mathbf{x} = \mathbf{0}') \rightarrow (\mathbf{z}' + \mathbf{y} = \mathbf{0})$ — de (4) e (5) por *CP*
7. $(\mathbf{x} = \mathbf{y}' \wedge \mathbf{z}' + \mathbf{x} = \mathbf{0}') \rightarrow \exists\mathbf{z}\, (\mathbf{z}' + \mathbf{y} = \mathbf{0})$ — $\exists$-introdução
8. $\neg\exists\mathbf{z}\, (\mathbf{z}' + \mathbf{y} = \mathbf{0})$ — pela parte (a)
9. $\neg\, (\mathbf{x} = \mathbf{y}' \wedge \mathbf{z}' + \mathbf{x} = \mathbf{0}')$ — de (7) e (8) por *CP*
10. $(\mathbf{z}' + \mathbf{x} = \mathbf{0}') \rightarrow \neg(\mathbf{x} = \mathbf{y}')$ — por *CP*
11. $\exists\mathbf{z}\, (\mathbf{z}' + \mathbf{x} = \mathbf{0}) \rightarrow \neg(\mathbf{x} = \mathbf{y}')$ — $\exists$-introdução
12. $(\mathbf{x} = \mathbf{y}') \rightarrow \neg\exists\mathbf{z}\, (\mathbf{z}' + \mathbf{x} = \mathbf{0}')$ — por *CP*
13. $\exists\mathbf{y}\, (\mathbf{x} = \mathbf{y}') \rightarrow \neg\exists\mathbf{z}\, (\mathbf{z}' + \mathbf{x} = \mathbf{0}')$ — $\exists$-introdução
14. $\exists\mathbf{z}\, (\mathbf{z}' + \mathbf{x} = \mathbf{0}') \rightarrow \neg\exists\mathbf{y}\, (\mathbf{x} = \mathbf{y}')$ — por *CP*
15. $\exists\mathbf{z}\, (\mathbf{z}' + \mathbf{x} = \mathbf{0}') \rightarrow \mathbf{x} = \mathbf{0}$ — de (1) e (14) por *CP*

Agora passamos ao passo indutivo. Assumimos $n = p + 1$ onde $p \neq 0$, e

$\vdash\ \mathbf{x} < \boldsymbol{n} \rightarrow (\mathbf{x} = \mathbf{0} \vee \cdots \vee \mathbf{x} = \boldsymbol{p})$. Pretendemos mostrar:
$\vdash\ \mathbf{x} < \boldsymbol{n}' \rightarrow (\mathbf{x} = \mathbf{0} \vee \cdots \vee \mathbf{x} = \boldsymbol{p} \vee \mathbf{x} = \boldsymbol{n})$.

1. $(\mathbf{x} = \mathbf{y}' \wedge \mathbf{z}' + \mathbf{x} = \boldsymbol{n}') \rightarrow \mathbf{y} < \boldsymbol{n}$ — base da indução
2. $(\mathbf{x} = \mathbf{y}' \wedge \mathbf{z}' + \mathbf{x} = \boldsymbol{n}') \rightarrow (\mathbf{y} = \mathbf{0} \vee \cdots \vee \mathbf{y} = \boldsymbol{p})$ — pela hipótese indutiva
3. $\mathbf{t} = \mathbf{u} \rightarrow \mathbf{t}' = \mathbf{u}'$ — propriedades do =
4. $(\mathbf{x} = \mathbf{y}') \rightarrow [\, \mathbf{z}' + \mathbf{x} = \boldsymbol{n}' \rightarrow (\mathbf{y}' = \boldsymbol{1} \vee \cdots \vee \mathbf{y}' = \boldsymbol{n})]$ — por (2), (3), *CP*, e $\exists$-introdução (cf. a prova para a base da indução)
5. $(\mathbf{x} = \mathbf{y}') \rightarrow [\, \mathbf{z}' + \mathbf{x} = \boldsymbol{n}' \rightarrow (\mathbf{x} = \boldsymbol{1} \vee \cdots \vee \mathbf{x} = \boldsymbol{n})]$ — propriedades da = e *CP*
6. $\exists\mathbf{y}\, (\mathbf{x} = \mathbf{y}') \rightarrow [\, \mathbf{z}' + \mathbf{x} = \boldsymbol{n}' \rightarrow (\mathbf{x} = \boldsymbol{1} \vee \cdots \vee \mathbf{x} = \boldsymbol{n})]$ — $\exists$-introdução
7. $[\, \exists\mathbf{y}\, (\mathbf{x} = \mathbf{y}') \vee \mathbf{x} = \mathbf{0}\,] \rightarrow [\, \mathbf{z}' + \mathbf{x} = \boldsymbol{n}' \rightarrow (\mathbf{x} = \boldsymbol{1} \vee \cdots \vee \mathbf{x} = \boldsymbol{n})]$ — *CP* em (6)
8. $\exists\mathbf{y}\, (\mathbf{x} = \mathbf{y}') \vee \mathbf{x} = \mathbf{0}$ — *Q*3 e *CP*
9. $\mathbf{z}' + \mathbf{x} = \boldsymbol{n}' \rightarrow (\mathbf{x} = \boldsymbol{1} \vee \cdots \vee \mathbf{x} = \boldsymbol{n})$ — *modus ponens* em (7) e (8)
10. $[\exists\, \mathbf{z}\, (\mathbf{z}' + \mathbf{x} = \boldsymbol{n}')] \rightarrow (\mathbf{x} = \mathbf{0} \vee \cdots \vee \mathbf{x} = \boldsymbol{n})$ — $\exists$-introdução. ■

Lema 16 Para todo numeral $\boldsymbol{n}$ e toda variável $\mathbf{x}$ exceto $\mathbf{x}_3$,
$\vdash_Q\ \boldsymbol{n} < \mathbf{x} \rightarrow [\, (\boldsymbol{n}' = \mathbf{x}) \vee (\boldsymbol{n}' < \mathbf{x})\,]$

Prova: No que se segue escreveremos $\mathbf{z}$ no lugar de $\mathbf{x}_3$. Precisaremos também de duas variáveis $\mathbf{y}$ e $\mathbf{w}$ diferentes de $\mathbf{x}$ e $\mathbf{z}$.

1. $(\mathbf{z}' + \boldsymbol{n} = \mathbf{x} \wedge \mathbf{z} = \mathbf{0}) \rightarrow (\mathbf{0}' + \boldsymbol{n} = \mathbf{x})$ — propriedades da =
2. $\mathbf{0}' + \boldsymbol{n} = \mathbf{x} \rightarrow \boldsymbol{n}' = \mathbf{x}$ — Lema 13, *Q*4, e propriedades da =
3. $(\mathbf{z}' + \boldsymbol{n} = \mathbf{x} \wedge \mathbf{z} = \mathbf{0}) \rightarrow \boldsymbol{n}' = \mathbf{x}$ — *CP*
4. $\mathbf{z} = \mathbf{0} \rightarrow (\mathbf{z}' + \boldsymbol{n} = \mathbf{x} \rightarrow \boldsymbol{n}' = \mathbf{x})$ — *CP*
5. $\mathbf{z} = \mathbf{y}' \rightarrow (\mathbf{z}' + \boldsymbol{n} = \mathbf{x} \rightarrow \mathbf{y}'' + \boldsymbol{n} = \mathbf{x})$ — propriedades da =

6. $\mathbf{y'' + n = x \to y' + n' = x}$	Lema 13
7. $\mathbf{(z = y' \land z' + n = x) \to y' + n' = x}$	*CP*
8. $\mathbf{(z = y' \land z' + n = x) \to \exists z\,(z' + n' = x)}$	∃-introdução
9. $\mathbf{z = y' \to [\, z' + n = x \to \exists z\,(z' + n' = x)\,]}$	*CP* em (8)
10. $\mathbf{\exists y\,(z = y') \to [\, z' + n = x \to \exists z\,(z' + n' = x)\,]}$	∃-introdução
11. $\mathbf{[\, z = 0 \lor \exists y\,(z = y')\,] \to [\, z' + n' = x \to (n' = x) \lor \exists z\,(z' + n' = x)\,]}$	*CP* em (4) e (10)
12. $\mathbf{z' + n = x \to [\, n' = x \lor \exists z\,(z' + n' = x)\,]}$	*Q*3, (11), e *CP*
13. $\mathbf{\exists z\,(z' + n = x) \to [\, n' = x \lor \exists z\,(z' + n' = x)\,]}$	∃-introdução ■

Lema 17 Para todo numeral n e toda variável **x** exceto $\mathbf{x}_3$,
$\vdash_Q (x < n) \lor (x = n) \lor (n < x)$.

Prova: A prova é por indução em n. Consideremos primeiramente $n = 0$.

1. $\mathbf{w' = x \to w' + 0 = x}$	*Q*4 e as propriedades da =
2. $\mathbf{w' + 0 = x \to \exists z\,(z' + 0 = x)}$	∃ -introdução
3. $\mathbf{w' = x \to 0 < x}$	*CP* e definição
4. $\mathbf{x = w' \to 0 < x}$	propriedades da = e *CP*
5. $\mathbf{x = z' \to 0 < x}$	generalização e L1
6. $\mathbf{\exists z\,(x = z') \to 0 < x}$	∃-introdução
7. $\mathbf{x = 0 \lor \exists z\,(x = z')}$	*Q*3 e *CP*
8. $\mathbf{(x = 0) \lor (0 < x)}$	*CP* usando (6) e (7)
9. $\mathbf{(x < 0) \lor (x = 0) \lor (0 < x)}$	*CP*

Agora, para o passo de indução, assuma $n = p + 1$ e o lema válido para p.

1. $\mathbf{(x < p) \lor (x = p) \lor (p < x)}$	hipótese
2. $\mathbf{p < n}$	Lema 14
3. $\mathbf{x = p \to (p < n \to x < n)}$	propriedades da = (duas vezes)
4. $\mathbf{x = p \to x < n}$	*CP* em (2) e (3)
5. $\mathbf{x < p \to x < n}$	via Lema 15.b e Lema 14
6. $\mathbf{p < x \to (x = n \lor n < x)}$	Lema 16
7. $\mathbf{n = x \to x = n}$	propriedades da =
8. $\mathbf{(x < n) \lor (x = n) \lor (n < x)}$	*CP* usando (4), (5), (6), e (7) ■

Estamos agora prontos para mostrar que as funções representáveis são fechadas sob o operador μ.

Lema 18 Se $g(\vec{x}, y) = 0$ é representável em **Q**, e $f = \lambda \vec{x}\ \mu y\,[\, g(\vec{x}, y) = 0\,]$ é total, então f é representável em ***Q***.

Prova: Mostraremos para o caso em que f é uma função de uma variável e deixamos a generalização por conta do leitor.

Suponha que g está representada em $\boldsymbol{Q}$ por $\mathbf{A(x_1, x_2, x)}$ e $\mathbf{z}$ é uma variável que não aparece em $\mathbf{A}$. Afirmamos que f está representada em $\boldsymbol{Q}$ pela seguinte fórmula, a qual denominaremos $\mathbf{C\ (x_1, x_2)}$:

$$\mathbf{A(x_1, x_2, 0) \wedge \forall z\ [\ z < x_2 \to \neg A(x_1, z, 0)\ ]}$$

Suponha $f(n) = m$. Mostraremos primeiramente que a condição (1) é satisfeita. Temos dois casos. Primeiro suponha $m = 0$.

1. $\vdash \mathbf{A}(\boldsymbol{n}, \boldsymbol{m}, \mathbf{0})$ — pela representabilidade de g, pois $g\ (n, m) = 0$
2. $\neg(\mathbf{z} < \mathbf{0})$ — pelo Lema 15.a
3. $\mathbf{z} < \mathbf{0} \to \neg\mathbf{A}(\boldsymbol{n}, \mathbf{z}, \mathbf{0})$ — *CP*
4. $\forall\mathbf{z}\ (\mathbf{z} < \mathbf{0} \to \neg\mathbf{A}(\boldsymbol{n}, \mathbf{z}, \mathbf{0}))$ — generalização
5. $\mathbf{C}(\boldsymbol{n}, \mathbf{0})$ — *CP* em (1) e (4)

Suponha agora $m > 0$.

6. $\vdash \mathbf{A}(\boldsymbol{n}, \boldsymbol{m}, \mathbf{0})$ — como em (1)
7. para $k < m$, $\neg\mathbf{A}(\boldsymbol{n}, \boldsymbol{k}, \mathbf{0})$ — pois $g(n, k)\downarrow \neq 0$ [condição (3)]
8. para $k < m$, $\mathbf{z} = \boldsymbol{k} \to (\neg\mathbf{A}(\boldsymbol{n}, \boldsymbol{k}, \mathbf{0}) \to \neg\mathbf{A}(\boldsymbol{n}, \mathbf{z}, \mathbf{0}))$ — Teorema 21.2
9. para $k < m$, $\mathbf{z} = \boldsymbol{k} \to \neg\mathbf{A}(\boldsymbol{n}, \mathbf{z}, \mathbf{0})$ — *CP*
10. $\mathbf{z} < \boldsymbol{m} \to (\mathbf{z} = \mathbf{0} \vee \cdots \vee \mathbf{z} = \boldsymbol{p})$ — onde $p + 1 = m$ pelo Lema 15.b
11. $\mathbf{z} < \boldsymbol{m} \to \neg\mathbf{A}(\boldsymbol{n}, \mathbf{z}, \mathbf{0})$ — *CP* em (9) e (10)
12. $\forall\mathbf{z}\ [\ \mathbf{z} < \boldsymbol{m} \to \neg\mathbf{A}(\boldsymbol{n}, \mathbf{z}, \mathbf{0})]$ — generalização
13. $\mathbf{C}(\boldsymbol{n}, \boldsymbol{m})$ — *CP* em (6) e (12)

Agora voltamos à condição (2) com $m = 0$ e $m > 0$. Precisamos provar que $\mathbf{C}\ (\boldsymbol{n}, \mathbf{x_2}) \to \mathbf{x_2} = \boldsymbol{m}$.

14. $\mathbf{C}\ (\boldsymbol{n}, \mathbf{x_2}) \to \forall\ \mathbf{z}\ [\ \mathbf{z} < \mathbf{x_2} \to \neg\mathbf{A}(\boldsymbol{n}, \mathbf{z}, \mathbf{0})]$ — *CP*
15. $\mathbf{C}\ (\boldsymbol{n}, \mathbf{x_2}) \to \mathbf{A}(\boldsymbol{n}, \mathbf{x_2}, \mathbf{0})$ — *CP*
16. $\mathbf{A}(\boldsymbol{n}, \mathbf{x_2}, \mathbf{0}) \to \neg(\mathbf{x_2} < \boldsymbol{m})$ — *CP* em (11) e substituição de $\mathbf{x_2}$
17. $\mathbf{C}\ (\boldsymbol{n}, \mathbf{x_2}) \to \neg(\mathbf{x_2} < \boldsymbol{m})$ — *CP* em (15) e (16)
18. $[\boldsymbol{m} < \mathbf{x_2} \wedge \mathbf{C}\ (\boldsymbol{n}, \mathbf{x_2})\ ] \to [\ \boldsymbol{m} < \mathbf{x_2} \wedge \mathbf{A}(\boldsymbol{n}, \boldsymbol{m}, \mathbf{0})]$ — (1) e *CP*
19. $[\boldsymbol{m} < \mathbf{x_2} \wedge \mathbf{A}(\boldsymbol{n}, \boldsymbol{m}, \mathbf{0})\ ] \to \exists\ \mathbf{z}\ [\ \mathbf{z} < \mathbf{x_2} \wedge \mathbf{A}(\boldsymbol{n}, \mathbf{z}, \mathbf{0})]$ — $\exists$-introdução
20. $[\boldsymbol{m} < \mathbf{x_2} \wedge \mathbf{C}\ (\boldsymbol{n}, \mathbf{x_2})\ ] \to \neg\forall\ \mathbf{z}\ \neg[\ \mathbf{z} < \mathbf{x_2} \wedge \mathbf{A}(\boldsymbol{n}, \mathbf{z}, \mathbf{0})]$ — *CP* em (18) e (19), e definição
21. $[\boldsymbol{m} < \mathbf{x_2} \wedge \mathbf{C}\ (\boldsymbol{n}, \mathbf{x_2})] \to \neg\forall\ \mathbf{z}\ [\mathbf{z} < \mathbf{x_2} \to \neg\mathbf{A}(\boldsymbol{n}, \mathbf{z}, \mathbf{0})]$ — *CP*
22. $\neg[\boldsymbol{m} < \mathbf{x_2} \wedge \mathbf{C}\ (\boldsymbol{n}, \mathbf{x_2})]$ — *CP* em (14) e (21)
23. $\mathbf{C}\ (\boldsymbol{n}, \mathbf{x_2}) \to \neg(\boldsymbol{m} < \mathbf{x_2})$ — *CP* em (22)
24. $(\mathbf{x_2} < \boldsymbol{m}) \vee (\mathbf{x_2} = \boldsymbol{m}) \vee (\boldsymbol{m} < \mathbf{x_2})$ — Lema 17

25. $\mathbf{C}(\boldsymbol{n}, \mathbf{x}_2) \rightarrow (\mathbf{x}_2 = \boldsymbol{m})$ *CP* usando (24), (23), e (15) ■

Os resultados desta seção, teorema 2, e corolário 15.5 conduzem à nossa meta.

TEOREMA 19 **a.** Toda função recursiva geral é representável em ***Q***.
b. Toda função recursiva parcial total é representável em ***Q***.
c. Se ***Q*** é consistente e f está representada em ***Q*** por **A**, então $f(m_1, \ldots, m_k) = n$ sse $\vdash_Q \mathbf{A}(\boldsymbol{m}_1, \ldots, \boldsymbol{m}_k, \boldsymbol{n})$.

C. As funções representáveis em Q são recursivas

TEOREMA 20 Se ***Q*** é consistente, então toda função total que é representável em ***Q*** é recursiva parcial.

Prova: Já descrevemos informalmente o procedimento de cálculo quando definimos representabilidade. Procedendo formalmente, suponha que f seja uma função total de k variáveis que está representada em ***Q*** por **A**. Primeiro, precisamos mostrar que podemos listar recursivamente as fbfs da forma $\mathbf{A}(\boldsymbol{m}_1, \ldots, \boldsymbol{m}_k, \boldsymbol{n})$. Isto é, existe uma função recursiva h tal que para todo w, se $m_1 = (w)_0, \ldots, m_k = (w)_{k-1}$, e $r = (w)_k$, então $h(w) = [[\mathbf{A}(\boldsymbol{m}_1, \ldots, \boldsymbol{m}_k, \boldsymbol{r})]]$. Deixamos a prova para você (exercício 7) com base em nossa enumeração de Gödel.

Agora recordamos do capítulo 20 §F que existe um predicado recursivo Pr tal que $Pr(n, m)$ sse n codifica uma prova da fbf que tem número de Gödel m. Assim para calcular $f(m_1, \ldots, m_k)$, buscamos os menores w e y tais que $cp(w) = k$ e para $i < k$, $(w)_i = m_{i+1}$ e $Pr(y, h(w))$. Então $f(m_1, \ldots, m_k) = (w)_k$. Isto é,

$$f(m_1, \ldots, m_k) = (\mu z\, [\, cp((z)_0) = k \wedge (i < k \rightarrow (z)_{0,i} = m_{i+1}) \wedge Pr\, [\, (z)_1, h((z)_0)\,]\,]\,)_{0,k}$$ ■

COROLÁRIO 21 Se ***Q*** é consistente, então para qualquer função f cada um dos conceitos abaixo é equivalente a f ser representável em ***Q***:

a. f é recursiva geral
b. f é recursiva parcial total
c. f é total e computável por uma máquina de Turing. ■

D. Representabilidade de predicados recursivos

Os predicados recursivos são representáveis em termos de suas funções características. Para referência posterior precisamos registrar algumas observações sobre eles.

Suponha que C seja um conjunto recursivo. Então, sabemos que sua função característica é representável em $\boldsymbol{Q}$. Isto é, existe algum **A** tal que:

se $n \in C$, então $\vdash_Q \mathbf{A}(\boldsymbol{n}, \mathit{1})$ e $\vdash_Q \mathbf{A}(\boldsymbol{n}, \mathbf{y}) \rightarrow \mathbf{y} = \mathit{1}$

se $n \notin C$, então $\vdash_Q \mathbf{A}(\boldsymbol{n}, \mathbf{0})$ e $\vdash_Q \mathbf{A}(\boldsymbol{n}, \mathbf{y}) \rightarrow \mathbf{y} = \mathbf{0}$

Pelo Lema 3, $\vdash_Q \mathbf{0} \neq \mathit{1}$; assim podemos concluir, deixando detalhes da prova para o leitor:

se $n \in C$, então $\vdash_Q \mathbf{A}(\boldsymbol{n}, \mathit{1})$

se $n \notin C$, então $\vdash_Q \neg\mathbf{A}(\boldsymbol{n}, \mathit{1})$

Podemos resumir tudo isso afirmando que *o conjunto C é representado por* **A(x)** em $\boldsymbol{Q}$, onde compreendemos **A(x)** como sendo $\mathbf{A}(\mathbf{x}, \mathit{1})$.

COROLÁRIO 22 Se $\boldsymbol{Q}$ é consistente, então para qualquer conjunto C:

a. C é representável em $\boldsymbol{Q}$ sse C é recursivo.

b. Se C está representado por **A** em $\boldsymbol{Q}$, então $C = \{ n : \vdash_Q \mathbf{A}(\boldsymbol{n}) \}$.

Similarmente dizemos que um *predicado* de números naturais, R, de k variáveis *é representável em $\boldsymbol{Q}$* se existe uma fórmula $\mathbf{A}(\mathbf{x_1}, \ldots, \mathbf{x_k})$ tal que

se $R(n_1, \ldots, n_k)$, então $\vdash_Q \mathbf{A}(\boldsymbol{n_1}, \ldots, \boldsymbol{n_k})$

se não $R(n_1, \ldots, n_k)$, então $\vdash_Q \neg\mathbf{A}(\boldsymbol{n_1}, \ldots, \boldsymbol{n_k})$

Cuidado: Outros autores discutem uma outra noção afim relacionada de *definibilidade* para predicados, a qual é (geralmente) diferente da representabilidade.

COROLÁRIO 23 Se $\boldsymbol{Q}$ é consistente, então para qualquer predicado R

a. R é representável em $\boldsymbol{Q}$ sse R é recursivo.

b. Se R está representado por **A** em $\boldsymbol{Q}$, então
$R(n_1, \ldots, n_k)$ sse $\vdash_Q \mathbf{A}(\boldsymbol{n_1}, \ldots, \boldsymbol{n_k})$.

Exercícios

‡ 1. a. Mostre que se a e b são números naturais primos entre si (ou coprimos), então existe um número natural x tal que $ax \equiv 1 \ (mod\ b)$. (Provar isso se reduz a mostrar que existem inteiros u e v tais que $1 = au + bv$.)

b. Prove o Teorema Chinês do Resto:

Se $x_1, \ldots, x_n$ são dois a dois coprimos e $y_1, \ldots, y_n$ são quaisquer números naturais, então existe um número natural z tal que $z \equiv y_i \ (mod\ x_i)$, para $1 \leq i \leq n$. Além disso, quaisquer dois z's diferem por um múltiplo de $x_1 \cdot \cdots \cdot x_n$.

(*Sugestão*: Seja $x = x_1 \cdot \cdots \cdot x_n$ e chamemos $w_i = \dfrac{x}{x_1}$. Então para $1 \leq i \leq n$, w_i e x_i são coprimos, e assim pela parte (a) existe algum z_i tal que $w_i \cdot z_i \equiv 1$ (*mod* x_i) para $1 \leq i \leq n$. Seja agora $z = (w_1 \cdot z_1 \cdot y_1) + (w_2 \cdot z_2 \cdot y_2) + \cdots + (w_n \cdot z_n \cdot y_n)$.

Então $z \equiv w_i \cdot z_i \cdot y_i \equiv y_i (mod\ x_i)$. Ainda mais, a diferença entre cada uma destas soluções é divisível por cada x_i, e portanto por $x_1 \cdot \cdots \cdot x_n$.

Por outro lado, se z é uma solução, também o é z-$(x_1 \cdot \cdots \cdot x_n)$. Portanto deve haver uma solução $z < x_1 \cdot \cdots \cdot x_n$).

c. Dada qualquer seqüência de números naturais $a_0, \ldots, a_n$, seja $j = Max(n, a_0, \ldots, a_n)$ e $c = j!$. Mostre que os números $u_i = 1 + (i + 1)c$ para $0 \leq i \leq n$ não têm fatores comuns maiores que 1.

(*Sugestão*: Se um primo p divide $1 + (i + 1)c$ e $1 + (j + 1)c$ para $i < j \leq n$, então p divide $(j - i)c$. Mas p não divide c, pois caso contrário dividiria 1, e p não divide j - i, pois caso contrário dividiria n ! que divide c.)

2. Complete a prova do teorema 1 mostrando que os seguintes predicados e funções estão em ***C***. (Compare com os exercícios 10.6 e 10.19.)

a. $m < n$ b. m divide n

c. $m \dot{-} n$ d. p é um primo

e. n é uma potência do primo p

3. Complete a prova do teorema 2 para as funções com mais de uma variável definidas por recursão primitiva.

4. Prove que as funções projeção são representáveis em ***Q*** (lema 7).

5. Prove $\vdash_Q \boldsymbol{n + 1 = n'}$.

6. Prove que a multiplicação é representável em ***Q*** (lema 10).

7. Prove que podemos listar recursivamente todas as fbfs da forma **A** $(\boldsymbol{m_1}, \ldots, \boldsymbol{m_k}, \boldsymbol{n})$ como necessário na prova do teorema 20.

22
A indecidibilidade da aritmética

A. *Q* é indecidível

Podemos diagonalizar os conjuntos representáveis em ***Q*** diagonalizando as fbfs com uma variável livre. Isso nos dará um conjunto que não é representável e portanto não recursivo (corolário 21.22). Visto que podemos distinguir recursivamente estas fbfs, a única parte do processo de diagonalização que poderia falhar em ser recursiva é o *procedimento de decisão para os teoremas em* ***Q***, assim podemos concluir que ***Q***, vista como a coleção de seus teoremas, é recursivamente indecidível (capítulo 18 §D.2).

TEOREMA 1 Se ***Q*** é consistente, então ***Q*** é recursivamente indecidível.

Prova: Recorde que predicado Pr foi definido como $Pr\ (x, y)$ sse x codifica uma seqüência de prova que prova **A**, onde $y = [[\mathbf{A}]]$, e que isso é recursivo (capítulo 20 §F.6). Defina um predicado W por

$W\ (a, b, x) \equiv_{\mathrm{Def}}$ para algum **A** com exatamente uma variável livre $\mathbf{x_1}$, $a = [[\mathbf{A}]]$ e $Pr\ (x, [[\mathbf{A}(\boldsymbol{b})]]\ )$

o qual é também recursivo (exercício 1). Agora defina um predicado R por

$$R\ (a, b) \equiv_{\mathrm{Def}} \exists x\ W\ (a, b, x)$$

Isto é, $R\ (a, b)$ sse para alguma **A** com exatamente uma variável livre $\mathbf{x_1}$,

$$a = [[\mathbf{A}]] \text{ e } \vdash_{Q} \mathbf{A}(\boldsymbol{b})$$

Nem toda **A** com exatamente uma variável livre $\mathbf{x}_1$ representa um conjunto: só aquelas para as quais, para todo n, $\vdash_Q$ **A**($\boldsymbol{n}$) ou $\vdash_Q$ ¬**A**($\boldsymbol{n}$). Mas se **A** representa um conjunto em ***Q***, então sob a suposição de que ***Q*** é consistente temos

R (a, b) sse b está no conjunto representado por **A** onde [[**A**]] = a

Agora considere a diagonalização de R, a saber,

$S = \{ n : \text{não } R\,(n, n) \}$

Então S não é representável em ***Q***: de fato, suponha que S fosse representado por **A** e [[**A**]] = a Então $a \in S$

sse $\vdash_Q$ **A**($\boldsymbol{a}$)
sse $R\,(a, a)$
sse $a \notin S$

uma contradição. Assim pelo corolário 21.22, S não é recursivo, e portanto R não pode ser recursivo. Mas isso só acontece devido ao fato de que o conjunto de números de Gödel dos teoremas de ***Q*** não é recursivo. Isto é, ***Q*** é recursivamente indecidível. ■

COROLÁRIO 2 Se ***Q*** é consistente, então assumindo a tese de Church, ***Q*** é indecidível.

Adiaremos nossas observações históricas para o final do capítulo 23.

B. Teorias da aritmética

Estabelecemos que não há procedimento de decisão para este particular fragmento da aritmética, ***Q***. Mas e sobre outros fragmentos? E sobre a aritmética como um todo?

1. Fragmentos mais simples que Q

Consideremos primeiro os fragmentos que são mais simples do que ***Q***.

Suponha que eliminemos o símbolo para multiplicação da nossa linguagem formal. Então o conjunto de todas as fbfs daquela linguagem que são verdadeiras a respeito dos números naturais (capítulo 20 §A.6 e §C.2) é decidível (veja capítulo 21 de Boolos e Jeffrey). O mesmo é verdadeiro se em vez disso eliminamos os símbolos para adição e sucessor, + e ′. Assim, temos também provas finitárias de consistência da "aritmética sem multiplicação" e da "aritmética sem adição" usando o procedimento de decisão em cada caso para mostrar que alguma fbf não é um teorema.

Alternativamente, se mantivermos a mesma linguagem e eliminarmos um dos sete axiomas Q1-Q7, então, assumindo que temos a consistência, não poderemos mais representar todas as funções recursivas (veja Tarski, Mostowski, e Robinson, particularmente o teorema 11, p.62). Assim a partir de agora, $\boldsymbol{Q}$ será o mais simples fragmento da aritmética no qual estaremos interessados.

2. Teorias

Mas o que entendemos por 'fragmento da aritmética'?

Havíamos dito que nada obteríamos ao acrescentar axiomas ou regras lógicas (capítulo 20 §B.6). Assim, mantendo a mesma linguagem, a única opção é acrescentar axiomas aritméticos. Se fizermos isso, desejaremos olhar para os teoremas que podemos gerar, e para tanto propomos as seguintes definições.

Dada uma coleção $\boldsymbol{T}$ de fbfs em nossa linguagem formal, escrevemos $\vdash_T$ **A** para significar que existe uma prova de **A** usando o conjunto $\boldsymbol{T}$ como axiomas (no lugar de $\boldsymbol{Q}$) e os axiomas e regras lógicas que adotamos previamente (capítulo 20 §C.1). Escrevemos $\nvdash_T$ **A** significando que não existe prova de **A** a partir de $\boldsymbol{T}$. Se $\vdash_T$ **A**, dizemos que **A** é uma *conseqüência de* $\boldsymbol{T}$.

A *teoria de* $\boldsymbol{T}$ é a coleção {**A**: $\vdash_T$ **A**}. Uma coleção $\boldsymbol{T}$ de fbfs em nossa linguagem formal é uma *teoria* se ela contém todas as suas conseqüências: isto é, se $\vdash_T$ **A** então $\mathbf{A} \in \boldsymbol{T}$. Dizemos que uma *teoria* $\boldsymbol{T}$ *estende a teoria* $\boldsymbol{S}$ exatamente no caso em que $\boldsymbol{T} \supseteq \boldsymbol{S}$.

Como no caso de $\boldsymbol{Q}$, dizemos que uma teoria $\boldsymbol{T}$ é *consistente* ou *não-contraditória* se não existe fbf **A** tal que $\vdash_T$ **A** e $\vdash_T \neg\mathbf{A}$. Caso contrário ela é *inconsistente*. Existe somente uma teoria inconsistente: a coleção de todas as fbfs (veja capítulo 18 §E), e essa é certamente decidível.

A partir desse ponto, quando nos referirmos a uma coleção de axiomas como uma teoria, entenderemos por isso a coleção de seus teoremas.

3. Teorias axiomatizáveis

Se acrescentássemos mais fbfs a $\boldsymbol{Q}$ como axiomas, seríamos capazes de provar novos teoremas a partir deles. Mas isso seria bem difícil se não soubéssemos decidir quais fbfs são axiomas. Isto é, temos de exigir que a coleção dos novos axiomas seja decidível.

Dizemos que uma teoria $\boldsymbol{T}$ é *axiomatizável* se existe uma coleção decidível de fbfs $\boldsymbol{S}$ tal que $\boldsymbol{T}$ = a teoria de $\boldsymbol{S}$. Se pretendermos dar ênfase à identificação de decidabilidade com recursividade, diremos que uma teoria é *recursivamente axiomatizável*.

4. Funções representáveis numa teoria

A definição de *representabilidade* para funções e predicados (capítulo 21 §B e §D) estende-se diretamente para uma teoria ***T***, bastando trocar ***Q*** por ***T***.

TEOREMA 3 Se ***T*** é uma teoria que estende ***Q***, então todas as funções recursivas são representáveis em ***T***.

Prova: Suponha que f é recursiva. Então ela é representável em ***Q***; ou seja, existe alguma **A** tal que sempre que $f(m_1, \ldots, m_k) = n$, então $\vdash_Q$ **A** $(\boldsymbol{m_1}, \ldots, \boldsymbol{m_k}, \boldsymbol{n})$ e $\vdash_Q$ **A** $(\boldsymbol{m_1}, \ldots, \boldsymbol{m_k}, \mathbf{x}) \rightarrow \mathbf{x} = \boldsymbol{n}$. Visto que ***T*** estende ***Q***, estes são também teoremas de ***T***, o que é o mesmo que dizer que f é representável em ***T***. ■

Para qualquer teoria axiomatizável ***T*** que estende ***Q*** (e em particular para uma axiomatização recursiva de ***T***) podemos estabelecer, como para ***Q***, que provar é um procedimento computável. Assim, se ***T*** é consistente, então toda função representável nela deve ser recursiva. Portanto, temos o seguinte teorema:

TEOREMA 4 **a.** Se ***T*** é uma extensão axiomatizável de ***Q***, então o conjunto de (números de Gödel de) teoremas de ***T*** é recursivamente enumerável.

b. Se ***T*** é uma extensão axiomatizável consistente de ***Q***, uma função total é representável em ***T*** sse é recursiva.

5. Teorias indecidíveis

Qual era o ingrediente essencial para provar que ***Q*** é indecidível? A prova era baseada no fato em que as funções recursivas são representáveis em ***Q*** e que ***Q*** é consistente. Não precisávamos necessariamente que *somente* as funções recursivas fossem representáveis em ***Q***.

TEOREMA 5 **a.** Toda teoria consistente na qual as funções recursivas são representáveis é recursivamente indecidível.

b. Toda teoria consistente que estende ***Q*** é recursivamente indecidível.

Prova: a. Seja ***T*** uma tal teoria. Se ***T*** é axiomatizável, a prova é como em ***Q***. Se ***T*** não é axiomatizável, então visto que a coleção inteira de teoremas de ***T*** poderia servir como axiomas, ela não pode ser decidível. Note que não foi necessário assumir que ***T*** estende ***Q***.

b. Esta parte se segue de (a) e do teorema 3. ■

C. Aritmética de Peano (*AP*) e *Aritmética*

A indução é a mais poderosa ferramenta que usamos neste livro para provar teoremas sobre os números naturais. Este método de prova, contudo, não está disponível em ***Q***, pois em ***Q*** temos somente as definições indutivas de adição e multiplicação dadas pelos axiomas.

O *princípio de indução* em sua forma mais forte afirma:

> Para todo conjunto de números naturais X: se $0 \in X$ e se para todo n, se $n \in X$ então $n + 1 \in X$, então todo número natural está em X.

Não podemos formalizar este enunciado na nossa linguagem formal visto que somente nos permitimos quantificar sobre números naturais, e não sobre conjuntos de números naturais. Mas as provas informais que demos requereram algo mais fraco: para cada proposição P em questão a qual depende de n, se $P(0)$, e se para todo n, se $P(n)$ então $P(n + 1)$, então para todo n, $P(n)$. Podemos formalizar este procedimento de prova tomando a contraparte de tal proposição como sendo uma fbf **A(x)** com uma variável livre.

Aritmética de Peano (AP) é a teoria obtida adicionando-se toda instância do esquema de indução de primeira-ordem a **Q**:

$$[\, \mathbf{A(0)} \wedge \forall \mathbf{x}\, (\mathbf{A(x)} \rightarrow \mathbf{A(x')}) \,] \rightarrow \forall \mathbf{x}\, \mathbf{A(x)}$$

Deixamos para você (exercício 2) mostrar que o conjunto de todas as instâncias do esquema de indução é decidível, e que portanto ***AP*** é axiomatizável.

O esquema de indução de primeira-ordem acrescenta um tremendo poder adicional para ***Q***. Por exemplo, agora podemos provar que a adição e a multiplicação são comutativas e associativas, e todas as outras fbfs do teorema 20.3. Daremos um exemplo.

$$\vdash_{AP} \mathbf{x + (y + z) = (x + y) + z}$$

Prova: Chamamos esta fbf que queremos provar por **A(z)**. O que segue é um esboço de como dar uma prova formal.

1. $\mathbf{y + 0 = y}$	*Q*4
2. $\mathbf{x + (y + 0) = x + y}$	propriedades da = (teorema 20.2)
3. $\mathbf{(x + y) + 0 = x + y}$	*Q*4 e L1
4. $\mathbf{A(0)}$	propriedades da =
5. $\mathbf{y + z' = (y + z)'}$	*Q*5
6. $\mathbf{x + (y + z') = x + (y + z)'}$	propriedades da =
7. $\mathbf{x + (y + z)' = (x + (y + z))'}$	*Q*5 e L1
8. $\mathbf{(x + y) + z' = ((x + y) + z)'}$	*Q*5 e L1
9. $\mathbf{A(z) \rightarrow A(z')}$	(6), (7), (8), e propriedades da =

10. $\forall z\,(A(z) \to A(z'))$	generalização
11. $[\,A(0) \land \forall z\,(A(z) \to A(z'))\,] \to \forall z\,A(z)$	esquema de indução
12. $\forall z\,A(z)$	*PC* usando (4), (10), e (11)
13. $x + (y + z) = (x + y) + z$	L1 ■

AP será assim tão poderosa que agora podemos provar tudo o que é verdadeiro a respeito dos números naturais e que pode ser expresso em nossa linguagem formal? Na suposição de que tal questão faz sentido (capítulo 20 §C.2), damos a seguinte definição não-construtiva:

Aritmética é a coleção de todas as fbfs em nossa linguagem que são verdadeiras a respeito dos números naturais.

Não precisamos aceitar que um tal conjunto exista, mas para investigar se as verdades da aritmética podem ser reduzidas a um sistema formal de prova devemos adotar sua existência como uma hipótese de trabalho.

Supondo que existe uma coleção chamada ***Aritmética***, ela é então uma teoria, visto que as conseqüências de fbfs verdadeiras são verdadeiras. E ela é consistente visto que nenhuma fbf é verdadeira e falsa ao mesmo tempo. Ainda mais, já que chegamos tão longe, podemos assumir que ela estende ***Q*** (pois os teoremas de ***Q*** em particular são verdadeiros a respeito dos números naturais). Mas observe que não estamos propondo estas assunções para ***AP*** nem em qualquer outro ponto deste livro, exceto para as discussões envolvendo ***Aritmética***.

Agora podemos colocar nossa questão nos seguintes termos: ***AP*** = ***Aritmética***? ***AP*** é decidível? ***Aritmética*** é decidível?

Primeiro, para a decidabilidade temos o seguinte corolário do teorema 5:

COROLÁRIO 6 **a.** Se ***AP*** é consistente, então é recursivamente indecidível.
b. ***Aritmética*** é recursivamente indecidível.

Assim, assumindo a Tese de Church, ***Aritmética*** é indecidível e portanto não existe um procedimento construtivo para determinar se uma fbf arbitrária é verdadeira.

Agora voltemos à questão de se ***AP*** = ***Aritmética***.

TEOREMA 7 ***Aritmética*** não é axiomatizável.

Prova: Suponha que ***Aritmética*** fosse axiomatizável. Nesse caso ela seria recursivamente decidível: para decidir se uma fbf **A** é verdadeira iniciamos o mecanismo de prova que enumera recursivamente os teoremas, neste caso todas as fbfs verdadeiras a respeito dos números naturais. Visto que **A** ou **¬A** é verdadeira, no final devemos encontrar uma delas na lista. Se encontramos **A**, então **A** é verdadeira. Se encontramos $\neg$**A**, então **A** não é verdadeira. Dessa forma ***Aritmética*** seria recursivamente decidível. Mas isso contradiz o corolário 6, e portanto ***Aritmética*** não é axiomatizável. ■

Uma vez que ***AP*** é axiomatizável podemos concluir:

COROLÁRIO 8 *Aritmética* $\neq$ *AP*.

COROLÁRIO 9 (Gödel, 1931) Se ***T*** é uma teoria axiomatizável consistente na linguagem da aritmética de primeira ordem, então existe alguma fbf verdadeira a respeito dos números naturais que não pode ser provada em ***T***.

Prova: Pelo teorema 7, ***Aritmética*** $\neq$ ***T***. Não podemos ter ***T*** $\supset$ ***Aritmética*** pelo mesmo argumento usado para o teorema 7. Portanto deve existir alguma **A** que é verdadeira mas não é um teorema de ***T***. ■

Considere a teoria ***T*** consistindo de ***Q*** mais o esquema $\neg\forall$**x (0 + x = x)**. No teorema 20.3 mostramos que ***T*** tem um modelo e portanto é consistente (assumindo que os teoremas de ***Q*** são verdadeiros a respeito dos números naturais). Assim para esta teoria o corolário 9 é trivial. Estamos interessados agora em teorias onde ***T*** $\subseteq$ ***Aritmética***.

COROLÁRIO 10 Se ***T*** é uma extensão axiomatizável consistente de ***Q*** cujos teoremas são verdadeiros a respeito dos números naturais, então existe uma sentença **A** verdadeira a respeito dos números naturais tal que $\nvdash_T$ **A** e $\nvdash_T$ $\neg$**A**.

Uma fbf fechada **A** tal que nem $\nvdash_T$ **A**, nem $\nvdash_T$ $\neg$**A** é denominada *formalmente indecidível relativa a* ***T***.

O que podemos concluir agora? As verdades da aritmética na linguagem formal que escolhemos não podem ser axiomatizadas. Mesmo a poderosa teoria ***AP*** não pode capturar todas as verdades da aritmética expressáveis na nossa linguagem formal. Além disso, qualquer fragmento interessante da aritmética que podemos axiomatizar (isto é, que estende ***Q***) pode ser usado para caracterizar as funções recursivas. Dessa forma, a própria força desta extensão a torna indecidível.

Contudo, os corolários 9 e 10 não são satisfatórios. Tivemos de fazer algumas suposições muito fortes sobre o significado e a verdade das fbfs. Além disso, na verdade não produzimos uma sentença que é formalmente indecidível com relação a ***T***. Para a teoria ***Q*** temos alguns exemplos do teorema 20.3 (exercício 3 a seguir), mas e quanto às outras teorias? No capítulo 23 mostraremos que apenas assumindo a consistência de uma teoria que estenda ***Q*** podemos construir uma sentença formalmente indecidível com relação àquela teoria nos moldes do Paradoxo do Mentiroso.

Exercícios

1. (A partir da prova do teorema 1)
a. Mostre que o predicado *W* é recursivo.
b. Mostre que o predicado *R* é recursivamente enumerável.

‡ 2. Mostre que a coleção de todas as instâncias do esquema de indução de ***AP*** é recursivamente decidível.

3. a. Por que as fbfs do teorema 20.3 são formalmente indecidíveis em relação a ***Q***? (*Sugestão*: Mostramos que elas não são demonstráveis. Por que as suas negações não são demonstráveis?)
b. Mostre que podemos deduzir *Q*3 do esquema de indução de ***AP***.
‡ c. Prove que todas as fbfs do teorema 20.3 são teoremas de ***AP***.
(*Sugestão*: Mostramos isso para a fbf (b) acima. Faça, nesta ordem, (a), (d), (h), (f), (c), (g). Primeiro prove cada uma informalmente, e depois converta a sua prova informal em uma prova formal. Para a parte (e) use *CP* para reduzi-la a uma fbf sem quantificadores.)

4. Dizemos que uma teoria ***T*** é *completa* se para toda fórmula fechada **A**, temos $\mathbf{A} \in \boldsymbol{T}$ ou $\neg\mathbf{A} \in \boldsymbol{T}$.
a. Por que exigimos que **A** seja fechada?
(*Sugestão*: Considere $\exists\mathbf{y}\ (\mathbf{2} \cdot \mathbf{y} = \mathbf{x})$.)
b. Quais teorias discutidas neste capítulo são completas?
c. A teoria inconsistente é completa?
d. Generalize o argumento do teorema 7 para mostrar que qualquer teoria axiomatizável completa é decidível.
e. Suponha que ***T*** estende ***Q***, e ***T*** é completa. ***T*** é decidível?
T é axiomatizável?
f. ***AP*** é completa?

5. Mostre que o conjunto de números de Gödel das fbfs verdadeiras na ***Aritmética*** não é recursivamente enumerável. (*Sugestão*: cf. teorema 16.3.)

‡ 6. a. Mostre que existe uma função representável na ***Aritmética*** que não é recursiva. (*Sugestão*: Use qualquer conjunto r.e. não recursivo e o Teorema da Projeção 16.5.)
b. Prove que existe uma função nos números naturais que não é representável na ***Aritmética***. Não use simplesmente um argumento de contagem.

‡ 7. Prove o *Teorema de Church* (1936a):

A coleção de teoremas que podem ser provados usando somente os axiomas e regras lógicas é (recursivamente) indecidível, se ela é consistente.

[*Sugestão*: Modifique a definição de 'conseqüência' do capítulo 18, apêndice 2 para aplicar à lógica de primeira ordem sem os axiomas de $\boldsymbol{Q}$. A prova do Teorema da Dedução pode então ser modificada para mostrar que para qualquer fbf fechada **A**, $\Gamma \cup \{\mathbf{A}\} \vdash \mathbf{B}$ sse $\Gamma \vdash \mathbf{A} \rightarrow \mathbf{B}$. Sejam $\mathbf{A}_1, \ldots, \mathbf{A}_7$ formas universalmente quantificadas de $Q1$-$Q7$; mostre que:

$$\vdash_Q \mathbf{B} \text{ sse } \vdash \mathbf{A}_1 \rightarrow (\mathbf{A}_2 \rightarrow (\mathbf{A}_3 \rightarrow (\mathbf{A}_4 \rightarrow (\mathbf{A}_5 \rightarrow (\mathbf{A}_6 \rightarrow (\mathbf{A}_7 \rightarrow \mathbf{B})))))).]$$

8. O Corolário 10 é ou não um golpe fatal para o programa de Hilbert? (Veja a passagem sobre a matemática como "suprema corte de arbitragem", no último parágrafo do capítulo 6).

Leitura co⊥mplementar

Para uma exposição completa a respeito da noção de indecidibilidade que amplia este capítulo e o próximo, com muitos exemplos de teorias decidíveis e indecidíveis, veja *Undecidable Theories* de Tarski, Mostowski e Robinson.

23
A indemonstrabilidade da consistência

A. Auto-referência na Aritmética: O Paradoxo do Mentiroso

Não existe procedimento computável para decidir se uma fbf arbitrária da aritmética é verdadeira (corolário 22.6). Não podemos nem mesmo axiomatizar ou listar as sentenças verdadeiras (teorema 22.7, exercício 22.5). Mas será que poderíamos ser capazes de definir na linguagem formal o conjunto de sentenças verdadeiras? Se pudéssemos definir verdade, poderíamos também definir falsidade. Dessa forma, através da auto-referência (disponível a partir da enumeração de Gödel) poderíamos recriar o Paradoxo do Mentiroso, "Esta sentença é falsa".

TEOREMA 1 (Gödel, 1934) O conjunto das sentenças verdadeiras a respeito dos números naturais não é representável na ***Aritmética***.

Prova: Suponha ao contrário que o conjunto $\{n$: para algum **A**, n = [[**A**]] e **A** é verdadeira a respeito dos números naturais$\}$ seja representável na ***Aritmética***. Então também o é o conjunto:

$F = \{m$: para alguma **A** com exatamente uma variável livre $\mathbf{x_1}$, m = [[A]] e $\mathbf{A}(m)$ é falsa$\}$

já que o restante da definição de F é recursiva (deixamos os detalhes para você, visto que faremos uma prova similar para o teorema 2). Suponha que $\mathbf{F(x_1)}$ representa F (veja capítulo 21 D) e [[$\mathbf{F(x_1)}$]] = a. Então $\mathbf{F}(a) \in$ ***Aritmética*** (isto é, $\mathbf{F}(a)$ é verdadeira) sse $a \in F$. Mas $a \in F$ sse $\mathbf{F}(a)$ é falsa, e chegamos a uma contradição. Assim F, e portanto a classe das sentenças verdadeiras a respeito dos números naturais, não pode ser representada na ***Aritmética***. ■

O teorema 1 é algumas vezes coloquialmente enunciado como "A verdade aritmética não é definível na aritmética".

A intuição de Gödel em 1931 foi que 'verdadeiro' não é necessariamente o mesmo que 'demonstrável'. Substituindo 'verdadeiro' no Paradoxo do Mentiroso por 'demonstrável', não se obtém um paradoxo, mas, uma sentença que expressa a sua própria indemonstrabilidade (da nossa posição vantajosa fora do sistema) e que ainda podemos mostrar ser de fato indemonstrável.

TEOREMA 2 Se $\boldsymbol{Q}$ é consistente, então existe uma fbf **U** (que intuitivamente expressa a sua própria indemonstrabilidade) tal que $\nvdash_{Q} \mathbf{U}$.

Prova: Defina um predicado W por

$W(n, x) \equiv_{\text{Def}}$ alguma **A** com exatamente uma variável livre $\mathbf{x_1}$, $n = [[\mathbf{A}]]$
e $Pr(x, [[\mathbf{A}(\boldsymbol{n})]])$

Este predicado é recursivo [ele é $W(n, n, x)$ na prova do teorema 22.1]. Portanto, pelo corolário 21.23 ele é representável em $\boldsymbol{Q}$, digamos por $\mathbf{W(x_1, x_2)}$. Considere a fbf com uma variável livre

$\forall \mathbf{x_2} \neg \mathbf{W(x_1, x_2)}$

e então para algum a, $[[\, \forall \mathbf{x_2} \neg \mathbf{W(x_1, x_2)}]] = a$. Defina

$\mathbf{U} \equiv_{\mathbf{Def}} \forall \mathbf{x_2} \neg \mathbf{W}(\boldsymbol{a}, \mathbf{x_2})$

(intuitivamente **U** expressa o fato de que ela própria não é demonstrável em $\boldsymbol{Q}$). Então

$W(a, x)$ sse x é o número de Gödel de uma prova em $\boldsymbol{Q}$ de **U**.

Suponha que **U** seja demonstrável em $\boldsymbol{Q}$. Então existe um número n tal que $W(a, n)$. Portanto $\vdash_Q \mathbf{W}(\boldsymbol{a}, \boldsymbol{n})$, e assim por $\exists$-introdução $\vdash_Q \exists \mathbf{x_2} \mathbf{W}(\boldsymbol{a}, \mathbf{x_2})$. Mas isso é exatamente $\vdash_Q \neg \mathbf{U}$, o qual contradiz a consistência de $\boldsymbol{Q}$. Portanto $\nvdash_Q \mathbf{U}$. ■

Ainda não produzimos uma fbf formalmente indecidível em relação a $\boldsymbol{Q}$. Poderíamos sustentar que **U** o fosse, caso supuséssemos que todos os teoremas de $\boldsymbol{Q}$ são verdadeiros, mas evitamos cuidadosamente questões de verdade e significado no teorema 2 exceto como motivação. De qualquer maneira, uma suposição sintática muito mais fraca servirá. Dizemos que uma teoria $\boldsymbol{T}$ é *ω-consistente* se para toda fbf **B**, sempre que $\vdash_T \mathbf{B}(\boldsymbol{n})$ para todo n, então $\nvdash_T \neg \forall \mathbf{x}\, \mathbf{B(x)}$. Deixamos para você a prova de que qualquer teoria ω-consistente é consistente e o seguinte corolário (exercício 1).

COROLÁRIO 3 Se $\boldsymbol{Q}$ é ω-consistente, então $\nvdash_{Q} \neg\mathbf{U}$, e portanto **U** é formalmente indecidível em relação a $\boldsymbol{Q}$.

Usando somente suposições sintáticas mostramos que deve haver uma fbf que é verdadeira mas não demonstrável em $\boldsymbol{Q}$, visto que **U** é uma fbf fechada e que portanto uma das fórmulas **U** ou ¬**U** deve ser verdadeira.

Rosser, 1936, mostrou como sofisticar a definição de **U** para produzir a fbf **V** que requer somente a suposição de que $\boldsymbol{Q}$ é consistente a fim de prová-la formalmente indecidível em relação a $\boldsymbol{Q}$ (exercício 2).

O teorema 2 e o corolário 3 podem ser generalizados para qualquer extensão axiomatizável consistente de $\boldsymbol{Q}$. Se $\boldsymbol{T}$ é uma teoria axiomatizável que estende $\boldsymbol{Q}$, então o processo de provar é também um procedimento computável em $\boldsymbol{T}$. Isto é, usando a nossa enumeração de Gödel da linguagem, o conjunto de números de Gödel dos axiomas é recursivo e o predicado $Pr_{\boldsymbol{T}}$ definido por

$Pr_{\boldsymbol{T}}(x, y) \equiv_{\text{Def}} x$ codifica uma prova em $\boldsymbol{T}$ que demonstra a fbf cujo número de Gödel é y

é recursivo. Assim podemos definir uma fbf $\mathbf{U}_{\boldsymbol{T}}$ exatamente como fizemos para **U**, trocando em todo lugar *Pr* por $Pr_{\boldsymbol{T}}$, tal que $\mathbf{U}_{\boldsymbol{T}}$ intuitivamente expressa a sua própria indemonstrabilidade em $\boldsymbol{T}$. A seguinte prova é então a mesma que para o teorema 2 e o corolário 3.

TEOREMA 4 (Primeiro Teorema da Incompletude de Gödel, 1931)

Se $\boldsymbol{T}$ é uma extensão axiomatizável consistente de $\boldsymbol{Q}$, então $\nvdash_{T} \mathbf{U}_{\boldsymbol{T}}$.
Se $\boldsymbol{T}$ é também ω-consistente, então $\nvdash_{T} \neg\mathbf{U}_{\boldsymbol{T}}$.

B. A indemonstrabilidade da consistência

O que significa dizer que não podemos demonstrar a consistência de $\boldsymbol{AP}$ dentro de $\boldsymbol{AP}$? Precisamos, de alguma maneira, nos referir à consistência de $\boldsymbol{AP}$ dentro de $\boldsymbol{AP}$.

Defina o predicado *Neg* por

$Neg(x, y) \equiv_{\text{Def}} x$ é o número de Gödel de uma fbf, e y é o número de Gödel da sua negação

Este predicado é recursivo, como você pode mostrar usando a sua própria enumeração de Gödel. Então

$\boldsymbol{AP}$ é consistente sse não existe **A** tal que $\vdash_{\boldsymbol{AP}} \mathbf{A}$ e $\vdash_{\boldsymbol{AP}} \neg\mathbf{A}$

sse para todo x, y, z, w,
não [$Neg(x, y) \wedge Pr_{AP}(z, x) \wedge Pr_{AP}(w, y)$]

Chamemos toda a parte dentro dos colchetes $C(x, y, z, w)$. Ela é recursiva e portanto representável em ***Q***, digamos por **C**, que também a representa em ***AP***. Defina:

$$\mathbf{Consis}_{AP} \equiv_{\mathrm{Def}} \forall x_1, x_2, x_3, x_4 \neg \mathbf{C}(x_1, x_2, x_3, x_4)$$

Intuitivamente, do ponto de vista de nossa posição vantajosa fora do sistema, $\mathbf{Consis}_{AP}$ expressa que ***AP*** é consistente.

TEOREMA 5 (Segundo Teorema da Incompletude de Gödel, 1931)

Se ***AP*** é consistente, então $\nvdash_{AP} \mathbf{Consis}_{AP}$.

Prova: Lembre-se que a prova do teorema 4 para ***AP*** é a prova do teorema 2 com Pr_{AP} no lugar de Pr. Se preferirmos, poderemos refazer aquela prova inteiramente dentro da aritmética usual, referindo-nos a índices de fbfs em vez de fbfs, e interpretando toda a discussão a respeito do sistema formal em termos de predicados sobre aqueles índices. A interpretação do sistema formal não figura na prova de que

se ***AP*** é consistente, então $\nvdash_{AP} \mathbf{U}_{AP}$

Além disso, sabemos que $\mathbf{U}_{AP}$ formaliza a proposição de que $\mathbf{U}_{AP}$ não é demonstrável. Assim podemos estabelecer como um teorema informal da aritmética que

se $\mathbf{Consis}_{AP}$ então $\mathbf{U}_{AP}$

A prova inteira deste enunciado aritmético é finitária, e sustentamos que pode ser formalizada dentro de ***AP*** (compare como provamos a lei associativa da aritmética em ***AP*** formalizando a prova informal usual como um exemplo no capítulo 22.C). Você pode imaginar como a formalização desta prova informal seria tediosa e extremamente longa, e portanto não a incluiremos aqui. (Você pode encontrá-la provada em detalhes numa versão ligeiramente diferente em Shoenfield, p.211-3, onde sua teoria *N*, p.22, é a nossa ***Q***, e em sua teoria *P*, p.204, é a nossa ***AP***.) Dessa maneira, temos:

$$\vdash_{AP} \mathbf{Consis}_{AP} \rightarrow \mathbf{U}_{AP}$$

Visto que temos $\nvdash_{AP} \mathbf{U}_{AP}$, devemos ter $\nvdash_{AP} \mathbf{Consis}_{AP}$. ■

Podemos também perguntar se o Segundo Teorema da Incompletude de Gödel se aplica à consistência das extensões axiomatizáveis de ***AP*** ou mesmo a ***Q***. A resposta é 'sim' se formos cuidadosos em interpretar a consistência como um predicado aritmético e também depende de como a teoria é apresentada (veja, por exemplo, Boolos e Jeffrey, capítulo 16, e também Feferman, Bezboruah e Shepherdson). *É possível*, entretanto, dar uma prova finitária de consistência da teoria mais fraca ***Q*** dentro de ***AP***, embora não dentro da própria ***Q*** (veja Shoenfield: a prova finitária de consistência está na p.51, e a descrição de como convertê-la numa prova em ***AP*** está na p.214).

Em geral concluímos que se um sistema de axiomas é consistente e contém tanto da teoria dos números quanto ***AP***, então não podemos provar a consistência daquele sistema dentro do próprio sistema.

Qual é a importância do Segundo Teorema da Incompletude de Gödel para o programa de Hilbert? Se estamos propondo provar finitariamente que os métodos infinitários são aceitáveis na matemática, então o mínimo que deveríamos ser capazes de provar é que ***AP*** é consistente. Existem diversas possibilidades.

1. Todos os métodos finitários de prova podem ser formalizados em ***AP***. Existe uma boa evidência para isso: em 1937 Ackermann mostrou que em essência ***AP*** é equivalente à teoria dos conjuntos sem conjuntos infinitos (veja Moore, p.279). (Note que não reivindicamos que ***AP*** é ela própria uma teoria finitária da aritmética.)

Neste caso o teorema de Gödel demonstra que o programa de Hilbert não pode ser bem-sucedido. Aqui está o que Shoenfield diz (no texto a seguir renomeamos as teorias com os nossos nomes):

> O teorema sobre provas de consistência é uma limitação ao tipo de prova de consistência que podemos dar para ***AP***. Para que isso seja de alguma significância, devemos saber que alguns tipos de provas de consistência podem ser formalizadas em ***AP***. Agora é razoável sugerir que toda prova finitária de consistência pode ser formalizada em ***AP*** (ou equivalentemente, numa extensão recursiva[mente axiomatizável] de ***AP***). Primeiro, uma prova finitária trata somente com objetos concretos, e estes podem ser trocados por números naturais atribuindo um número a cada objeto (como fizemos para expressões [fbfs]). Segundo, a prova trata com estes objetos de uma maneira construtiva; assim podemos esperar que as funções e predicados que ocorrem possam ser introduzidos em extensões recursivas de ***AP***.
>
> Um exame de provas finitárias de consistência específicas confirma essa sugestão. Por exemplo, a prova de consistência para ***Q*** dada no Capítulo 4 pode ser formalizada em ***AP***. É um exercício elementar mas tedioso formalizar a prova do teorema de consistência. Temos então que verificar que o conjunto de expressões numéricas de fórmulas verdadeiras sem variáveis livres de ***Q*** pode ser introduzida numa extensão recursiva de ***AP***; e isto é também direto.
>
> Não podemos, é claro, estabelecer com garantia que toda prova finitária de consistência possa ser formalizada em ***AP***, pois não especificamos exatamente quais métodos são finitários. ...

> As investigações de Kreisel têm mostrado que uma prova de consistência que não pudesse ser formalizada em ***AP*** teria de usar alguns princípios bastante diferentes daqueles usados nas provas finitárias conhecidas.
>
> Concluímos que é razoável abandonar as esperanças de se conseguir uma prova finitária de consistência para ***AP***.
>
> Shoenfield, p.214

2. Existem outros princípios finitários, mas que também podemos axiomatizar em alguma extensão de ***AP***. Mas então nossa observação de que o teorema de Gödel pode ser estendido para cobrir tais extensões tem o mesmo efeito que o teorema 5 no primeiro caso.

3. Existem outros princípios finitários e todos eles podem ser expressos em nossa linguagem formal, todavia não podem ser axiomatizados. Isso, também, colocaria um fim nas expectativas de Hilbert.

> Para todos os sistemas formais para os quais a existência de proposições aritméticas indecidíveis foi afirmada acima, a asserção da consistência do sistema em questão pertence ela própria às proposições indecidíveis daquele sistema. Isto é, uma prova de consistência para um daqueles sistemas *G* pode somente ser alcançada por meio de métodos de inferência que não são formalizados no próprio *G*. Para um sistema no qual todas as formas finitárias (ou seja, intuicionisticamente aceitáveis [veja capítulo 24 § A]) estão formalizadas, uma prova finitária de consistência, tal como os formalistas procuram, seria desse modo completamente impossível. Todavia, parece questionável se algum dos sistemas construídos, digamos o *Principia Mathematica,* é tão abrangente (ou mesmo se pode existir sistema tão abrangente).
>
> Gödel, 1931a, p.205

4. Existem outros princípios finitários que podem ser suficientes para provar a consistência de ***AP*** mas que não podem ser formalizados em nossa linguagem de primeira ordem.

> Eu desejo expressamente apontar que [Teorema 5 para o sistema *P* do *Principia Mathematica*] (e os resultados correspondentes para *M* [teoria formal dos conjuntos] e *A* [matemática clássica]) não contradizem o ponto de vista formalista de Hilbert. Pois este ponto de vista pressupõe somente a existência de uma prova de consistência em que nada mais que meio finitário de prova é usado, e é concebível que existam provas finitárias que *não podem* ser expressas no formalismo de *P* (ou de *M* ou de *A*).
>
> Gödel, 1931, p.195

De fato, uma prova de consistência para ***AP*** foi dada por Gentzen em 1936 pouco tempo depois do trabalho de Gödel ter aparecido (veja Kleene, 1952, §79 ou o Apêndice de Mendelson, 1964). Brevemente, uma relação binária sobre os números naturais é uma *ordem linear* se ela é transitiva, antissimétrica, antirreflexiva e total. Ela é uma *boa ordem* se além disso todo conjunto não vazio de números naturais tem um menor elemento naquela ordenação. Note que esta última não é uma suposição de primeira ordem. Demos exemplos de tais ordens no capítulo 12 : ω^2, ω^3, ..., ω^n, ..., e discutimos que existe para cada uma delas um princípio de indução válido. Similarmente (veja, e.g., Péter, 1967) existem ordenações dos números naturais (isto é, ordinais) ω^ω, ω^{ω^ω} ... para as quais existe um princípio de indução que pode ser reduzido à indução comum. Gentzen mostrou que podemos dar uma prova de consistência, por exemplo, para ***AP***, se assumimos não só um destes princípios mas todos eles de uma só vez. Certamente isso vai bem além da compreensão original de 'finitário' de Hilbert e dos outros formalistas de seu tempo. Além disso, o princípio de indução de Gentzen não pode ser formalizado numa linguagem de primeira ordem – se pudesse, então adicionando estes novos axiomas a ***AP*** teríamos uma teoria que poderia provar a sua própria consistência. Este princípio emprega quantificação sobre conjuntos de números naturais. Mas se a consistência de nossa lógica original e das teorias aritméticas estava em questão, quanto pior ainda seria se não só aceitássemos coleções infinitas como permitíssemos quantificação sobre elas?

Se mantivermos o método finitário ou mesmo o método clássico de prova, a fé não pode ser banida da matemática: temos simplesmente de acreditar que ***AP*** é consistente, visto que, qualquer prova que pudermos formalizar usará métodos e princípios que são tão ou mais questionáveis que aqueles usados no próprio sistema.

Talvez então devêssemos olhar a aritmética de um ponto de vista mais construtivo do que a matemática clássica, o que faremos no capítulo 25.

Contudo, antes de encerrar este tema, parece bastante oportuno conhecer o que Gödel, muito mais tarde, pensava sobre a relação entre seus teoremas e o programa de Hilbert:

> O que foi demonstrado foi somente que o objetivo *epistemológico específico* que Hilbert tinha em mente não pode ser alcançado. Este objetivo era provar a consistência dos axiomas da matemática clássica com base em evidência tão concreta e imediata quanto a aritmética elementar.
>
> Contudo, considerando a situação a partir de um ponto de vista puramente *matemático*, provas de consistência baseadas em pressuposições metamatemáticas escolhidas adequadamente (como as propostas por Gentzen e outros) são igualmente interessantes, e levam a uma compreensão altamente significativa da estru-

tura demonstrativa da matemática. Ainda mais, permanece aberta a questão de se, e em que medida, é possível, com base no enfoque formalista, demonstrar 'construtivamente' a consistência da matemática clássica, isto é, substituir seus axiomas a respeito de entidades abstratas de um domínio platônico objetivo por intuições a respeito das operações de nossa mente.

Gödel, citado em Reid, 1970, pp.217-8.

C. Comentários históricos

Por volta de 1930 a pesquisa sobre o programa de Hilbert estava no auge: em 1929 Presburger havia mostrado que a aritmética sem multiplicação é decidível, e Skolem, 1931, fez o mesmo para a aritmética sem adição e sucessor. Provas finitárias de consistência haviam sido dadas para fragmentos restritos, mas todavia interessantes, da aritmética, por exemplo, por Herbrand, 1931. Parecia haver boa razão para acreditar que uma prova finitária de consistência pudesse ser dada para a aritmética formalizada.

Em 1930 Gödel provou o teorema da completude para a lógica de primeira ordem (veja capítulo 20.B.6), que justifica que os axiomas lógicos e regras que adotamos são de fato suficientes. Em 1931 ele introduziu a idéia de enumerar um sistema formal de maneira que os teoremas sobre o sistema pudessem ser traduzidos em teoremas sobre números naturais. Para ser capaz de usar aquela idéia para falar de um sistema formal dentro da própria teoria, ele precisou mostrar que vários predicados eram representáveis: "é o número de Gödel de uma fbf", "é o número de Gödel de um axioma", *Pr*, e assim por diante. Para fazer isso ele mostrou que as funções recursivas primitivas (que ele chamava 'recursivas') são representáveis na parte de primeira ordem do sistema formal do *Principia Mathematica* de Whitehead e Russell. Ele então observou, como fizemos no §A, que as verdades aritméticas não poderiam ser definidas naquela teoria, mostrando que resultaria o Paradoxo do Mentiroso (veja Tarski, 1933, p.247, 277-8, para comentários históricos a respeito). Trocando 'verdade' por 'demonstrável' naquele exemplo, ele então construiu naquela teoria uma fbf que expressa intuitivamente sua própria indemonstrabilidade e mostrou que sob a suposição da ω-consistência nem a fbf nem a sua negação podem ser demonstradas e que portanto deve haver uma fbf que é verdadeira mas indemonstrável (ele usou o termo 'indecidível' para o que chamamos 'formalmente indecidível'). Então, tal como fizemos aqui, ele mostrou que a consistência da teoria não podia ser provada dentro da própria teoria (assumindo-a consistente).

O sistema do *Principia Mathematica* foi construído numa linguagem que é muito mais extensiva que a linguagem de primeira ordem da aritmética que temos usado. Gödel estava claramente interessado na classe de funções que ele tinha mostrado ser representável no sistema, as funções recursivas primitivas, e devotou uma seção do seu artigo para mostrar que elas podiam ser representadas na nossa linguagem formal da aritmética. Para tais propósitos ele introduziu a sua função β (capítulo 21 §A). Só mais tarde os resultados de indecidibilidade foram formulados para teorias mais simples tais como ***Q*** (veja Tarski, Mostowski e Robinson, p.39).

Foi só em 1936 que Rosser mostrou que uma suposição de consistência, e não ω-consistência, era suficiente para estabelecer uma sentença formalmente indecidível. Compare com a nossa prova da existência de sentenças formalmente indecidíveis no capítulo 22: qualquer teoria em que as funções recursivas são representáveis é indecidível, em particular ***Aritmética*** é indecidível, e portanto não axiomatizável. Gödel não procedeu dessa maneira pois não lhe era claro se as funções recursivas primitivas eram todas as computáveis, e sem uma noção precisa de computabilidade não há noção precisa de uma teoria axiomatizável. Aqui está como ele via a questão em suas conferências em 1934:

> Um *sistema formal matemático* é um sistema de símbolos junto com regras para empregá-los. Os símbolos individuais são denominados *termos indefinidos*. *Fórmulas* são seqüências finitas de termos indefinidos. Deve ser definida uma classe de fórmulas denominadas *fórmulas com sentido*, e uma classe de fórmulas com sentido denominadas *axiomas*. Pode haver um número finito ou infinito de axiomas. Além disso, deve ser especificada uma lista de regras, denominadas *regras de inferência*; se uma tal regra for denominada *R*, ela define a relação de *conseqüência imediata por R* entre um conjunto de fórmulas com sentido $M_1, \ldots, M_k$ denominadas as *premissas*, e uma fórmula com sentido *N*, denominada a *conclusão* (comumente $k = 1$ ou 2). Exigimos que as regras de inferência, e as definições de fórmulas com sentido e axiomas, sejam construtivas; isto é, para cada regra de inferência deverá haver um procedimento finito para determinar se uma dada fórmula *B* é uma conseqüência imediata (por aquela regra) das fórmulas dadas $A_1, \ldots, A_n$, e deverá existir um procedimento finito para determinar se uma dada fórmula *A* é uma fórmula com sentido ou um axioma.
>
> Gödel, 1934, p.41

Em 1964, num adendo ao seu trabalho de 1934, Gödel comentou como a dificuldade de caracterizar sistemas formais foi superada:

> Em conseqüência de avanços posteriores, em particular pelo fato que, devido ao trabalho de A. M. Turing, uma definição precisa e inquestionavelmente adequada do conceito geral de sistema formal pode agora ser dada, a existência de proposições aritméticas indecidíveis e a não demonstrabilidade da consistência de um sistema no mesmo sistema pode agora ser rigorosamente provada para *todo* sistema

> formal consistente contendo uma certa porção da teoria finitária dos números. O trabalho de Turing fornece uma análise do conceito de "procedimento mecânico" (também chamado "algoritmo" ou "procedimento computacional", ou "procedimento combinatório finito"). Este conceito mostra-se equivalente ao de "máquina de Turing". Um sistema formal pode ser simplesmente definido como qualquer procedimento mecânico para produzir fórmulas, denominadas fórmulas demonstráveis. Para qualquer sistema formal nesse sentido existe um no sentido [da citação imediatamente acima] que tem as mesmas fórmulas demonstráveis (e vice-versa), desde que o termo "procedimento finito" que ocorre [na citação imediatamente acima] seja entendido como "procedimento mecânico". Este sentido, de qualquer modo, é exigido pelo conceito de sistema formal, cuja essência é que o raciocínio é completamente substituído por operações mecânicas sobre fórmulas. (Note que a questão de se existem procedimentos finitos *não-mecânicos* não equivalentes a qualquer algoritmo nada tem a ver com a adequação da definição de "sistema formal" e de "procedimento mecânico".)
>
> Gödel, 1934, p.71-2

Finalmente, deixamos Gödel nos dizer como (em retrospecto) ele acredita que seu trabalho dependesse da sua visão filosófica:

> Uma observação similar aplica-se ao conceito de verdade matemática, onde formalistas consideraram a demonstrabilidade formal como sendo uma *análise* do conceito de verdade matemática e, por essa razão, não estavam naturalmente em posição de *distinguir* os dois.
>
> Gostaria de acrescentar que existia uma outra razão que embaraçava os lógicos na aplicação da metamatemática, não só do raciocínio transfinito, mas do raciocínio matemático em geral e, acima de tudo, na expressão da metamatemática na própria matemática. A razão disso consistia no fato de que, em termos gerais, a metamatemática não era considerada como uma ciência descrevendo configurações matemáticas objetivas, mas como uma teoria da atividade humana de manusear símbolos.
>
> Gödel, em Wang, p.10

Exercícios

1. a. Prove que se uma teoria ***T*** é ω - consistente, então ela é consistente.

b. Prove que se ***Q*** é consistente e ω - consistente, então $\nvdash_{Q}$ ¬**U**.

c. Seja ***T*** a teoria dos axiomas de ***Q*** mais ¬∀**x (0 + x = x)**. Prove (usando o teorema 20.3)

i. Se ***Q*** é consistente, então ***T*** também o é.

ii. ***T*** é ω-inconsistente.

‡ 2. (Teorema de Rosser, 1936)

Defina:

$W^*(n, y) \equiv_{\text{Def}}$ alguma **A** com exatamente uma variável livre $\mathbf{x_1}$, $n = [[\mathbf{A}]]$ e $Pr(y, [[\neg \mathbf{A}(\boldsymbol{n})]])$.

Este predicado é recursivo e portanto representável em ***Q***, digamos por **W***. Agora considere a fbf com uma variável livre $\mathbf{x_1}$:

$$\forall \mathbf{x_2}\ [\ \mathbf{W}(\mathbf{x_1}, \mathbf{x_2}) \rightarrow \exists \mathbf{x_3}\ (\mathbf{x_3} < \mathbf{x_2} \wedge \mathbf{W}^*(\mathbf{x_1}, \mathbf{x_3})\ )\ ]$$

com número de Gödel m. Defina

$$\mathbf{V} \equiv_{\text{Def}} \forall \mathbf{x_2}\ [\ \mathbf{W}(\boldsymbol{m}, \mathbf{x_2}) \rightarrow \exists \mathbf{x_3}\ (\mathbf{x_3} < \mathbf{x_2} \wedge \mathbf{W}^*(\boldsymbol{m}, \mathbf{x_3})\ )\ ]$$

Temos:

1. $W(m, n)$ é válido sse n é um número de Gödel de uma prova em ***Q*** de **V**.
2. $W^*(m, n)$ é válido sse n é um número de Gödel de uma prova em ***Q*** de ¬**V**.

Em termos da interpretação padrão, **V** intuitivamente expressa que se ela tem uma prova que é codificada por k, então existe também uma prova de sua negação que é codificada por algum número menor que k.

Prove: se ***Q*** é consistente, então **V** é formalmente indecidível relativamente a ***Q*** (*Sugestão*: Você precisará dos lemas 21.15 e 17.)

‡ 3. (*Aritmética de Peano de Segunda-Ordem*)

a. Descreva quais mudanças deverão ser feitas na linguagem da aritmética de primeira ordem para expressar o princípio da *indução completa*:

Para todo conjunto de números naturais X: se $0 \in X$, e se para todo n, se $n \in X$ implica $n + 1 \in X$, então todo número natural está em X.

Formalize este princípio como um esquema e defina a *Aritmética de Peano Completa de Segunda Ordem* (***APC***) naquela nova linguagem como ***AP*** mais este esquema de axioma.

b. Mostre que qualquer modelo de ***APC*** é isomorfo aos números naturais.

c. Conclua que uma fbf na linguagem extendida (que inclui a velha linguagem) é uma verdade dos números naturais sse ela é verdadeira para todos os modelos de ***APC***.

d. Conclua que não pode existir nenhuma teoria axiomática de prova para esta linguagem que nos permita deduzir formalmente todas as conseqüências do novo axioma.

‡‡ 4. Dê uma prova finitista de consistência de ***AP***.

Não se esqueça de nos enviar uma cópia.

Leitura complementar

Em “Large numbers and unprovable theorems” Joel Spencer oferece uma clara discussão da indemonstrabilidade em ***AP*** em termos de funções que crescem muito rápido. Também fornece um exemplo de um enunciado matemático que é formalmente indecidível em ***AP*** mas que não é uma tradução via codificação de uma asserção mematemática.

Em “The present state of research into the foundations of mathematics”, Gentzen, 1938, faz uma discussão bastante clara das provas de consistência e suas relações com os teoremas de Gödel.

Há uma boa apresentação da aritmética de segunda ordem com indução completa no capítulo 18 do livro *Computability and Logic*, de Boolos e Jeffrey.

Parte IV
A Tese de Church e a Matemática Construtiva

24
A Tese de Church

No capítulo 9, consideramos inicialmente a identificação da noção de função efetivamente computável com a de função recursiva total; esta identificação é denominada Tese de Church. Já foram discutidas algumas das equivalências que estabelecem o Fato Surpreendente (capítulos 17 e 21), assim como aplicações da tese em teoremas de indecidibilidade e incompletude sobre sistemas formais de aritmética (capítulos 22 e 23). Assim, podemos começar a avaliar o significado e natureza dessa tese.

A. História

A primeira proposição que se tornou conhecida como *Tese de Church* foi expressa num resumo do artigo de Church em 1936.

> Neste artigo é adotada uma definição de *função recursiva sobre inteiros positivos* que é essencialmente a de Gödel. Mantemos que a noção de função efetivamente calculável sobre inteiros positivos pode ser identificada com a de função recursiva, desde que outras definições plausíveis de calculabilidade efetiva produzem noções que são ou equivalentes ou mais fracas do que a de recursividade.
>
> Church, 1935

Como já vimos no capítulo 9§A em seu artigo de 1936 Church diz o seguinte:

> Agora definimos a noção, já anteriormente discutida, de uma função de inteiros positivos *efetivamente calculável,* identificando-a com a noção de uma função recursiva de inteiros positivos (ou de uma função λ-definível de inteiros positivos). Acredita-se que esta definição seja justificada pelas considerações que seguem, tanto quanto uma justificação positiva possa alguma vez ser obtida para a seleção de uma definição formal que corresponda a uma noção intuitiva.
>
> Church, 1936, p.100

Assim, Church considerou a identificação como sendo uma *definição*. Foi Post em 1936, quem a considerou como uma hipótese. Repetimos o seguinte excerto de seu artigo, ao qual nos referimos no capítulo 9:

> O autor acredita que a presente formulação se mostre logicamente equivalente à recursividade no sentido do desenvolvimento de Gödel-Church. Seu propósito, contudo, não é somente apresentar o sistema com uma certa potencialidade lógica, mas também, no seu âmbito restrito, de fidelidade psicológica. Neste sentido último, formulações mais e mais amplas são contempladas. Por outro lado, nosso objetivo será mostrar que todas são logicamente redutíveis à formulação 1. Oferecemos esta conclusão, no presente momento, como uma *hipótese de trabalho*. No nosso entendimento, tal é a identificação de Church entre calculabilidade efetiva e recursividade.* A partir desta hipótese e devido à aparente contradição com todo desenvolvimento matemático começando com a prova de Cantor da não-enumerabilidade dos pontos de uma reta, deriva-se independentemente um desenvolvimento de Gödel-Church. O sucesso do programa acima mudaria, para nós, esta hipótese não tanto para uma definição ou axioma, mas para uma *lei natural.*
>
> * Na realidade, o trabalho desenvolvido por Church e outros leva esta identificação bem além do estágio de hipótese de trabalho. Contudo, mascarar esta identificação sob o rótulo de definição esconde o fato de que foi feita uma descoberta fundamental nas limitações da capacidade de matematização do *Homo sapiens*, e esconde a necessidade da sua contínua verificação.
>
> Post, 1936, p.291

Post se opunha ao fato de Church denominar a identificação como definição. Post era bem explícito: ele tentava abstrair e caracterizar algo sobre a capacidade humana. A noção informal de computabilidade ou efetividade dizia respeito à capacidade cognitiva do ser humano.

Turing tinha o mesmo objetivo e, independentemente de Church e Post, tentava dar um análogo formal da noção de computabilidade, como já visto no capítulo 8. Embora suas máquinas sejam agora aceitas como a análise mais convincente, a afirmação de seus propósitos era menos precisa e certamente menos significativa do que a de Church:

> Os números "computáveis" podem ser descritos de forma breve como os números reais cujas expressões decimais são calculáveis por meios finitos. ... De acordo com minha definição, um número é computável se seu decimal pode ser escrito por uma máquina.
>
> Turing, 1936, p.116

Aparentemente, Turing entende por 'máquina' o tipo de máquina definida em seu artigo, mas isso não é evidente. Ainda mais, ele parece supor que uma função que pode ser calculada por meio de qualquer uma de suas máquinas é computável, e se preocupa somente com a afirmação recíproca (ver Capítulo 8 A).

Em 1937 Church escreveu críticas sobre ambos os artigos de Post e Turing. Nesta ocasião, e em 1938, ele continuava sustentando que estaria propondo de fato uma definição.

> [Post] não considera, entretanto, sua formulação como certamente identificável com efetividade no sentido ordinário do termo, mas toma esta identificação como uma "hipótese de trabalho" necessitando de uma verificação contínua. Acerca disto, o crítico pode objetar que efetividade na acepção ordinária não tem uma definição precisa, e por conseguinte, a hipótese de trabalho em questão não tem um significado exato. Definir efetividade como computabilidade por meio de uma máquina arbitrária, sujeita às restrições de finitude, parece ser uma representação adequada da noção ordinária, e se isto é feito, é desnecessário admitir uma hipótese de trabalho.
>
> Church, 1937a

> Esta noção de processo efetivo ocorre freqüentemente em conexão com problemas matemáticos, em que se tem aparentemente um sentido claro, mas este sentido é comumente assumido sem explicação. Para os nossos propósitos atuais é desejável dar uma definição explícita.
>
> Church, 1938, p.226

A idéia de que se tratava de uma tese predominou, contudo, como Kleene escreveu em 1943:

> Agora, o reconhecimento de que estamos tratando com um processo bem definido que, para cada conjunto de valores das variáveis independentes, seguramente termina, de tal forma a garantir uma resposta definida "Sim" ou "Não" a uma certa questão sobre a controle da terminação, em outras palavras, o reconhecimento da decidibilidade efetiva em um predicado, é uma coisa subjetiva. O mesmo vale para o reconhecimento de que se pode chamar de *calculabilidade efetiva* de uma função. Podemos admitir, em primeiro lugar, uma habilidade intuitiva para reconhecer várias instâncias individuais destas noções. Em particular, de fato

reconhecemos as funções recursivas gerais como efetivamente calculáveis e portanto reconhecemos os predicados recursivos gerais como efetivamente decidíveis.

Reciprocamente, como um princípio heurístico, tem sido aceito que tais funções (predicados) são efetivamente calculáveis (efetivamente decidíveis), e onde quer que a questão tenha sido investigada, têm se mostrado sempre ser recursivas gerais, ou na linguagem intencional, ser equivalente às funções recursivas gerais (predicados recursivos gerais). Este fato heurístico, bem como certas reflexões sobre a natureza dos processos algorítmicos simbólicos, levou Church a estabelecer a seguinte tese. A mesma tese está implícita na descrição de Turing das máquinas de computar.

Tese I: *Toda função efetivamente calculável (predicado efetivamente decidível) é recursiva(o) geral.*

Como está faltando uma definição matemática rigorosa do termo efetivamente calculável (efetivamente decidível), podemos tomar a tese, juntamente com o princípio já aceito do qual ela é a recíproca, como uma definição, para os propósitos de desenvolvimento de uma teoria matemática sobre o termo. Na medida em que já dispomos de uma noção intuitiva de calculabilidade efetiva (decidibilidade efetiva), a tese tem o caráter de uma hipótese – um ponto enfatizado por Post e Church. Se considerarmos a tese e a recíproca como uma definição, então a hipótese é uma hipótese sobre a aplicação da teoria matemática desenvolvida a partir da definição. Para a aceitação da hipótese, como temos sugerido, existem razões bastante fortes.

Kleene, 1943, p.274

Há aqui uma certa evasiva que não é incomum: muitos teriam preferido tomá-la como um simples princípio heurístico. Gödel originalmente fez isso em 1934.

Funções recursivas [o que agora denominamos de funções recursivas primitivas] têm a importante propriedade de que, para cada conjunto de valores dado para os argumentos, o valor da função pode ser computado por meio de um procedimento finito.*

* A recíproca parece ser verdadeira se, além da recursão conforme o esquema (2), recursões de outras formas (por exemplo, com respeito a duas variáveis simultaneamente) são admitidas. Isto não pode ser provado, pois a noção de computação finita não está definida, mas serve como um princípio heurístico.

Gödel, 1934, pp.43-4

B. Uma definição ou uma tese?

1. Sobre definições

Existem duas espécies de definições. Uma é do tipo que os matemáticos normalmente usam e é chamada de *definição nominal*. Incluídas neste tipo estão as definições simplesmente convencionais, que equivalem a usar uma palavra ou símbolo em lugar de outros. Por exemplo, na teoria de grupos definimos o símbolo 'α^{-1}' para representar o 'β tal que $\alpha * \beta = 1$'. Ou, um autor de um livro sobre teoria de grupos definirá a palavra 'grupo' como qualquer objeto que satisfaça seus três axiomas.

Também estão incluídas neste tipo definições que são propostas como formalizações ou 'reconstruções racionais' de noções imprecisas ou intuitivamente vagas. Este é o tipo de definição que Church aparentemente tencionava.

Definições nominais são usadas por uma questão de conveniência, por exemplo, quando uma longa sucessão de símbolos é substituída por um único símbolo, ou são um meio de chamar atenção para um objeto ou conceito particular, ou uma tentativa de substituir uma noção intuitiva vaga por uma formal precisa. As definições são julgadas por sua utilidade, adequação e relevância.

O outro tipo de definição, mais comum em filosofia, é chamada uma *definição absoluta,* ou *real*: uma caracterização de um conceito ou objeto é dada pela listagem de suas características essenciais. Por exemplo, 'humano' foi definido por Aristóteles como 'animal racional', visto que qualquer humano é necessariamente um animal racional, e qualquer que seja um animal racional é necessariamente humano.

Definições absolutas não se referem ao que as palavras *significam*, mas sobre o que as coisas *são*. Elas são asserções disfarçadas. Elas afirmam que um conceito ou objeto para o qual já temos uma expressão é corretamente caracterizado por certas propriedades. Elas admitem que o conceito tal como computabilidade, que tínhamos imaginado ser vago, não era, ou porque se refere a uma abstração platônica bem precisa (embora indistinta para nós), como Gödel defende abaixo, ou porque se refere a alguma coisa no mundo da nossa percepção, em relação à qual teríamos antecipadamente uma pobre compreensão, como aparentemente acreditava Post acerca da noção de calculabilidade efetiva.

Classificar uma definição particular como nominal ou absoluta depende de nosso ponto de vista. Um exemplo é a definição de "$(\exists x)Fx$" como "$(\neg\forall x)\neg Fx$", que apresentamos no capítulo 20. Formulamos essa como uma definição nominal, por uma questão de conveniência. Um matemático clássico, entretanto, poderia tomá-la como uma definição absoluta, pois ele poderia argumentar que é um fato necessário a equivalência entre "é o caso que alguma coisa satisfaça o predicado", por um lado, e "não é o caso de que qualquer coisa falhe em satisfazer o predicado", por outro.

Nesta seção seguiremos debatendo sobre se a Tese de Church é uma definição, no sentido de uma definição nominal a ser julgada apenas com respeito à sua adequação ou relevância, ou uma tese na acepção de uma definição absoluta, e portanto verdadeira ou falsa.

2. "Um argumento contra a plausibilidade da Tese de Church", de Kalmár

Em 1957, Kalmár reviveu o debate a respeito de a identificação poder ser considerada como uma tese ou uma definição.

> Em suas famosas investigações sobre problemas aritméticos insolúveis, Church usou uma hipótese de trabalho, a saber, a identificação da noção de funções efetivamente calculáveis com aquelas das funções recursivas gerais (ou, de modo equivalente, λ-definíveis). Esta hipótese de trabalho é conhecida sob o nome de tese de Church. Esta tem várias formas equivalentes, que são geralmente aceitas nas investigações sobre problemas insolúveis, por exemplo, a identificação feita por Turing da noção de funções efetivamente calculáveis com aquelas de funções computáveis por meio de uma máquina de Turing, ou o princípio da normalizabilidade de algoritmos de Markov.
>
> Na presente contribuição eu não pretendo refutar a tese de Church. A tese de Church não é um teorema matemático que possa ser provado ou refutado num sentido matemático exato, pois estabelece a identidade de duas noções, em que somente uma é definida matematicamente, enquanto a outra é usada pelos matemáticos sem uma definição exata. É claro que a tese de Church pode ser mascarada sob a forma de definição: chamamos uma função aritmética de efetivamente calculável se e somente se ela é recursiva geral, arriscando contudo que alguém no futuro defina uma função que seja por um lado, não efetivamente calculável no sentido assim definido, mas por outro lado, que seus valores possam ser efetivamente calculados para quaisquer argumentos dados. De modo análogo, no tocante a um problema que contenha um parâmetro percorrendo os números naturais, definindo-o como solúvel se e somente se sua função característica seja recursiva geral, corre-se o risco de que alguém no futuro resolva um problema que é insolúvel sob esta definição. Por esta razão, me parece melhor considerar tais enunciados como a tese de Church, ou a identificação de problemas solúveis com aqueles que têm uma função característica recursiva geral, como proposições em vez de definições, ainda que não-matemáticas, mas "pré-matemáticas". As duas ou mais páginas do artigo de Church [1936], ocupadas com argumentos sobre a plausibilidade (portanto

pré-matemáticos) de sua tese, mostram que sua opinião sobre esta questão não difere muito da minha.

Kalmár, 1957, pp.72-3

3. Uma perspectiva platonista: Gödel

Para a maioria dos platonistas, a identificação de Church é uma tese. A classe das funções computáveis existe independentemente de nós e de nossas investigações, e a questão é se essa classe é a mesma classe das funções recursivas totais. Gödel foi o expoente do platonismo na matemática da atualidade; Wang relata suas conversas com Gödel sobre formalização de conceitos intuitivos.

Gödel a respeito de procedimentos mecânicos e da percepção de conceitos

Se começamos com um conceito intuitivo vago, como poderemos encontrar um conceito nítido que corresponda fielmente a este? A resposta de Gödel é que o conceito nítido estava lá todo o tempo, só que no início nós não o víamos. Isto é semelhante à nossa percepção de um animal, primeiro afastado e depois próximo. Não havíamos percebido o conceito nítido de procedimentos mecânicos de maneira clara antes de Turing, que nos colocou na perspectiva correta. A partir daí percebemos claramente o conceito nítido. Existem mais similaridades do que diferenças entre percepções sensoriais e as percepções de conceitos. De fato, objetos físicos são percebidos mais indiretamente que conceitos. O análogo da percepção de objetos sensoriais de diferentes ângulos é a percepção de conceitos diferentes mas logicamente equivalentes. Se não existe nada nítido para começar, é difícil entender como, em muitos casos, um conceito vago pode determinar de modo único um nítido sem que haja *alguma* liberdade de escolha. "Tentar ver (isto é, compreender) um conceito mais claramente" é o modo correto de expressar o fenômeno descrito de maneira vaga como "examinar o que entendemos por uma palavra."...

Gödel menciona que o conceito preciso que dá significado à idéia intuitiva de velocidade é obviamente *ds/dt*, e o conceito preciso que dá significado a "tamanho" (como oposto a "forma"), por exemplo, de uma amostra, é claramente equivalente à medida de Peano nos casos em que qualquer dos dois é aplicável. Nestes casos as soluções são *inquestionavelmente* únicas, o que aqui é devido ao fato de que elas satisfazem certos axiomas, os quais, sob inspeção rigorosa, encontramos ser incontestavelmente implicadas no conceito. Por exemplo, figuras congruentes têm a mesma área, uma parte não tem o tamanho maior do que o todo, etc.

Há casos em que combinamos dois ou mais conceitos exatos num conceito intuitivo e então parecemos chegar a resultados paradoxais. Um exemplo é o conceito de continuidade. Nossa intuição prévia contém uma ambigüidade entre curvas lisas ou suaves e movimentos contínuos. Não nos comprometemos nem com um conceito, nem com outro, em nossa intuição prévia. No sentido de movimentos contínuos, uma curva permanece contínua quando se incluem oscilações em qual-

> quer intervalo de tempo, tão pequenos quanto se queira, contanto que suas amplitudes tendam para 0 se o intervalo de tempo tende a zero. Mas, tal curva não é mais lisa. O conceito de curva lisa só é entendido precisamente através do conceito exato de diferenciabilidade. O exemplo de curvas contínuas que preenchem o espaço é perturbador, porque sentimos intuitivamente que uma curva contínua, na medida em que é lisa, não pode preencher o espaço. Quando compreendemos que há dois conceitos nítidos distintos mesclados ao mesmo tempo num conceito intuitivo, o paradoxo desaparece. Aqui, a analogia com a percepção sensorial é estreita. Não podemos distinguir duas estrelas vizinhas situadas a longa distância. Mas, usando um telescópio, podemos ver que realmente existem duas estrelas.
>
> Wang, 1974, pp.84-6

Aqui estão as próprias palavras de Gödel sobre o significado da formalização de Turing das funções computáveis.

> Tarski acentuou na sua conferência (e julgo que com razão) a grande importância do conceito de recursividade geral (ou computabilidade de Turing). Parece-me que esta importância é devida ao fato que, com este conceito, conseguiu-se pela primeira vez ter uma definição absoluta de uma noção epistemológica interessante, isto é, absoluta no sentido de não depender do formalismo escolhido. Em todos os outros casos tratados anteriormente, como demonstrabilidade ou definibilidade, só foi possível defini-los em relação a uma linguagem dada, e para cada linguagem individual é óbvio que aquilo que se obtém não é exatamente o que se procura. Para o conceito de computabilidade, no entanto, embora ele seja um caso especial de demonstrabilidade ou de decidibilidade, a situação é diferente. Por uma espécie de milagre não é necessário distinguir ordens, e o processo de diagonalização não conduz para fora da noção definida.
>
> Gödel, 1946, p.84

4. Outros exemplos: definições ou teses?

Consideremos o exemplo de um professor de escola que deseja ensinar a uma criança a definição de um círculo. A criança já sabe "o que é um círculo", e podemos tomar isso quer no sentido de que a criança tenha aprendido a noção a partir da experiência ou a tenha adquirido do céu platônico acima dos céus. O professor, então, lhe diz que um círculo é o lugar geométrico de todos os pontos eqüidistantes de algum ponto. Isso soa bastante estranho, e as próprias palavras podem ter de ser explicadas para a criança. Certamente, o professor terá de lhe convencer de que a definição é correta através da reflexão sobre o significado das palavras, e mostrar como um círculo pode ser desenhado com um barbante onde uma das pontas é fixa e a outra amarrada a um lápis. O professor tem de mostrar para a criança que seu conceito intuitivo de círculo, que ela pode apenas ser capaz de expressar por 'redondo', corresponde à definição formal rígida.

Agora, esta 'evidência' mostra que o professor realmente pensou numa 'tese do círculo', como Kalmár poderia sugerir?

Ou considere-se o exemplo das tentativas para caracterizar a noção de continuidade. Temos uma noção intuitiva de uma curva contínua, como aquela que pode ser desenhada sem interrupções. O "pode ser desenhada" foi refinado para: em cada ponto a função concorda com seu limite naquele ponto. E chegamos, no século XIX, à caracterização atribuída a Cauchy e Weierstrass:

> Uma função f é contínua sse, para cada ponto x em seu domínio, dado qualquer número positivo ε existe um número positivo δ tal que, se $| z - x | < \delta$, resulta que $| f(z) - f(x) | < \varepsilon$.

Esta proposta é apresentada hoje em dia como uma definição. Mas não deveríamos chamá-la Tese de Cauchy-Weierstrass? Que garantia temos de que esta história de ε's e δ's corresponde exatamente à nossa idéia intuitiva de limite? Essa dúvida não é absurda, quando lembramos que atrás de ε's e δ's estão os números naturais (o princípio arquimediano de que para cada $\varepsilon > 0$ existe algum número natural n tal que, $1 < n \cdot \varepsilon$), de forma que reduzimos a idéia de aproximação e de curva sem interrupções à idéia de números naturais e inequações. É certamente necessário justificar alguma coisa, especialmente pelo fato de que uma conseqüência desta 'definição' e da caracterização de uma curva lisa ou suave como diferenciável é a existência de uma curva sem interrupções mas que não é uniforme em parte alguma (uma função contínua mas não diferenciável em nenhum ponto).

Por que deveríamos considerar estes casos diferentes do de Church? Talvez, como nos sugeriu Oswaldo Chateaubriand, as noções pré-formais nestes dois exemplos foram originalmente concebidas como sendo parte da matemática, enquanto construtividade ou computabilidade foram sempre consideradas noções não-matemáticas. Talvez; mas nos parece que a noção de círculo ou de curva ininterrupta não sejam inerentemente matemáticas, mas sim aprendidas pela criança muito tempo antes que ela possa somar.

A razão talvez seja outra: a diferença é que essas definições resolveram apenas questões matemáticas; elas levaram a que certa matemática formal fosse aplicada a problemas provenientes de nossa experiência física. A definição/tese de Church, por outro lado, foi motivada e adotada para resolver problemas *filosóficos* sobre o significado e justificação da matemática. Em contextos filosóficos, a concordância é difícil de se alcançar, mas a quase unanimidade de aceitação sobre a definição/tese de Church, que discutiremos na próxima secção, é algo impressionante.

Acreditamos que cada um destes exemplos é uma definição, ou cada um é uma tese. Mas a classificação que lhes damos depende do que acreditamos estar fazendo quando nos ocupamos com matemática: abstraindo da experiência, ou tentando vislumbrar claramente conceitos platônicos abstratos.

5. Sobre o uso da Tese de Church

Todos os autores que citamos acima estão de acordo sobre um ponto: a tese/definição não é parte da matemática, não é parte da teoria das funções recursivas ou das máquinas de Turing. Estas teorias são interessantes em si mesmas, ainda que a tese/definição de Church fosse abandonada. Além do que o Fato Surpreendente possa significar, ele mostra que uma noção que é estável sob tantas formulações diferentes deve ser fundamental. Assim, é simplesmente um caso de confusão quando um profissional moderno da teoria da recursão escreve o seguinte:

> A tese de Church é mais que um enunciado filosófico sobre a natureza da computabilidade. É uma ferramenta útil em provas. Encontraremos freqüentemente, nos capítulos seguintes, que é fácil dar uma descrição informal de uma função segundo a qual se mostra que a função é computável. Novamente, podemos dar uma descrição informal de como decidir se um elemento está ou não em um conjunto dado. Mostrar que a função é recursiva parcial, ou que um conjunto é recursivo, pode envolver cálculos extensos. Tais cálculos, que não estão provavelmente adicionando qualquer informação ao que está acontecendo, são usualmente substituídos por um recurso à Tese de Church. Ou seja, desde que tenhamos dado um argumento intuitivo de que a função é computável (ou que o conjunto é decidível), afirmamos então que a Tese de Church nos diz que a função é recursiva parcial. Isto simplifica cálculos tediosos; os leitores devem se convencer, no entanto, que toda vez que a Tese de Church é usada, uma prova formal pode ser elaborada por alguém que seja suficientemente industrioso.
>
> D. Cohen, 1987, p.104

Invocar a tese de Church quando "a prova é deixada para o leitor" é pretender dar um nome fantasioso a um procedimento de rotina em matemática, e ao mesmo tempo denegrir a verdadeira matemática.

Ao contrário, a tese/definição de Church versa sobre a aplicabilidade de uma teoria matemática formal. É uma ponte entre a matemática e os problemas filosóficos gerados pela matemática. Está em questão se é a ponte apropriada, e pode ser questionada da mesma maneira se a tomamos como uma definição (é a definição adequada?) ou como uma tese (é a tese verdadeira?).

Por que, então, se acredita que ela seja a ponte correta?

C. Argumentos pró e contra

1. Pró

Kleene apresentou justificativas em favor da tese/definição de Church. Ele admite como evidente que toda função recursiva é computável e discute apenas se toda função computável é recursiva.

(A) Evidência heurística

(A1) Toda função particular efetivamente calculável, e toda operação para definir efetivamente uma função a partir de outras funções, para a qual a questão tem sido investigada, tem se provado ser recursiva geral. Uma grande variedade de funções efetivamente calculáveis, de classes de funções efetivamente calculáveis e, de operações para definir efetivamente funções a partir de outras funções, escolhidas com intenção de esgotar os tipos conhecidos, tem sido investigada.

(A2) Os métodos para mostrar que funções efetivamente calculáveis são recursivas gerais têm sido desenvolvidos a um grau tal que virtualmente exclui qualquer dúvida de que se possa descrever um processo efetivo para determinar os valores da função, ou que [uma função efetivamente calculável] não seja transformada, por esses métodos, numa definição recursiva geral da função.

(A3) A exploração de vários métodos pelos quais se poderia esperar produzir uma função fora da classe das funções recursivas gerais tem mostrado que, em cada caso, o método de fato não conduz além dos limites da classe, ou que a nova função obtida não pode ser considerada como efetivamente definida, isto é, sua definição não proporciona nenhum processo efetivo de cálculo. Em particular, este último é o caso do método de diagonalização de Cantor. ...

(B) Equivalência de diversas formulações

[Aqui, Kleene discute o que chamamos no capítulo 9 de "Um Fato Surpreendente".]

(C) O conceito de Turing sobre uma máquina de computação

As funções Turing-computáveis [Turing (1936-7)] são aquelas que podem ser computadas por meio de uma máquina, projetada, de acordo com sua análise, para reproduzir todo tipo de operações que um computador ou calculista humano possa executar, trabalhando conforme instruções predeterminadas. A noção de Turing é assim, o resultado de uma tentativa direta de formular matematicamente a noção de calculabilidade efetiva, enquanto as outras noções [por exemplo, λ-definibilidade, recursividade] apareceram de forma diferente, e foram posteriormente identificadas com calculabilidade efetiva. A formulação de Turing constitui portanto um enunciado independente da tese de Church (em termos equivalentes). Post, em 1936, deu uma formulação similar. ...

> **(D) Lógica simbólica e algoritmos simbólicos. ...**
>
> Em resumo,... se as operações individuais ou as regras de um sistema formal ou de um algoritmo simbólico usado para definir uma função são recursivas gerais, então a totalidade dos procedimentos é recursiva geral [ver Capítulo 18 §F, Capítulo 20 §F, e Capítulo 23 §C]. Assim, podemos incluir [estes] como exemplos particulares de operações ou métodos de definição sob (A1).
>
> Kleene, 1952, p.319-23

No parágrafo D faremos uma avaliação da relevância desta evidência. Mas primeiro consideremos os argumentos contra a tese/definição de Church.

2. Nem toda função recursiva é computável: computabilidade teórica x computabilidade real

Um dos principais argumentos da crítica à tese/definição é que existem várias funções recursivas (ou, de forma não extensional, programas) para os quais se requer uma quantidade muito grande de tempo e/ou memória de um computador para executar os cálculos – não apenas com a tecnologia vigente, mas sempre. Lembre-se, por exemplo, da função ψ de Ackermann. Tente calcular $\psi(47, 14)$; ou se você dispõe do tempo acessível num supercomputador (um ano ou dois...) inicie o cálculo de $\psi(8489727, 12)$. Sabemos que ψ domina todas as funções recursivas primitivas; e conseqüentemente, mediante formalização adequada, da noção de número de passos numa computação, digamos através do uso do predicado de computação universal, sabemos que para todo m, com exceção de um número finito e pequeno de entradas m, o cálculo de $\psi(m, n)$ exige mais do que, digamos,

$$\left.100^{100^{\cdot^{\cdot^{\cdot^{100}}}}}\right\}n$$

passos. Assim, não podemos, de fato, calcular tais valores. E isso não depende do valor de $\psi(m, n)$ ser muito grande. Pior, sabemos que ψ é ainda bem inferior na hierarquia da complexidade computacional (ver capítulo 12).

Além disso, podemos produzir uma função recursiva f tal que através de qualquer medição plausível da quantidade de matéria necessária para os cálculos (digamos, um átomo para cada dígito decimal no cálculo), requer mais matéria que a existente no sistema solar para calcular $f(0)$ ou $f(x)$ para todo x. Estaríamos justificados em chamar uma tal função computável? A resposta habitual é do tipo dado por Mendelson:

> A computabilidade humana não é da mesma natureza que a computabilidade efetiva. Uma função é considerada efetivamente computável se seus valores podem ser computados de modo efetivo em um número finito de passos, mas não existe um limite para o número de passos requerido para qualquer computação dada. Assim, o fato de que existem funções efetivamente computáveis mas que não podem ser humanamente computáveis nada tem a ver com a Tese de Church.
>
> Mendelson, 1963, p.202

Mas uma resposta desse tipo é um tanto superficial. Certamente o que Turing e Post fizeram foi uma análise das operações de cálculo que uma pessoa pode fazer, e aí reside o grau de convencimento de sua análise. A questão, neste caso, é sobre o significado de 'pode'. O mesmo problema ocorre quando dizemos que um número natural é todo número obtido pela adição sucessiva de 1, a partir do 0. Se dizemos que existem infinitos números naturais, então devemos interpretar a palavra 'pode' de maneira completamente tolerante, pois não há nenhum meio físico conhecido que possibilite adicionar 1 mais vezes do que a quantidade de átomos existente na terra, para expressar a adição (ou se não se deseja representá-la, considere quanto tempo seria preciso para efetuar a adição mentalmente). A questão da computação real *versus* teórica é análoga à finitude real *versus* finitude teórica, um tópico ao qual é dedicado o artigo de van Dantzig no próximo capítulo

A tese/definição de Church, em virtude da evidência a seu favor, é útil como uma limitação para o que, com boa vontade, chamamos de computável. Talvez o fato de uma função ser recursiva não signifique que possamos computar todos os seus valores mesmo para entradas pequenas; mas se uma função pode ser mostrada não recursiva, então podemos nos sentir seguros de que não se justifica chamá-la de computável. Isto é, a tese/definição de Church é, em primeiro lugar, útil para estabelecer resultados negativos sobre computabilidade (veja Goodstein, 1951a). E isso foi o que nos interessou quando iniciamos nossos estudos de computabilidade: Existe um procedimento efetivo para decidir o valor de verdade de cada sentença aritmética? Existe um procedimento efetivo para estabelecer a consistência da matemática infinitária? Com a tese/definição de Church fornecendo um limite superior para a computabilidade, podemos responder a estas questões de modo negativo. Por outro lado, naqueles casos tais como a aritmética com adição mas não multiplicação, em que existe um procedimento recursivo para decidir o valor de verdade de enunciados da teoria, outra questão surge imediatamente: é possível que este procedimento possa ser implementado em um número polinomial de passos dependendo do comprimento da fbf? Isto é, o procedimento de decisão é realisticamente (não só teoricamente) computável?

Observe a similaridade com o caso da noção de continuidade descrito anteriormente: o exemplo de uma função contínua, mas não diferenciável em nenhum ponto, provavelmente nos faça pensar a respeito da definição de continuidade como um limite superior sobre o que estaremos inclinados a chamar de contínuo.

3. Interpretação dos quantificadores na tese/definição

Propomos a seguir a tese/definição de Church numa forma precisa para funções recursivas, usando nossa notação.

> Uma função f é computável $\Leftrightarrow \exists$ um indíce e tal que $\forall\ \vec{x}$, $\exists$ uma computação (codificada por algum q) tal que $\varphi_e(\vec{x})\downarrow = f(x)$, isto é, $C\ (e, \langle \vec{x} \rangle, (q)_0, q)$ e $(q)_0 = f(x)$.

Existem dois quantificadores existenciais nesta definição. Péter, 1957, e Heyting, 1962, argumentam que ambos devem ser interpretados efetivamente. Isto é, dada uma função que se afirma ser computável, deve ser obtido efetivamente um índice para ela, e deve haver uma prova efetiva de que para cada $\vec{x}$ a computação pára.

Church já havia antecipado esta objeção em 1936 (conforme sua definição, uma função é recursiva se podem ser encontradas equações de um certo tipo).

> O leitor pode objetar que este algoritmo não tem a capacidade de fornecer um cálculo efetivo do valor particular requerido ... a menos que uma prova construtiva da equação requerida... seja encontrada em última análise. Mas, sendo assim, isto simplesmente significa que ele deverá considerar o quantificador existencial que aparece em nossa definição de um conjunto de equações recursivas num sentido construtivo. O que o critério de construtibilidade venha a ser é deixado ao leitor.
>
> Church, 1936, p.95n

Aqui está, porém, o que Heyting tem a dizer:

> A noção de função recursiva, que tinha sido inventada com a finalidade de tornar a noção de função calculável mais precisa, é interpretada por muitos matemáticos de tal modo que esta perde qualquer conexão com calculabilidade, porque eles interpretam o quantificador existencial que ocorre na definição de forma não-construtível.
>
> Naturalmente todo conjunto finito é recursivo primitivo. Mas será que todo subconjunto de um conjunto finito é recursivo? Quem pode calcular o número de

> Gödel da função característica do conjunto de todos os expoentes menores que 10^{10} que não satisfaçam o Teorema de Fermat [na época, ainda em aberto- veja a função h do Capítulo 13.A] ou do conjunto: $P_n = \{ x \mid x < n \ \& \ (\exists y)\ T_1(x, x, y) \}$ [i.e. $\{x : \varphi_x(x)\downarrow$ em $\leq n$ passos$\}$], onde n é um número natural dado? A resposta depende da base lógica que é adotada. Se recursividade é interpretada não-construtivamente, então P_n constitui um contra-exemplo à recíproca da tese de Church.
>
> Heyting, 1962, pp.195-6

Isto é, o quantificador existencial deve ser construtivo (não extensional) ou este não tem valor. Mas, como Péter argumenta, se o interpretamos de modo construtível, então temos um círculo vicioso, pois estamos definindo a noção de construtibilidade em termos de si própria.

No que tange ao platonismo, não há nenhum problema: os quantificadores não necessitam ser interpretados construtivamente pois tais conjuntos, como Heyting descreve, são ou não são recursivos. É um problema diferente se podemos ou não provar que eles são recursivos, ou se podemos exibir o índice de uma máquina que computa sua função característica. Mendelson expressa esta questão de um modo um tanto simplório a respeito da caracterização das funções computáveis em termos de equações:

> Além disso, para uma função ser computável mediante um sistema de equações, não é necessário que seres humanos sempre conheçam este fato, exatamente como não é necessário para seres humanos provar ser uma dada função contínua, a fim de que a função seja contínua.
>
> Mendelson, 1963, p.202

Mas este não é um argumento; é somente um ponto de vista. No próximo capítulo, veremos o que Heyting, conhecido representante do intuicionismo, tem a dizer.

O debate acerca do segundo quantificador existencial é na verdade sobre se devemos exigir, que se saiba antecipadamente que todas as computações parem, como fizemos com as funções recursivas primitivas. Sabemos, do capítulo 14, que não se pode, em geral, prever recursivamente quais as computações param, pois do contrário, por meio de diagonalização, resultaria uma contradição.

Mas o requerimento de saber antecipadamente que as computações param, a fim de que a função seja julgada computável, não tem força contra a caracterização de processos efetivos (em oposição a funções) como programas recursivos parciais. A significação da insolubilidade do problema da parada é que a noção fundamental é aquela de procedimento efetivo, não de função efetiva: o que é efetivo passo a passo pode não nos conduzir a lugar algum (cf. as observações de Gödel no capítulo 14 D). Este fato, assim como nossa incapacidade para reduzir o infinito ao finito, nos parece outro exemplo de que não existe nenhuma certeza num mundo incerto.

4. Uma conseqüência paradoxal?

Após o que temos discutido até aqui, você pode achar surpreendente que Kalmár, 1957, tenha argumentado que a tese/definição de Church dá uma caracterização muito restrita de efetividade. Kalmár, de fato, não produz uma função que ele afirma ser computável mas não-recursiva. Ao contrário, ele mostra o que considera ser uma conseqüência paradoxal da tese/definição. Aqui está seu argumento.

Seja K um conjunto recursivamente enumerável que não é recursivo. Considere o seguinte procedimento.

Dado um número p, para decidir '$p \in K$', simultaneamente:

1. Gere os elementos de K, e
2. Procure uma prova "não sob a estrutura de algum sistema fixo de postulados, mas por meio de argumentos arbitrários, obviamente corretos" que $p \notin K$.

Como K não é recursivo, pela tese/definição de Church este procedimento não é efetivo. Mas, então deve existir algum p para o qual a proposição '$p \in K$' é falsa, isto é $p \notin K$, contudo, este fato não pode ser provado por qualquer meio correto.

> A proposição que expressa que, para este p, ["$p \in K$"] é indecidível, ou em outras palavras, o problema de se esta proposição é verdadeira ou não será insolúvel, não no sentido de Gödel de uma proposição não ser nem demonstrável nem refutável sob a estrutura de um sistema fixo de axiomas, nem mesmo no sentido de Church de um problema com um parâmetro para o qual não existe um método recursivo geral de decisão, para cada valor dado do parâmetro em um número finito de passos, que é a resposta correta ao caso particular correspondente do problema, "sim" ou "não". Na verdade, o problema, se a proposição em questão é verdadeira ou não, não contém qualquer parâmetro e, supondo-se a tese de Church, *a proposição propriamente dita não pode ser nem provada nem refutada,* não somente sob a estrutura de um sistema fixo de postulados, mas *mesmo admitindo-se qualquer meio correto.* Não pode ser provada pois é falsa e não pode ser refutada pois sua negação não pode ser provada. De acordo com meu conhecimento, esta conseqüência da tese de Church, a saber, a existência de uma proposição (sem parâmetro) que é indecidível neste sentido *realmente absoluto*, não foi observada até agora.
>
> Entretanto, esta "proposição absolutamente indecidível" tem um defeito de origem: podemos decidi-la, pois sabemos que ela é falsa. Portanto, *a tese de Church implica a existência de uma proposição absolutamente indecidível que po-*

de ser decidida, a saber, é falsa, ou, em outra formulação, implica *a existência de um problema absolutamente insolúvel com uma solução definida conhecida*, certamente, uma conseqüência muito estranha.

Kalmár, 1957, p.75

O argumento de Kalmár está errado. Mesmo supondo que a descrição corresponda de fato a uma função (o que certamente ocorre, segundo padrões intuicionistas, cf. capítulo 25 A.2), há um problema. Kalmár se refere a 'esta proposição', em nossa formulação '$p \in K$', como se na verdade tivéssemos um tal número p. Contudo, não podemos produzir tal proposição pois, caso contrário, teríamos uma contradição: se pudéssemos provar que a proposição é '$p \in K$' então, isso seria devido ao fato que $p \notin K$ e, portanto, já teríamos uma prova de que $p \notin K$ *e* que não existe prova que $p \notin K$. O que podemos fazer é provar que deve existir algum $p \notin K$ para o qual não existe prova de que $p \notin K$, embora não possamos dizer que p é este. Ao menos na matemática clássica, isso é suficiente. Mas, para um construtivista, pode parecer estranho que não apenas temos uma prova existencial não-construtiva, mas uma prova que não pode ser feita de modo construtivo.

D. Interpretando a evidência

Os pontos mais significantes a favor da evidência para a tese/definição de Church, como discutido acima, são (i) o fato de que, não obstante vários esforços combinados, ninguém foi capaz de produzir uma função que seja claramente computável e não recursiva, (ii) a análise de Turing em que as funções recursivas são computáveis, e (iii) o Fato Surpreendente, que tem mostrado que as várias tentativas para formalizar a noção de computabilidade, por meios que se afiguraram radicalmente diferentes, mostraram-se equivalentes mediante traduções efetivas. Como interpretar tudo isso?

Um platonista pode explicar facilmente a evidência: a classe das funções computáveis estava aí o tempo todo e, finalmente, conseguimos 'vê-la'. Realmente, o Fato Surpreendente pode ser considerado uma boa evidência de que existe uma realidade platônica de objetos abstratos independentes de nós.

Mas podemos argumentar, com Post, que a tese/definição de Church se refere à capacidade humana. Talvez o Fato Surpreendente seja uma conseqüência ou reflexo da estrutura de nossos cérebros e mentes.

Ou, talvez, um artefato cultural, um produto de nossa era e cultura matemático-científica ocidental. O fato de ainda não se ter produzido uma função computável que não é recursiva nada confirma: por séculos os lógicos pensaram que todas as formas de raciocínio correto que podiam ser codificadas estavam na silogística de Aristóteles, enquanto agora muitos outros métodos formais são considerados corretos (veja, por exemplo, Epstein, 1989). Ademais, numa época anterior, os antigos gregos compreendiam de modo completamente diferente a noção de construtibilidade, para números e figuras geométricas: construtíveis por régua (sem escala) e compasso.

Ou ainda podemos considerar, finalmente, o que Kreisel tem a dizer.

> A corroboração da tese de Church... consiste, antes de mais nada, na análise do comportamento característico de máquinas e em várias condições de fecho, por exemplo diagonalização. ... Certamente, não consiste na chamada corroboração empírica; a saber, a equivalência de diferentes caracterizações: o que exclui o caso de um erro *sistemático*? (cf. a corroboração empírica definitiva da matemática ordinária: se uma identidade aritmética é demonstrável, é demonstrável na aritmética clássica de primeira ordem; todas estas provas ignoram o princípio envolvido em, por exemplo, provas de consistência).
>
> Kreisel, 1965, p.144

Se existe um erro, ou se existe algum sentido para o qual estamos 'certos', e sendo assim por qual razão, somos incapazes de verificar. Não corresponderiam estas várias interpretações a vários argumentos diferentes, para os quais a 'evidência' estaria perpetuamente no céu de Platão acima dos céus? Estas várias interpretações correspondem aos diferentes meios de compreender a natureza da matemática, que exploraremos no próximo capítulo. Entre estas, não existe escolha definitiva.

Exercícios

1. Seria uma tese ou uma definição? Reescreva a citação de Kalmár em B.2 até o final da segunda sentença no segundo parágrafo, substituindo "tese de Church" por "tese de continuidade de Cauchy-Weierstrass", fazendo as outras mudanças necessárias. A analogia é adequada? Nossa analogia da tese/definição de Church com a definição de um círculo é adequada?

2. É justificável o uso da tese de Church dentro do desenvolvimento matemático da teoria das funções recursivas? Reescreva a citação de Cohen acima, em B.5 substituindo "tese de Church" por "tese de continuidade de Cauchy-Weierstrass", fazendo as outras mudanças necessárias. Este parágrafo seria aceitável num curso de cálculo para calouros? Num texto de pesquisa em nível de pós-graduação (cf. Lerman, p.9)?

3. Compare o relato de Wang sobre o ponto de vista de Gödel apresentado em B.3 com as citações de Platão no capítulo 2. De que forma poderia a evidência para a tese/definição de Church constituir uma evidência para o platonismo?

4. Em C.2 descrevemos certas funções como sendo recursivas mas não 'realmente computáveis'. Estaríamos justificados em chamar tal função 'efetiva' ou 'computável'? Você pode tornar precisa a distinção entre realmente computável e teoricamente computável?

5. É justificável fazer distinção entre um processo que é efetivo e que pode não parar, e uma função que é computável e deve fornecer um resultado para cada número natural (C.3)?

6. Argumente contra nossa conclusão de que não existe um meio possível para determinar qual das várias interpretações da evidência para a tese/definição de Church é correta.

Leitura complementar

Odifreddi, em *Classical Recursion Theory*, apresenta uma excelente discussão da tese/definição de Church, que é altamente recomendada. O autor a analisa em vários aspectos: como uma tese sobre mecanicismo e portanto sobre física e computadores, como uma tese sobre computadores e pensamento, como uma tese sobre a natureza do cérebro, e como uma tese sobre construtivismo em matemática.

Nossa discussão da história da Tese de Church foi limitada a fontes publicadas naquele período. Diversos artigos recentes se baseiam em recordações pessoais, em particular, uma interessante discussão oral gravada (editada por Crossley, 1975) e o texto de Kleene "Origins of recursive function theory" (um artigo bastante difícil). Diversos artigos em *The Universal Turing Machine, A Half-Century Survey*, editado por Rolf Herken, discutem a história e a relevância da Tese de Church.

Para uma recompilação e aspectos históricos de várias noções da definição, veja o verbete de Abelson, "Definitions", em *The Encyclopedia of Philosophy*.

Para um texto em português veja o ensaio de Rodolfo E. Biraben *Tese de Church: algumas questões histórico-conceituais* baseado em sua dissertação de mestrado e publicado na Coleção CLE, vol.16, Unicamp.

25
Enfoques construtivistas da matemática

Neste capítulo, estudaremos vários enfoques de fundamentação da matemática, os quais rejeitam, até certo grau, pressupostos infinitários.

Kronecker foi um forte opositor que antecipou, no século XIX, as críticas sobre a introdução de conjuntos infinitos e de provas não-construtivas de existência na matemática, mesmo antes da crise dos paradoxos da teoria dos conjuntos. Como professor de matemática em Berlim, ele teve considerável influência, tornando difícil para Cantor publicar sua pesquisa, e impossibilitando sua promoção. Hilbert, também, no início de sua carreira acadêmica, sofreu a influência da análise crítica de Kronecker, e seu artigo "Sobre o infinito" (capítulo 6) pode ser considerado, em parte, como a culminação do predomínio do ponto de vista de Kronecker.

Entretanto, a primeira alternativa completamente desenvolvida ao que é agora chamado de *matemática clássica*, isto é, a matemática baseada no uso de conjuntos infinitos e em raciocínios clássicos (capítulo 20 §B), foi o movimento denominado intuicionismo, iniciado por Brouwer. Seu artigo no §A é um dos primeiros sobre o tema, e é importante estar ciente de que foi publicado em 1913, quando a teoria axiomática dos conjuntos ainda se encontrava em sua infância, e bem antes do artigo "Sobre o infinito" de Hilbert (ver últimos parágrafos do artigo de Hilbert).

A análise recursiva que consideramos no §B é completamente diferente do intuicionismo de Brouwer. Ambos, Goodstein e uma escola russa, desenvolveram uma teoria dos números reais abrangendo a tese de Church: um número real é, em essência, um decimal cujos dígitos são o resultado do cálculo de uma função recursiva.

Bishop, no §C, critica o trabalho de Brouwer como muito impreciso e infinitário, e a análise recursiva como formal e limitada. Seu objetivo é substituir a matemática clássica por um corpo de resultados construtivos; teoremas negativos, que estabelecem que algo não é construtivo ou não existe, não são de interesse para seu projeto, pois envolvem precisamente a delimitação das fronteiras da construtividade. Ele toma a noção de função construtiva como primitiva e, junto com Brouwer, rejeita identificá-la com qualquer noção formal.

Nicolas Goodman em §D, por sua vez, faz uma crítica ao trabalho de Bishop, argumentando que uma construção teórica que não pudéssemos realizar na prática, ou um número natural que 'pudéssemos' escrever, mas que não pode ser realizado na prática, pois não há recursos físicos suficientes na terra para tal, são abstratos, não finitários, e portanto está justificado o uso de métodos de raciocínio clássico sobre eles. Nesta acepção, ele afirma, a matemática construtiva é associada à matemática clássica, sendo que seus interesses são dirigidos para resultados diferentes.

Van Dantzig e Isles elaboram crítica similar no §E, mas concluem, ao invés, em favor da necessidade de um enfoque mais finitário. Não 'temos' os números naturais como uma única seqüência bem definida, mas somente notações diferentes para números naturais específicos que podem ser incomparáveis. O papel da indução é então posto em questão, e concluímos nossa leitura com a reinterpretação de Isle sobre o *Problema da Parada* para máquinas de Turing.

A. Intuicionismo

1. L. E. J. Brouwer, "Intuicionismo e formalismo", 1913

O assunto para o qual estou solicitando vossa atenção refere-se aos fundamentos da matemática. Para entender o desenvolvimento de teorias opostas que existem neste campo do conhecimento, deve-se primeiro chegar a uma compreensão clara do conceito de 'ciência', visto que é como uma parte da ciência que a matemática tomou originalmente seu lugar no pensamento humano.

Entendemos por ciência a classificação sistemática de seqüências causais de fenômenos por intermédio de leis da natureza, i.e., seqüências de fenômenos que são consideradas de modo conveniente, para efeito individual ou social, como regulares, repetindo-se identicamente – e mais particularmente, de tais seqüências causais que são importantes nas relações sociais.

A razão pela qual a ciência empresta ao homem grande poder em sua ação sobre a natureza é devida ao fato de que a melhora contínua da catalogação de mais e mais seqüências causais de fenômenos conferem maiores possibilidades de evocar certos fenômenos desejados, difíceis ou impossíveis de se evocar diretamente, evocando outros fenômenos ligados com o primeiro através de seqüências causais. E o fato de que o homem em toda parte sempre produz ordem na natureza deve-se a que ele não somente isola as seqüências causais de fenômenos (i.e., ele se esforça para mantê-las livres da perturbação de fenômenos secundários), mas ainda lhes acrescenta fenômenos produzidos pela sua própria atividade, fazendo-lhes assim ampliar sua aplicabilidade. Em meio à última classe de fenômenos, os resultados de contagem e medição desempenham dessa forma um papel tão importante que um grande número de leis naturais introduzidas pela ciência trata somente das relações mútuas entre os resultados de contagem e mensuração. É bom observar, a respeito disso, que em uma lei natural em cuja proposição ocorrem magnitudes mensuráveis só pode ser entendida como válida na natureza com um certo grau de aproximação; de fato, leis naturais, via de regra, não são à prova de instrumentos de medição suficientemente refinados.

As exceções a esta regra têm sido, desde os tempos antigos, a aritmética prática e geometria de um lado, e a dinâmica dos corpos rígidos e a mecânica celeste por outro lado. Ambos os grupos têm, até agora, resistido a todos os aperfeiçoamentos nos instrumentos de observação. Mas, enquanto esta situação tem sido vista como acidental e temporal para o segundo grupo, e enquanto nos preparamos para ver estas ciências descerem ao grau de teorias aproximadas, até há relativamente pouco tempo reinava a confiança absoluta de que nenhum experimento poderia perturbar a exatidão da aritmética e da geometria; esta confiança é expressa na sentença que clama que a matemática é "a" ciência exata.

Sobre quais fundamentos está baseada a convicção de uma exatidão incontestável das leis matemáticas tem sido por séculos um objeto de investigação filosófica, e dois pontos de vista podem ser distinguidos, o *intuicionismo* (predominantemente francês) e o *formalismo* (predominantemente alemão). Em muitos aspectos estes dois pontos de vista têm se tornado mais e mais definitivamente opostos entre si, mas em épocas recentes eles têm chegado a um acordo sobre o seguinte ponto: que a validade exata das leis matemáticas como leis da natureza está fora de questão. A questão sobre a existência da exatidão matemática é respondida de maneira diferente pelos dois lados; o intuicionista diz: no intelecto humano, o formalista diz: no papel.

Em Kant encontramos uma antiga forma de intuicionismo, agora quase completamente abandonada, na qual tempo e espaço são tomados como sendo formas de concepção inerente à razão humana. Para Kant os axiomas da aritmética e geometria eram juízos sintéticos *a priori*, i.e., juízos independentes da experiência e não susceptíveis de demonstração analítica; e isto explicava sua exatidão apodítica [necessariamente verdadeira] no mundo da experiência tanto quanto em abstrato. Para Kant, por conseguinte, a possibilidade de refutar experimentalmente leis aritméticas e geométricas era não apenas excluída por uma sólida crença, mas era totalmente inconcebível.

Diametralmente oposto a isto é o enfoque do formalismo, o qual mantém, por exemplo, que a razão humana não tem à sua disposição imagens exatas de linhas retas ou de números maiores do que dez, por exemplo, e por conseguinte, estes objetos matemáticos não têm existência em nossa concepção de natureza mais do que na própria natureza. É verdade que de certas relações entre objetos matemáticos, que admitimos como axiomas, deduzimos outras relações de acordo com leis fixas, com a convicção que dessa forma derivamos verdades a partir de verdades mediante raciocínio lógico, mas esta convicção não-matemática da verdade ou legitimidade não tem qualquer exatidão e é apenas uma vaga sensação de prazer proveniente do conhecimento da eficácia da projeção na natureza destas relações e leis de raciocínio. Para o formalista, portanto, a exatidão consiste simplesmente no método de desenvolver as séries de relações, e é independente do significado que se possa desejar atribuir às relações ou aos objetos que elas relacionam. E para o formalista consistente estas séries de relações sem significado as quais a matemática é reduzida têm existência matemática unicamente quando elas tenham sido representadas verbalmente ou em linguagem escrita juntamente com as leis lógico-matemáticas das quais seu desenvolvimento depende, formando assim o que é denominado lógica simbólica.

Como as linguagens faladas ou escritas comuns não satisfazem de maneira alguma às exigências de consistência requeridas para esta lógica simbólica, os formalistas tentam evitar o uso da linguagem ordinária na matemática. Quão longe se possa ir nesta direção é mostrado pela escola italiana moderna de formalistas, cujo líder, Peano, publicou uma de suas descobertas mais importantes concernente a existência de integrais de equações diferenciais reais no *Mathematische Annalen* na linguagem da lógica simbólica; o resultado foi que esta só podia ser lida por uns poucos iniciados, e não se tornou acessível até que o artigo fosse traduzido para o alemão.

O ponto de vista do formalista deve levar à convicção de que, se outras fórmulas simbólicas forem substituídas por aquelas que agora representem relações matemáticas fundamentais e as leis lógico-matemáticas, a ausência da sensação de prazer, chamada "consciência da legitimidade," que pode resultar de tal substituição não invalida absolutamente sua exatidão matemática. Ao filósofo ou ao antropólogo, mas não ao matemático, pertence a tarefa de investigar por que certos sistemas de lógica simbólica ao contrário de outros podem ser efetivamente projetados sobre a natureza. Não ao matemático, mas ao psicólogo, cabe a tarefa de explicar por que acreditamos em certos sistemas de lógica simbólica e não em outros, em particular porque somos relutantes em aceitar os pretensos sistemas contraditórios nos quais a negação bem como a afirmação de certas proposições são válidas.*

Ao passo que os intuicionistas aderiam à teoria de Kant parecia que o desenvolvimento da matemática no século XIX os coloca os numa posição cada vez mais fraca com respeito aos formalistas. Pois, em primeiro lugar, este desenvolvi-

* Ver Mannoury, *Methodologisches und Philosophisches zur Elementarmathematik* p.149-54.

mento mostrou, repetidamente, como teorias completas podem ser transportadas de um domínio da matemática para outro: por exemplo, a geometria projetiva permanece invariante sob o intercâmbio de ponto e reta, uma parte importante da aritmética dos números reais permanece válida para vários corpos de números complexos e quase todos os teoremas da geometria elementar permanecem verdadeiros para a geometria não-arquimediana, na qual, para qualquer segmento de reta existe outro segmento infinitesimal com respeito ao primeiro. Estas descobertas pareciam indicar, de fato, que de uma teoria matemática somente a forma lógica tem relevância e não se necessita mais considerar o conteúdo, da mesma forma que não é necessário pensar sobre o significado dos grupos de dígitos com os quais se opera para a solução correta de um problema em aritmética.

Mas o mais sério golpe para a teoria Kantiana foi a descoberta da geometria não-euclideana, uma teoria consistente desenvolvida a partir de um conjunto de axiomas diferindo da geometria elementar apenas em relação ao axioma das paralelas, substituído pela sua negação. Pois isto mostrou que o fenômeno usualmente descrito na linguagem da geometria elementar pode ser interpretado com igual exatidão, ainda que freqüentemente de modo menos compacto, na linguagem da geometria não-euclideana; portanto, não somente é impossível manter que o espaço da nossa experiência tem as propriedades da geometria elementar, mas também que não há nenhum sentido em perguntar sobre *a* geometria que pode ser verdadeira para o espaço de nossa experiência. É verdade que a geometria elementar é mais adequada do que qualquer outra para a descrição das leis da cinemática dos corpos rígidos, e portanto de grande número de fenômenos naturais, mas com alguma paciência é possível construir objetos para os quais a cinemática seria mais facilmente interpretada em termos de geometria não-euclideana do que em termos de geometria euclideana.*

Quão fraca parecesse ser a posição do intuicionismo após este período de desenvolvimento matemático, recobrou forças abandonando o apriorismo kantiano do espaço e ao mesmo tempo aderindo de maneira mais resoluta ao apriorismo do tempo. Este neo-intuicionismo considera a divisão dos momentos de vida em diferentes partes qualitativamente, a serem reunidas só enquanto permanecem separadas no tempo, como fenômeno fundamental, do intelecto humano, passando, por meio da abstração do seu conteúdo emocional, para o fenômeno fundamental do pensamento matemático, a intuição da simples duidade[*two-oneness*]. Esta intuição da duidade, a intuição básica da matemática, cria não apenas os números um e dois, mas também todos os números ordinais finitos, e porquanto um dos elementos da duidade pode ser pensado como uma nova duidade, o processo pode ser repetido indefinidamente, dando origem ao menor número ordinal infinito ω. Finalmente, esta intuição basal da matemática, na qual o conexo e o desconexo, o contínuo e o discreto são unidos, dá origem imediatamente à intuição do contínuo linear, i.e.,

* Ver Poincaré, *Science and Hypothesis*, [Dover, 1952] p.104.

do "entre," que não é exaurível pela interposição de novas unidades e que, por conseguinte, não pode ser pensado como uma simples coleção de unidades.

Desta forma o apriorismo do tempo não apenas qualifica as propriedades da aritmética como juízos sintéticos *a priori*, mas faz o mesmo para aquelas da geometria, tanto para as geometrias bi- e tridimensionais, quanto para as geometrias *n*-dimensionais e não-euclideanas. De fato, desde Descartes temos aprendido a reduzir todas estas geometrias à aritmética por meio do cálculo de coordenadas.

Segundo o presente ponto de vista do intuicionismo, portanto, todos os conjuntos matemáticos de unidades que são dignos desse nome podem ser derivados da intuição basal e isto somente pode ser feito mediante combinação de um número finito de vezes das duas operações: "produzir um número ordinal finito" e "produzir um número ordinal infinito ω"; aqui, deve-se entender que qualquer conjunto previamente construído ou qualquer operação construtiva executada previamente pode ser tomada como uma unidade. Conseqüentemente, o intuicionista só reconhece a existência de conjuntos enumeráveis, i.e., conjuntos cujos elementos podem ser colocados em correspondência um-a-um ou com os elementos de um número ordinal finito ou com aqueles de um número ordinal infinito ω. E na construção destes conjuntos nem a linguagem ordinária, nem qualquer linguagem simbólica, pode ter qualquer outro papel senão o de servir como um auxílio não-matemático, para assistência à memória matemática ou para permitir que diferentes indivíduos construam o mesmo conjunto.

Por esta razão, o intuicionista jamais pode se sentir seguro da exatidão de uma teoria matemática pela garantia dada através da prova de que esta é não-contraditória, pela possibilidade de definir seus conceitos por um número finito de palavras, ou da convicção prática de que esta nunca conduz a um equívoco nas relações humanas.

Como afirmado acima, o formalista deseja deixar ao psicólogo a tarefa de selecionar a linguagem "verdadeiramente matemática" dentre as várias linguagens simbólicas que podem ser desenvolvidas de forma consistente. Visto que, a psicologia ainda nem iniciou esta tarefa, o formalista é compelido a demarcar, pelo menos temporariamente, o domínio que se deseja considerar como "verdade-matemática" e apostar para essa finalidade, num sistema definido de axiomas e leis de raciocínio, se não deseja ver seu trabalho condenado à esterilidade. Os vários meios através dos quais esta tentativa tem de fato sido feita, seguem todos a mesma idéia básica, a saber, a pressuposição da existência de um mundo dos objetos matemáticos, um mundo independente do pensamento individual, obedecendo as leis da lógica clássica e cujos objetos podem possuir com respeito uns aos outros a "relação de um conjunto com seus elementos." Com respeito a esta relação, vários axiomas são postulados, sugeridos pela prática com conjuntos finitos naturais, sendo os principais: "*um conjunto é determinado pelos seus elementos*"; "*para quaisquer dois objetos matemáticos, é decidível se um deles pertence ou não ao outro*"; "*para qualquer conjunto dado, existe um conjunto que tem como elementos apenas os subconjuntos deste*"; o axioma da seleção: "*um conjunto que é decomposto em subconjuntos contém pelo menos um subconjunto que tem um e somente um elemento de cada subconjunto dado*"; o axioma da inclusão: "*se, para qualquer objeto matemático, é decidível se uma certa propriedade é válida ou não para ele, então existe um conjunto contendo apenas aqueles objetos para os quais a propriedade vale*"; o axioma da composição: "*os elementos de todos os conjuntos que pertencem a um conjunto de conjuntos formam um novo conjunto.*"

Com base num tal conjunto de axiomas, o formalista desenvolve em primeiro lugar a teoria dos 'conjuntos finitos'. Um conjunto é dito finito se seus elementos não podem ser colocados em uma correspondência um-a-um com os elementos de um dos seus subconjuntos; por meio de um raciocínio relativamente complicado pode ser provado que o princípio da indução completa é uma propriedade fundamental destes conjuntos; este princípio estabelece que uma propriedade será verdadeira para todos os conjuntos finitos se, primeiro, é verdadeira para todos conjuntos contendo um único elemento, e, segundo, se sua validade para um conjunto finito arbitrário segue de sua validade para este mesmo conjunto reduzido a um único dos seus elementos. Que o formalista deva dar uma prova explícita deste princípio, que é auto-evidente para os números finitos dos intuicionistas devido a sua construção, mostra ao mesmo tempo que aquele nunca estará apto a justificar sua escolha de axiomas substituindo o recurso insatisfatório da prática inexata, ou da intuição igualmente inexata de acordo com ele, por uma prova de não-comtradição de sua teoria. Pois, a fim de provar que uma contradição nunca possa aparecer entre a infinitude de conclusões que podem ser derivadas dos axiomas, ele primeiro tem de mostrar que se nenhuma contradição surgiu com a n-ésima conclusão, então nenhuma pode surgir com a $(n+1)$-ésima conclusão, e, segundo, ele tem de aplicar o princípio da indução completa intuitivamente. Mas é este último passo que o formalista pode nunca transpor, mesmo que ele tenha provado o princípio da indução completa; pois isso requer a certeza matemática de que o conjunto de propriedades obtidas após a n-ésima conclusão ter sido alcançada satisfaria para um n arbitrário sua definição de conjuntos finitos, e a fim de tornar possível esta certeza, ele terá de recorrer não apenas a uma aplicação não permitida de um critério simbólico a um exemplo concreto, mas também a outra aplicação intuitiva do princípio de indução completa; isto o levaria a um raciocínio em círculo vicioso.

No domínio dos conjuntos finitos, no qual os axiomas formalistas têm uma interpretação perfeitamente clara aos intuicionistas, com a qual estes concordam sem reservas, as duas tendências diferem somente em relação ao método, não em seus resultados; isto se torna completamente diferente, entretanto, no domínio dos conjuntos infinitos ou transfinitos, em que, principalmente pela aplicação do axioma da inclusão, citado acima, o formalista introduz vários conceitos inteiramente sem sentido para o intuicionista, tais como, por exemplo: "*o conjunto cujos elementos são os pontos do espaço*", "*o conjunto cujos elementos são as funções contínuas de uma variável*", "*o conjunto cujos elementos são as funções descontínuas de uma variável*", e assim por diante. No decorrer destes desenvolvimentos formalistas torna-se inevitável que a aplicação consistente do axioma da inclusão conduza a contradições. [Aqui, ele descreve o paradoxo de Burali-Forti, que é uma variação da antinomia de Cantor sobre o conjunto de todos os conjuntos, apresentado no capítulo 5 §D]. ...

Embora os formalistas devam admitir resultados contraditórios como matemáticos, se eles desejam ser consistentes, há alguma coisa desagradável para eles num paradoxo como o de Burali-Forti, porque ao mesmo tempo o progresso de seus argumentos é orientado pelo *principium contradictionis*, i.e., pela rejeição da validade simultânea de duas propriedades contraditórias. Por esta razão, o axioma da inclusão foi modificado como segue: "*Se para todos elementos de um conjunto é decidível se uma certa propriedade é válida ou não para eles, então o conjunto contém um subconjunto contendo apenas aqueles elementos para os quais a propriedade vale.*"

Sob esta forma, o axioma permite unicamente a introdução de tais conjuntos como subconjuntos de conjuntos previamente introduzidos; se se deseja operar com outros conjuntos, então a sua existência deve ser postulada explicitamente. Visto que, a fim de realizar absolutamente qualquer coisa, a existência de uma certa coleção de conjuntos terá de ser postulada de início, segue-se que o único argumento válido que pode ser apresentado contra a introdução de um novo conjunto é que este leva a contradições; de fato, as únicas modificações que a descoberta de paradoxos ocasionou na prática do formalismo foram a eliminação daqueles conjuntos que causam estes paradoxos. Continua-se a operar sem hesitação com outros conjuntos introduzidos com base no antigo axioma da inclusão; o resultado disto é que campos extensos de pesquisa, que são sem significado para o intuicionista, ainda são de interesse considerável para o formalista.

[O resto do artigo é devotado à crítica da teoria transfinita dos conjuntos.]

Brouwer, pp.77-84

2. Intuicionismo moderno

O intuicionismo como desenvolvido por Brouwer, Heyting e outros seguidores tornou-se uma alternativa distinta ao que agora é conhecido como matemática clássica. Na teoria dos objetos matemáticos finitos eles concordam com os resultados clássicos; eles discordam da tentativa clássica de generalizar procedimentos de prova de um domínio finito de objetos matemáticos para um infinito. Em particular, eles requerem que para estabelecer uma afirmação existencial deve-se exibir um objeto satisfazendo a propriedade desejada. Resultados sobre existência devem ser justificados por construção.

Para o matemático clássico há somente duas possibilidades para qualquer problema matemático: verdadeiro ou falso (ainda que não possamos saber qual seja). Mas para um intuicionista este não é o caso. Aqui está um exemplo. Considere o decimal $a = 0, a_0\, a_1 \ldots a_n \ldots$ onde

$$a_n = \begin{cases} 3 & \text{se nenhuma sucessão de sete dígitos 7 consecutivos aparece} \\ & \text{antes da } n\text{-ésima casa decimal de } \pi \\ 0 & \text{caso contrário} \end{cases}$$

É claro que, por construção, ou $a = 0,333...3$ ou $a = 0,333...3...$

Podemos provar, afirma o intuicionista, que $\neg\neg$(a é racional) mostrando que $\neg$(a é racional) leva a uma contradição. De fato, se a não é racional, então não pode consistir de uma sucessão finita de 3's, da forma $0,333\cdots3$. Nesse caso, a teria de ser $\frac{1}{3}$, o que é uma contradição. Mostramos então que $\neg\neg$(a é racional).

Por outro lado, dentro do conhecimento matemático presente, não é correto asseverar que a é racional, pois não se conhece nenhum método para computar números p e q tais que $a = \frac{p}{q}$. O exemplo mostra por que o intuicionista não aceita que de $\neg\neg A$ possamos concluir A: de fato, mostramos que $\neg\neg$(a é racional), mas não que (a é racional). Alternativamente, o exemplo pode ser visto como uma rejeição da lei do terceiro excluído, $A \vee \neg A$, visto que mostramos que "$\neg$(a é racional)" é falso, e não mostramos que (a é racional) é verdadeiro.

> A solução é abandonar o princípio da bivalência, e admitir nossos enunciados verdadeiros somente no caso em que tenhamos estabelecido que eles o sejam, isto é, se enunciados matemáticos estejam em questão, que tenhamos pelos menos um método efetivo de obter uma prova deles.
>
> Dummett e Minio, p.375

Uma explicação da prova é então necessária. Os enunciados aritméticos atômicos são igualdades de termos, por exemplo, $47 + 82 = 118$, $10^{10} = 100$; e estes podemos provar ou refutar por um procedimento de computação. Para enunciados compostos, Dummett e Minio explicam:

> As constantes lógicas caem em dois grupos. Uma prova de $A \wedge B$ consiste numa prova de A e de B. Uma prova de $A \vee B$ consiste numa prova de A ou de B. Uma prova de $\exists x\, A(x)$ consiste numa prova, para algum n, do enunciado $A(n)$. Observe que toda prova de qualquer sentença contendo unicamente as constantes $\wedge$, $\vee$, e $\exists$ é uma computação ou conjunto finito de computações.
>
> O segundo grupo é composto de $\forall$, $\rightarrow$, e $\neg$. Uma prova de $\forall x\, A(x)$ é uma construção a qual podemos reconhecer que, quando aplicada a qualquer número n, produz a prova de $A(n)$. Uma tal prova é, por conseguinte, uma *operação* que leva números naturais em provas. Uma prova de $A \rightarrow B$ é uma construção a qual podemos reconhecer que, aplicada a qualquer prova de A, produz uma prova de B. Tal prova é, por conseguinte, uma operação levando provas em provas. Note que seria

incorreto caracterizar uma prova de $\forall x\, A(x)$ simplesmente como "uma construção que, quando aplicada a qualquer número n, produz uma prova de $A(n)$", ou uma prova de $A \rightarrow B$ como "uma construção que transforma cada prova de A em uma prova de B ", visto que não temos nenhuma razão em supor que podemos reconhecer efetivamente uma prova quando se apresenta uma. ...

Uma prova de $\neg A$ é usualmente caracterizada como uma construção na qual podemos reconhecer que, aplicada a qualquer prova de A, produzirá uma contradição. Isto é insatisfatório porque "uma contradição" é naturalmente entendida como sendo um enunciado $B \wedge \neg B$, de modo que se parece estar definindo $\neg$ em termos de si mesma. Podemos evitar isto de duas maneiras. Podemos escolher algum enunciado absurdo, digamos $0 = 1$, e dizer que uma prova de $\neg A$ é uma prova de $A \rightarrow 0 = 1$. ... Alternativamente, podemos considerar o sentido de $\neg$, quando aplicada a enunciados atômicos, como sendo dado pelo procedimento computacional que decide aqueles enunciados como verdadeiros ou falsos, e então definir uma prova de $\neg A$, para qualquer enunciado não-atômico A, como sendo uma prova de $A \rightarrow B \wedge \neg B$, onde B é um enunciado atômico.

Dummett e Minio, pp.12-4

A discussão de Dummett e Minio acerca da natureza da prova pretende ser mais que uma sugestão para ajudar nosso entendimento do enfoque de Brouwer. Desde que Heyting inicialmente tentou codificar algumas das leis do raciocínio aceitáveis para os intuicionistas em 1930, uma lógica formal do intuicionismo passou a ser uma preocupação maior dos *intuicionistas*, como os seguidores de Brouwer são agora chamados, e é isso que o texto acima tenta explicar (veja Epstein 1989, capítulo VII).

A principal área de pesquisa para os intuicionistas, entretanto, tem sido uma concepção alternativa de números reais baseada na idéia de uma "seqüência de escolhas livres", uma noção que eles usam na sua versão de análise real (a teoria das funções de uma variável real que fundamenta o cálculo). Para Brouwer uma seqüência é alguma coisa que é livremente construída. O tempo é dividido em estágios discretos, e em qualquer momento n podemos dizer se, digamos, temos uma prova da Conjectura de Goldbach (veja capítulo 13 §A). Assim, podemos definir um número real $x = (x_n)$ tomando-se:

$$x_{2n} = \begin{cases} 1 & \text{se não existem } u, v, w \text{ tais que } u \text{ e } v \text{ são} \\ & \text{primos, } 0 < u, v, w \leq n \text{ tais que } u + v = 2w \\ 0 & \text{caso contrário} \end{cases}$$

$$x_{2n+1} = \begin{cases} 1 & \text{se uma prova da Conjectura de Goldbach} \\ & \text{foi obtida no estágio } n \\ 0 & \text{caso contrário} \end{cases}$$

Este é um exemplo de uma seqüência de escolha, para a qual não existe um procedimento determinado para calcular x_n, porque 'prova' não é entendida como uma prova em algum sistema formal específico, mas como qualquer prova correta arbitrária.

Podemos provar intuicionisticamente para o número real acima definido que $x \neq 0$. Suponha, pelo contrário, que temos uma prova de que $x = 0$. Então:

i) Teríamos uma prova de que para todo n, $x_{2n} = 0$, isto é, uma prova de que não existe contra-exemplo para a Conjectura de Goldbach, e

ii) Teríamos também uma prova que para todo n, $x_{2n+1} = 0$, isto é, uma prova de que jamais obteremos uma prova da Conjectura de Goldbach.

Mas (ii) contradiz (i). Assim, da suposição de que temos uma prova de $x = 0$, chegamos a uma contradição, e portanto $x \neq 0$.

Não obstante, não podemos produzir qualquer dígito não nulo de x!

Por tais razões a noção de seqüência de escolha livre, a aceitação de conjuntos infinitos completados (mesmo que enumeráveis), e a ênfase em uma lógica formal tem sido considerada inaceitável para muitos daqueles envolvidos com construtibilidade em matemática.

B. Análise recursiva

O artigo de Turing no capítulo 8 foi chamado por ele "Sobre números computáveis". Sua definição de computabilidade via máquinas pretendia ser uma base para uma versão computável da análise real:

> Os números 'computáveis' podem ser descritos brevemente como os números reais cujas expressões como decimais são calculáveis por meios finitários... De acordo com minha definição, um número é computável se sua expansão decimal pode ser escrita por uma máquina.
>
> Diremos que uma seqüência β_n de números computáveis *converge computavelmente* se existe uma função computável de valores inteiros $N(\varepsilon)$ de variável computável ε, tal que podemos mostrar que, se $\varepsilon > 0$ e $n > N(\varepsilon)$ e $m > N(\varepsilon)$, então $|\beta_n - \beta_m| < \varepsilon$.
>
> Podemos então mostrar que:
>
> vii. Uma série de potências cujos coeficientes formam uma seqüência computável de números computáveis é computavelmente convergente em quaisquer pontos no interior de seu intervalo de convergência.
>
> viii. O limite de uma seqüência computavelmente convergente é computável.
>
> E com a definição óbvia de "convergência computavelmente uniforme":

ix. O limite de uma seqüência (computável) convergente computavelmente uniforme de funções computáveis é uma função computável. Portanto,

x. A soma de uma série de potências cujos coeficientes formam uma seqüência computável é uma função computável no interior de seu intervalo de convergência.

De (viii) e de $\pi = 4\,(1 - 1/3 + 1/5 - \cdots)$ deduzimos que π é computável.

De $e = 1 + 1 + 1/2! + 1/3! + \cdots$ deduzimos que e é computável.

Turing, 1936, pp.116 e 142

As idéias de Turing foram desenvolvidas por uma escola russa de matemáticos, baseada na aceitação da Tese de Church (veja Bridges e Richman, ou Troelstra e van Dalen).

Goodstein, cujo enfoque construtivista estudamos no capítulo 2B e capítulo 5G, foi um dos primeiros proponentes da análise recursiva (veja Goodstein, 1951a e 1961). Ele argumenta, entretanto, que funções computáveis devem parar e, visto que não podemos prever quando uma função recursiva geral pára, ele usa apenas funções recursivas primitivas.

A análise computável no sentido de Turing ou mesmo no de Goodstein difere da análise numérica clássica (o estudo das soluções numéricas de equações envolvendo funções de variáveis reais) enquanto executadas num computador (sem limitação de tempo ou memória) somente na medida em que o raciocínio envolvido é construtivo.

Tinha sido afirmado, por Rudolf Carnap e outros, que como somos incapazes de propor a aplicação de uma norma absoluta pela qual a validade de um sistema formal possa ser testada, estamos livres para escolher qual formalização da matemática desejamos, orientando-nos exclusivamente por considerações de ordem técnica na preferência de um sistema a outro. Se aceitamos este ponto de vista, então a distinção entre sistemas construtivos e não-construtivos é irrelevante, e o sistema construtivo torna-se pouco mais que uma contraparte fraca do não-construtivo. Eu considero este enfoque completamente equivocado. Mesmo que deixemos de lado a questão da demonstrabilidade da não-contradição, o *Principia* [*Mathematica* de Whitehead e Russell] e o *Grundlagen* [*der Mathematik* de Hilbert e Bernays] devem ser rejeitados como formalizações da matemática, pois eles falham em expressar adequadamente os conceitos de universalidade e existência. Ainda que não se descubra uma contradição num sistema formal, mostrando que o quantificador existencial falha em expressar a noção de existência, desde que não temos o direito em pré-julgar o significado dos símbolos do sistema – e neste ponto Carnap está certo – não obstante, quando um matemático procura estabelecer a existência de um número com uma certa propriedade ele não estará, e não deveria estar, satisfeito com o fato de que ele apenas demonstrou uma fórmula em algum sistema formal, o qual, o que quer possa afirmar, seguramente não diz que realmente existe um número com a propriedade desejada.

Goodstein, 1951a, p.24

C. O construtivismo de Bishop

1. Fundamentos da análise construtiva, de Errett Bishop

Prefácio

Se todo matemático ocasionalmente, talvez apenas por um instante, sente um impulso de se colocar mais próximo da realidade, isto não é porque ele acredita que a matemática é desprovida de significado. Ele não acredita que a matemática consiste em inferir brilhantes conclusões de axiomas arbitrários, em manipular conceitos destituídos de conteúdos pragmáticos, de praticar um jogo sem significado. Por outro lado, muitos enunciados matemáticos têm um conteúdo pragmático peculiar. Considere-se o teorema que afirma que ou todo inteiro par maior que 2 é a soma de dois primos, ou então existe um inteiro par maior que 2 que não é a soma de dois primos. O conteúdo pragmático deste teorema não é que, se percorrermos e observarmos os inteiros veremos certas coisas acontecendo. Pelo contrário, o conteúdo pragmático de um tal teorema, se existe, reside na circunstância de que o usaremos como um auxílio para derivar outros teoremas, eles próprios com um conteúdo pragmático particular, que por sua vez será a base para desenvolvimentos ulteriores.

Parece então que existem certos enunciados matemáticos que são simplesmente evocativos, que produzem asserções sem validade empírica. Há também enunciados matemáticos de imediata validade empírica, os quais dizem que certas operações executáveis produzirão certos resultados observáveis, por exemplo, o teorema que todo inteiro positivo é a soma de quatro quadrados. Matemática é uma mistura de real e ideal, algumas vezes um, às vezes o outro, freqüentemente apresentado de modo tal, que é difícil dizer qual. A componente realística da matemática – o desejo pela interpretação pragmática – dá o controle que determina o curso do desenvolvimento e impede o colapso da matemática no formalismo sem significado. A componente idealística permite simplificações e abre possibilidades que do contrário estariam fechadas. Os métodos de prova e os objetos de estudo têm sido idealizados sob a forma de um jogo, mas a conduta atual do jogo é em última análise motivada por considerações pragmáticas. ...

Tem havido, no entanto, tentativas para tornar a matemática construtível, para expurgar-lhe completamente de seu conteúdo idealístico. A tentativa mais bem fundamentada foi proposta por L. E. J. Brouwer, a partir de 1907. O movimento que ele fundou está morto há muito tempo, morto em parte pelas estranhas peculiaridades do sistema de Brouwer, que o fizeram vago e mesmo ridículo aos matemáticos praticantes, mas sobretudo pelo fracasso de Brouwer e seus seguidores em convencer o público matemático de que o abandono do ponto de vista idealístico não esterilizaria ou mutilaria o desenvolvimento da matemática. Brouwer e outros construtivistas foram muito mais bem-sucedidos em sua crítica à matemática clássica que em seus esforços para substituí-la por algo melhor. Muitos matemáticos conscientes das objeções de Brouwer à matemática clássica reconhecem sua validade, mas não se convencem de que haja alguma alternativa satisfatória. ...

Um Manifesto Construtivista

1. A base descritiva da matemática

Matemática é aquela porção da nossa atividade intelectual que transcende nossa biologia e nosso meio ambiente. Os princípios da biologia, como os conhecemos, podem se aplicar às formas de vida em outros mundos, embora não necessariamente. Os princípios da física deveriam ser mais universais, no entanto é fácil imaginar outro universo governado por diferentes leis físicas. A matemática, uma criação da mente, é menos arbitrária que a biologia ou a física, criações da natureza; as criaturas que imaginarmos habitando outros mundos em outro universo, com outra biologia e outra física, desenvolverão uma matemática que em essência é a mesma que a nossa.

Acreditando nisto, porém, podemos estar caindo numa armadilha: sendo a matemática uma criação de nossa mente, é naturalmente difícil imaginar como a matemática poderia ser diferente sem deixar de ser matemática, mas talvez não devêssemos presumir a capacidade de predizer o curso das atividades matemáticas de todos os tipos possíveis de inteligência. Por outro lado, o conteúdo pragmático de nossa crença na transcendência da matemática não tem nenhuma relação com formas alienígenas de vida. Pelo contrário, serve para direcionar a investigação matemática, resultando da insistência de que a matemática nasce de uma necessidade interna.

O intuito primário da matemática é o número, e isto significa os inteiros positivos. Concebemos os números da forma como Kant concebia o espaço. Os inteiros positivos e sua aritmética são pressupostos pela natureza de nossa inteligência e, somos tentados a crer, pela verdadeira natureza da inteligência em geral. O desenvolvimento da teoria dos inteiros positivos a partir do conceito primitivo de unidade, o conceito de adicionar uma unidade, e o processo de indução matemática proporciona completa convicção. Nas palavras de Kronecker, os inteiros positivos foram criados por Deus. Kronecker teria expressado isto ainda melhor, se tivesse dito que os inteiros positivos foram criados por Deus para o benefício do homem (e outros seres finitos). Matemática pertence ao homem, não a Deus. Não estamos interessados nas propriedades dos inteiros positivos que não tenham um significado descritivo para o homem finito. Quando um homem demonstra que um inteiro positivo existe, ele deve mostrar como encontrá-lo. Se Deus tem uma matemática própria que mereça ser desenvolvida, que ela a faça.

De importância quase igual ao número são as construções pelas quais ascendemos do número para os níveis superiores da existência matemática. Estas construções envolvem a descoberta de relações entre entidades matemáticas anteriormente construídas, no processo pelo qual novos entes matemáticos são criados. As relações que constituem o ponto de partida são a ordem e as relações aritméticas dos inteiros positivos. A partir destes construímos várias regras para dispor os inteiros em pares, para separar certos inteiros do restante, e para associar um inteiro com outro. Regras deste tipo dão origem às noções de conjunto e função.

Um conjunto não é um objeto que tem uma existência ideal. Um conjunto existe somente quando tenha sido definido. Para definir um conjunto prescrevemos, pelo menos implicitamente, o que nós (a inteligência construtora) devemos fazer a fim de que se construa um elemento do conjunto, e o que devemos fazer para mostrar que dois elementos do conjunto são iguais.

Uma observação semelhante se aplica à definição de uma função: a fim de definir uma função de um conjunto A para um conjunto B, prescrevemos uma instrução finita que leva um elemento de A a um elemento de B, e que mostra que elementos iguais de A dão origem a elementos iguais de B.

Construindo sobre os inteiros positivos, tecendo uma teia com mais conjuntos e mais funções, obtemos as estruturas básicas da matemática: o sistema de números racionais, o sistema de números reais, os espaços euclidianos, o sistema de números complexos, os corpos de números algébricos, os espaços de Hilbert, os grupos clássicos, e assim sucessivamente. No interior do sistema destas estruturas, muita matemática é feita. Tudo se associa ao número, e todo enunciado matemático, em última análise, expressa o fato de que se realizarmos certas computações dentro do conjunto dos inteiros positivos, obteremos certos resultados. ...

A transcendência da matemática requer que esta não seja restrita a computações que eu possa executar, ou que você possa executar, ou 100 homens trabalhando 100 anos com 100 computadores digitais possam executar. Qualquer computação que possa ser realizada por uma inteligência finita – qualquer computação que tenha um número finito de passos – é admissível. Isto não significa que nenhum valor é dado à eficiência de uma computação. Um matemático aplicado apreciará uma computação por sua eficiência antes de mais nada, enquanto na matemática formal muita atenção é atribuída à elegância e pouca à eficiência. A matemática pode e deve ocupar-se com eficiência, talvez em detrimento da elegância, mas estes aspectos aparecerão em primeiro plano só quando o realismo tiver começado a prevalecer. Até então, nosso principal interesse em matemática será dirigido tanto quanto possível sobre uma base realística, sem atenção estrita às questões de eficiência.

2. A componente idealística da matemática

... Brouwer combateu o avanço do formalismo e empreendeu a separação da matemática da lógica. Ele desejava fortalecer a matemática pela associação de todo teorema e toda prova a uma interpretação pragmática significativa. Seu programa fracassou em obter apoio. Ele era um expositor indiferente e um advogado inflexível, argumentando contra o grande prestígio de Hilbert e o fato incontestável de que a matemática idealística produz os resultados mais gerais com o menor esforço. Mais importante, o próprio sistema de Brouwer tem traços do idealismo [o aspecto de que objetos (abstratos) ideais têm uma existência real] e, pior, de especulação metafísica. Havia uma preocupação com os aspectos filosóficos do construtivismo à custa da atividade matemática concreta. Foi desenvolvido um cálculo da negação, o qual se transformou numa muleta para evitar a necessidade de se obter resultados construtivos precisos. Não é surpreendente que alguns dos preceitos de Brouwer foram então formalizados, dando origem à chamada teoria intuicionista dos números, e que o sistema formal assim obtido mostrou não ter qualquer valor construtivo. Em justiça a Brouwer, deve ser dito que ele não se associou a estes esforços para formalizar a realidade; é um erro dos lógicos que muitos matemáticos que pensam que conhecem alguma coisa do ponto de vista construtivo tenham em mente apenas um sistema formal insignificante, ou igualmente incorreto, confundam construtivismo com a teoria das funções recursivas.

Brouwer comprometeu-se com especulações metafísicas pelo seu desejo de aperfeiçoar a teoria do contínuo. Uma obsessão de ambos, Brouwer e os lógicos, tem sido a especulação compulsiva acerca da natureza do contínuo. No caso dos lógicos, isto conduz a contorções nas quais vários sistemas formais, todos desligados da realidade, são interpretados reciprocamente, com a esperança de que a natureza do contínuo irá emergir de alguma forma. No caso de Brouwer, parece ter sido sua suspeição que, salvo se ele pessoalmente interviesse para impedir, o contínuo se tornaria discreto. Ele, por conseguinte, introduziu o método das seqüências de escolhas livres para a construção do contínuo, e como conseqüência o contínuo deixou de ser discreto só porque não está suficientemente bem definido. Isto faz a matemática tão bizarra e desagradável aos matemáticos, que todo o programa de Brouwer é fadado ao fracasso. É uma pena, porque Brouwer tinha um discernimento notável das deficiências da matemática clássica, e fez uma tentativa heróica para corrigir as coisas.

3. A construtivização da matemática

Um conjunto é definido por meio de uma descrição exata do que deve ser feito a fim de construir um elemento do conjunto e do que deve ser feito a fim de mostrar que dois elementos são iguais. Não há garantia de que a descrição será compreendida; pode acontecer de um autor pensar que descreveu um conjunto com suficiente clareza, mas um leitor não o compreender. Como uma ilustração, considere o conjunto de todas as seqüências $\{n_k\}$ de inteiros. Para construir uma tal seqüência, devemos dar uma regra que associa um inteiro n_k a cada inteiro positivo k, de tal forma que para cada valor de k o inteiro associado n_k pode ser determinado em um número finito de passos por um procedimento completamente rotineiro. Agora, esta definição pode, talvez, ser interpretada como admitindo seqüências $\{n_k\}$ na qual n_k é construído através de uma busca, onde a prova de que a busca de fato produz um valor de n_k após um número finito de passos é dada em algum sistema formal. Naturalmente, não temos esta interpretação em mente, mas é impossível considerar toda interpretação possível de nossa definição e dizer se essa é ou não a que temos em mente. Há sempre ambigüidade, mas a ambigüidade ocorre cada vez menos, à medida que o leitor continua a leitura e descobre cada vez mais o propósito do autor, modificando suas interpretações, se necessário, para ajustar as intenções do autor conforme elas continuam a se desdobrar. Em qualquer estágio da exposição o leitor deverá estar satisfeito se ele puder dar uma interpretação razoável que dê conta de tudo que o autor tenha dito. O próprio expositor pode nunca conhecer completamente todas as ramificações possíveis de suas definições, e ele está sujeito à mesma necessidade de modificar suas interpretações, e também algumas vezes suas definições, para se adaptar às prescrições da experiência.

As interpretações construtivas dos conectivos e quantificadores da matemática foram estabelecidas por Brouwer [veja texto anterior neste capítulo]. ...

O sistema de Brouwer faz um uso essencial da negação na definição, por exemplo, das inequações e do complementar de um conjunto. Assim, dois elementos de um conjunto A são diferentes de acordo com Brouwer se a hipótese de sua igualdade de algum modo nos permitir computar que $0 = 1$. É natural querer substituir esta definição negativa por algo mais afirmativo, expresso tanto quanto o possível em termos de computações específicas que levem a resultados específicos. Brouwer fez exatamente isto para o sistema de números reais, introduzindo uma relação forte e afirmativa de inequação em acréscimo à relação negativa anteriormente definida. A experiência mostra que não é necessário definir inequação em termos da negação. Para aqueles casos em que uma relação de desigualdade é necessária, é melhor introduzi-la afirmativamente. As mesmas observações se aplicam ao complementar de um conjunto. Van Dantzig e outros chegaram a propor que a negação poderia ser completamente evitada na matemática construtiva. A experiência confirma isto. Em muitos casos em que parecemos estar usando negação, por exemplo, na asserção de que um dado inteiro é ou não é par, estamos realmente afirmando que uma de duas alternativas finitariamente distinguíveis de fato pode ser obtida. Sem querer estabelecer um dogma, podemos continuar a empregar a linguagem da negação, mas reservá-la para situações deste tipo, pelo menos até que a experiência mude nossas idéias, para contra-exemplos e a propósito de motivação. Isto terá a vantagem de se fazer a matemática mais imediata e, em certas situações, nos forçar a refinar nossos resultados...

A existência construtiva é muito mais restritiva que a existência ideal da matemática clássica. O único modo de mostrar que um objeto existe é dar uma regra finita para encontrá-lo, enquanto na matemática clássica outros métodos podem ser usados. De fato, o seguinte princípio é válido em matemática clássica: *Todos os elementos de A têm a propriedade P, ou existe um elemento de A com a propriedade não-P.* Este princípio, que chamaremos o *princípio da onisciência*, encontra-se na raiz da maioria das questões de não-construtividade da matemática clássica. Isto já é verdadeiro na seguinte forma simples do princípio da onisciência: se $\{n_k\}$ é uma seqüência de inteiros, então $n_k = 0$ para algum k ou $n_k \neq 0$ para todo k. Chamaremos a isto de *princípio limitado de onisciência*. Teorema após teorema da matemática clássica depende de um modo essencial do princípio limitado de onisciência, e não é por conseguinte construtivamente válido. Algumas instâncias desse fato são os teoremas de que uma função contínua de valores reais sobre um intervalo fechado e limitado atinge um valor máximo, o teorema do ponto fixo para uma aplicação contínua de um conjunto fechado nele mesmo, o teorema ergódigo, e o teorema de Hahn-Banach. No entanto, estes teoremas não estão perdidos para a matemática construtiva. Cada um destes teoremas P tem um substituto construtivo Q, tal que é um teorema válido construtivamente no sistema clássico "Q implica P" por um argumento mais ou menos simples, baseado no princípio limitado de onisciência. Por exemplo, o enunciado de que toda função contínua de um intervalo fechado num espaço euclidiano em si mesmo admite um ponto fixo, encontra um substituto construtivo no enunciado de que uma tal função admite um ponto que está arbitrariamente próximo de sua imagem. ...

Quase todo tipo concebível de resistência tem sido oferecido a um tratamento realístico direto da matemática, mesmo por construtivistas. Brouwer, que mais fez pela matemática construtiva que qualquer outro, pensava ser necessário introduzir uma teoria revolucionária, semi-mística do contínuo. Weyl, um grande matemático que na prática suprimiu suas convicções construtivistas, expressou a opinião de que a matemática idealística encontra sua justificativa nas suas aplicações à física. Hilbert, que insistia na construtibilidade em metamatemática mas acreditando que o preço de uma matemática construtiva era muito alto, inclinava-se em fundamentar a consistência. Os discípulos de Brouwer juntaram forças com os lógicos na tentativa de formalizar a matemática construtiva. Outros procuram a verdade construtiva na estrutura da teoria das funções recursivas. Outros ainda procuram por um atalho da realidade, um ponto privilegiado que subitamente revelará a matemática clássica numa luz construtiva. Nenhum destes substitutos para um enfoque realístico direto funcionou. Não é exagero dizer que um enfoque realístico direto para a matemática tem ainda de ser tentado. É tempo de fazer a tentativa.

Bishop, 1967, pp.viii-ix e 1-10

2. Algumas definições do programa de Bishop

Bishop deu seqüência a seu manifesto desenvolvendo uma grande parte da matemática moderna num sentido construtivo (veja *Leitura Complementar* abaixo). Para dar uma idéia de seu trabalho, apresentamos algumas de suas definições e conceitos básicos.

Para Bishop a noção de uma função (construtiva) sobre os números naturais é tomada como primitiva; ele não a identifica com a noção de função recursiva. Uma função é total e, em qualquer estágio n de seu cálculo, é completamente determinado como calcular seu valor para $n + 1$ (cf. o exemplo de uma seqüência de escolha livre no § A.2).

Ele também toma os inteiros como primitivos e deriva deles, da forma usual, os racionais com as operações de adição, subtração, multiplicação e divisão, e as relações de igualdade, desigualdade e $<$.

Uma *seqüência* é definida como uma função dos inteiros positivos. Daí, um *número real* é definido como uma seqüência (x_n) de racionais tais que para todo m, n, $| x_m - x_n | \leq 1/m + 1/n$ (a ordem é sobre os racionais). Isto é, um número real é uma seqüência (construtiva) de Cauchy de racionais com uma razão de convergência predeterminada.

Dois reais $x = (x_n)$ e $y = (y_n)$ são *iguais* se para todo n, $| x_n - y_n | \leq 2/n$. Um número real $x = (x_n)$ é *positivo* se para algum n, $x_n > 1/n$. A ordem e as relações de desigualdade são, então, definidas como: $x > y \Leftrightarrow x - y$ é positivo, e $x \neq y \Leftrightarrow x > y$ ou $y > x$, onde $x - y = (x_{2n} - y_{2n})$. Deixamos para você mostrar (exercício 9) que $x = (x_n)$ é positivo se e somente se existem números q, m tais que para todo $n > m$, $x_n > 1/q$ (compare isso com a prova de que $x \neq 0$ no § A.2).

D. Crítica do intuicionismo e construtivismo de Bishop

Se intuicionistas e construtivistas na linha de Bishop pensam que a matemática clássica admite noções abstratas desprovidas de sentido intuitivo concreto, há outros que acreditam que a mesma crítica pode ser aplicada ao intuicionismo e ao construtivismo.

1. Sobre o intuicionismo, Paul Bernays

> O intuicionismo não leva em consideração a possibilidade de que, para um número muito grande, as operações requeridas pelo método recursivo de construção de números, podem deixar de ter um significado concreto. De dois inteiros k, l passa-se imediatamente a k^l; este processo conduz em uns poucos passos a um número que está muito distante de qualquer ocorrência na experiência, por exemplo, $67^{(257^{729})}$.
>
> O intuicionismo, semelhante a matemática ordinária, afirma que este número pode ser representado por um numeral arábico. Não se poderia insistir na mesma crítica que o intuicionismo faz das asserções existenciais e levantar a questão: o que significa afirmar a existência de um numeral arábico para o número anterior, visto que na prática não estamos em uma posição de obtê-lo?
>
> Bernays, 1935, p.265

2. "Reflexões sobre a filosofia da matemática de Bishop", de Nicolas Goodman

Nicolas Goodman argumenta que a concepção da matemática em Brouwer é demasiado subjetiva, pois não existe nada que impossibilite aceitar uma prova de contradição. Por outro lado, segundo Goodman, o construtivismo de Bishop fundamenta-se sobre uma realidade objetiva mas incognoscível, exatamente como procede a matemática clássica, e portanto a lógica clássica deve-lhe ser aceitável.

> Eu tentei descrever certos aspectos da experiência de fazer matemática pelo uso da metáfora da visão. De fato, para mim a intuição matemática tem um forte componente especificamente visual. Quando faço matemática, vejo imagens vagas, quase como num sonho. Todavia, fazer matemática não é como sonhar. Faz sentido dizer que cometi um erro. Freqüentemente, quando estou trabalhando sobre um problema, surge-me uma idéia, experimento essa sensação de alívio que surge de se libertar da tensão, e então, para meu desapontamento, percebo que a idéia não é correta. Num sonho, por outro lado, não há erros. Tudo é arbitrário, e assim tudo é correto. É impossível estar errado. Só após despertar do sonho é que posso criticá-lo.
>
> O atributo essencial de uma prova matemática não é permitir-nos visualizar ou alcançar um certo padrão, mas permitir-nos reconhecer que uma certa proposição é verdadeira. A definição intuicionista usual da negação como implicando uma contradição somente é uma definição da negação porque pensamos que nunca provaremos uma contradição. Uma prova construtiva correta de que 0 = 1 equivaleria a um certificado de insanidade da espécie humana. A partir disto, segue-se que verdade não pode consistir simplesmente em demonstrabilidade. Se assegurar a verdade de um teorema é *somente* assegurar que se tem uma prova do teorema, então não se compreende por que não seríamos capazes de provar teoremas mutuamente contraditórios.
>
> Parece não haver nada na filosofia de Brouwer que impeça os matemáticos de provar dois teoremas mutuamente contraditórios. Para Brouwer, fazer matemática é um ato de repetição constante de criação livre. Objetos matemáticos têm propriedades que digo ter porque são minhas criações e vejo que eles têm aquelas propriedades. Eu os concebo a fim de ter aquelas propriedades. Pode perfeitamente ocorrer, segundo o enfoque de Brouwer, que você e eu vejamos coisas diferentes concebidas de maneira diferente. A matemática de Brouwer é sonhadora no sentido em que, embora tendo coerência interna, não tem referência exterior a si própria. Fazer matemática é uma experiência subjetiva e privada. De fato, não parece haver nada que impeça Brouwer de mudar de opinião. Hoje ele vê uma coisa e amanhã ele vê outra. O sonhador sonha e continua sonhando. Errett Bishop, por outro lado, não é subjetivista. Ele insiste sobre o caráter objetivo do conhecimento matemático. Por exemplo, ele afirma que

> A matemática, uma criação da mente, é menos arbitrária que a biologia ou a física, criações da natureza; as criaturas que imaginamos habitarem outro mundo em outro universo, com outra biologia e outra física, desenvolverão uma matemática que em essência é a mesma que a nossa [ver acima, neste capítulo].

Tal objetividade deve ser de alguma forma fundamentada numa realidade matemática.

Permita-me colocar este ponto em termos da metáfora visual que estou usando. O matemático finitário que considerei acima jamais provará dois teoremas mutuamente contraditórios porque é impossível que ele visualize claramente um padrão finito e veja nesse padrão dois fatos reciprocamente contraditórios. Se ele encontrou apenas um elemento de ordem dois no grupo cíclico de ordem quatro ontem, e dois tais elementos hoje, com razão então, podemos apenas concluir que hoje ele não está prestando suficiente atenção. Sabemos disto, porque sabemos que o padrão formado pelo grupo cíclico de ordem quatro é uma realidade que não pode apresentar características contraditórias. De modo similar, se o analista construtivo prova corretamente um teorema, então essa prova apresenta um aspecto do padrão atual que ele estuda. Esse padrão também existe na realidade, e por conseguinte não pode também apresentar características contraditórias. Portanto, o analista construtivo não pode também provar corretamente um teorema hoje, que contradiz um teorema provado corretamente ontem.

Suponhamos que o analista construtivo ocupou-se somente com o infinito potencial. Então, devemos perguntar se o analista é livre para atualizar essa potencialidade de maneira imprevisível, criativa e espontânea. Se afirmativo, então temos o subjetivismo brouweriano. São as seqüências de escolha livre, objetos que estão para sempre indeterminados, que permitem a Brouwer refutar a lei do terceiro excluído. Rejeitar a lógica clássica é afirmar que a realidade matemática é inerentemente vaga. É a indeterminação introduzida pela desconhecida e incognoscível ação futura do subjetivo de Brouwer que produzirá esta incerteza na versão da realidade matemática de Brouwer. Não se encontra nada semelhante a isso em Bishop. Naturalmente, Bishop não está afirmando ser capaz de refutar a lógica clássica. Parece-me, entretanto, que a insistência de Bishop sobre a objetividade obriga-lhe a aceitar a lógica clássica. A fim de tornar a matemática objetiva, Bishop deve sustentar que o infinito potencial da matemática pode ser atualizado de uma única forma. Na linguagem de Cantor, há uma única via que podemos percorrer quando, por exemplo, estendemos a seqüência dos números naturais. Mas então, como Cantor argumentou,* essa via é atualmente infinita, não apenas potencialmente infinita. Seu caráter é determinado independentemente de nossa atividade. É esse infinito atual que fundamenta a objetividade do conhecimento matemático. Mas o infinito atual claramente também fará com que toda asserção bem definida seja verdadeira ou falsa.

A fim de dar uma explicação do aspecto objetivo das proposições matemáticas, devemos reconhecer que os teoremas que provamos ser verdadeiros acerca de determinada estrutura sobre a qual não sonhamos, é atual e independente daquilo que estamos estudando. Parece-me irrelevante neste ponto se, como Bishop aparentemente sustenta, esta estrutura é uma 'criação da mente', ou se, como sustento, existe independentemente de qualquer mente, e existiria mesmo se não existisse mente. Em qualquer caso suas propriedades não dependem do observador ou de uma particular mente que os cria. Os teoremas da matemática são verdadeiros no sentido de que eles corretamente descrevem uma estrutura cujas propriedades são independentes de nosso conhecimento.

Se este é o caso, então não pode haver em princípio nenhuma objeção à aplicação não construtiva da lógica clássica no raciocínio matemático. A mesma determinada estrutura que é necessária para fundamentar o caráter objetivo da matemática também será suficiente para fundamentar a lógica clássica. O desejo de provas construtivas, então, torna-se uma questão de preferência e não um assunto de princípio. Se Kronecker prefere argumentos construtivos e Noether prefere argumentos conceituais, permita-se que cada um siga seu próprio caminho. Isto é um assunto de preferência, não uma questão de correção fundacional.

Os teoremas que o analista prova são verdadeiros numa estrutura, que em algum sentido deve ser real. Não é absolutamente claro, contudo, qual seja exatamente o sentido de realidade. Como Bishop poderia dizer, é "exterior a este mundo" (veja Bishop, p.viii). Especificamente, essa estrutura a qual a matemática se refere é infinita e, por conseguinte, nem investigável nem realizável fisicamente. Não poderia existir nem na mente nem no mundo físico. Onde, então, poderia existir? Meu argumento para a existência de uma tal estrutura é ele próprio não-construtivo. Eu não mostrei a estrutura. Argumentei simplesmente que sem ela não pode haver atividade matemática.

Naturalmente, Bishop é a favor de um certo grau de idealização da existência matemática. Assim, ele diz que:

> A transcendência da matemática requer que não sejam restringidas as computações que eu posso executar, ou você possa executar, ou 100 homens trabalhando durante 100 anos com 100 computadores digitais possam executar. Toda computação que pode ser realizada por uma inteligência finita – qualquer computação que tem um número finito de passos – é admissível [ver texto de Bishop acima].

No entanto, devemos certamente demarcar uma linha em algum lugar. Pois, para citar Bishop uma vez mais:

> Não estamos interessados em propriedades dos inteiros positivos que não tenham significado descritivo para um homem finito. Quando um homem demonstra a que um inteiro positivo existe, ele deve mostrar como encontrá-lo. Se Deus tem uma matemática própria que mereça ser desenvolvida, que ele a faça [ver neste texto, acima].

Não é óbvio, entretanto, exatamente onde essa linha deverá ser traçada. Uma computação que não é realizável no universo físico real, parafraseando Bishop, é somente do interesse de Deus. Computações potenciais são na verdade de muitos tipos. Há computações que realizo de fato e as quais posso examinar, semelhante a multiplicar dois, três dígitos inteiros. Ademais, há computações que executo realmente, mas as quais não posso conferir. Talvez os matemáticos contemporâneos não façam muitas de tais computações, mas alguns matemáticos de gerações passadas dedicaram muito de seu tempo a computações extensivas executadas manualmente. Kepler, por exemplo, fazia tabelas trigonométricas à mão. Há ainda computações que não posso efetuar manualmente, mas para as quais disponho de uma máquina. Há computações executadas por uma máquina que não serão efetuadas manualmente. Há computações que poderia efetuar à mão mas que não me preocupo em fazê-lo. Existem computações que poderiam ser realizadas por uma máquina existente atualmente, mas posso não dispor de recursos para executá-las. Existem computações que estão acima da capacidade de qualquer máquina agora disponível no mercado, mas que poderiam ser implementadas em alguma máquina fisicamente possível. Existem computações que, embora finitas, não são realizáveis por meio de qualquer máquina que poderia de fato existir neste universo físico. Há computações possivelmente infinitas, mas que são completamente simples. Um exemplo é a computação exigida pela seguinte instrução: "procure sistematicamente por um contra-exemplo à conjectura de Fermat. Se, após checar todas as possibilidades, você não tiver encontrado um contra-exemplo, considere a conjectura verdadeira"[1]. E existem computações infinitas mais complexas, tais como a produzida pela seguinte instrução: "Listar todos e somente aqueles números de Gödel de funções recursivas parciais que venham a dar funções totais". ...

Não há nada de muito problemático acerca de uma computação que eu tenha de fato efetuado e possa conferir. Uma tal computação é um objeto completamente construtivo. É, por assim dizer, o caso paradigmático de uma construção no sentido de Heyting ou Brouwer. Mas, já uma computação que, embora eu tenha efetuado, não possa conferir, tem algo de hipotético. Não vejo de fato qual o processo que conduz ao resultado da computação. Posso ter muita fé em que não tenha cometido um erro, talvez porque tenha checado minha computação repetidamente, mas essa fé é ainda apenas fé, não certeza matemática. Uma computação realizada por uma máquina apresenta seu resultado em virtude das leis da física, as quais são presumivelmente apenas empíricas. Há algo realmente de não-construtivo em se confiar nos resultados de máquinas de computação. Afinal, a totalidade do processo computacional é invisível. Uma computação que ninguém executou é uma ficção. Não existe. Uma computação que, embora finita, não pode ser realizada, por conseguinte não existe de fato. Não é, nem mesmo potencialmente, um componente na mente ou no universo físico. Conversas vagas sobre possibilidade "em princí-

1 No tempo em que este artigo foi escrito, a conjectura de Fermat ainda era uma questão em aberto. Substituindo a menção a esta conjectura por qualquer outra conjectura numérica, produz-se o mesmo argumento.

pio" não deveriam nos desviar da distinção clara e fundamental entre o que podemos realmente fazer e o que na verdade não podemos fazer.

Parece-me, por conseguinte, que se uma linha deve ser traçada entre a existência matemática ideal e a existência real, então essa linha deveria ser traçada não entre o finito e o infinito, como Bishop recomenda com insistência, mas entre o realizável e o não-realizável, como, por exemplo, Kino sugere.** Se a linha é traçada aí, contudo, então a restrição à existência real mutilaria a prática matemática de uma maneira fundamental e incurável.

Objetos finitos que são tão grandes a ponto de não serem realizáveis mentalmente ou fisicamente têm uma natureza estranha na matemática construtiva. Por exemplo, um número natural, não importa qual seja, é construtivamente primo ou fatorável. Ele é ou não, construtivamente, um contra-exemplo para a conjectura de Fermat. Estes casos do terceiro excluído aplicam-se a tais números não em virtude da existência de qualquer computação fisicamente potencial ou atual, que decidiria qual dos dois casos procede, mas somente devido à força lógica do princípio de indução matemática. A prova de que todo inteiro positivo é primo ou fatorável é baseada numa aplicação da indução matemática a qual pressupõe que, se uma computação com n passos pode de fato ser realizada, então igualmente se pode executar uma computação com $n + 1$ passos. Mas isso é falso tendo em vista que nossas capacidades são finitas e limitadas, não potencialmente infinitas. Assim, o princípio da indução matemática submete o matemático construtivo à existência de objetos que não podem de fato existir. Mais do que isso. Obriga o matemático construtivo ao uso da lógica clássica para esses objetos. Na verdade, se um inteiro suficientemente grande é ou não primo só pode ser decidido por meio de uma prova. Não pode ser decidido por meio de uma rotina de computação. Por conseguinte, sobre os fundamentos construtivos usuais, não podemos afirmar que um tal número é ou não é primo.

A lógica clássica induz ao erro tanto quanto aplicada ao arbitrariamente grande mas finito, quanto aplicada ao infinito. Por exemplo, o matemático construtivo é obrigado a manter que existe um inteiro que é primo se o 10^{100}-ésimo dígito na expansão decimal de π é par, e que é composto se este 10^{100}-ésimo dígito é ímpar. Parece improvável que alguém, de qualquer modo, conhecerá o valor de um tal inteiro. Certamente ninguém sabe agora esse valor. Parece-me tão vago dizer que o valor de um tal inteiro poderá ser computado "em princípio", como dizer que um tal inteiro deve existir devido à lei do terceiro excluído.

Goodman, 1981, pp.139-44

* Georg Cantor, *Abhandlungen Mathematischen und Philosophischen Inhalts*, ed. E. Zermelo, Olms, Hildesheim, 1966, pp.136-7.

** Veja Akiko Kino, "How long are we prepared to wait? A note on constructive mathematics." Manuscrito.

E. Finitismo estrito

Muitas das críticas de Goodman ao programa de Bishop não têm o mesmo peso se concordarmos em que uma computação seja de fato algo que possamos fazer não teoricamente, mas realmente.

1. "O número $10^{10^{10}}$ é finito?", de D. van Dantzig

1. A menos que se esteja inclinado a admitir uma 'mente superior' fictícia como a 'inteligência' de Laplace, o 'demônio' de Maxwell ou o 'sujeito criador' de Brouwer, é necessário, nos fundamentos de matemática como em outras ciências, levar em consideração as possibilidades limitadas da mente humana e dos dispositivos mecânicos que a substituem.

2. Se um número natural é definido segundo Peano, Whitehead e Russell, e Hilbert como uma seqüência de sinais impressos (por exemplo, primos acrescidos de zero) ou, de acordo com Brouwer, como uma seqüência de atos mentais elementares, em ambos os casos se requer que cada seqüência individual possa ser reconhecida e duas diferentes possam ser distinguidas. Se se admite – como é usualmente feito por formalistas, logicistas e intuicionistas – que, por um tal procedimento, num tempo limitado números naturais arbitrariamente grandes podem ser construídos, isto implicaria a rejeição de pelo menos um dos enunciados fundamentais da física moderna (teoria quântica, finitude do universo, a necessidade de no mínimo um salto quântico para cada ato mental). A física moderna implica um limite superior, de longe excedido por $10^{10^{10}}$ para números que de fato podem ser construídos deste modo. Enfraquecer o requisito da construtibilidade real, exigindo-se apenas que se possa *imaginar* que a construção possa de fato ser realizada – ou talvez se deva dizer antes que se possa *imaginar* que se *podería* imaginar – significa apenas imaginar que se poderia viver num mundo diferente, com constantes físicas diferentes, o que pode substituir o limite superior mencionado acima por um mais elevado, sem, de qualquer forma, resolver a dificuldade fundamental.

3. O resultado de 2 parece ser contraditório: é impossível construir números naturais tão grandes quanto $10^{10^{10}}$, mas $10^{10^{10}}$ *é* um número natural. A contradição, no entanto, é apenas aparente, em tanto que se tenha mudado inconscientemente o significado do termo 'número natural'.

4. De fato, admitamos que os números naturais no sentido original, digamos $0, 0', 0'', 0''', \ldots$ *tenham sido* construídos até um certo número o qual abreviaremos por n_1, e seja S_1 o conjunto que eles formam. A definição por indução completa das somas:

$$x + 0 = x, x + y' = (x + y)',$$

é aplicável então somente na medida em que $x + y' \in S_1$. O mesmo vale (*mutatis mutandis*) para as propriedades das somas. Pode-se, contudo, conceber somas formais: $x + y$, $(x + y) + z$, ..., onde $x \in S_1, y \in S_1, z \in S_1$ ... Estas somas não constituem números naturais no primeiro sentido, mas apenas em um novo sentido. A *prova* das propriedades da soma, por exemplo, $x + y = y + x$, vale somente para números no primeiro sentido; para aqueles no segundo sentido essas propriedades devem ser consideradas como *postulados*. O fato de que ninguém duvida que se *pudéssemos* aumentar n_1 suficientemente então a prova também *seria* aplicável a essas somas formais não significa que essas relações *tenham* sido provadas. Deste modo somas formais consistindo de um número limitado de termos podem ser construídas. Seja n_2 o maior entre aqueles, que num dado momento de fato tenha sido formado e S_2 o conjunto que formam. Se n_1 é muito grande, $[S_2]$ não contém necessariamente todos os números naturais na acepção (fictícia) clássica até n_2, mas apenas somas consistindo de um número suficientemente pequeno de termos para os quais abreviações suficientemente simples foram introduzidas.

5. De modo similar, a definição de multiplicação, de involução [exponenciação?] etc., introduz cada qual um novo conceito e uma nova classe S_3, S_4, ... de números naturais, se se admite que suas partes constituintes sejam escolhidas arbitrariamente entre os números previamente construídos. Neste sentido $10^{10^{10}}$ pertence a S_4, mas não a S_3 e menos ainda é um número no sentido original (S_1). Além disso, e.g., o enunciado que

$$10^{10^{10}} + 10^{10^{20}} = 10^{10^{20}} + 10^{10^{10}}$$

não pode ser dito ter sido provado, mas é somente uma regra formal para manipular formalmente os símbolos, por exemplo, de S_4

6. A afirmação de Poincaré de que a indução completa é o princípio criativo da matemática não pode ser mantida. Tal princípio – na medida em que o termo é apropriado – está contido nas sucessivas definições das operações aritméticas, sua extensão formal está além dos limites da classe dos números obtidos até este ponto, e a manutenção formal das regras aritméticas está provada para aqueles que pertencem à primeira classe S_1.

7. A diferença entre números finitos e transfinitos não pode ser definida operacionalmente*: é possível que sempre quando um matemático *A* usa o termo "um número transfinito", outro matemático *B* interpreta-lhe como "um número finito" (naturalmente nem sempre do mesmo modo) sem jamais chegar a uma inconsistência. Isto será, na verdade, o caso, se *B* dispõe de um método de definição de números extremamente grandes em relação aos de *A*. *B* pode então construir um número natural Ω (neste sentido) superando em alto grau todos aqueles que *A* pode alcançar com *seus* métodos (todos eles, naturalmente, aplicados um número limitado de vezes). Se *A,* ou se *B* é o "campeão mundial" na construção de grandes números, então, para qualquer matemático que fale do número transfinito ω, *B* o interpreta como o número natural Ω, $\omega + 1$ como $\Omega + 1$, ω^2 como Ω^2, etc. Note que *A* nunca chegará a $\Omega - 1$, e que *B* não *necessita* interpretar ω^2 como o quadrado de sua interpretação de ω mas pode escolher um outro número grande. Sabendo da possibilidade de que outro matemático pode encontrar definições que ultrapassem as suas, isto é, que ele pode perder o 'campeonato mundial', *B* usará os termos 'transfinito' ou 'infinito', ou símbolos como ω e $\aleph_0$ apenas no sentido "números ultrapassando qualquer coisa que eu possa obter", mas não como essencialmente diferente dos números que ele *pode* obter. Isto implica que a questão colocada no título deste artigo não admite uma resposta única e livre de ambigüidades.

8. O artigo de Brower "Over de grondslagen der wiskunde" (1907) começa com as palavras (na tradução): "Um, dois, três, ...; conhecemos esta seqüência de sons (ditos números ordinais) de memória como uma seqüência sem fim, i.e., prosseguindo sempre de acordo com uma lei conhecida". Se se tentar descobrir o que a elipse representa, vê-se que o enunciado de Brouwer não pode ser mantido. Todas as bem conhecidas dificuldades para definir os números transfinitos bem-ordenados de segunda classe ocorrem entre os números ordinais citados; *não* conhecemos a 'totalidade' da seqüência de memória, e esta *não* se expande conforme uma lei conhecida. Continuando, chega-se a milhão, ..., bilhão, ..., trilhão, ..., quatrilhão, quinquilhão, sextilhão, ... e – o conhecimento do latim já ficando rarefeito – milhãomilhão, ..., milhãomilhãomilhão, ... milhãomilhão... milhão (repetido um milhão de vezes), etc., correspondendo a ω, ω^2, ω^3, ω^4, ω^5, ... ω^ω, ... ω^{ω^ω}, ... $\omega^{\omega^{\cdot^{\cdot^{\cdot}}}}$ (repetido ω vezes), etc. Mas o que significa 'etc.'?

9. A diferença entre números finitos e infinitos não é essencial, mas gradual. De acordo com as sucessivas definições de 'números naturais' nos sucessivos sentidos, a identificabilidade e a distinguibilidade individual desaparece gradualmente se os números se tornam maiores e maiores e podem ser conservados por novas definições apenas para uma classe de números cada vez menor. Deixamos aqui de considerar, por simplicidade, o fato enfatizado já em 1909 por G. Mannoury** de que identificabilidade e distinguibilidade, mesmo para números extremamente pequenos, não são absolutas.

10. Também a diferença entre fundamentos matemáticos 'formalistas' e 'intuicionistas' é apenas gradual. Nenhum 'intuicionista' no mundo jamais 'construiu' na verdade o número $10^{10^{10}}$ segundo sua definição original, assim esse número tem 'apenas' um significado 'formal' para ele, exatamente como os números de segunda classe transfinita. Um intuicionista, se for coerente, *não* deveria chamar $10^{10^{10}}$ de um número natural finito. Ele também rejeitaria (muito da) pretensa matemática intuicionista atual, como sendo muito formal. Mas – talvez por sorte – ele nem sempre é coerente.

11. Com umas poucas exceções como talvez E. Borel, M. Fréchet e G. Mannoury, muitos matemáticos, lógicos e filósofos têm acreditado na possibilidade de obter uma 'fundamentação' absolutamente incontestável para a matemática. Esta crença deve ser caracterizada como uma ilusão. Em particular, a matemática intuicionista não pode ser considerada absolutamente 'exata', embora se possa dizer ser 'mais exata' que a matemática clássica.

2. "Comentários sobre a noção de seqüências *standard* não isomorfas de números naturais", de David Isles

No capítulo 3 havíamos dito: "Uma das suposições fundamentais deste curso será que sabemos como contar e que cada um de nós pode continuar a seqüência 1, 2, 3, ... Sabemos o que significa adicionar 1 e podemos continuar a proceder dessa maneira indefinidamente."

Mas ainda que possamos estar seguros de que sempre podemos somar 1, sabemos também que algumas funções recursivas produzem saídas que são muito grandes para serem expressas como decimais. Tudo que temos são notações para seus resultados, tais como $10^{10^{10}}$, $67^{(257^{729})}$, ou $\Psi(5, 8)$ onde Ψ é a função de Ackermann, as quais devemos colocar de alguma forma dentro da ordenação 'única' dos números naturais. Talvez, argumenta David Isles, não tenhamos uma única sucessão de números naturais, mas várias sucessões, dependendo de quais notações (funções) afirmemos produzir números naturais.

> "A noção de 'formalização' está agora ampliada; 'formalizar' o uso de uma noção significa para mim, 'expor um método de usar seu nome' ".***

Para muitas pessoas, uma das mais enigmáticas afirmações feitas por Yessenin-Volpin, no artigo do qual a citação acima foi extraída, é que é possível trabalhar coerentemente com "sucessões de números naturais" de vários comprimentos, cada uma das quais pode ser fechada sob algumas, mas não todas as funções recursivas primitivas. Estas notas representam uma tentativa de fazer com que estas afirmações pareçam mais razoáveis e iniciar uma explicação (independente, de certa forma, do trabalho de Volpin) sobre onde um tal ponto de vista pode levar.

Desde o tempo do trabalho de Skolem na década de 1920, os matemáticos estão a par dos modelos não-standard para aritmética [ver, e.g., capítulo 17 de Boolos e Jeffrey]. Todavia a 'existência' de tais inteiros não-standard nunca foi realmente levada a sério; a fé (o dogma) em que possuímos uma clara imagem dos números naturais 'intuitivos' tanto quanto da relação de igualdade entre eles nunca foi na verdade abalada. Estes inteiros não-standard são geralmente descritos como tendo uma estrutura mais complexa e rica que a dos nossos números naturais usuais. Em contraste, o aspecto a ser tratado aqui é que aquelas que serão chamadas de sucessões standard de números naturais ou sistemas de notação de números naturais (SNNN) são, em geral, menos ricas e complexas que 'a' suposta sucessão 'intuitiva'.

I. Observações céticas

São 'os' números naturais intuitivos categóricos [únicos a menos de isomorfismos]? Isto é, será a descrição dos números naturais tão clara e definitiva como usualmente a consideramos? Esta não foi uma questão infundada para Frege, que em *Foundations of Arithmetic* tentou obter uma descrição absoluta e clara dos números naturais. Qualquer rejeição da categoricidade tem conseqüências importantes. Sempre que definimos uma classe de objetos matemáticos via uma definição indutiva e então passamos a estabelecer resultados acerca dos objetos nessa classe fazemos o uso tácito de propriedades dos números naturais sobre as quais a definição indutiva é realizada (por exemplo, podemos usar o fato pressuposto de que a sucessão é fechada sob certas funções). Um exemplo de uma tal definição que será considerada no final do artigo é aquela de máquinas de Turing e computações de máquinas de Turing. Ao contrário de outras construções matemáticas, no entanto, nossa concepção de números naturais também influencia fortemente os meios pelos quais argumentamos e raciocinamos sobre 'objetos matemáticos'. De fato, pode se argumentar racionalmente que é baseado em nossa pressuposta compreensão intuitiva dos números naturais que aceitamos a indução matemática como um instrumento válido de raciocínio. Se isso é correto, é um caso em que a percepção (invenção, abstração reflexiva) de uma estrutura matemática particular, tem resultado historicamente na aceitação de certas formas de argumentação baseada nessa estrutura (e, subseqüentemente, na situação social atual em que a presença destas formas de argumentação é uma das características identificadoras do discurso matemático). A aceitação desta forma de argumentação leva rapidamente a essa impressionante riqueza estrutural dos números naturais 'intuitivos', que foi mencionada anteriormente. Pois, por meio de sua ajuda, somos persuadidos de que uma estrutura que inicialmente é entendida como sendo fechada sob uma operação unária particular ('sucessor') é, de fato, fechada sob qualquer função recursiva primitiva – e mais. ...

O autor é de opinião que a crença na indução como um método de prova deriva da idéia de que a natureza dos 'números naturais' é clara, que sua geração a partir de 0 é um processo determinado, que a relação de igualdade entre dois números quaisquer é 'imediatamente alcançável', numa palavra, que os números naturais são inequivocamente definidos a menos de isomorfismo. Mas, sobre o que uma tal crença na unicidade dos números naturais está baseada? Três argumentos são comuns. O primeiro, porque o uso da indução para estabelecer um isomorfismo entre quaisquer duas sucessões de números naturais, é circular [cf. exercício 23.3]. Os outros dois dependem de definições ou 'construções' dos números naturais. O mais sofisticado destes é a definição da teoria de conjuntos, que postula o conjunto dos números naturais como a intersecção de todos os conjuntos que contêm um zero e que são fechados sob uma função sucessor. A primeira dificuldade com esta justificação é que a classe de números naturais assim definida depende da teoria axiomática de conjuntos adotada. Pelo conhecimento do autor não há hoje nenhuma razão de princípios para escolher uma teoria de conjuntos como a preferida, e portanto parece que, no presente, nenhuma caracterização axiomática única dos números naturais se obtém desta forma. Mas mesmo que fosse, uma tal definição impredicativa [na qual um objeto é definido pela quantificação sobre um conjunto de objetos entre os quais está o objeto a ser definido] poderia ser tomada como descritiva somente se se adotasse uma posição realista [platonista] segundo a qual a definição simplesmente individualiza um conjunto preexistente. Conseqüentemente, esta compreensão dos números naturais é apenas utilizável por aqueles que se sentem inclinados a aceitar não somente modos realistas de falar, mas, em particular, modos realistas de falar que proporcionam uma redução satisfatória da noção intuitiva.

Em qualquer caso, é provavelmente verdadeiro que mesmo muitos matemáticos cuja prática é realista concordariam que a caracterização da teoria dos conjuntos falha em ser um avanço redutivo porque é muito menos clara que a noção intuitiva. É o que se denomina a 'descrição de contagem' que constitui a base para que muitos matemáticos acreditem na unicidade dos números naturais. Esta descrição é usualmente apresentada na forma de *regras* da qual uma versão simples pode ser:

R1) Escreva um sinal 1;
R2) Dado um conjunto de sinais (que chamamos *X*) escreva *X* 1.
R3) Aplique agora R1 uma vez e depois aplique R2 sucessivamente.

Uma compreensão da "estrutura dos números naturais" consiste, por conseguinte, na compreensão destas regras. Mas o que na verdade foi apresentado aqui? Regras R1 e R2 são completamente inequívocas; de fato, pode-se facilmente *usá-las* para escrever uns poucos numerais. Mas a regra R3 está numa categoria diferente. Não determina um único método de procedimento porque *essa* determinação está contida nas palavras "aplique R2 sucessivamente". Mas estas palavras usam a verdadeira concepção de número natural e a repetição indefinida cujo esclarecimento está sendo tentado: em outras palavras, esta descrição é circular. A situação permanece inalterada, é claro, através de outras elaborações de R3, e.g., "execute um laço (*loop*) indefinido", etc. (O mesmo ponto foi considerado por van Heijenoort em 1967, p.356: "A iteração constante da operação sucessor parece – e talvez seja – muito clara para nossas mentes, mas é ou circular (para obter qualquer número tomamos o sucessor de 0 um certo número de vezes) ou assenta-se em suposições ocultas e mais complexas da teoria dos conjuntos ("um número finito de vezes"). A caracterização intuitiva só é assim clara porque, de fato, nenhuma definição foi dada. Uns poucos números foram exibidos, e a intuição é assistida por palavras como 'repetidamente' e 'e assim sucessivamente' ou 'por três pontos').

Uma réplica natural a isto pode ser: "Tolice! Eu entendo R3 perfeitamente bem porque compreendo como usá-la". Mas, responder assim parece implicar que o significado de R3 é dado pelo seu uso. Se é assim, afirmar que os números naturais são únicos seria afirmar que o uso é único – e isso parece palpavelmente falso. Pois o uso se manifesta numa enorme variedade de formas, usando várias para mostrar que dois tais procedimentos aparentemente diferentes são, no mesmo sentido, isomorfos. Tenho tido respostas a esta crítica dizendo que se deve parar em algum lugar, que simplesmente se tem de aceitar que usuários competentes do inglês [ou português] entendam R3 e seu emprego. Pode ser, mas então qualquer descrição clara dos números naturais teria que incluir a discussão do que constitui a competência lingüística. Por exemplo, alguém que tomasse R3 de maneira literal e aplicasse R2 apenas duas vezes (obtendo 111) seria julgado um usuário competente?

Obviamente este argumento está subsumido no argumento de Wittgenstein de que, se o significado de regras é determinado pelo seu uso, então mudanças de uso alteram o significado das regras. ...

II. Sistemas de notação de números naturais

Como uma maneira de motivar uma descrição alternativa dos números naturais, consideremos novamente a 'descrição da contagem'. Como descrição do comportamento de contagem de um sujeito R1 e R2 são provavelmente precisas o suficiente. Um observador poderá verificar um sujeito executando R1 e R2. Mas ele *não* observará o sujeito aplicando R3 porque, como a observação é confinada a um período finito de tempo, o observador verá o sujeito usar R1 e R2 um número finito de vezes. O observador então usa sua própria compreensão dos números naturais para interpretar as ações do sujeito, seguindo R1 e R2 de acordo com R3. Ou seja, o entendimento de R3 é parte da interpretação *do observador* do "comportamento dos números naturais" *do sujeito*. Dizer que uma compreensão de R3 é parte da interpretação do observador não implica que o observador deva estar 'de posse' de um entendimento dos números naturais. Claramente uma tal posição seria simplesmente dar o primeiro passo de um regresso infinito nesta análise. Antes, o que deve ser mantido em mente de maneira clara neste ponto é que, se descrevemos o observador estudando seu sujeito, introduzimos um segundo observador, observador$_2$, e o observador$_2$ pode ver que a estrutura dos números naturais, a qual é utilizada pelo observador$_1$ para interpretar seu estudo do sujeito, *é do mesmo tipo que a do sujeito.*

O que isso tudo sugere é um abandono da tentativa de Frege de dar uma descrição absoluta 'dos' números naturais, e reconhecer que estamos trabalhando com um conceito relativo. Isto é, estamos trabalhando com estruturas do tipo de 'número natural' e, em geral, apenas se pode proporcionar uma descrição de uma destas fazendo-se uso de outra estrutura (talvez menos complexa) de mesmo tipo.

Podemos obter algum esclarecimento da espécie de elementos que Volpin afirma que caracteriza uma estrutura do tipo de números naturais retornando a nossa discussão do observador do "comportamento dos números naturais" em algum sujeito. Para o observador, a descrição da estrutura dos números naturais, como ele a observa no sujeito, inclui a seguinte espécie de dados:

1) Certas regras explícitas de geração (entre estas sempre estará a de 'sucessor', +1);
2) Certas regras auxiliares para distinguir ou identificar os vários símbolos à medida que são gerados;
3) Talvez uma certa coleção de notações, por exemplo, 1, 2, 3, 4, ... que o sujeito de fato produzirá durante o período de observação;
4) Estes exemplos observados 1, 2, 3, ... constituirão o estágio das sucessões de números naturais do sujeito, o qual terá 'ocorrido' ou 'será completado' na fase de observação. Adicionalmente, o sujeito pode descrever certas funções aplicáveis para os elementos *obtidos* (adição, multiplicação, exponenciação, por exemplo) e indicar sua crença de que, digamos 2^{10}, *estará* entre seus números naturais. Isto é, em adição aos eventos 'completados' da sucessão haverá eventos 'esperados' ou 'futuros' tais como 10 + 10 ou 2^{10}, os quais também serão considerados pelo sujeito (embora no momento da observação eles *não* estão ainda entre os membros obtidos da sucessão e, portanto, não podem ser usados como argumentos das funções indicadas).

(O leitor deveria resistir à tentação de igualar 'obtido' com alguma noção absoluta de 'finito'. Nesta representação é bem possível que uma notação que é obtida, isto é, finita, com respeito a uma das sucessões, esteja no futuro com respeito a outra, isto é, infinita.)

Os elementos deste quadro parecem ser capturados pelo seguinte: *Definição Tentativa 1.* Uma sucessão de números naturais (ou sistema de notação de números naturais, SNNN) *em um estágio particular* consiste de:

1.1) Uma coleção de notações (os números obtidos) mais relações (definidas) de igualdade e ordem entre elas;
1.2) Uma operação sucessor definida sobre as notações que respeita a ordem e que permite uma enumeração dos elementos obtidos;
1.3) Uma coleção de símbolos de funções com regras associadas para igualdade e ordem.

   (*Exemplo* $\lambda x\, y\, (x + y)$ com regras: i. $a = b$ e $c = d \rightarrow a + c = b + d$, ii. $a < b \rightarrow c + a < c + b$, etc.)

1.4) As notações resultantes de *uma* aplicação destes símbolos aos elementos obtidos junto com a igualdade e ordem herdadas (que será, em geral, uma ordem *parcial*) constituem os elementos futuros ou aqueles que 'ocorrerão' *no próximo estágio da sucessão.*

Observação 1 O caráter relativo desta definição é indicado pelas palavras "num estágio particular". Aqui 'estágio' refere-se a algum número obtido de outro sistema de notação de números naturais Nn. A situação usual é que construções indutivas serão dadas indicando a definição dos elementos obtidos e futuros de uma Nn, N_1, em termos de elementos obtidos e futuros de algum Nn, N_0.

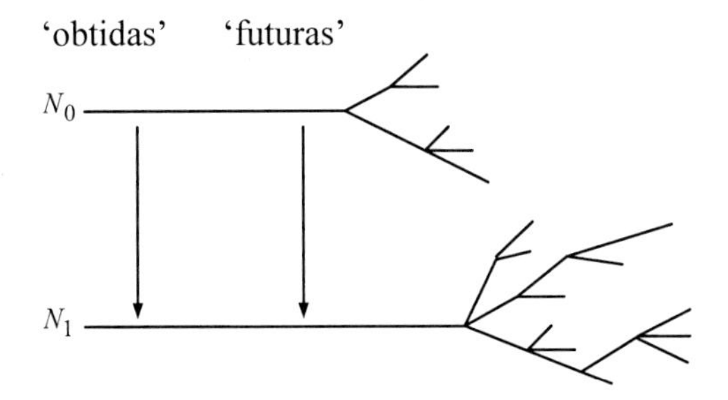

Observação 2 Por uma 'enumeração' dos elementos obtidos na condição 1.2 entende-se a estipulação de duas construções. Primeiro, uma operação de +1 sobre os elementos obtidos de N_1. Segundo, um procedimento E, construído indutivamente sobre os elementos obtidos de N_0, que podem produzir uma única saída, no período, da forma 0_{N_1} ou $n + 1$, e todos e somente aquelas saídas dos elementos obtidos de N_1. Além disso a construção indutiva produz uma ordenação linear da saída de E tal que i) 0_{N_1} é produzido primeiro e ii) $n + 1$ é produzido apenas se n é produzido no passo imediatamente precedente.

Observação 3 Devido à ordenação parcial mencionada na condição 1.4, segue-se que a indução +1 é apenas válida quando restrita aos *elementos obtidos de um SNNN*. Por esta razão, embora seja o caso pela suposição de que todo SNNN, digamos N_1, é fechado sob $\lambda x\ (x + 1)$ - i.e., que, se x foi obtido em N_1 ($x \in N_1$), então $x + 1$ será obtido em N_1 ($x + 1 \in^{\Delta} N_1$) - não resulta que este necessariamente seja fechado sob $\lambda x\ (x + 2)$. Pois, se $C\ (n)$ é o predicado "$n + 2$ será obtido", então, mesmo admitindo que $(n + 1) + 2 = (n + 2) + 1$, não podemos concluir que $C\ (n + 1)$ porque +1 é apenas aplicável aos elementos obtidos em N_1 e temos somente que $n + 2$ *será obtido*.

Neste cenário o problema de mostrar que N_1 é fechado sob uma função f toma a seguinte forma: x foi construído em N_1 com base em um certo número k_x tendo sido obtido em N_0 o qual é fechado sob uma função g (Volpin chama k_x o "suporte genético" de x). Então, se $g(k_x) \in^{\Delta} N_0$ deve-se mostrar que a construção que produz N_1 garante que $f(x)$ terá o suporte genético $g(k_x)$. Em poucas palavras, mostrar que uma Nn é fechada sob uma função não é um fato que pode ser estabelecido via 'indução interna', mas apenas com base na sua construção a partir de outra Nn.

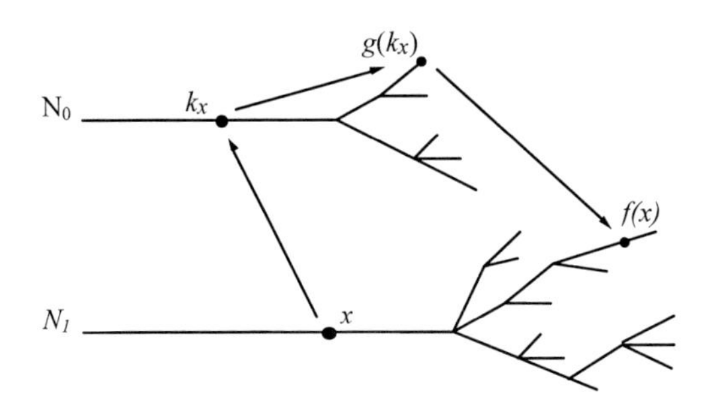

[Isles continua...]

IV. Relativização das Definições Indutivas

Como um exemplo final, consideremos as mudanças efetuadas quando se usa diferentes SNNN em lugar dos números naturais intuitivos num argumento usual da teoria da recursão. No que se segue $\alpha \leftarrow n$ significa que o programa para a máquina de Turing α recebeu entrada n. Recorde-se do seguinte teorema bem conhecido:

TEOREMA (Insolubilidade do Problema da Parada)

Seja T a classe dos programas de máquinas de Turing e $|\alpha|$ o número de Gödel de $\alpha \in T$. Não existe uma máquina de Turing de 'teste' $\beta \in T$ tal que:

$$\beta \leftarrow |\alpha| \text{ pára no estado } \begin{cases} S & \text{se } \alpha \leftarrow |\alpha| \text{ pára} \\ N & \text{se } \alpha \leftarrow |\alpha| \text{ não pára} \end{cases}$$

Prova: Se existisse, seria possível definir uma máquina contraditória $\beta^* = \beta \cup \{<SKRS> \mid K$ é qualquer símbolo de $\beta\}$. ■

Neste argumento os números naturais intuitivos são usados em pelo menos três construções distintas:

1) na definição indutiva da classe dos programas de máquinas de Turing. Aqui, uma dada definição indutiva terá um comprimento e podemos falar de $c(\alpha)$, o menor comprimento do programa da máquina de Turing α;
2) a classe de entradas para máquinas de Turing; e
3) na medida do comprimento das computações de máquinas de Turing (isto está implícito nas palavras 'pára' e 'não pára').

Agora, quaisquer que sejam nossas pré-concepções, não existe nada *neste argumento* que exija os 'mesmos' números naturais em todas as três construções. De fato, tudo que é exigido é que, se $\alpha \in T$, então $|\alpha|$ deveria ser definido, isto é, deveria ser acessível como uma entrada. Portanto, é consistente com a estrutura do argumento supor que temos três diferentes SNNN's, N_1, N_2, e N_3, e que para um estágio particular k consideramos a classe dos programas das máquinas de Turing $T(N_1^k)$ (onde $\alpha \in T(N_1^k)$ significa $l(\alpha) \in N_1^k$), a classe de entradas N_2^k e relativizemos a noção de 'parada' a "parada como medida em N_3^k". Se, ademais, N_1 e N_2 estão assim relacionados, e se n é tal que $n \in N_1$ então $2^{2^{2^n}} \in N_2$, então segue-se que $|\alpha| \in N_2^k$ quando $\alpha \in T(N_1^k)$. Com estas modificações o teorema agora se torna menos significativo:

TEOREMA Toda máquina de Turing $\beta \in T(N_1^k)$ que tenha a propriedade de que para todo $\alpha \in T(N_1^k)$ (e $|\alpha| \in N_2^k$))

$$\beta \leftarrow |\alpha| \text{ pára no estado} \begin{cases} S & \text{se } \alpha \leftarrow |\alpha| \text{ pára } (N_3^k) \\ N & \text{se } \alpha \leftarrow |\alpha| \text{ não pára } (N_3^k) \end{cases}$$

falha em manter esta propriedade no estágio $k + 1$.

O ponto principal neste exemplo é sugerir que o caráter peculiarmente 'absoluto' de um resultado tal como a insolubilidade do 'problema da parada' pode ser quimérico e ter sua origem em certas suposições não reconhecidas (a unicidade dos números naturais). Obviamente, a mesma espécie de crítica pode ser apresentada contra as interpretações correntes do primeiro teorema de incompletude de Gödel.

Isles, 1981, pp.111-8 e 131-3

* Esta afirmação deve-se em princípio a G. Mannoury, *Woord en Gedachte*, 1931, pp. 55-8. O presente artigo é um esforço para solucionar a aparente contradição mencionada acima, que originalmente tornava a afirmação incompreensível e inaceitável para a maioria dos matemáticos, incluindo, até alguns anos atrás, eu mesmo. Idéias mais ou menos similares, contudo, foram já expressas há longo tempo por E. Borel (cf. seus "nombres inaccesibles") e por M. Fréchet.

** G. Mannoury, *Methodologisches und Philosophisches zur Elementarmathematik*, P. Visser, Haarlem, (1909), em particular pp.6-8.

*** A. S. Yessenin-Volpin, "The ultraintuitionistic criticism and antitraditional program for the foundations of mathematics" em Intuitionism and Proof Theory, Kino, Myhill, e Vesley eds., North Holland, 1970, p.30.

Exercícios

1. Como se diferencia o 'neo-intuicionismo' de Brouwer do intuicionismo de Kant?

2. a. Brouwer aceita o infinito completado?
b. Por que Brouwer rejeita que todos os números reais possam ser reunidos em um conjunto? Pode o mesmo argumento ser usado contra os racionais?

3. a. Para Brouwer, qual é o papel da lógica simbólica e mesmo da linguagem ordinária na matemática?
b. Uma prova de consistência da matemática clássica justificaria, para os intuicionistas, o raciocínio infinitário?

4. A teoria das funções recursivas trata com conjuntos enumeráveis (cf. nossas observações no capítulo 10B). Seria alguma parte do desenvolvimento matemático que demos inaceitável para os intuicionistas? Um intuicionista aceita a Tese de Church?

5. Opine sobre se as seguintes provas são aceitáveis para um construtivista como Brouwer. Se não, indique qual o princípio clássico (proposicional ou de primeira ordem) que está sendo usado que é inaceitável, e diga quais conclusões um construtivista poderia extrair.

A prova no Capítulo 7 D que a seguinte função é computável:

$$g(x) = \begin{cases} 1 & \text{se uma seqüência de } \textit{pelo menos } x \text{ dígitos 5 ocorre} \\ & \text{na expansão decimal de } \pi; \\ 0 & \text{caso contrário} \end{cases}$$

b. A seguinte prova de que existem números irracionais a, b tais que a^b é racional: $\sqrt{2}^{\sqrt{2}}$ é racional ou não. Se é, então a prova está concluída. Se não, tome $a = \sqrt{2}^{\sqrt{2}}$ e $b = \sqrt{2}$. Então $a^b = (\sqrt{2}^{\sqrt{2}})^{\sqrt{2}} = 2$.

6. De que modo o enfoque de Bishop do papel da negação na matemática difere do enfoque de Brouwer?

7. Quais são as leis clássicas de raciocínio dos Capítulos 18 e 20 que dão origem ao princípio da onisciência de Bishop? Por que Bishop não discute, em vez deste princípio, aqueles? A nossa lógica de primeira ordem seria aceitável a Bishop se os suprimíssemos?

8. O que você pensa sobre a referência de Bishop acerca da 'realidade', quando ele diz que certos sistemas formais são "separados da realidade"?

9. No sistema de Bishop prove que $x = (x_n)$ é positivo $\Leftrightarrow$ existem q e m tais que para todo $n > m$, $x_n > q$.

10. a. Por que os seguintes teoremas da matemática clássica não são construtivamente válidos?

i. Se f é uma função uniformemente contínua em $[0,1]$ para os números reais e $f(0) < 0$ e $f(1) > 0$, então para algum x com $0 < x < 1$, $f(x) = 0$.

ii. Qualquer função contínua em $[0,1]$ tem um máximo.

iii. Para qualquer coleção infinita de pontos em $(0,1)$ existe um ponto $a \in (0,1)$ tal que todo intervalo em torno de a em $(0,1)$ contém um ponto da coleção.

iv. Cada subconjunto de um conjunto finito é finito.

b. Apresente as provas de (i) e (ii) (encontradas em qualquer bom texto de cálculo) e mostre em que lugar o raciocínio não-construtivo é usado.

11. O que van Dantzig quer dizer quando afirma que a diferença entre números finitos e infinitos não pode ser definida operacionalmente? Poderíamos simplesmente apontar algum número finito extremamente grande e dizer *este* é o que consideraremos como infinito?

12. Por que van Dantzig diz que a matemática intuicionista não é absolutamente exata? Seus argumentos se aplicam à visão construtivista de Bishop? Ele está certo em dizer que pelo menos o intuicionismo é 'mais exato' que a matemática clássica?

13. a. De que maneira Goodman critíca a noção de negação em Brouwer?
b. Por que Goodman afirma que as suposições de Bishop levariam-no a aceitar a lógica clássica?

Leitura complementar

Bridges e Richman em *Varieties of Constructive Mathematics* desenvolvem uma boa dose de matemática construtiva, dentro da linha de Bishop, comparando com a matemática intuicionista e a análise recursiva. Para um tratamento mais avançado, veja Beeson, em *Foundations of Constructive Mathematics* que também tem um apêndice sobre a história do construtivismo, ou Troelstra e van Dalen, em *Constructivism in Mathematics*. O texto de Heyting *Intuitionism: an introduction* é um clássico sobre intuicionismo. "The intended interpretation of intuitionistic logic", de Weinstein, tem uma boa discussão do intuicionismo em comparação com o enfoque de Hilbert em "On the infinite".

A luta de Cantor para conseguir que seu trabalho fosse aceito e a resistência incitada por Kronecker produz uma história fascinante, como narrada por Dauben em seu livro *Georg Cantor*. A respeito da influência de Kronecker sobre Hilbert, veja a biografia de Hilbert feita por Reid.

Philosophy of Mathematics de Benacerraf e Putnam é uma excelente coleção de ensaios de Brouwer, Heyting, Gödel, Frege, Russell, e outros sobre as questões filosóficas levantadas neste capítulo. *From Frege to Gödel: A Source Book in Mathematical Logic* (ed. van Heijenoort) contém uma boa seleção dos artigos mais antigos de lógica moderna.

Finalmente, dois artigos fornecem excelentes sumários deste curso. Em "The foundations of mathematics" Goodstein explica seu enfoque dos fundamentos da matemática e por que ele prefere apenas trabalhar com funções recursivas primitivas ao contrário de recursivas gerais; Gentzen em "The present state of research into the foundations of mathematics", 1938, além de examinar os teoremas de Gödel, contém uma discussão das provas de consistência.

Bibliografia

Os números das páginas de todos os artigos reeditados em Benacerraf e Putnam são da segunda edição, a menos em caso de menção em contrário. Os números das páginas de todos os artigos reeditados em Davis, *The Undecidable*, são daquele livro.

ABELSON, Raziel
1967 Definitions
In Edwards, vol.2, pp.314-24 .

BAUM, Robert J.
1973 *Philosophy and Mathematics*
Freeman Cooper and Co.

BEESON, Michael J.
1980 *Foundations of Constructive Mathematics*
Springer-Verlag.

BENACERRAF, P., and H. PUTNAM eds.
1983 *Philosophy of Mathematics*
2. edição, Cambridge University Press.
Todos os artigos citados aparecem também na 1. edição, Prentice-Hall, 1964, mas com paginação diferente.

BERNAYS, Paul
1935 On platonism in mathematics
Traduzido para o inglês por C. D. Parsons in Benacerraf and Putnam, pp.258-71.

BEZBORUAH, A., and J. C. SHEPHERDSON
1976 Gödel's second incompleteness theorem for Q
Journal of Symbolic Logic, vol.41, pp.503-12
BIRABEN, Rodolfo E.
1996 *Tese de Church: algumas questões histórico-conceituais*
Coleção CLE, vol.16, CLE-UNICAMP, Campinas.
BISHOP, Errett
1967 *Foundations of Constructive Analysis*
McGraw-Hill. Uma versão revisada, escrita com D. Bridges, foi publicada como *Constructive Analysis*, Springer-Verlag, 1985.
BOOK, Ronald V.
1980 Review of Garey and Johnson
Bulletin of the American Mathematical Society, vol.3, n.2, pp.898-904.
BOOLOS, George S., e Richard C. JEFFREY
1980 *Computability and Logic*
2. edição, Cambridge University Press.
BOYER, Carl A.
1968 *A History of Mathematics* Wiley.
BRIDGES, Douglas, e Fred RICHMAN
1987 *Varieties of Constructive Mathematics*
London Mathematical Society, Lecture Notes Series, n.97, Cambridge University Press.
BROUWER, L. E. J.
1913 Intuitionism and formalism
Bulletin of the American Mathematical Society, vol.20, pp.81-96.
Traduzido para o inglês por Arnold Dresden, reeditado em Benacerraf ePutnam, pp.77-89.
BUCK, R. C.
1963 Mathematical induction and recursive definitions
The American Mathematical Monthly, vol.70, Feb., pp.128-35.
CANTOR, Georg
1955 Transfinite Numbers
Dover. Traduzido, com uma introdução, por Phillip E. B. Jourdain (1915) a partir dos artigos alemães de 1895 e 1897.
CARNIELLI, Walter A.
1987 Systematization of the finite many-valued logics through the method of tableaux
The Journal of Symbolic Logic 52, n.2, pp.473-93.
CARNIELLI, Walter A., M. E. CONIGLIO e J. MARCOS
200_ Logics of formal inconsistency

Handbook of Philosophical Logic, (eds.D. Gabbay e F. Guenthner) volume 12
Kluwer Academic Publishers, no prelo.

CHANG, Chin-Liang, e Richard C. LEE
1973 *Symbolic Logic and Mechanical Theorem Proving*
Academic Press.

CHURCH, Alonzo
1933 A set of postulates for the foundation of logic (second paper)
Annals of Mathematics, vol.34, pp.839-64.
1935 Abstract of Church, 1936
Bulletin of the American Mathematical Society, May, abstract 205, pp.332-3.
1936 An unsolvable problem of elementary number theory
The American Journal of Mathematics, vol.58, pp.345-63, reeditado em Davis, *The Undecidable*, pp.89-107.
1936a A note on the Entscheidungsproblem
Journal of Symbolic Logic, vol.1, pp.40-1; correção ibid., pp.101-2. Reeditado em Davis, *The Undecidable*, pp.110-4.
1937 Revisão crítica de Turing, 1936
Journal of Symbolic Logic, vol.2, pp.42-3.
1937a Revisão crítica Post, 1936
Journal of Symbolic Logic, vol.2, p.43.
1938 The constructive second number class
Bulletin of the American Mathematical Society, vol.44, pp.224-32.
1956 *Introduction to Mathematical Logic*
Princeton University Press.

COHEN, Daniel
1987 *Computability and Logic*
Ellis Horwood and Wiley.

CROSSLEY, J. N. ed.
1975 Reminiscences of logicians
Em *Algebra and Logic*, J. N. Crossley ed., Springer-Verlag, Lecture Notes in Mathematics, n.450, pp.1-62.

DAUBEN, Joseph
1979 *Georg Cantor*
Harvard University Press.

DAVIS, Martin
1958 *Computability and Unsolvability*
McGraw-Hill. 2. edição, Dover, 1982.
1965 *The Undecidable* (ed.)

Raven Press. Correções, especialmente das traduções, aparecem numa crítica por Stefan Bauer-Mengelberg, *J. Symbolic Logic*, vol.31, 1966, pp.484-94.

2000 *The universal computer*, New York, Norton.

DI PRISCO, Carlos A.

1997 *Una Introdución a la Teoría de Conjuntos y los Fundamentos de las Matemáticas*, Coleção CLE, vol.20, CLE-UNICAMP, Campinas.

DUMMETT, Michael, e Roberto MINIO

1977 *Elements of Intuitionism*
Clarendon Press, Oxford.

EDWARDS, Paul

1967 *Encyclopedia of Philosophy*
Macmillan and The Free Press.

EPSTEIN, Richard L.

1979 *Degrees of Unsolvability: Structure and Theory*
Springer-Verlag, Lecture Notes in Mathematics, n.759.

1989 *The Semantic Foundations of Logic, Volume 1: Propositional Logics*.
Martinus Nijhof.

FEFERMAN, S.

1960 Arithmetization of metamathematics in a general setting
Fundamenta Mathematicae, vol.49, pp.35-92.

FRAENKEL, A., Y. BAR-HILLEL, and A. LEVY

1973 *Foundations of Set Theory*
2. edição revisada, North-Holland.

GAREY, Michael R., e David S. JOHNSON

1979 *Computers and Intractability*
W. H. Freeman and Co., San Francisco.

GENTZEN, Gerhard

1938 The present state of research into the foundations of mathematics
Traduzido para o inglês em *The Collected Papers of Gerhard Gentzen*, M. E. Szabo ed., North-Holland, 1969, pp.234-51.

GÖDEL, Kurt

1931 On formally undecidable propositions of *Principia Mathematica* and related systems I, Traduzido para o inglês por Jean van Heijenoort em Gödel, 1986, pp.144-95.

1931a Discussion on providing a foundation for mathematics
In Gödel, 1986, pp.201-5.

1934 On undecidable propositions of formal mathematical systems
In Davis, *The Undecidable*, pp.39-74.

1944 Russell's mathematical logic
Reeditado em Benacerraf and Putnam, pp.447-69.

1946 Remarks Before the Princeton Bicentennial Conference on Problems in Mathematics
In Davis, *The Undecidable*, pp.84-8.

1986 *Collected Works*
S. Feferman et al. eds., Oxford University Press.

GOODMAN, Nicolas D.

1981 Reflections on Bishop's philosophy of mathematics
In Richman, 1981, pp.135-45.

GOODSTEIN, R. L.

1951 *Constructive Formalism*
University College, Leicester.

1951a The foundations of mathematics
Aula inaugural, University College, Leicester.

1961 *Recursive Analysis*
North-Holland.

GRZEGORCZYK, Andrzej

1953 *Some classes of recursive functions*
Rozprawy Matematyczne IV, Mathematical Institute of the Polish Academy of Sciences.

1974 *An Outline of Mathematical Logic*
Reidel.

HAUSDORFF, Felix

1962 *Set Theory*
2. edição, Chelsea.

HERBRAND, Jacques

1931 On the consistency of arithmetic
Traduzido para o inglês em van Heijenoort, 1967.

HERKEN, Rolf, ed.

1988 *The Universal Turing Machine, A Half-Century Survey*
Oxford.

HERMES, Hans

1969 *Enumerability, Decidability, Computability*
2. ed., Springer-Verlag. Traduzido para o inglês a partir do alemão por G. T. Hermann e O. Plassmann.

HEYTING, A.

1956 *Intuitionism: an introduction*
North-Holland.

1959 *Constructivity in Mathematics, Proceedings of the Colloquium held at Amsterdam*, 1957
A. Heyting ed., North-Holland.

1962 After thirty years

Logic, Methodology, and Philosophy of Science, Proceedings of the 1960
International Congress, Nagel, Suppes, and Tarski eds., Stanford Press, pp.194-7.

HILBERT, David

1902 *Foundations of Geometry*
Open Court.

1925 On the infinite
Traduzido para o inglês em Benacerraf e Putnam, pp.183-201.

HILBERT, David, e Paul BERNAYS

1934-9 *Grundlagen der Mathematik*
2 vols., Springer-Verlag.

HUGHES, Patrick, e George BRECHT

1975 *Vicious Circles and Infinity*
Penguin.

ISLES, David

1981 Remarks on the notion of standard non-isomorphic natural number series
In Richman, 1981, pp.111-34.

JOWETT, Benjamin

1892 *The Dialogues of Plato*
Terceira edição, MacMillan Co.

KALMÁR, László

1935 Über die Axiomatisierbarkeit des Aussagenkalküls
Acta Scientiarum Mathematicarum 7, pp.222-43.

1957 An argument against the plausibility of Church's thesis
In Heyting, 1959, pp.72-80.

KLEENE, Stephen C.

1936 General recursive functions of natural numbers
Mathematischen Annalen, vol.112, pp.727-42.

1943 Recursive predicates and quantifiers
Transactions of the American Mathematical Society, vol.53, n.1, pp.41-73. Reeditado em Davis, *The Undecidable*, pp.255-87.

1952 *Introduction to Metamathematics*
North-Holland.

1981 Origins of recursive function theory
Annals of the History of Computing, vol.3, n.1, pp.52-67.

KOLATA, Gina Bari

1976 Mathematical proofs: the genesis of reasonable doubt
Science, vol.192, pp.989-90.

KREISEL, Georg

1965 Mathematical logic

In *Lectures on Modern Mathematics,* vol.III, T. L. Saaty ed., Wiley, pp.95-195.
1980 Obituary of K. Gödel
Biographical Memoirs of Fellows of the Royal Society (London), vol.26, pp.149-224.

LERMAN, Manuel
1983 *Degrees of Unsolvability*
Springer-Verlag.

MAL' CEV, A. I.
1970 *Algorithms and Recursive Functions*
Walters-Noordhof. Traduzido para o inglês do russo por Leo F. Boron.

MARKOV, A. A.
1954 *The Theory of Algorithms*
Tr. Mat. Inst. Steklov., XLII. Tradução para o inglês, Israel Program for Scientific Translations Ltd., Jerusalem, 1971.

MATES, Benson
1981 *Skeptical Essays*
University of Chicago Press.

MENDELSON, Elliott
1963 On some recent criticism of Church's Thesis
Notre Dame J. Formal Logic, vol.IV, n.3, pp.201-4.
1964 *Introduction to Mathematical Logic*
D. Van Nostrand.
1987 Terceira edição de Mendelson, 1964
Wadsworth & Brooks/Cole.

MOORE, Gregory
1982 *Zermelo's Axiom of Choice*
Springer-Verlag.

MOSTOWSKI, Andrzej
1966 *Thirty Years of Foundational Studies*
Barnes and Noble.

NUNES, Carlos A.
1980 *Diálogos de Platão*
Universidade Federal do Pará, Coleção Amazônica (14 volumes), Belém.

ODIFREDDI, Piergiorgio
1989 *Classical Recursion Theory*
North-Holland.

PÉTER, Rósza
1957 Recursivität und Konstruktivität
In Heyting, 1959, pp.226-33.

1967 *Recursive Functions*
Academic Press, New York.

POST, Emil

1936 Finite combinatory processes ä Formulation I
Journal of Symbolic Logic, vol.1, pp.103-5, reeditado em Davis, *The Undecidable*, pp.288-91.

1944 Recursively enumerable sets of positive integers and their decision problems
Bulletin of the American Mathematical Society, vol.50, pp.284-316. Reeditado em Davis, *The Undecidable*, pp.304-37.

REID, Constance

1970 *Hilbert*
Springer-Verlag.

RICHMAN, F., ed.

1981 *Constructive Mathematics, Proceedings of the New Mexico State University Conference*
Springer-Verlag Lecture Notes in Mathematics, n.873.

ROBINSON, John M.

1968 *An Introduction to Early Greek Philosophy*
Houghton Mifflin, New York.

ROBINSON, Julia

1969 Diophantine decision problems
In *Studies in Number Theory*, W. J. LeVeque ed., Mathematical Association of America, pp.76-116.

ROBINSON, Raphael

1950 An essentially undecidable axiom system
Proceedings of the International Congress of Mathematics, vol.1, pp.729-30.

ROGERS, Hartley

1967 *Theory of Recursive Functions and Effective Computability*
McGraw-Hill.

ROSSER, J. B.

1936 Extensions of some theorems of Gödel and Church
J. Symbolic Logic, vol.1, pp.87-91, reeditado em Davis, *TheUndecidable*, pp.231-5.

1984 Highlights of the history of the λ-calculus
Annals of the History of Computing, vol.6, n.4, pp.337-49.

ST. GEORGE STOCK

1908 *Stoicism*
Constable, London.

SHEPHERDSON, J. C., e H. E. STURGIS
1963 Computability of recursive functions
J. Assoc. Computing Machinery, vol.10, pp.217-55.
SHOENFIELD, Joseph R.
1967 *Mathematical Logic*
Addison-Wesley.
SMULLYAN, Raymond S.
1968 *First-Order Logic*
Springer-Verlag.
SKOLEM, Thoralf
1931 Über einige Satzfunktionen in der Arithmetik
In *Selected Works in Logic* by Th. Skolem, Universitetsforlaget, Oslo, 1970, pp.281-306.
SOARE, Robert I.
1987 *Recursively Enumerable Sets and Degrees*
Springer-Verlag.
SPENCER, Joel
1983 Large numbers and unprovable theorems
American Mathematical Monthly, vol.90, n.10, pp.669-75.
SWART, E. R.
1981 The philosophical implications of the four-color problem
The American Mathematical Monthly, vol.87, no. 9, pp.697-707.
TARSKI, Alfred
1933 The concept of truth in formalized languages
In *Logic, Semantics, Metamathematics* by A. Tarski, 2nd edition, Hackett, 1983.
TARSKI, Alfred, Andrzej MOSTOWSKI, e Raphael ROBINSON
1953 *Undecidable Theories*
North-Holland.
TILLYARD, E. M. W.
1943 *The Elizabethan World Picture*
Vintage/Random House
TROELSTRA, A. S., e D. van DALEN
1988 *Constructivism in Mathematics*
North-Holland.
TURING, Alan M.
1936 On computable numbers, with an application to the Entscheidungsproblem,
Proceedings of the London Mathematical Society, ser. 2, vol.42, 1936-7, pp.230-65; correções, ibid, vol.43, 1937, pp.544-6. Reeditado em Davis, *The Undecidable*, pp.115-53.

1939 Systems of logic defined by ordinals,
Proc. Lond. Math. Soc., ser. 2, 45: 161-228. Reeditado em Davis op. cit.
Computing machinery and intelligence, *Mind* 50, pp.433-60.
1951 The chemical basis of morphogenesis,
Phil. Trans. R. Soc. London B 237: 37-72.

VAN DANTZIG, D.
1956 Is $10^{10^{10}}$ a finite number?
Dialectica, vol.9, pp.273-7.

VAN HEIJENOORT, Jean
1967a Gödel's Theorem
In Edwards, vol.3, pp.348-57.
1967b *From Frege to Gödel: A Source Book in Mathematical Logic*
J. van Heijenoort ed., Harvard University Press.

WANG, Hao
1974 *From Mathematics to Philosophy*
Routledge and Kegan Paul.

WEINSTEIN, Scott
1983 The intended interpretation of intuitionistic logic
Journal of Philosophical Logic, vol.12, n.2, pp.261-70.

WHITEHEAD, Alfred North, e Bertrand RUSSELL
1910-13 *Principia Mathematica*
Em 3 volumes, Cambridge University Press.

WILDER, R. L.
1944 The nature of mathematical proof
The American Mathematical Monthly, vol.51, pp.309-23.

Glossário e Índice de Notações

Geral

Funções e operadores

Classes de funções

Máquinas de Turing

Conjuntos, predicados e relações

Notação lógica

Apêndice
Computabilidade e Indecidibilidade – Uma Cronologia

A história do desenvolvimento da teoria das funções computáveis e da indecidibilidade até 1970

Anexo preparado por Richard L. Epstein, revisto e adaptado por Walter A. Carnielli

Deve ser creditada por uma descoberta a
pessoa que primeiro a explica de tal forma
que não precisa ser redescoberta.
Apócrifo

As citações nas entradas se referem às traduções mais recentes para a língua inglesa dos livros ou artigos da data mencionada na bibliografia. Notas editoriais são indicadas por colchetes duplos [[ ]].

Agradecimentos

As seguintes pessoas comentaram versões prévias desta Cronologia, e ajudaram a melhorar seu conteúdo:

Irving Annelis
William Craig
Martin Davis
Peter Eggenberger
Ivro Grattan-Guinness
Leon Harckleroad
David Isles
Benson Mates
Gregory Moore
Jerzy Perzanowski
Piergiorgio Odifreddi
Rogéria Gaudêncio do Rego
Clara Helena Sánchez
Stewart Shapiro
Peter Simons
Stanislaw Surma
Leslaw Szczerba
Jan Wolenski
Jan Zygmunt

1834

O matemático inglês **Charles Babbage**, 1791-1871, projeta seu Engenho Analítico, o primeiro computador digital para múltiplos propósitos. Consistia de um compartimento de armazenagem, uma unidade aritmética, entradas e saídas por cartões perfurados e um mecanismo para controlar a seqüência de cartões que controlava a iteração e a bifurcação condicional.

Apesar de se acreditar que as idéias de Babbage estavam muito avançadas para a tecnologia da época, a verdade é que em 1834 dois engenheiros suecos, Georg e Edward Scheutz, construíram uma versão do Engenho Diferencial, o predecessor no Engenho Analítico que ele nunca completou. Em 1876, apenas cinco anos após a morte de Babbage, um inventor chamado George Bernard Grant exibiu um engenho diferencial baseado em projeto próprio na Philadelphia Centennial Fair. Partes da máquina estão hoje no Museu de Ciências de Londres. A influência de Babbage foi quase nula até a Segunda Guerra Mundial, quando seu trabalho foi redescoberto.

1843

A filha do Lorde Byron, **Augusta Ada Lovelace**, 1815-1852, traduz para o inglês um artigo de Luigi Ménabréa, mais tarde (1867) primeiro-ministro da Itália, sobre o trabalho de Babbage. Ela inclui seus próprios comentários, muito mais longos que os do original, e com auxílio de Babbage escreve programas simples, inclusive um para calcular séries de Bernoulli. Dessa forma, Ada é considerada a primeira programadora de computadores. Babbage, ansioso por ter alguém da aristocracia que o ajudasse a promover seu trabalho, sente-se ultrajado que após seu trabalho com Ada ela resista em incluir sob seu nome as propostas exageradas de Babbage e os pedidos de financiamento para seu engenho (veja *Stein, 1985*).

1861

Hermann Grassmann, 1809-1877, publica seu *Lehrbuch der Arithmetik für höhere Lehranstalten*, onde apresenta as definições recursivas de adição e multiplicação:

$$x + 0 = x \qquad x \cdot 0 = 0$$
$$x + (y + 1) = (x + y) + 1 \qquad x \cdot (y + 1) = (x \cdot y) + x$$

Apesar de ser também fundador da álgebra vetorial, sua postulação para ocupar uma vaga de professor universitário é rejeitada por causa do julgamento de Kummer, de que seu melhor ensaio contém "material muito recomendável, expresso de forma deficiente" – seu trabalho é considerado demasiado formal e abstrato. Grassmann continua a trabalhar como professor de ginásio e torna-se um renomado lingüista, especialista em literatura em sânscrito.

1872

Em extraordinária divergência com a matemática previamente aceita, **Georg Cantor**, 1845-1918, advoga o uso de totalidades infinitas completadas em matemática e cria uma teoria matemática do infinito. Suas publicações culminam com seu *Beiträge zur Begrundung der transfiniten Mengenlehre* de 1895-1897. Mas seu uso de lógica clássica e de provas existenciais não-construtivas, tanto quanto seus vários níveis de infinito, não são aceitos universalmente, e mais tarde os diversos paradoxos da teoria dos conjuntos originaram uma séria reação. A maior oposição partia de Kronecker, que impediu Cantor de alcançar uma posição na Universidade de Halle. A partir de 1884 Cantor começa a sofrer sucessivas crises nervosas e termina morrendo num sanatório.

1879

Gottlob Frege, 1848-1925, publica seu *Begriffsschrift*[1], *eine der arithmetischen nachgebildete Formelsprache des reinen Denkens*, no qual se estabelece muito do que hoje se conhece como lógica matemática: o uso de variáveis, quantificadores, relações, funções, lógica proposicional e axiomatizações da lógica. Frege demonstra seu princípio de indução a partir de seus princípios lógicos.

A abordagem sintática de Frege e sua nova notação não condiz com a então corrente abordagem algébrica da lógica, de forma que, trabalhando solitário em Jena, suas idéias recebem pouca atenção até a virada do século.

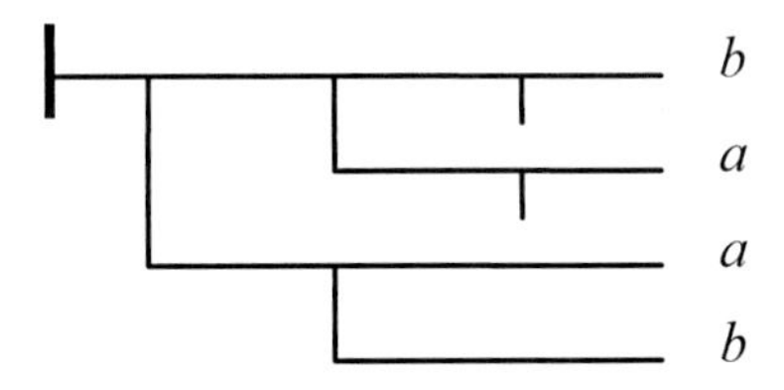

[[*Lei da Transposição*: $\vdash b \to a \to (\neg a \to \neg b)$]]

1887

Leopold Kronecker, 1823-1891, publica seu *Über den Zahlbegriff*, o primeiro manifesto a favor da matemática construtivista: toda a matemática deve

1 Conhecida em português como sua "Conceitografia", tradução mais bem aceita para *Begriffsschrift*.

ser baseada num número finito de operadores envolvendo somente os inteiros, de tal modo que cada operação possa sempre ser avaliada em um número finito de passos. Membro da Academia de Berlim e mais tarde Professor de Matemática na Universidade de Berlim, Kronecker se opõe violentamente à introdução do infinito completado em matemática por Cantor, tendo previamente impedido Cantor de publicar seus artigos por causa das demonstrações 'sem sentido' e mais tarde dificultado o avanço de Cantor para posições acadêmicas mais altas. É atribuída a Kronecker a seguinte frase:

Deus criou os inteiros; o resto é obra dos homens.

1888

Richard Dedekind, 1831-1916, publica seu *Was sind und was sollen die Zahlen?*, no qual ele estabelece o princípio de definição de funções por indução, o que é hoje conhecido por *recursão primitiva*:

Se for dada uma transformação arbitrária θ de um sistema Γ em si próprio, e além disso um determinado elemento α em Γ, então existe uma e somente uma transformação ψ da série numérica N que satisfaz às condições:

I. $\psi(N) \subseteq \Gamma$
II. $\psi(1) = \alpha$
III. $\psi(n') = \theta\psi(n)$ onde n representa um número qualquer.

Dedekind justifica a existência de tal função através do princípio (hoje chamado) de indução de primeira ordem, que ele prova como um corolário de seu teorema a respeito de indução (completa) de segunda ordem. Ele usa este princípio para mostrar que os números naturais são únicos.

Com apenas 22 anos de idade Dedekind já recebia seu grau de doutor em matemática pela Universidade de Göttingen. Apesar de amigo e colaborador de Cantor, ele rejeita uma posição em Halle por razões familiares, permanecendo em Braunschweig, onde ensina na Technische Hochschule.

1889

Giuseppe Peano, 1858-1932, publica em latim sua axiomatização da aritmética. Sua notação clara se populariza e mais tarde torna-se padrão, mas o formalismo excessivo faz seu trabalho cada vez menos acessível a matemáticos fora do círculo da Universidade de Turim e num certo momento ele é solicitado a parar de ensinar. A par com sua intenção de criar uma notação unificadora para expressar toda a matemática, Peano se aventura na criação de uma nova língua popular universal, "Latino sine flexione", para facilitar a comunicação científica em todas as áreas.

Devido ao fato de que as línguas naturais faladas ou escritas não satisfazem os requerimentos de consistência exigidos pela lógica simbólica, os formalistas tendem a evitar o uso da linguagem ordinária em matemática. Quão longe isso possa ir é mostrado pela escola moderna escola italiana de formalistas, cujo líder, Peano, publicou uma de suas mais importantes descobertas a respeito da integrais de equações diferenciais reais no *Mathematische Annalen* na linguagem da lógica simbólica; o resultado foi que o artigo só pode ser lido por uns poucos iniciados, e que não esteve disponível em geral até que um desses iniciados traduziu o artigo para o alemão.

Brouwer, 1912, p.79

1891

Cantor introduz seu método diagonal para mostrar que os reais não são e-numeráveis: se os reais fossem enumeráveis, então os reais entre 0 e 1 também seriam. Dessa forma, poderíamos listá-los usando somente representações em dígitos que não terminem numa seqüência infinita de 9's. Assim, o número real b definido abaixo deve estar entre 0 e 1, mas não estaria na lista que pretensamente existe:

$$\begin{array}{lclllll} a_0 & = & .a_{00} & a_{01} & a_{02} & \dots & \\ a_1 & = & .a_{10} & a_{11} & a_{12} & \dots & \\ a_2 & = & .a_{20} & a_{21} & a_{22} & \dots & \\ \vdots & & & \vdots & & & \\ a_n & = & .a_{n0} & a_{n1} & a_{n2} & \dots & a_{nn} \quad \dots \end{array}$$

$$b = b_0\, b_1\, b_2 \dots\, b_n \dots \text{ onde } b_n = \begin{cases} a_{nn} + 1 & \text{se} \quad a_{nn} < 8 \\ a_{nn} - 1 & \text{se} \quad a_{nn} \geq 8 \end{cases}$$

Em 1874 Cantor já havia demonstrado que os reais não são enumeráveis usando um argumento baseado em intervalos encaixantes e em propriedades dos irracionais. O importante a respeito do novo método é sua generalidade: o método diagonal mostra que a cardinalidade de *qualquer* conjunto deve ser menor que a cardinalidade de seu conjunto-potência e que conseqüentemente deve existir uma infinidade de níveis de infinitos.

1897

Métodos para verificar a validade das deduções na lógica aristotélica já eram bem conhecidos. Neste ano o matemático inglês autor do livro *Alice in Wonderland,* **Lewis Carroll**, pseudônimo de **Charles Lutwidge Dodgson**, 1832-1898, apresenta três em seu popular texto de lógica, *Symbolic Logic*: diagramas de Euler-Venn, diagramas e método de contagem de Carroll, e um método (algébrico) de índices

1899

O programa para axiomatizar a geometria iniciado com Euclides mais de dois milênios antes teve o apogeu com o desenvolvimento axiomático da geometria euclideana por Hilbert em seu livro *Grundlagen der Geometrie* traduzido para o inglês como *The Foundations of Geometry*. O desenvolvimento axiomático formal e a clara distinção entre a linguagem formal e modelos para a linguagem influenciaram Hilbert na sua concepção formalista da matemática.

> Devemos ser capazes de nos referir sempre – ao invés de pontos, retas e planos – a mesas, cadeiras, e canecas de cerveja.
>
> Hilbert em *Reid, 1970,* p.57.

David Hilbert, 1862-1943, havendo recebido seu doutorado em Königsberg em 1885, é agora estabelecido permanentemente em Göttingen.

1900

O Segundo Congresso Internacional de Matemática acontece em Paris, e Hilbert, um dos mais proeminentes matemáticos da época, propõe 23 problemas para o desenvolvimento da matemática.

O primeiro problema pergunta se todo subconjunto dos números reais pode ser colocado em correspondência um-a-um ou com o conjunto de todos os reais, ou com o conjunto dos números naturais, e, adicionalmente, se é ou não possível dar uma boa ordem ao conjunto dos números reais, ou seja: é ou não possível ordenar os reais de forma que cada um de seus subconjuntos tenha um primeiro elemento?

O segundo problema é provar que os 'axiomas aritméticos' são não-contraditórios, isto é, que um número finito de passos lógicos baseado neles jamais leva a resultados contraditórios.

O décimo problema é determinar, para uma equação polinomial arbitrária com coeficientes inteiros com qualquer número de incógnitas, se há alguma solução para esta equação nos inteiros.

Contra os revisionistas que pretendem resolver a crise nos fundamentos da matemática restringindo os métodos matemáticos fechando a porta do paraíso que Cantor criou para os matemáticos, Hilbert começa a organizar seu programa que consiste em pretender alicerçar toda a matemática por meios finitistas, tidos como incontroversos, e que terá sua expressão mais completa 25 anos mais tarde (ver **1925**):

> Estar convencido da resolubilidade de todo problema matemático é um poderoso incentivo ao pesquisador. Ouvimos dentro de nós este perpétuo chamar: eis o problema, busque a solução. Você pode encontrá-la pela pura razão, pois em matemática não há *ignorabimus*.
>
> Hilbert, *Über das Unendliche*

1902

Bertrand Russell, 1872-1970, escreve a Frege sobre sua descoberta de uma contradição inerente ao primeiro volume da obra de Frege *Grundgesetze der Arithmetik* (traduzido para o inglês como *The Basic Laws of* Arithmetic), o trabalho no qual Frege tenta desenvolver a matemática como parte da lógica.

> Seja *w* o predicado relativo a ser um predicado que não predica a si mesmo. É possível que *w* predique a si mesmo? De qualquer das duas possíveis respostas segue a sua contraditória. Devemos então concluir que *w* não é um predicado. De maneira análoga, não existe a classe (como um todo) daquelas classes as quais, como totalidades, não são elementos de si mesmas. A partir disso eu concluo que sob certas circunstâncias um conjunto definível não forma uma totalidade.
>
> Russell em *Frege, 1980,* pp.130-1

O segundo volume estava praticamente no prelo, e Frege só pode acrescentar um apêndice explicando o problema. Ele escreve a Russell:

> Sua descoberta da contradição surpreendeu-me para além das palavras, e eu quase deveria dizer, deixou-me atordoado, porque abalou os fundamentos onde eu pretendia erigir a aritmética... Sua descoberta é de todo modo muito admirável, e pode talvez levar a grandes avanços em lógica, indesejável quanto possa parecer a primeira vista.
>
> *Frege, 1980,* p.132

Este e outros paradoxos na teoria dos conjuntos levantam preocupação sobre os fundamentos da matemática entre os matemáticos e lógicos. Hilbert teme que finitistas como Kronecker possam estar certos e que a matemática embasada no infinito completado possa de fato ser incoerente.

1904

A Ernst Zermelo, 1871-1953, trabalhando com o grupo de Hilbert em Göttingen, 'resolve' parte do primeiro problema de Hilbert mostrando que *todo* conjunto pode ser bem-ordenado. Ele mostra isso explicitamente formulando e usando um princípio que afirma estar implícito no trabalho de muitos matemáticos, e que ele denomina de *axioma da escolha*. A comunidade matemática se divide em relação ao fato de este ser ou não um princípio legítimo. (Veja *Moore, 1982* para a história deste episódio.)

B Hilbert, numa conferência no Terceiro Congresso Internacional de Matemática em Heidelberg, apresenta um esboço da prova de consistência da aritmética axiomática, um método que passou a ser largamente adotado: exibe-se uma propriedade combinatória que os axiomas possuem e a qual os teoremas herdam por meio das regras de prova, mas que é de tal forma que nenhuma contradição tem tal propriedade.

1910-1913

Alfred North Whitehead, 1861-1947, e Russell, com uma bolsa da Royal Society e £100 (100 libras) de seus próprios fundos, publicam seu *Principia Mathematica*. Profundamente influenciados pelo trabalho de Peano e Frege, eles tentam mostrar que toda a matemática pode ser desenvolvida como parte da lógica. Sua axiomatização e desenvolvimento formal servem como referência básica e notação para a maior parte da pesquisa lógica por mais de vinte anos.

O infinito, contudo, não pode ser deduzido de meros princípios lógicos:

> Esta assunção, 'o axioma da infinidade', tal como o axioma multiplicativo, será aduzida como uma hipótese sempre que for relevante. Parece claro que não há nada em lógica que justifique sua verdade ou falsidade, e que a ela só se pode legitimamente manifestar crença ou descrença a partir de bases empíricas.
>
> *Principia Mathematica,* vol.2, p.183

$\vdash : p \rightarrow q . \rightarrow . \sim q \rightarrow \sim p$

"Lei da Transposição"

Após anos de trabalho em lógica e filosofia da matemática, Russell se volta ao estudo da ética, epistemologia e metafísica depois da Primeira Guerra Mundial porque "Todos os altos pensamentos que eu havia tido sobre o mundo abstrato das idéias pareceram-me mesquinhos e bastante triviais em vista do vasto sofrimento das pessoas que me rodeavam". Whitehead, também se volta para a metafísica, e em 1924 aceita uma cátedra de filosofia em Harvard, onde continuará pelo resto da vida.

1912

Luitzen Egbertus Jan Brouwer, 1881-1966, é nomeado Professor de "teoria dos conjuntos, teorias das funções e axiomática" pela Universidade de Amsterdam. Sua conferência inaugural intitula-se "Intuicionismo e formalismo", o primeiro manifesto público a respeito de sua visão da matemática construtiva. Brower argumenta contra a concepção formalista de Hilbert a respeito da matemática e rejeita o uso da lógica clássica fora do domínio do finito.

> O intuicionista reconhece somente a existência de conjuntos enumeráveis, isto é, de conjuntos cujos elementos podem ser colocados em correspondência um-a-um com os elementos de um número ordinal finito ou com o ordinal infinito ω. E na construção desses conjuntos nem a linguagem ordinária nem a simbólica pode ter qualquer outro papel que de servir como um auxílio não-matemático para ajudar a memória matemática ou para possibilitar que indivíduos distintos possam construir o mesmo conjunto.

1915

Leopold Löwenheim, 1878-1957, trabalhando na tradição algébrica de Boole e Schröder na qual verdade e validade são centrais, ao invés de métodos de demonstração, publica um artigo sobre o "cálculo de relativos", isto é, identidades algébricas envolvendo quantificadores sobre indivíduos e relações num domínio onde um quantificador é considerado como uma soma ou produto possivelmente infinito. Ele mostra que a validade das fórmulas envolvendo quantificadores sobre indivíduos e sem relações depende somente dos domínios finitos ou enumeráveis, e apresenta um procedimento para calcular a validade de quaisquer dessas fórmulas se ela contém somente predicados unários. Ele não consegue dar um tal procedimento para o cálculo completo envolvendo somente quantificação sobre indivíduos, mas reduz esse problema ao problema de decidir a validade de fórmulas envolvendo somente relações binárias.

De 1903 a 1933 Löwenheim ensina numa escola secundária em Berlim, mas é demitido naquele ano por ser "um quarto judeu". Sobrevivendo à guerra em Berlim, ele consegue retornar ao mesmo posto em 1946 até aposentar-se em 1949.

1918

Paul Bernays, 1888–1977, convidado no ano anterior em Zurich, onde ele era *Privatdozent*[2], para ser assistente de Hilbert nos fundamentos de matemática em Göttingen, estabelece em 1919 sua *Habilitationsschrift*[3] que para a parte proposicional do cálculo de Russell e Whitehead "toda fórmula válida é uma

2 Doutor, nos países de língua alemã, que ensina na Universidade sem ter posição acadêmica de professor.

3 Tese de Livre-Docência.

fórmula demonstrável, e reciprocamente". Sua prova não foi divulgada fora do círculo de Hilbert até sua publicação em 1926.

1919

O matemático norueguês **Thoralf Skolem**, 1887-1963, retoma o procedimento de decisão de Löwenheim para aplicá-lo no cálculo de predicados monádico de primeira ordem, estabelecendo o teste da validade em termos da eliminação sucessiva de quantificadores nas fórmulas.

1921

Emil Post, 1897-1954, publica sua Tese de Doutorado (Ph.D.) da Universidade de Colúmbia na qual ele formaliza o método de tabelas-verdade para estabelecer a validade da lógica proposicional, e demonstra que a parte proposicional da axiomática de Russell e Whitehead é completa, e portanto consistente.

Perturbado por saúde frágil toda sua vida, Post consegue uma posição acadêmica permanente somente em 1935 na City University of New York. Quando Tarski, encontrando-o vários anos mais tarde, o congratula por ser o único não-polonês a ter contribuído significativamente à lógica proposicional, Post responde que ele é de fato polonês, tendo vindo aos Estados Unidos de Augustów em 1904.

1922

Heinrich Behmann, 1891-1970, discípulo de Hilbert em Göttingen que estudava desde 1914 os *Principia Mathematica* demonstra a decidibilidade da lógica monádica de segunda ordem, usando métodos semânticos para atacar o *Entscheidungsproblem*[4]:

> Exibirei instruções de acordo com as quais a veracidade ou a falsidade de uma asserção arbitrária formulada por meios lógicos possa ser decidida após um número finito de passos...

1923

Skolem publica "The foundations of elementary arithmetic established by means of the recursive mode of thought, without the use of apparent variables ranging over infinite domains". Como parte de um programa de matemática construtiva, ele propõe definições recursivas primitivas de várias das funções básicas da teoria dos números.

---

4 Problema da Decisão.

> A justificação para se introduzir variáveis aparentes [[ligadas]] variando sobre domínios infinitos parece, portanto, bastante problemática, ou seja, pode-se duvidar da justificação do infinito completado ou do transfinito...
>
> Um passo adicional que simplifica este é definido a partir do princípio de Kronecker de que uma definição matemática [[Bestimmung]][5] é uma definição genuína se e somente se ela leva ao objetivo por meio de um número *finito* de tentativas.
>
> *Skolem, 1923,* pp.332-3

Em 1947 ele escreve:

> O artigo de *1923* é tanto quanto eu saiba a primeira investigação sobre a teoria de números recursiva. O comentário... que a aritmética recursiva remonta a Dedekind e Peano parece-me bastante estranho, porque a pesquisa desses homens tinha outros propósitos que o de evitar o uso de quantificadores.

1924

A A legitimidade do raciocínio infinitista e particularmente do axioma da escolha tornou-se mais premente em face de um novo paradoxo. Os matemáticos poloneses **Stefan Banach**, 1892-1945, e **Alfred Tarski**, 1901-1983, usam o axioma da escolha para apresentar uma prova não construtiva de que uma esfera pode ser cortada em um número finito de partes, e estas partes rearranjadas de tal forma que componha duas esferas cada uma do mesmo tamanho que a original.

Tarski, cujo nome de família é Tajtelbaum, recebe seu doutorado neste ano. Ele continua suas atividades no seminário de lógica na Universidade de Varsóvia, primeiramente como docente, depois como professor adjunto, mas estas posições não são suficientes para sustentá-lo junto com sua família. No começo da guerra em 1939 ele separa-se de sua família para lecionar nos Estados Unidos. Depois de diversos trabalhos temporários ele consegue uma posição de instrutor na Universidade da Califórnia em Berkeley em 1942, onde é nomeado Professor Titular em 1946. Sua família, havendo sobrevivido à guerra, junta-se a ele.

B **Wilhelm Ackermann**, 1896-1962, um dos discípulos de Hilbert em Göttingen, publica uma prova construtiva para o que ele sustenta ser a totalidade da análise matemática (aritmética com quantificação sobre funções). Mas um pouco antes da publicação ele encontra um erro e esclarece que restrições significativas no sistema devem ser feitas para que a prova funcione. Em 1927 **John von Neumann**, 1903-1957, revisa suas idéias para aplicá-las corretamente à

5 Determinação.

aritmética de primeira ordem na qual o esquema de indução é restrito às fórmulas livres de quantificadores.

1925

Hilbert pronuncia em Münster a conferência intitulada "Über das Unendliche" ("Sobre o infinito") num congresso em homenagem a Karl Weierstrass. A conferência é a expressão mais completa de seu programa a respeito dos fundamentos da matemática: o infinito tem seu lugar legítimo na matemática como elemento ideal, não correspondendo a nada no mundo mas possibilitando ao sistema simplificar e esclarecer a matemática finitista, da mesma maneira que o elemento $i = \sqrt{-1}$ pode ser adicionado aos números reais e não leva a nenhuma contradição com o que pode ser demonstrado sem ele. Contudo, é necessário uma prova de que o infinito e o raciocínio infinitista não conduzem a contradição coma matemática finitista; Hilbert alega ser capaz de tal tarefa. Ele mostra as grandes linhas de uma prova da consistência da aritmética que usa somente métodos *finitistas*.

Ninguém nos expulsará do paraíso que Cantor criou para nós.

1927

O norte-americano **Cooper Harold Langford**, 1895-1964, trabalhando sobre as idéias do artigo de Skolem, 1919, e dos avanços de Behmann, de 1922, usa o método da eliminação sucessiva de quantificadores para mostrar que diversas teorias da ordem determinam o valor-verdade de todas as funções proposicionais da linguagem de primeira ordem contendo $\leq$. Se o valor-verdade de cada sentença da linguagem é determinado, então a teoria deve ser consistente.

1928

Ackermann revisa as aulas de lógica de Hilbert de 1917 as quais ele e Hilbert publicam como *Grundzüge der theoretischen Logik.* Esta pequena e sucinta apresentação da lógica matemática alcança grande influência: muito mais acessível que o *Principia Mathematica* de Whitehead e Russell, o livro questiona se toda fórmula válida da lógica de primeira ordem pode ser demonstrada a partir dos axiomas do *Principia Mathematica.* A questão da decidibilidade era central para o Programa de Hilbert, e Ackermann também trabalha no problema da decisão (1928b), na mesma época em que Paul Bernays e **Moses Schönfinkel** (1889-1942) obtêm resultados sobre a decidibilidade de uma subclasse das fórmulas de primeira ordem.

Neste mesmo ano Ackermann publica um exemplo de uma função que não é do tipo 1 de Hilbert, isto é, sua definição usa, no sistema de Hilbert, funções de funções. Ele mostra que tal função pode ser expressa por uma definição que usa "recursão simultânea":

$$\varphi(a, b, 0) = a + b$$

$$\varphi(a,0,n+1) = \begin{cases} 0 & \text{se } n = 0 \\ 1 & \text{se } n = 1 \\ a & \text{se } n \neq 0 \text{ e } n \neq 1 \end{cases}$$

$$\varphi(a, b+1, \mathrm{n}+1) = \varphi(a, \varphi(a, b, n+1), n)$$

(*Calude* e *Marcus* mostram que o romeno G. Sudan definiu independentemente em 1927 uma função que é computável mas não recursiva primitiva.)

Mais tarde, quando Ackermann se casa, Hilbert se opõe, achando que esse fato afastará Ackermann de suas obrigações acadêmicas. Hilbert se recusa a fazer qualquer coisa em prol da carreira de Ackermann, que dessa forma não consegue uma posição na universidade e se dedica a ensinar na escola secundária para sobreviver. Tomando conhecimento de que a família Ackermann está esperando um filho, Hilbert diz: "Essa é uma maravilhosa notícia para mim. Se esse homem é tão louco que se casa e ainda tem um filho, isso só me alivia da tarefa de fazer alguma coisa por um louco desse tipo". (*Reid, 1970,* p.173.)

1929

Jacques Herbrand, 1908-1931, tendo já publicado diversos artigos, completa sua tese de doutorado em matemática na Sorbonne. No capítulo 4 ele utiliza o método da eliminação de quantificadores para mostrar como determinar, para cada enunciado da teoria da aritmética contendo somente sucessor, se o enunciado é verdadeiro ou falso no domínio dos números naturais. Isto é, a teoria é decidível, ou, como ele chama, 'resolúvel' (veja *van Heijenoort,* pp.580-1).

Em 1931 ele estende tais idéias para demonstrar a consistência de um fragmento da aritmética muito mais amplo. No dia em que o artigo é recebido pelos editores da revista, Herbrand morre aos 23 anos num acidente quando estava escalando os Alpes.

Em Varsóvia, Tarski continua apresentando seu trabalho em seminários de metamatemática, enfatizando os problemas de decisão. Nesse mesmo ano seu estudante de mestrado **Mojzesz Presburger**, 1904-1943(?), apresenta numa comunicação no Primeiro Congresso de Matemáticos Eslavos uma axiomatização das sentenças verdadeiras no domínio dos inteiros cuja única operação é a adição:

$x + (y + z) = (x + y) + z$
$x + 0 = x$
$x + y = y + x$
$\exists y\ (x + y = z)$
$nx = ny \rightarrow x = y$ para todo número natural $n > 1$
$\exists y\ (ny = x \vee ny + 1 = x \vee .. \vee ny + (n - 1) = x$ para todo número natural $n > 1$
$nx + 1 \neq 0$ para todo número natural $n > 1$

onde "nx" significa x+ x+...+ x (n vezes)

Usando eliminação de quantificadores ele mostra que o valor verdade de toda sentença nessa linguagem pode ser decidido.

Depois de receber seu grau de Mestre, Presburger passa a trabalhar numa companhia de seguros até 1939. Ele foi visto pela última vez em 1943, tendo quase certamente perecido na destruição do Gueto de Varsóvia. Ironicamente, não é a sua axiomatização mais um sistema prévio contendo adição e sucessor nos números naturais que se torna conhecido como "Aritmética de Presburger", em seqüência à demonstração por Hilbert e Bernays em 1934 de que os métodos de Presburger se aplicam a esta.

1930

A Tarski anuncia que a teoria dos números reais na linguagem de +, ≤, e 1 é decidível. Ele publica um esboço da prova em 1931, usando eliminação de quantificadores, onde demonstrabilidade e verdade parecem coincidir:

> No sistema da aritmética descrito no §1, toda sentença de ordem 1, isto é, sentença de primeira ordem, pode ser demonstrada ou refutada. Ainda mais, analisando a demonstração deste resultado, vemos que existe um método mecânico o qual nos permite decidir em cada caso particular se uma dada sentença (de ordem 1) é demonstrável ou refutável. (p.134)
>
> Para levar adiante a construção do sistema formal da aritmética que eu vou esboçar aqui, seria necessário formular explicitamente aquelas sentenças que devem ser vistas como *axiomas* (ambas, as da lógica geral e aquelas especificamente aritméticas), e então formular as *regras de inferência* (*regras de demonstração*) com a ajuda das quais é possível derivar a partir dos axiomas outras sentenças chamadas *teoremas* do sistema. A solução destes problemas não ocasiona grandes dificuldades. Se eu omito sua análise aqui é porque eles não são de muita importância para o que segue. (p.116)
>
> Tarski, 1931

(Para a história dos problemas de decisão envolvendo Tarski e outros de seu tempo, veja *Doner e Hodges, 1988.*)

B Em 1927 a Associação Matemática Holandesa oferece um prêmio para quem possa formalizar a matemática intuicionista de Brouwer. **Arend Heyting**, 1898-1980, havendo já recebido seu grau de Doutor e lecionando numa escola secundária, vence o concurso em 1928 e nesse ano publica sua axiomatização da lógica proposicional intuicionista.

C No seu livro texto *Modern Algebra* o matemático holandês **Bartel Lennart van der Waerden**, 1903-1996, usa livremente o axioma da escolha para desenvolver a teoria dos corpos com base no teorema da boa ordem. Em um artigo separado influenciado pelos intuicionistas ele investiga a álgebra construtiva e mostra que aparentemente não pode haver nenhum algoritmo geral de fatoração aplicável a todos os corpos 'dados explicitamente', pois se houvesse esse fato levaria à existência de um procedimento de decisão para toda a questão da forma: "Existe um *n* tal que *E*(*n*)?" onde *E* é qualquer propriedade dos inteiros. Na segunda edição de seu livro (1937) ele abandona o axioma da escolha:

> Dizemos que "um corpo é dado explicitamente" se seus elementos são unicamente representados por símbolos distinguíveis com os quais a adição, subtração, multiplicação e divisão podem ser efetuadas em um número finito de passos.

D **Kurt Gödel**, 1906-1978, publica a prova obtida na sua Tese de Doutorado na Universidade de Viena de que o cálculo de predicado de primeira ordem é completo.

> Whitehead e Russell, como é bem conhecido, construíram lógica e matemática tomando inicialmente certas proposições evidentes como axiomas e derivando os teoremas da lógica e da matemática a partir deles por meio de alguns princípios de inferência formulados de maneira precisa em um modo puramente formal "isto é, sem fazer qualquer uso do sentido dos símbolos". É claro que, quando tal procedimento é seguido, aparece imediatamente a questão sobre se o sistema de axiomas e princípios de inferência inicialmente postulado é completo, isto é, se o sistema é realmente suficiente para a derivação de toda proposição lógico-matemático verdadeira, ou se talvez seja concebível que haja proposições verdadeiras (as quais podem mesmo ser demonstráveis por meio de outros princípios) que não podem ser derivadas no sistema em consideração. Para as fórmulas do cálculo proposicional a questão foi resolvida afirmativamente, isto é, já foi mostrado que toda fórmula correta do cálculo proposicional de fato segue dos axiomas dados no *Principia Mathematica.* O mesmo será feito aqui para o domínio mais amplo de fórmulas, a saber, aquelas do "cálculo funcional restrito" de primeira ordem; isto é, provaremos:
>
> Theorem 1: Toda fórmula válida do cálculo funcional restrito é demonstrável.

Esse e seu trabalho de 1931 fazem dele o maior lógico de seu tempo, não apenas pelos seus resultados mas também pela excepcional clareza com a qual ele expõe seus resultados. Embora Gödel freqüentasse os seminários do Círculo de Viena em meio a filósofos, cientistas e matemáticos, sua concepção platonista da matemática é tão desconforme com as outras visões que ele gradualmente perde contato com eles. Sobrevivendo apenas como um *Privatdozent*, ele é pago diretamente por seus estudantes e se vê obrigado a complementar sua renda com posições de visitante no Estados Unidos. Durante o ano acadêmico de 1933-1934 ele visita o Instituto de Estudos Avançados de Princeton; após seu retorno à Europa ele sofre uma crise nervosa e em 1935 sua visita de retorno é reduzida em razão de doença mental. Em 1938-1939 ele leciona novamente nos Estados Unidos e depois retorna à Áustria. Seus planos para retornar aos Estados Unidos no último trimestre de 1939 são interrompidos pela guerra. Nessa altura a maioria de seus colegas havia deixado o país, o posto de *Privatdozent* havia sido abolido e Gödel sendo totalmente apolítico inscreve-se para uma nova posição assalariada, *Dozent neuer Ordnung.*[6] Levantam-se questões sobre sua associação com professores judeus e sobre sua falta de apoio ao regime nazista, e quando ele é declarado apto ao serviço militar e percebe que será chamado para servir, consegue uma permissão para sair do país, viajando com a esposa Adele para os Estados Unidos através da ferrovia Transiberiana via Yokohama, numa viagem que dura mais de um mês. Ele conserva o amargor contra o tratamento recebido em 1939-1940, culpando mais a negligência dos austríacos que o regime nazista.

Nos Estados Unidos ele obtém uma posição permanente no Instituto de Estudos Avançados em Princeton. Mais tarde sua condição mental se deteriora e Gödel cessa de publicar a partir de 1958 apesar de seu ativo interesse em lógica e matemática.

1931

A Skolem usa o método de eliminação de quantificadores para mostrar que a aritmética restrita à multiplicação sem sucessor e adição é decidível.

B *Esta sentença não é verdadeira.* Paradoxo do Mentiroso

Esta sentença não é demonstrável. Sentença indecidível de Gödel

Gödel transforma um paradoxo numa poderosa ferramenta. Em "On formally undecidable propositions of *Principia Mathematica* and related systems I", ele escreve:

6 Docente da Nova Ordenação.

> Esses dois sistemas "aquele do *Prinicipia Mathematica* e a teoria dos conjuntos de Zermelo-Fraenkel" são tão abrangentes que neles são formalizados todos os métodos de prova usados hoje em dia em matemática, isto é, são reduzidos a alguns poucos axiomas e regras de inferência. Pode-se conjeturar portanto que estes axiomas e regras de inferência sejam suficientes para decidir *qualquer* questão matemática expressável nestes sistemas. Será mostrado abaixo que este não é o caso, que, ao contrário, há nos dois sistemas mencionados problemas relativamente simples da teoria dos inteiros que não podem ser decididos com base nos axiomas. Tal situação não é de nenhuma maneira devida à natureza específica desses sistemas, mas ocorre numa larga classe de sistemas formais.

Seu método consiste em primeiro enumerar as fórmulas da linguagem formal do *Principia Mathematica,* num procedimento depois chamado de "enumeração de Gödel". Gödel considera então os predicados que se aplicam a fórmulas, como "é uma fórmula bem formada", "é um axioma", "é uma conseqüência dos axiomas via *modus ponens*" como relações nos números associados às fórmulas. E ele mostra que tais relações são representáveis na teoria formal, isto é, para cada uma delas existe uma fórmula com uma quantidade apropriada de variáveis livres que é demonstrável para aqueles numerais correspondentes às fórmulas para as quais o predicado é verdadeiro, e cuja negação é demonstrável para aqueles numerais correspondentes às fórmulas para as quais o predicado é falso. Por meio de um argumento diagonal ele consegue construir uma fórmula (na linguagem formal) a qual, quando interpretada desta maneira, expressa que ela própria não é demonstrável. Contudo, tal fato não produz nenhuma contradição: ao contrário, ele demonstra que *se a teoria formal é consistente,* então a fórmula não pode ser demonstrável. E, portanto, a fórmula é verdadeira mas não demonstrável, ou seja, a aritmética de primeira ordem é incompleta. Na verdade, uma premissa mais forte é utilizada no argumento de forma que mostre que a sentença não é demonstrável: assume-se que a teoria formal é ω-consistente, ou seja, não existe fórmula com uma variável, $A(x)$, tal que ao mesmo tempo $A(n)$ é demonstrável para todo numeral n e $\neg\forall\, x\, A(x)$ é também demonstrável.

Ainda mais, pode-se construir um predicado na teoria formal que permite expressar que a teoria formal é ela própria consistente. Gödel mostra que este predicado também não pode ser demonstrado dentro da teoria, dentro da suposição de que a teoria seja ω-consistente. Gödel ressalta que esses resultados não dependem das particularidades do sistema do *Principia Mathematica*: ao contrário, tudo de que se necessita é que haja suficiente aritmética formal para poder representar as fórmulas matemáticas apropriadas.

Gödel é cuidadoso a ponto de não afirmar que a consistência da matemática não possa ser demonstrada por *quaisquer* meios finitários, porque para fazer tal afirmação deveríamos ter uma idéia clara do que precisamente significam 'meios finitários'. Gödel investiga a classe das funções aritméticas necessárias na representação, chamando-as de "funções recursivas", mais tarde chamadas de "funções recursivas primitivas". Ele também discute brevemente uma idéia de Herbrand a respeito da generalização do esquema de recursão primitiva.

(Veja *Dawson* sobre o primeiro anúncio verbal de Gödel a respeito de seus teoremas em 1930.)

1933

Gödel mostra que se a aritmética intuicionista é consistente, então a aritmética clássica também é, exibindo uma tradução da teoria de números clássica na aritmética intuicionista.

> O sistema de aritmética e teoria de números intuicionista é apenas aparentemente mais estreito que o clássico, e na verdade contém estritamente este último, com uma certa interpretação desviante... . As considerações acima, é claro, oferecem uma interpretação intuicionista para a aritmética e a teoria de números clássica. A prova, contudo, não é 'finitária' no sentido em que Herbrand, seguindo Hilbert, usava esse termo.

(*Epstein, 1990* apresenta uma história das traduções da lógica clássica na lógica intuicionista.)

1934

A **Rózsa Péter**, 1905-1977, estuda a classe das funções chamadas 'recursivas' por Gödel, às quais ela chama de *funções recursivas primitivas,* estudando as formas normais e demonstrando que as definições por recursão encadeada[7] e definições por recursão por curso de valores[8] não saem fora da classe. No ano seguinte ela publica uma simplificação da função de Ackermann, mostrando que não é a recursão simultânea mas a recursão *encadeada* em duas variáveis que produz funções fora da classe das funções recursivas primitivas:

$$\theta(0, n) = 2n+1$$
$$\theta(m+1, 0) = \theta(m,1)$$
$$\theta(m+1, n+1) = \theta(m, \theta(m+1, n))$$

Sem conseguir obter emprego ligado ao ensino, Péter ganha a vida dando aulas particulares desde sua graduação em 1927, dedicando-se mais a escrever e

7 *Nested recursion*

8 *course-of-values recursion*

a traduzir poesia. Seu interesse em matemática é reavivado pelo seu colega de turma **László Kalmár**, 1905-1976, que sugere problemas a respeito do trabalho de Gödel. A partir desse ano ela passa a publicar somente sob o nome de "Péter" em lugar de seu nome de origem judaico-alemão "Politzer". Em 1945 ela finalmente consegue uma posição para ensinar no Colégio de Treinamento de Professores de Budapeste, onde permanece até o fechamento da instituição em 1955, passando então a uma posição acadêmica na Universidade Loránd Eötvös em Budapeste.

B Hilbert e Bernays também estudam a natureza da recursão no primeiro volume do seu *Grundlagen der Mathematik.* Na introdução desse livro Hilbert defende seu programa à luz do trabalho de Gödel: os resultados de incompletude indicam somente que métodos melhores devem ser encontrados de forma que consiga provas finitárias de consistência mais largamente aplicáveis.

No ano anterior Bernays havia sido despedido de sua posição no Instituto de Matemática em razão de ser 'não-ariano', ou seja, judeu. Ele retorna a Zurich, em razão de sua cidadania suíça, e recebe seu doutorado, obtendo mais tarde uma posição na Eidgenössische Technische Hochschule.

C Gödel apresenta uma série de conferências sobre seus teoremas de incompletude no Instituto de Estudos Avançados em Princeton, simplificando seus resultados de 1931. Encontra uma audiência ativa e receptiva, em razão de von Neumann já ter lá falado sobre seu artigo de 1931. As notas para as conferências foram escritas por dois estudantes de **Alonzo Church**, 1903-1995: **Stephen C. Kleene**, 1909-1994, que recebe neste ano seu doutorado, e **John Barkley Rosser**, 1907-1989. As notas, mimeografadas, são largamente distribuídas e servem de base para o estudo de gerações de lógicos, apesar de terem permanecido impublicadas até 1965 (veja *Davis, 1965*).

Nas conferências Gödel desenvolve uma idéia de Herbrand a respeito de uma forma mais geral de recursão:

> Pode-se tentar definir esta noção da seguinte forma: se φ denota uma função desconhecida e $\psi_1,..., \psi_k$, são funções conhecidas, e se ψ's e φ são substituídas uma na outra do modo mais geral e as expressões resultantes são igualadas, então se o conjunto resultante de equações funcionais tem uma solução única para φ, φ é uma função recursiva.
>
> *Gödel, 1934,* p.368

1936

A Alonzo Church desenvolve uma análise da computabilidade com seu sistema de λ-*cálculo,* um método para definir e derivar valores de funções num cálculo equacional (veja, por exemplo, *Rosser, 1984*).

Introduzimos a seguinte lista infinita de abreviações [[onde → significa "denota"]]:

$1 \rightarrow \lambda\, ab \cdot a(b)$,
$2 \rightarrow \lambda\, ab \cdot a(a(b))$,
$3 \rightarrow \lambda\, ab \cdot a(a(a(b)))$

e assim por diante, de forma que cada inteiro positivo em notação arábica denota uma fórmula da forma $\lambda\, a\, b \cdot a(a(\cdots a(b)\cdots))$.

Ele observa que cada função recursiva no sentido de Gödel de 1934 é também λ-definível.

Ao mesmo tempo, Kleene, trabalhando em colaboração com Church, modifica a noção de recursividade de Herbrand-Gödel definindo a noção de *função recursiva geral*:

> Assim, a extensão das funções recursivas primitivas para as gerais consiste somente em que às substituições e recursões primitivas adiciona-se a operação de buscar, na séria dos números naturais, por algum número que satisfaça uma relação recursiva primitiva.

Ele introduz a notação $\in x\,[\,A(x)\,]$ para o primeiro número natural que satisfaz $A(x)$ se existe algum, e 0 caso contrário.

Este método de definir uma função, contudo, pode demandar uma busca infinita, e a questão: quando é legítimo afirmar que uma função foi realmente definida? Kleene mostra por um argumento diagonal que esta questão não pode ser decidida por um procedimento recursivo: uma numeração pode ser atribuída a todas as possíveis definições de funções, digamos $\varphi_1, \varphi_2, \ldots, \varphi_n, \ldots$, e Kleene apresenta uma forma normal para as funções em termos do que depois foi chamado de *T-predicado de Kleene*. Mas a enumeração e os cálculos da forma normal são também recursivos, de forma que a função $\psi(x) = \varphi_x(x) + 1$ é recursiva, e coincide com φ_m para algum m. Contudo, a aparente contradição $\psi(m) = \varphi_m(m) + 1 = \psi(m) + 1$ não é na verdade contradição alguma: ela mostra somente que $\varphi_m(m)$ não pode ser definida, e que não se pode também determinar recursivamente para quais x se pode definir $\varphi_x(x)$. Este é o primeiro exemplo de uma classe de funções computáveis para a qual o procedimento de diagonalização computável não produz elementos fora da classe.

Kleene observa que uma função é recursiva geral se e somente se ela é ¬-definível.

Este fato, somado ao fato de que a função diagonal não cai fora da classe, e ainda a larga aplicabilidade destas noções convencem Church a propor em seu artigo uma contraparte formal à noção intuitiva de função computável.

Agora definimos a noção, já anteriormente discutida, de uma função de inteiros positivos *efetivamente calculável,* identificando-a com a noção de uma função recursiva de inteiros positivos (ou de uma função λ-definível de inteiros positivos). Acredita-se que esta definição seja justificada pelas considerações que seguem, tanto quanto uma justificação positiva possa alguma vez ser obtida para a escolha de uma definição formal que corresponda a uma noção intuitiva.

Church, também, exibe um predicado aritmético que diagonaliza a classe das funções λ-definíveis. Em virtude de sua nova definição, ele então afirma que esta é indecidível, não porque não seria derivável no seu ou em outro sistema, mas por não ser computável por qualquer meio efetivo possível.

Num artigo curto, mais tarde nesse mesmo ano, Church estende suas conclusões mostrando que não existe procedimento calculável efetivo para determinar quais fórmulas são teoremas de uma teoria da aritmética baseada no sistema de Hilbert e Ackermann de lógica de predicados de primeira ordem, nem do sistema sem termos aritméticos e axiomas. Em outras palavras, o *Entscheidungsproblem* é indecidível. Church mantém certas reservas sobre concluir que não há procedimento efetivo para determinar validade, pois isso exigiria invocar a prova não-construtiva da completude de Gödel.

B Trabalhando independentemente em Cambridge, na Inglaterra, **Alan Turing**, 1912-1954, desenvolve sua própria análise da computabilidade, e consegue esmiuçar a noção de computação em seus mais mínimos componentes:

> Imaginemos as operações efetuadas pelo computador sendo separadas em 'operações simples', tão elementares que não seja fácil imaginá-las novamente divididas. Toda operação deste tipo consiste em alguma mudança do sistema físico, se conhecemos a seqüência de símbolos na fita, quais destes são observados pelo computador (possivelmente com uma ordem especial) e o estado da mente do computador. Podemos supor que, em uma operação simples, não mais do que um símbolo é alterado. Quaisquer outras mudanças podem ser divididas em mudanças simples deste tipo. A situação com respeito aos quadrados cujos símbolos podem ser alterados desta forma é a mesma que com respeito aos quadrados observados. Podemos, portanto, sem perda de generalidade, assumir que os quadrados cujos símbolos são mudados são sempre quadrados já 'observados'.

Os argumentos intuitivos levam então à sua definição das (mais tarde chamadas) *máquinas de Turing.*

> Os números 'computáveis' podem ser descritos de forma breve como os números reais cujas expressões decimais são calculáveis por meios finitos. ... De

acordo com minha definição, um número é computável se seu decimal pode ser escrito por uma máquina

Havendo apenas recebido uma cópia do artigo de Church, Turing acrescenta num apêndice a prova de que uma função é computável por uma máquina de Turing se e somente se ela é λ-definível. Este passo mostra-se decisivo: segue-se prontamente um acordo na comunidade matemática de que estas definições de fato formalizam adequadamente a noção de computabilidade.

O problema que Kleene levanta a respeito de quando o operador de busca mínima realmente produz a definição de uma função aparece no trabalho de Turing como o *problema da parada para máquinas de Turing*: para quais entradas uma máquina de Turing pára? Por meio de um argumento diagonal, Turing mostra que a questão não pode ser decidida por meio de uma máquina de Turing, e assim como Church ele aplica seus métodos à lógica:

> Vou mostrar que não existe método geral que possa predizer se uma dada fórmula A é demonstrável em **K** [[a lógica de predicados de primeira ordem de Hilbert e Ackermann]], ou, o que vem a ser o mesmo, se o sistema que consiste de **K** adicionando-se –A como um axioma adicional é consistente.

Durante a Segunda Guerra Mundial Turing trabalha em Bletchley Field na Inglaterra na questão da quebra dos códigos do "Enigma" alemão, e é ativo já nesta época e mais tarde projetando computadores. Em 1950 ele levanta a questão a respeito da possibilidade de as máquinas poderem 'pensar' e propõe um teste:

É possível uma pessoa, sem saber se quem está dando as respostas, determinar se é uma pessoa ou uma máquina quem está respondendo às suas perguntas?

> Eu acredito que até o fim do século o uso das palavras e a opinião educada em geral terá se alterado tanto que poder-se-á falar sobre máquinas pensando sem se esperar ser contestado.

Em 1952 Turing reporta um furto à polícia inglesa, e admite, em interrogatório, suspeitar de seu amante homossexual. Ele é então preso, condenado por crime de homossexualidade, e forçado a se submeter a tratamento hormonal. Em 1954 Turing morre, havendo aparentemente cometido suicídio.

C Post, influenciado pelo trabalho desenvolvido em Princeton mas trabalhando independentemente de Turing, apresenta uma análise da noção de computabilidade que é notavelmente similar à de Turing. Sua visão da identificação entre computabilidade e recursividade, contudo, é muito diferente da de Church e Kleene:

> O autor acredita que a presente formulação se mostre logicamente equivalente à recursividade no sentido do desenvolvimento de Gödel-Church.[9] Seu propósito, contudo, não é somente apresentar um sistema com uma certa potencialidade lógica, mas também, no seu âmbito restrito, de fidelidade psicológica. Neste sentido último, formulações mais e mais amplas são contempladas. Por outro lado, nosso objetivo será mostrar que todas são logicamente redutíveis à formulação 1. Oferecemos esta conclusão, no presente momento, como uma *hipótese de trabalho*. No nosso entendimento, tal é a identificação de Church entre calculabilidade efetiva e recursividade.
>
> *Nota de rodapé*: Na realidade, o trabalho desenvolvido por Church e outros leva esta identificação bem além do estágio de hipótese de trabalho. Contudo, mascarar esta identificação sob o rótulo de definição esconde o fato de que foi feita uma descoberta fundamental nas limitações da capacidade de matematização do *Homo sapiens*, e esconde de nós a necessidade da sua contínua verificação.

D Rosser estende o teorema da incompletude de Gödel mostrando que é suficiente assumir que um sistema formal para a aritmética seja consistente (ao invés da suposição mais forte de ω-consistência) para estabelecer que é impossível demonstrar sua consistência dentro do próprio sistema.

Contudo **Gerhard Gentzen**, 1909-1945, trabalhando como assistente de Hilbert em Göttingen, prova que a aritmética de Peano de primeira ordem é consistente. Seus métodos, porém, excedem o que seria considerado finitário no programa de Hilbert. Péter já havia exibido ordenações não somente do tipo ω^2, ω^3, ..., ω^n,..., mas também do tipo ω^ω, ω^{ω^ω}, ..., para cada um dos quais existe um princípio de indução que pode ser reduzido à indução ordinária. A prova de Gentzen usa uma ordem ε_0 dos números naturais que incorpora simultaneamente *todas* essas ordens. O método foi adotado por outros pares provar que vários subsistemas da aritmética de segunda e da teoria de conjuntos são consistentes.

Com o advento da Segunda Guerra Mundial Gentzen é recrutado para as Forças Armadas e serve na área de telecomunicações, mas por motivos de saúde é dispensado. Em 5 de maio de 1945, com outros professores da Universidade de Praga, Gentzen é detido pelos soviéticos, e em 4 de agosto morre

9 A comparação pode, talvez, ser feita mais facilmente definindo uma 1-função e provando a equivalência entre esta definição e a de função recursiva. (Veja Church, loc. cit., p.350.) Uma 1-função *f (n)* no domínio dos inteiros positivos seria uma para a qual um 1-processo finito pode ser estabelecido, tal que para cada problema dado por um inteiro positivo *n* seria produzida uma resposta *f (n)*, *n* e *f (n)* simbolizado como acima.

na sua cela de desnutrição aguda (de acordo com um relato em *Kreisel, 1971*, pp.255–6).

1938

Kleene aceita a natureza inerentemente parcial das definições que usam procedimentos de busca e define a classe das *funções recursivas parciais* baseado em um novo operador:

> Se $R(\mathrm{x}, y)$ é uma relação, então $\mu y\, R(\mathrm{x}, y)$ denota a função de x $[[x_1,..., x_n]]$ que, para cada x fixado, toma como valor o menor y tal que $R(x, y)$ é verdadeiro, na condição de que um tal y exista e $R(x, y)$ seja definido para todos os valores precedentes de y, e é indefinida caso contrário.

Duas funções parciais são iguais, para as quais introduzimos a notação $\varphi(x) \approx \psi(x)$, se elas são definidas para os mesmos valores de x, e coincidem nestes valores.

Kleene mostra que seu teorema da forma normal se generaliza para funções recursivas parciais, e em poucas sentenças estabelece seu teorema *s-m-n* e o teorema da recursão, justificando a forma mais geral de definição que faz uso da auto-referência, ou seja, da definição de uma função em termos de si própria:

> Existe uma função recursiva primitiva $S_n^m\ (z, y_1,...., y_m)$ tal que, se e define recursivamente $\varphi\ (y_1,...., y_m, x)$ como uma função de $m + n$ variáveis e $k_1,...., k_m$ são números fixados, então $S_n^m\ (e, k_1,...., k_m)$ define recursivamente $\varphi\ (k_1,...., k_m, x)$ como uma função das n variáveis restantes.

O interesse de sua definição é investigar sistemas de notação para ordinais, e Kleene mostra que existe um menor ordinal não-construtivo, o ordinal ω_1, como havia sido formulado em 1936 por ele próprio e por Church. Kleene ocupa então uma posição na Universidade de Wisconsin onde, exceto por haver servido na marinha durante a guerra, ele permanece durante toda sua carreira.

1939

Turing introduz a idéia de um 'oráculo' para que um conjunto não recursivo possa ser tratado por uma máquina de Turing, na investigação das possibilidades de se evitar o teorema da incompletude de Gödel substituindo uma lógica por uma hierarquia de lógicas.

> Suponhamos que temos à nossa disposição algum modo não especificado de resolver problemas numéricos, como se fosse um tipo de oráculo. Não iremos mais

avante na natureza desse oráculo exceto esclarecendo que ele não pode ser uma máquina. Com a ajuda do oráculo poderíamos formar um novo tipo de máquina (que chamamos *o*-máquinas), tendo como um de seus processos fundamentais o de resolver um determinado problema numérico. Mais decisivamente, as máquinas devem se comportar da seguinte maneira: os movimentos da máquina são determinados como usual por uma tabela exceto nos caso de movimentos a partir de uma certa configuração interna *o*. Se a máquina está na configuração *o* e se a seqüência de símbolos marcada com *l* é a fórmula bem-formada ***A***, então a máquina vai para a configuração interna **p** ou **t** dependendo se é ou não verdadeiro que *A* seja dual. A decisão sobre para onde ela se move é deixada para o oráculo.

1943

A Kalmár investiga a classe de funções que pode ser obtida usando-se as quatro operações elementares da aritmética: adição, subtração, multiplicação e divisão restrita aos números naturais, usando composição e *recursão limitada*, isto é, uma função pode ser definida por recursão primitiva somente se seus valores são menores que algum valor já obtido. Essa classe, das *funções elementares*, contém a maior parte das funções usuais da teoria dos números, em particular as funções de codificação e decodificação que permitem enumerar as funções recursivas parciais.

B Kleene, influenciado pelo artigo de Turing de 1939, define uma hierarquia de classes de predicados aritméticos baseado no número de alternâncias de quantificadores, partindo dos predicados recursivos. Dessa forma ele define a noção de *recursividade relativa*, através da qual uma função é recursiva em $g_1,..., g_n$ se ela pode ser definida a partir dessas, da função sucessor, da função constante zero e das projeções por meio das operações de substituição, recursão primitiva e do operador de busca mínima. Grande parte do seu artigo é devotada a motivações e às bases intuitivas de sua idéia. Kleene argumenta extensivamente a favor da identificação, por parte de Church, entre recursividade e computabilidade, e a batiza de *Tese de Church.*

A mesma hierarquia foi desenvolvida por **Andrzej Mostowski**, 1913-1975, na Polônia ocupada pela guerra:

> Eu tinha um grande e lindo caderno, maravilhoso, com todas essas descobertas – e aí em 1944 aconteceu a tomada de Varsóvia e eu me lembro dos soldados entrando em nossa casa e ordenando que saíssemos. Eu estava com minha mãe nessa casa, e hesitei entre levar o caderno comigo ou um pouco de pão. Decidi levar o pão, e minhas notas foram queimadas. Tive então que reconstruir todas as anotações em algum momento em 1945.
>
> Crossley, p.32

1944

Post apresenta sua primeira análise detalhada dos *conjuntos recursivamente enumeráveis,* os conjuntos que podem ser enumerados como a saída de uma função recursiva. Como um exemplo, ele mostra que o problema de encontrar soluções integrais para equações diofantinas integrais, o décimo problema de Hilbert, pode ser visto como o problema de decisão para um conjunto recursivamente enumerável particular.

Para investigar esses conjuntos ele introduz o conceito de graus de irresolubilidade, influenciado por Turing, e estabelece o que veio a ser conhecido como o *problema de Post*:

Existe um conjunto recursivamente enumerável cujo grau de irresolubilidade seja intermediário entre os conjuntos recursivos e o problema da parada?

1947

Em 1914 o matemático norueguês **Axel Thue**, 1863-1915, havia proposto o problema de determinar, para um semigrupo arbitrário, se duas palavras geradas por seu alfabeto são ou não iguais, conhecido como o *problema da* palavra para semigrupos. Nesse ano Emil Post e o matemático russo **Andrei Andreevich Markov**, 1903-1979, mostram independentemente que o problema é insolúvel, exibindo um semigrupo cujo problema da palavra não é recursivo. Esse foi o primeiro exemplo de um problema matemático aberto cuja solução consiste em mostrar que um conjunto particular não é decidível. O problema da palavra para grupos continua em aberto (ver **1954**).

1949

Entre os grandes sistemas numéricos já havia sido mostrado que a aritmética de primeira ordem dos números naturais, e portanto a dos inteiros, é indecidível, ao passo que por outro lado, de acordo com Tarski, a teoria de primeira ordem dos números reais, e portanto também a dos complexos, é decidível. Nesse ano **Julia Robinson**, 1919-1985, publica a prova, obtida em sua tese de doutorado orientada por Tarski, de que a aritmética dos racionais é indecidível. O conjunto dos inteiros pode ser definido dentro dos racionais da seguinte maneira:

> Um número racional q é um inteiro sse:
>
> $\forall a \forall b\, [\varphi(a,b,0) \wedge \forall m\, \varphi(a,b,m) \rightarrow \varphi(a,b,m+1)) \rightarrow \varphi(a,b,q)\,]$
>
> onde $\varphi(a,b,k)$ é a fórmula: $\exists xyz\, (2 + ab\,k^2 + b\,z^2 = x^2 + a\,y^2)$.

O marido de Julia Robinson, **Raphael Robinson**, 1911-1995, é professor nessa época no Departamento de Matemática da Universidade da Califórnia, em

Berkeley, e as regras contra nepotismo impedem que ela obtenha uma posição ou que ensine no Departamento. Mesmo assim ela prossegue em sua carreira e se torna conhecida por seu trabalho no 10° problema de Hilbert (*Davis, Putnam e Robinson*). Em 1975 ela obtém uma posição de assistente no departamento, e em 1976, no mesmo ano em que é eleita para a National Academy of Sciences dos Estados Unidos, é promovida a professora titular (veja *Reid, 1986,* para uma biografia)[10]. Julia Robinson se queixa por estar sendo feita famosa somente por ser uma mulher matemática e negligenciada, e dá uma lição de personalidade e modéstia:

> Eu estou sendo considerada como símbolo da mulher matemática, e devo me constranger com tanta distinção. De todo modo, eu conheço minhas consideráveis limitações e gostaria de ser deixada quieta na obscuridade.
>
> J. Robinson in *Smorynski,* p.77

1950

O matemático russo **Boris Trakhtenbrot**, 1921-, publica um importante artigo em russo (traduzido depois para o inglês) onde mostra que o teorema da completude falha quando restrito a estruturas finitas. Ele mostra que a classe das sentenças de primeira ordem que são verdadeiras em todos os modelos finitos não é recursivamente enumerável. Este resultado pode ser visto como um teorema de incompletude: não podemos ter um sistema recursivo de axiomas e regras de inferência que caracterize as sentenças finitariamente verdadeiras. Este teorema tem profundas conseqüências para a teoria das bases de dados relacionais, pelo fato de esta teoria se interessar prioritariamente por estruturas finitas.

1951

Péter publica *Rekursive Funktionen,* o primeiro livro sobre as funções recursivas. Uma completa análise sobre virtualmente tudo que se conhece sobre o assunto, o livro contém sua hierarquia de funções computáveis baseada na indução aninhada em *n* variáveis e indução sobre tipos de ordem. Trata-se de um compêndio soberbo, que só foi traduzido para o inglês em 1967 por dificuldades em negociar os direitos.

---

10 Por curiosidade, Constance Reid é irmã de Julia Robinson, e se dedicou a escrever excelentes biografias de matemáticos.

1952

Kleene publica seu livro-texto *Introduction to Metamathematics* sobre a lógica matemática clássica e intuicionista, com considerável ênfase na teoria das funções recursivas. O livro se torna a principal referência para a lógica matemática.

1953

A O lógico polonês **Andrzej Grzegorczyk**, 1922-, estabelece uma hierarquia de funções recursivas. Cada classe a partir da terceira (que coincide com a classe das funções elementares de Kalmár) pode ser obtida usando primeiramente uma recursão ilimitada na classe anterior definindo uma função que domina todas as funções daquela classe, e depois fechando-a sob composição e recursão limitada. As funções de diagonalização são, em essência, os níveis da função de Ackermann de 1934 $\lambda\, n\, \varphi(n, x, y)$, que dominam todas as funções recursivas primitivas.

B O matemático norte-americano **Henry Gordon Rice**, 1920-, mostra que a insolubilidade do problema da parada não é um fenômeno isolado, pois somente as mais triviais entre as propriedades extensionais das funções recursivas parciais são decidíveis: aquelas que valem para todas as funções, ou para nenhuma.

C Tarski, Mostowski e Raphael Robinson publicam uma coleção de três artigos que codificam e estendem os procedimentos básicos para estabelecer a indecidibilidade das teorias matemáticas. A análise de Robinson a respeito da subteoria finitamente axiomatizada ***Q***, cujas extensões são todas indecidíveis, é fundamental para o trabalho deles:

$$\mathrm{S}x = \mathrm{S}y \to x = y$$
$$0 \neq \mathrm{S}y$$
$$x \neq 0 \to \exists y\, (x = \mathrm{S}y)$$
$$x + 0 = x$$
$$x + \mathrm{S}y = \mathrm{S}(x + y)$$
$$x \cdot 0 = 0$$
$$x \cdot \mathrm{S}y = (x \cdot y) + x$$

1954

A No primeiro livro em russo sobre as funções computáveis, Markov propõe uma nova análise da computabilidade mais tarde chamada de *algoritmos de Markov*: Estes algoritmos são, também, equivalentes às funções recursivas. Ao contrário de seus predecessores, contudo, Markov oferece uma análise realmente finitista de seus algoritmos. Começando com alfabetos entendidos como inscrições concretas em papel, para os quais ele propõe uma teoria matemática de palavras e seqüências e só então considera identificações entre alfabetos e seqüências, isto é, alfabetos e palavras como tipos.

B O norte-americano **William Werner Boone**, 1920-1983, e o russo **Petr Sergeevitch Novikov**, 1901-1975, mostram independentemente que o problema das palavras para grupos é indecidível.

(Veja Davis, 1958.)

1955

Albert Fröhlich, 1916-, e **John Cedric Shepherdson**, 1926-, este trabalhando em Londres, aplicam as idéias da teoria das funções recursivas à álgebra, formalizando e estendendo o trabalho de van der Waerden a respeito de corpos definidos explicitamente.

1956

A Já em 1935 Bernays criticava a análise intuicionista da matemática:

> O intuicionismo não leva em conta a possibilidade de que, para números muito grandes, as operações exigidas pelo método recursivo possam cessar de ter algum sentido concreto. Partindo de dois inteiros *k*, *l* passa-se imediatamente a k^l; este processo leva em poucos passos a números muito maiores que qualquer número que ocorra na experiência, por exemplo, $67^{(257^{729})}$.
>
> O intuicionismo, como a matemática usual, assevera que este número possa ser representado por um numeral arábico. Não poderia alguém levar mais adiante a crítica que o intuicionismo levanta às asserções existenciais, levantando a questão: o que significa aceitar a existência de um numeral arábico para tal número, uma vez que na prática não estamos em posição de obtê-lo?

Neste ano o matemático holandês **David van Dantzig**, 1900-1959, leva a crítica mais adiante e pergunta se alguma linha divisória entre o finito e o infinito pode ser traçada:

> A diferença entre números finitos e infinitos não pode ser definida operacionalmente: é possível que sempre que um matemático *A* use o termo "um número transfinito", outro matemático *B* o interprete como "um número finito" (nem sempre, é claro, o mesmo número) sem que isso jamais leve a uma inconsistência.

Subseqüentemente, o matemático russo **Alexander S. Yessenin-Volpin**, 1924-, filho do famoso poeta Sergei Yessenin, desenvolve este tipo de análise numa crítica da prática matemática corrente. Não havendo conseguido uma posição universitária na antiga URSS em razão de seu ativismo político e de haver sido preso, Yessenin-Volpin traduz textos de lógica do inglês para sobreviver, até emigrar para os Estados Unidos em 1972. Suas idéias contagiaram vários matemáticos norte-americanos, entre eles **David Isles**, 1935-, que transforma as observações gerais de Yessenin-Volpin numa teoria matemática, o chamado finitismo estrito.

B O estudante norte-americano de graduação **Richard Friedberg**, 1935-, e o russo **Albert Abramovich Muchnik**, 1931-, resolvem independentemente o Problema de Post exibindo um conjunto não-recursivo que é recursivamente enumerável, mas que tem um menor grau de irresolubilidade que o Problema da Parada (veja *Odifreddi, Volume 1*).

1957

A Tese de Church é atacada por ser demasiado restritiva. Kalmár objeta contra as limitações que a Tese impõe e apresenta diversos argumentos matemáticos e quase-matemáticos contra ela. Ele conclui:

> Existem conceitos pré-matemáticos que devem permanecer pré-matemáticos, pois eles não podem admitir qualquer restrição imposta por uma definição matemática exata. Entre estes pertencem, estou convencido, conceitos tais como o de calculabilidade efetiva, ou o de solubilidade, ou o de demonstrabilidade por meios corretos arbitrários, cuja extensão não pode cessar de mudar durante o desenvolvimento da matemática.

Na mesma conferência Péter argumenta que a Tese de Church é demasiado ampla. Para funções de uma variável, a Tese afirma:

> Uma função f é computável se e somente se $\exists$ um índice e tal que $\forall\, x$, $\exists$ uma computação que resulta no fato em que $\varphi_e(x)$ é definida e é igual a $f(x)$ [[onde φ_1, φ_2,..., φ_e,... é uma lista computável das funções recursivas parciais]].

Mas como devemos encarar o operador existencial? Ele não pode ser construtivo, pois assim a definição seria circular. Mas a alternativa é igualmente inaceitável, de acordo com Heyting, que retoma os argumentos de Péter da perspectiva intuicionista em 1960:

> A noção de função recursiva, que havia sido inventada para tornar a de função calculável mais precisa, é interpretada por muitos matemáticos de tal maneira que perde qualquer conexão com o conceito de calculabilidade, porque eles interpretam não-construtivamente o quantificador existencial que ocorre na definição.

É claro que todo conjunto finito é recursivo primitivo. Mas será que todo subconjunto de um conjunto finito é recursivo? Quem poderá calcular o número de Gödel da função característica do conjunto de todos os expoentes menores que 10^{10} que não satisfazem à condição de Fermat, ou o conjunto:

$$P_n = \{x \mid x < n \,\&\, (\mathrm{E}\, y)\, T_1(x, x, y)\}$$

[[isto é, $\{x$: $\varphi_x(x)$ é definido e $x < n\}$]], onde n é um número natural dado? A resposta depende da lógica que é adotada. Se a noção de recursividade é interpretada não-construtivamente, então P_n constitui um contra-exemplo para a recíproca da Tese de Church.

(Para uma história e uma discussão sobre a Tese de Church, incluindo a antecipação de Church do argumento de Heyting, veja *Carnielli e Epstein,* capítulo 24. Para uma discussão sobre as várias formas da Tese de Church em matemática, física e ciências cognitivas veja *Odifreddi, volume 1,* capítulo I).

1958

O norte-americano **Martin Davis**, 1928-, publica *Computability and Undecidability,* o primeiro livro-texto em nível de graduação sobre a teoria das funções recursivas e resultados de indecidibilidade, no qual ele simplifica a apresentação das máquinas de Turing.

1963

A teoria das funções computáveis foi desenvolvida antes que os computadores aparecessem. Shepherdson e o norte-americano **H. E. Sturgis**, 1936-, reinterpretam a noção de computabilidade em termos de um computador digital ideal com memória ilimitada e tempo ilimitado para calcular.

1965

Embora as máquinas de Turing possam constituir um modelo perfeitamente adequado para a computabilidade (segundo a expressão da Tese de Church), este modelo é totalmente transparente no que concerne a questões de tempo ou espaço necessários para se computar. **Juris Hartmanis,** 1928-, e Richard Edwin Stearns, 1936-, foram os primeiros a propor uma medida de complexidade como função do tamanho da entrada, lançando assim as bases para a teoria da complexidade de algoritmos. Ambos foram agraciados pela Medalha Turing de 1993 pelo artigo publicado nesse ano.

1967

A Desde os tempos de Kronecker alguns matemáticos, mesmo não interessados nos fundamentos da matemática, têm tentado substituir provas existenciais não construtivas por outras construtivas. O matemático norte-americano **Abraham Seidenberg**, 1916-1988, por exemplo, sem nenhuma experiência em lógica ou teoria das funções recursivas, mostrou que muito da geometria algébrica pode ser desenvolvido construtivamente. Quase invariavelmente, isso se resume a exibir construções: argumentos de que um problema não podem ser resolvidos não são concernentes.

Neste ano o norte-americano **Errett Bishop**, 1928-1983, em seu livro *Foundations of Constructive Analysis*, organiza esta perspectiva construtiva positiva em um programa maior, desenvolvendo uma porção significativa da análise real sem qualquer assunção infinitista não-construtiva. Mesmo a negação é definida positivamente: dois números reais são ditos distintos somente se pode construir um outro entre eles.

> Van Dantzig e outros chegaram a propor que a negação poderia ser completamente evitada na matemática construtiva. A experiência confirma isto. Em muitos casos em que parecemos estar usando negação, por exemplo, na asserção de que um dado inteiro é ou não é par, estamos realmente afirmando que uma de duas alternativas finitariamente distinguíveis de fato pode ser obtida. Sem querer estabelecer um dogma, podemos continuar a empregar a linguagem da negação, mas reservá-la para situações deste tipo, pelo menos até que a experiência mude nossas idéias, para contra-exemplos e a propósito de motivação.

A teoria das funções recursivas e a Tese de Church são rejeitadas por Bishop na medida em que requerem uma formalização da noção de construtividade, que não pode ser formalizada.

B O norte-americano **Hartley Rogers**, 1926-, publica seu livro-texto *Theory of Recursive Functions and Effective Computability,* reunindo num só texto a pesquisa acumulada a respeito da recursividade relativa e da classificação dos conjuntos não-recursivos, livro que serve de referência por 20 anos. O livro é notável, contudo, por invocar a Tese de Church em quase todos os pontos onde se afirma que alguma função é computável. (Veja *Carnielli e Epstein,* capítulo 24.B.5 para uma discussão sobre esse tipo de uso da Tese de Church.)

1970

O matemático russo **Yuri Matiyasevich**, 1947-, aos 22 anos coloca a última peça no quebra-cabeças que resolve o Décimo Problema de Hilbert de 1900: não existe um algoritmo geral que possa determinar, para uma equação polinomial qualquer em qualquer número de variáveis, e com coeficientes inteiros, se a equação tem ou não uma solução nos números inteiros (veja *Davis, 1958,* segunda edição).

1971

O problema da satisfatibilidade para a lógica proposicional, conhecido como **SAT**, consiste em determinar se uma dada fórmula proposicional é satisfatível ou não. A extrema relevância desse problema aparentemente trivial foi desvendada por **Stephan Arthur Cook,** 1939-, no artigo de 1971 pelo qual ele recebeu a Medalha Turing em 1982. Os problemas recursivos da classe **NP** são aqueles solúveis por uma máquina de Turing não-determinística em tempo polinomial, ou equivalentemente, aqueles para os quais, proposta uma solução, pode-se verificá-la em tempo polinomial por uma máquina de Turing determinística usual. Por outro lado, os problemas da classe **P** são aqueles simplesmente solúveis por uma máquina de Turing determinística em tempo polinomial. Cook mostrou que qualquer problema da classe **NP** pode ser polinomialmente reduzido a **SAT**, mostrando que a computação polinomial que verifica um problema da classe **NP** equivale à satisfatibilidade de uma fórmula proposicional (isto é, **SAT** é **NP**-completo). Considerando que a classe **P** está obviamente contida em **NP**, o problema de decidir se **NP** está ou não contida em **P** tornou-se a maior questão em aberto da ciência da computação. Esta questão se reduz, no fundo, à existência ou não de um algoritmo computável em tempo polinomial para decidir a satisfatibilidade da lógica proposicional.

Bibliografia comentada – Cronologia

Muitos dos personagens, das obras e da história desta cronologia já aparecem nos capítulos anteriores dedicados à computabilidade.

Referências adicionais para uma visão geral sobre os primeiros desenvolvimentos da lógica de primeira ordem encontram-se em *Edwards, Goldfarb* e *Moore;* para artigos originais com ensaios históricos veja *Benacerraf e Putnam*; *Gödel, 1986*; *Davis, 1965*; *Mancosu;* e *van Heijenoort*; para história oral: *Crossley,* e *Dawson;* para biografias: *Edwards; Mittelstrass;* e o *Dictionary of Scientific Biography* (eds. Carl Boyer *et al.*, American Council of Learned Societies, 1970).

Todas as referências no texto são relativas à última edição citada.

ACKERMANN, Hans Richard

1983 Aus dem Briefwechsel Wilhelm Ackermanns
History and Philosophy of Logic, vol.4, pp.181-202.

ACKERMANN, Wilhelm

(Veja *Hans Richard Ackermann* para uma biografia.)

1924 Begründung des "tertium non datur" mittels der Hilbertischen Theorie der Widerspruchsfreiheit *Mathematische Annalen*, vol.93, pp.1-36.
(Veja *van Heijenoort,* pp.485-6 para resumo e comentário.)

1928 Zum Hilbertschen Aufbau der reellen Zahlen
Mathematische Annalen, vol.99, pp.118-33. Traduzido para o inglês como "On Hilbert's construction of the real numbers" em *van Heijenoort,* pp.495-507.

1928b Über die Erfüllbarkeit gewisser Zählausdrücke

Mathematische Annalen, vol.100, pp.638-49.

BABBAGE, Charles

(Veja também Campbell-Kelly; Morrison e Morrison, e Stein.)

1864 Passages from the life of a Philosopher
Reeditado por Augustus M. Kelley Publishers, 1969.
(Uma autobiografia com uma descrição do Engenho Analítico.)

BANACH, Stefan e Alfred TARSKI

1924 Sur le décomposition des ensembles de points en parties respectivement congruents *Fundamenta Mathematicae,* vol.6, pp.244-77.

BARWISE, J., H. J. KEISLER, e K. KUNEN, eds.

1980 *The Kleene Symposium*
North-Holland. (Contém uma biografia não assinada de Kleene.)

BEHMANN, Heinrich

1922 Beiträge zur Algebra der Logik, insbesondere zum Entscheidungsproblem
Mathematische Annalen, vol.86, pp.163-229.

BENACERRAF, Paul e Hilary PUTNAM

1983 *The Philosophy of Mathematics*
Segunda edição, Cambridge University Press.
(Contém artigos de Hilbert, Brouwer e outros sobre os fundamentos da matemática.)

1926 Axiomatische Untersuchung des Aussagen-Kalkuls der "Principia Mathematica"
Mathematische Zeitschrift, vol.25, pp.305-20.

1935 Sur le platonisme dans les mathématiques
L'Enseignement mathématique, 1st ser., vol.34, pp.52-69. Traduzido para o inglês como "On platonism in mathematics" em *Benacerraf e Putnam,* pp.258-71.

BERNAYS, Paul e Moses Schönfinkel,

1928 Zum Entscheidungsproblem der mathematischen Logik.
Mathematische Annalen vol.99, pp.342-72.

BISHOP, Errett

(Veja também *Bishop e Bridges,* e *Bridges e Richman.*)

1967 *Foundations of Constructive Analysis*
McGraw-Hill

BISHOP, Errett, e Douglas BRIDGES

1985 Constructive Analysis
Springer-Verlag.
(Uma versão revisada de Bishop, 1967.)

BOONE, W. W.

1954-1957 Certain simple, unsolvable problems in group theory V, VI

Indagationes mathematicae, vol.16, pp.231-7, 492-7, 1954; vol.17, pp.252-6, 571-7, 1955; vol.19, pp.22-7, 227-32, 1957. (Veja também *Davis, 1958.*)

BRIDGES, Douglas, e Fred RICHMAN

1987 *Varieties of Constructive Mathematics*
Lecture Notes Series n.97, London Mathematical Society, Cambridge University Press. (Um livro-texto em análise e álgebra construtivas, comparando o construtivismo de Bishop, construtivismo russo e intuicionismo.)

BROUWER, L. E. J.

1912 Intuitionisme en formalisme
Wiskundig tijdschrift 9 (1913), pp.199-201.
Traduzido para o inglês como "Intuitionism and formalism" em *Benacerraf e Putnam*, pp.77-89.

CAMPBELL-KELLY, Martin

1989 *Babbage's Calculating Engines*
Charles Babbage Institute for the History of Computing,Volume 2, Tomash Publishing, Los Angeles. (Contém reproduções dos escritos de Babbage.)

CALUDE, Christian e Solomon MARCUS

1979 The first example of a recursive function which is not primitive recursive
Historia Mathematica, vol.6, pp.380-4.

CANTOR, Georg

(Veja *Dauben* e *Purkert* e *Ilgauds* para biografias.)

1872 Über die Ausdehung eines Satzes aus der Theorie der trignometrischen Reihen
Mathematischen Annalen, vol.5, pp.123-32.

1891 Über eine elementare Frage der Mannigfaltigkeitslehre
Jahresbericht der Deutschen Mathematiker-Vereinigung, vol.1, pp.75-8.

1895-1897 *Contributions to the Founding of the Theory of Transfinite* Numbers.
Traduzido para o inglês com uma introdução de Philip E. B. Jourdain, Open Court, 1915. Reeditado pela Dover, 1955.

CARNIELLI, Walter A., e Richard LEPSTEIN

2004 *Computabilidade: Funções Computáveis, Lógica e os Fundamentos da Matemática*, Editora Manole, São Paulo.

CARROLL, Lewis

1897 Symbolic Logic
MacMillan and Co., London. Reeditado pela Dover, 1958.

CHURCH, Alonzo

1936A An unsolvable problem of elementary number theory
The American Journal of Mathematics, vol.58,

pp.345-63. Reeditado em *Davis, 1965,* pp.89-107.
1936B A note on the Entscheidungsproblem
The Journal of Symbolic Logic, vol.1, pp.40-1, com correções às pp.101-2. Reeditado com correções em *Davis, 1958,* pp.110-5.

CHURCH, Alonzo, e S. C. KLEENE
1936 Formal definitions in the theory of ordinal numbers
Fundamenta Mathematicae, vol.28, pp.11-21.

COOK, Stephen Arthur
1971 The complexity of theorem-proving procedures
Proc.Third Annual ACM Symp. on Theory of Computing, pp.151-8.

CROSSLEY, J. N., ed.
1975 Reminiscences of logicians
Em *Algebra and Logic,* Lecture Notes in Mathematics, Springer-Verlag, n.450.
(Uma discussão gravada com vários dos fundadores da teoria da recursão.)

DAUBEN, Joseph Warren
1979 *Georg Cantor: His mathematics and philosophy of the infinite*
Harvard University Press. Reeditado em 1990 pela Princeton University Press.
(Um resumo sobre a vida de Cantor e suas idéias.)

DAVIS, Martin
1958 *Computability and Undecidability*
McGraw-Hill. Segunda edição (contendo a solução por Matiyasevich do !0° Problema de Hilbert.) Dover, 1982.

DAVIS, Martin, ed.
1965 The Undecidable
Raven Press, Hewlett, New York. (Contém (traduções para o inglês de) muitos artigos importantes da história da computabilidade.)

DAVIS, Martin, Hilary PUTNAM, e Julia ROBINSON
1961 The decision problem for exponential diophantine equations
Annals of Math., vol.74, pp.425-36.

DAWSON, John W. Jr.
1984 Discussion on the foundations of mathematics
History and Philosophy of Logic, vol.5, n.1, pp.111-29.
Uma tradução com introdução e comentários editoriais de *Erkenntnis,* vol.2 (1931), pp.135-51.

DEDEKIND, Richard
1888 *Was sind und was sollen die Zahlen?*
Traduzido para o inglês em *Essays on the Theory of Numbers*, Open Court, 1901. Reeditado pela Dover, 1963.

DONER, John e Wilfrid HODGES
1988 Alfred Tarski and decidable theories
The Journal of Symbolic Logic, vol.52, pp.20-35.
EDWARDS, Paul
1967 *The Encyclopedia of Philosophy*
Macmillan Publishing Co., Inc. & The Free Press.
(Contém artigos sobre diversos tópicos de lógica e biografias de filósofos da lógica.)
EPSTEIN, Richard L.
1990 *Propositional Logics* (*The Semantic Foundations of Logic*)
Martinus Nijhof.
2. edição, Oxford University Press, 1995.
EPSTEIN, Richard L. e Walter A. CARNIELLI
1989 *Computability: Computable Functions, Logic, and the Foundation of Mathematics* Wadsworth & Brooks/Cole. Wadsworth, 2000.
FERREIRA, Fernando
1995 No paraíso sem convicção (uma explicação do programa de Hilbert) em "Matemática e Cultura II", organização de Furtado Coelho. Centro Nacional de Cultura e SPB Editores, Lisboa, pp.87-121.
FREGE, Gottlob
(Veja *Sluga* para uma biografia.)
1879 *Begriffsschrift, eine der arithmetischen nachgebildete Formelsprache des reinen Denkens.* Pepublicada por Darmstadt: WBG, 1964. Traduzido para o inglês como *Begriffsschrift, a formula language, modeled upon that of arithmetic, for pure thought* em *van Heijenoort, 1967*, pp.5-82.
1893 *Grundgesetze der Arithmetik, Vol. 1*
H. Pohle, Jena. Traduzido parcialmente para o inglês por M. Furth as *The Basic Laws of Arithmetic,* University of California Press, 1967.
1903 *The Basic Laws of Arithmetic, Vol. 2*
H. Pohle, Jena. Traduzido parcialmente para o inglês por M. Black e P. Geach em *Translations from the Philosophical Writings of Gottlob Frege*, Basil Blackwell, Oxford, 1970.
1980 Philosophical and Mathematical Correspondence
The University of Chicago Press.
FRIEDBERG, Richard
1957 Two recursively enumerable sets of incomparable degrees of unsolvability
Proceedings of the National Academy of Sciences, vol.43, pp.236-8.
FRÖHLICH, A. e J. C. SHEPHERDSON
1955 Effective procedures in field theory
Philosophical Transactions of the Royal Society of London, ser. A, vol.248, pp.407-32.

GENTZEN, Gerhard
(Veja Kreisel para uma biografia.)
1936 Die Widerspruchsfreiheit der reinen Zahlentheorie
Mathematische Annalen, vol.112, pp.493-565. Traduzido para o inglês em *The Collected Papers of Gerhard Gentzen*, ed. M. E. Szabo, North-Holland, 1969. (Contém um ensaio de Gentzen sobre o estado da arte da pesquisa em fundamentos em 1938.)

GÖDEL, Kurt
1930 Die Vollständigkeit der Axiome des logischen Funktionenkalküls
Monatschefte für Mathematik und Physik, vol.37, pp.349-60.
Traduzido para o inglês como "The completeness of the axioms of the functional caluculus of logic" em *van Heijenoort,* pp.583-91, e reeditado em *Gödel, 1986,* pp.103-23.
1931 Über formal unentscheidbare Sätze der *Principia mathematica* und verwandter Systeme I.
Monatschefte für Mathematik und Physik, vol.38, pp.173-98.
Traduzido para o inglês como "On formally undecidable Propositions of *Principia mathematica* and related systems I" em *Gödel, 1986*, pp.144-95.
1933 Zur intuitionistischen Arithmetik und Zahlentheorie *Ergebnisse eines mathematischen Kolloquiums*, vol.4 (1931-32), pp.34-8.
Traduzido para o inglês como "On intutionistic arithmetic and number theory" em *Davis*, *1965*, pp.75-81, e em *Gödel*, *1986*, pp.287-95.
1934 *On Undecidable Propositions of Formal Mathematical Systems*
Notas de aula mimeografadas. Publicado com uma revisão de Gödel em *Davis*, *1965*, pp.41-74, e reeditado com novas correções em Gödel 1986, pp.346-71.
1986 Collected Works, Volume 1: Publications 1929-1936.
Oxford University Press, eds. S. Feferman *et al.*
(Contém uma biogafia e artigos históricos pelos editores.)

GOLDFARB, Warren D.
1979 Logic in the Twenties: the nature of the quantifier
The Journal of Symbolic Logic, vol.44, pp.351-68.

GRASSMANN, Hermann
1860 Lehrbuch der Arithmetik für höhere Lehranstalten
Berlim.

GRATTAN-GUINNESS, I.
1975 The Royal Society's financial support of the publication of Whitehead and Russell's *Principia mathematica*

Notes and Records of the Royal Society of London, vol.30 (1975-1976), pp.89-104.

GRZEGORCZYK, Andrzej

1953 *Some Classes of Recursive Functions*
Rozprawy Matematyczne, IV, Academia Polonesa de Ciências.

HARKLEROAD, Leon e Edie MORRIS

1990 Rózsa Péter: Recursive function theory's founding mother
The Mathematical Intelligencer, vol.12, pp.59-61.

HARTMANIS, Juris e STEARNS, Richard Edwin

1965 On the computational complexity of algorithms
Transactions of the American Mathematical Society, vol.117, n.5, pp.285-306).

HERBRAND, Jacques

1929 Non-contradiction des axiomes arithmétiques
Comptes rendus hebdomadaires des séances de l'Academie des sciences (Paris), vol.186, pp.303-4. Traduzido para o inglês como "The consistency of the axioms of arithmetic" em *Logical Writings,* por Jacques Herbrand, editado por W. D. Goldfarb, Harvard U. Press, 1071, pp.35-7. (O último contém uma biografia.)

1931 Sur la non-contradiction de l'arithmétique
Journal für die reine und angewandte Mathematik, vol.166, pp.1-8. Traduzido para o inglês como "The consistency of arithmetic" em *van Heijenoort,* pp.620-8.

HEYTING, Arend

1930 Die formalen Regeln der intuitionistischen Logik
Sitzungsberichte der Preussischen (Berlin) Akademie der Wissenschaften, Phys.-Math. Kl., pp.42-56. Traduzido para o inglês como "The formal rules of intuitionistic logic" em *Mancosu,* pp.311-27.

1959 *Constructivity in Mathematics, Proceedings of the Colloquium held in Amsterdam, 1957,* editado por A. Heyting, North-Holland.

1962 After thirty years
Em *Logic, Methodology, and Philosophy of Science, Proceedings of the 1960 International Congress,* eds. E. Nagel, P. Suppes, e A. Tarski, Stanford University Press, pp.194-7.

HILBERT, David

(Veja *Reid* para uma biografia.)

1899 *Grundlagen der Geometrie*
Traduzido para o inglês como *Foundations of Geometry*, Open Court, 1902.

1900 Mathematische Probleme

Proc. Int. Congr. Math. (1900), pp.58-114. Traduzido para o inglês em *The Bulletin of the American Mathematical Society*, vol.8, 1901-1902, pp.437-79.

1904 Über die Grundlagen der Logik und der Arithmetik
Proc. Int. Congr. Math. (1904), pp.174-85. Traduzido para o inglês como "On the foundations of logic and arithmetic" em *van Heijenoort*, pp.130-8.
(Resenha as visões filosóficas correntes na época sobre os fundamentos da matermática.)

1925 Über das Unendliche
Mathematische Annalen, vol.95, pp.161-90. Traduzido para o inglês em parte por E. Putnam e G. Massey como "On the Infinite" em *Benacerraf e Putnam*, pp.183-201; o artigo completo é traduzido para o inglês por S. Bauer-Mengelberg em *van Heijenoort*, pp.369-92. Traduzido para o português por W. Carnielli em *Carnielli e Epstein*, capítulo 6.

HILBERT, David e Wilhelm ACKERMANN

1928 *Grundzüge der theoretischen Logik*
Springer, Berlim.

HILBERT, David, e Paul BERNAYS

1934 *Grundlagen der Mathematik, Vol.I*

1939 *Grundlagen der Mathematik, Vol.II*
Springer, Berlim.

HODGES, Andrew

1983 *Alan Turing: The Enigma* Simon and Schuster.

ISLES, David

1981 Remarks on the notion of standard non-isomorphic natural number series
Em *Constructive Mathematics, Proceedings of the New Mexico State University Conference,* Lecture Notes in Mathematics n.873, Springer-Verlag. Reeditado em parte em *Epstein e Carnielli,* capítulo 26, §E.2 e traduzido em *Carnielli e Epstein* capítulo 25, §E.2.

KALMÁR, László

1943 Egyszeru példa eldönthetetlen aritmetikai problémára
(Um simples exemplo de um problema aritmético indecidível.)
(Em húngaro, com resumo em alemão) *Matematikai és Fizikai Lapok,* vol.50, pp.1-23.

1957 An argument against the plausibility of Church's thesis
Em *Heyting, 1959,* pp.72-80. (Veja *Epstein e Carnielli*, capítulo 25, §C.2, e *Carnielli e Epstein* capítulo 24, §C.2 para uma crítica.)

KLEENE, Stephen Cole

(Veja também *Church e Kleene* e, para uma biografia, *Barwise, Keisler, e Kunen.*)

1936 General recursive functions of natural numbers
Mathematische Annalen, vol.112, pp.727-42.
Reeditado com um adendo em *Davis, 1965,* pp.237-53.

1938 On notations for ordinal numbers
The Journal of Symbolic Logic, vol.3, pp.150-5.

1943 Recursive predicates and quantifiers
Transactions of the American Mathematical Society, vol.53, pp.41-73.
Reeditado com adendos em *Davis, 1965,* pp.255-87.

1952 *Introduction to Metamathematics*
North-Holland. Sexta reedição com correções, 1971.

KLEENE, S. C. e Emil POST

1954 The upper semi-lattice of degrees of recursive unsolvability
Annals of Mathematics, ser. 2, vol.59, pp.379-407.

KREISEL, Georg

1971 Review of *The Collected Papers of Gerhard Gentzen*
Journal of Philosopy, vol.68, pp.238-65.

KRONECKER, Leopold (Veja também *Dauben.*)

1887 Uber den Zahlbegriff
Journal für die reine und angewandte Mathematik, vol.101, pp.337-55.

LANGFORD, C. H.

1927 Some theorems on deducibility
Some theorems on deducibility (second paper)
Annals of Mathematics, vol.28, pp.16-40 e 459-71.

LOVELACE, Augusta Ada
(Veja *Stein* para uma biografia.)

1843 Sketch of the Analytical Engine invented by Charles Babbage Esq., by L. F. Ménabréa of Turin, Officer of the Military Engineers. Reeditado em *Morrison* e *Morrison, 1961.*

LÖWENHEIM, Leopold
(Veja *Thiel* para uma biografia.)

1915 Über Möglichkeiten im Relativkalkül
Mathematische Annallen, vol.76, pp.447-70. Traduzido para o inglês como "On possibilities in the calculus of relatives" em *van Heijenoort, 1967,* pp.228-51.

MANCOSU, Paolo

1998 *From Brouwer to Hilbert: The debate on the foundations of mathematics in the 1920s* Oxford University Press. (Contém traduções para o inglês de diversos artigos escritos por volta de 1920.)

MARKOV, A. A.

1947 On the impossibility of certain algorithms in the theory of associative systems (Em russo) I, II

Doklady Akademii Nauk S. S. S. R., n.s., vol.55, pp.587-90.
Traduzido para o inglês em *Comptes rendus de l'academie des sciences de l'U. R. S. S.*, n.s., vol.55, pp.583-6. Part II, Ibid., vol.58, pp.353-6.

1954 *Teoriya Algorifmov*
Trudy Math. Inst. Steklov, vol.42, Akademia Nauk S.S.S.R, Moscow. Traduzido para o inglês como *Theory of Algorithms,* Israel Program for Scientific Translations, Jerusalem, 1971.

MATIYASEVICH, Yuri

1970 Enumerable sets are diophantine
Doklady Akad. Nauk. SSSR, vol.191, pp.279-82. Traduzido para o inglês em *Soviet Math. Doklady,* 1970, pp.354-7. (Veja também *Davis, 1958,* segunda edição.)

MITTELSTRASS, J., ed.

1984 *Enzyklopädie Philosophie und Wissenschaftstheorie*
Bibliographisches Institut, Mannheim.

MOORE, Gregory H.

1982 *Zermelo's Axiom of Choice: Its Origins, Development, and Influence*
Springer-Verlag.

1988 The emergence of first-order logic
Em *History and Philosophy of Modern Mathematics,* eds. W. Aspray e P. Kitcher, University of Minnesota Press.

MORRISON, Phillip e Emily MORRISON

1961 *Charles Babbage and his Calculating Engine*
Dover. (Reedita alguns dos escritos de Babbage, com uma curta biografia e índice.)

MOSTOWSKI, Andrzej

1944 On definable sets of positive integers
Fundamenta Mathematicae, vol.34, pp.81-112.

1966 Thirty Years of Foundational Studies
Barnes and Noble.
(Discorre sobre a história e o estado da arte da lógica matemática na época.)

MUCHNIK, A. A.

1956 Negative answer to the problem of reducibility in the theory of algorithms
Doklady Akad. Nauk, vol.108, pp.194-7.

NOVIKOV, P.

1955 On the algorithmic unsolvability of the word problem in group theory (em russo)
Trudy Math. Inst. Steklov, vol.44, Akademiya Nauk S.S.S.R, Moscow. (Veja *Davis, 1958.*)

ODIFREDDI, Piergiorgio
1989 *Classical Recursion Theory: The Theory of Functions and Sets of Natural Numbers, Volume 1*, North-Holland.
(Um livro-texto com anotações históricas cuidadosas e extensa bibliografia.)

PEANO, Giuseppe
1889 The principles of arithmetic, presented by a new method.
Turim. Traduzido do "Latino sine flessione" ou Interlíngua para o inglês em *van Heijenoort,* 1967, pp.85-97.

PÉTER, Rózsa (Politzer)
(Veja *Harkleroad e Morris* para uma biografia.)
1934 Über den Zusammenhang der verschiedenen Begriffe der rekursiven Funktion
Mathematische Annalen, vol.110, pp.612-32.
1935 Konstruktion nichtrekursiver Funktionen
Mathematische Annalen, vol.111, pp.42-60.
1951 *Rekursive Funktionen*
Akadémai Kiadó, Budapest. Traduzido para o inglês como *Recursive Functions,*Academic Press, 1967.
1957 Rekursivität und Konstrutivität
Em *Heyting, 1959,* pp.226-33.
Traduzido para o inglês como "Recursivity and Constructivity" por L. Harkleroad, manuscrito.

POST, Emil
1921 Introduction to a general theory of elementary propositions
American Journal of Mathematics, vol.43, pp.163-85.
1936 Finite combinatory processes – Formulation I
The Journal of Symbolic Logic, vol.1, pp.103-5. Reeditado em *Davis, 1965,* pp.288-91.
1944 Recursively enumerable sets of positive integers and their decision problems
Bulletin of the American Mathematical Society, vol.50, pp.284-316.
Reeditado em *Davis, 1965,* pp.305-37.
1947 Recursive unsolvability of a problem of Thue
The Journal of Symbolic Logic, vol.12, pp.1-11.

PRESBURGER, Mojzesz (Veja *Zygmunt* para uma biografia.)
1930 Über die Vollständigkeit eines gewissen Systems der Arithmetik ganzer Zahlen, in welchem die Addition als einzige Operation hervortritt
Sprawozdanie z I Kongresu matemtyków krajów slowianskich, Warszawa 1929 (*Comptes-rendus du I Congrès des Mathématiciens des Pays Slaves, Varsovie, 1929*), pp.92-101, e suplemento na p.395.

Traduzido para o inglês como "On the completeness of a certain system of arithmetic of whole numbers in which addition occurs as the only operation", *History and Philosophy of Logic,* vol.12, pp.225-33, 1991.

PURKERT, Walter, e Hans Joachim ILGAUDS

Georg Cantor, 1845-1918
Birkhauser Verlag. (Uma biografia em alemão.)

REID, Constance

1970 *Hilbert*
Springer-Verlag.
(Uma biografia com muita informação sobre outros matemáticos contemporâneos de Hilbert.)

1986 The autobiography of Julia Robinson
The College Math. J., vol.17, pp.3-21.

RICE, H. Gordon

1953 Classes of recursively enumerable sets and their decision problems
Transactions of the American Mathematical Society, vol.74, pp.358-66.

ROBINSON, Julia

(Veja também *Davis, Putnam e Robinson*; para biografias veja *Reid, 1986* e *Smorynski.*)

1949 Definability and decision problems in arithmetic
The Journal of Symbolic Logic, vol.14, pp.98-114.

ROGERS, Hartley

1967 *Theory of Recursive Functions and Effective Computability*
McGraw-Hill

ROSSER, J. B.

1936 Extensions of some theorems of Gödel and Church
The Journal of Symbolic Logic, vol.1, pp.87-91. Reeditado em *Davis, 1965,* pp.231-5.

1984 Highlights of the history of the calculus
Annals of the History of Computing, vol.6, pp.337-49.

RUSSELL, Bertrand

(Veja também *Whitehead e Russell* e *Frege, 1980.*)

1967 *The Autobiography of Bertrand Russell*
Allen & Unwin.

SHEPHERDSON, John C. e H. E. STURGIS

1963 Computability of recursive functions
The Journal of the Association of Computing Machinery, vol.10, pp.217-55.

SKOLEM, Thoralf

1919 Untersuchungen über die Axiome des Klassenkalküls und über Produktations- und Summationsprobleme, welche gewisse Klassen von

Aussagen betreffen *Skrifter, Videnskabsakademiet i Kristiania.* Reeditado em *Skolem, 1970,* pp.67-101.

1923 The foundations of elementary arithmetic established by means of the recursive mode of thought, without the use of apparent variables ranging over infinite domains. Traduzido para o inglês em *van Heijenoort,* pp.303-3.

1931 Über einige Satzfunktionen in der Arithmetik *Skrifter utgitt av Det Norske Videnskaps-Akademi i Oslo, I. Mat.-natur. kl.*, n.7, 1-28. Reeditado em *Skolem, 1970*, pp.281-306.

1947 The development of recursive arithmetic *Dixième Congres des Math. Scand. Copenhagen, 1946,* pp.1-6. Reeditado em *Skolem, 1970,* pp.499-514.

1970 *Selected Works in Logic* Universitetsforlaget, Oslo. (Contém uma biografia e discussão histórica de seu trabalho.)

SLUGA, Hans

1980 *Gottlob Frege* Routledge & Kegan Paul.

SMORYNSKI, C.

1986 Julia Robinson, *in memoriam* *The Mathematical Intelligencer,* vol.8, pp.77-9.

STEIN, Dorothy

1985 *Ada: A Life and a Legacy* MIT Press.

TARSKI, Alfred (Veja também *Doner e Hodges.*)

1931 Sur les ensembles définissables de nombres réels. I. *Fundamenta Mathematicae,* vol.17, pp.210-39. Traduzido por J. H. Woodger como "On definable sets of real numbers" em *Logic, Semantics, Metamathematics,* por Alfred Tarski, Segunda edição, ed. J. Corcoran, Hackett Publ., 1983.

TARSKI, Alfred, Andrzej MOSTOWSKI e Raphael ROBINSON

1953 *Undecidable Theories* North-Holland.

THIEL, Christian

1977 Leopold Löwenheim: life, work, and early influence em *Logic Colloquium 76*, eds. R. Gandy e M. Hyland, North-Holland.

TRAKHTENBROT, Boris A.

1950 Nevozmoznost'algorifma dla prblemy razresimosti na konecnyh klassah. *Doklady Akademii Nauk SSSR* 70, 569-572 Traduzido para o inglês como "Impossibility of an Algorithm for the Decision Problem in Finite Classes", *AMS Translations* ser. 3, vol.23, 1963, pp.1-5.

TURING, Alan (Veja *Hodges* para uma biografia.)

1936 On computable numbers, with an application to the Entscheidungsproblem, *Proceedings of the London Mathematical Society*, ser. 2, vol.42, 1936-7, pp.230-65; correções, ibid, vol.43, 1937, pp.544-6. Reeditado em *Davis, 1965,* pp.115-53.

1939 Systems of logic based on ordinals *Proceedings of the London Mathematical Society,* ser. 2, vol.45, pp.161-228.
Reeditado em *Davis, 1965,* pp.155-222.

1950 Computing machinery and intelligence *Mind,* vol.59, pp.433-60. Reeditado em *Perspectives on the Computer Revolution*, ed. Pylyshyn, Prentice-Hall, 1970.

VAN DANTZIG, D.

1956 Is $10^{10^{10}}$ a finite number? *Dialectica,* vol.9, pp.273-7.
Reeditado em *Epstein e Carnielli,* capítulo 26, §E.1 e traduzido em *Carnielli e Epstein* capítulo 25, §E.1.

VAN DER WAERDEN, B. L.

1930 *Moderne Algebra, Volume 1*
Springer, Berlim. Segunda edição, 1937, traduzido para o inglês como *Modern Algebra,* Frederick Ungar Publ., New York, 1949.

1930 Eine Bemerkung über die Unzerlegbarkeit von Polynomen *Mathematische Annalen,* vol.102, pp.738-9.

VAN HEIJENOORT, Jean

1967 *From Frege to Gödel: A Source Book in Mathematical Logic, 1879-1931*
Harvard University Press.
(Contém (traduções para o inglês de) artigos originais mencionados nesta **Cronologia**, com sinopses e comentários)

VON NEUMANN, John

1927 Zur Hilbertischen Beweistheorie *Mathematische Zeitschrift,* vol.26, pp.1-46. Reeditado em von Neumann, *Collected Works,* Pergamon Press, 1961, pp.256-300.

WHITEHEAD, Alfred North, e Bertrand RUSSELL
(Veja também *Grattan-Guinness* e *Russell.*)

1910-1913 *Principia mathematica, Volume 1-3*
Cambridge University Press.

YESSENIN-VOLPIN, A. S.

1970 The ultraintuitionistic criticism and antitraditional program for the foundations of mathematics. Em *Intuitionism and Proof Theory,* eds. Kino, Myhill, e Vesley, North-Holland.

ZERMELO, Ernst
(Veja também *Moore, 1982.*)
1904 Beweis, das jede Menge wohlgeordnet werden kann
Mathematische Annalen, vol.59, pp.514-6.
Traduzido para o inglês como "Proof that every set can be well-ordered" em *van Heijenoort,* pp.139-41.
ZYGMUNT, Jan
1991 Mojsesz Presburger: life and work
History and Philosophy of Logic, vol.12, pp.211-23.

SOBRE O LIVRO

Formato: 16 x 23 cm
Mancha: 28,5 x 49 paicas
Tipologia: Times New Roman 10,5/13,5
Papel: Offset 75 g/m^2 (miolo)
Cartão Supremo 250 g/m^2 (capa)
1ª edição: 2006
2ª reimpressão: 2015

EQUIPE DE REALIZAÇÃO

Produção Gráfica
Anderson Nobara

Editoração Eletrônica
Sidnei Simonelli

Revisão
Sandra Garcia Cortés

Impressão e acabamento